系统与控制丛书

广义 Sylvester 矩阵方程
——统一参数化解

Generalized Sylvester Equations
Unified Parametric Solutions

段广仁　著

于海华　薛　雨　刘宏亮　李彦江　译

科学出版社

北　京

图字：01-2016-4577

内 容 简 介

　　本书总结了广义 Sylvester 矩阵方程方面的研究成果，给出了各类方程的统一参数化解，包括参数矩阵的各种情形。本书共 9 章，第 1 章介绍了方程的分类且简要总结了这方面的成果；第 2 章通过控制系统应用实例证明了方程的重要性；第 3 章介绍了 F-互质性；第 4~7 章分别介绍了齐次、非齐次、全驱动、变系数广义 Sylvester 矩阵方程的参数化解；第 8 章和第 9 章分别介绍了非方和方的常规 Sylvester 矩阵方程的解。

　　广义 Sylvester 矩阵方程的应用领域包括应用数学、系统与控制、信号处理、机械工程、电子工程和航天工程等学科，本书可用作这些学科高年级本科生和研究生的教学用书或主要参考书，也适合作为相关领域学者、科研人员、工程师等的参考资料。

图书在版编目 (CIP) 数据

广义 Sylvester 矩阵方程：统一参数化解/段广仁著；于海华等译. —北京：科学出版社，2020.11
　（系统与控制丛书）
书名原文：Generalized Sylvester Equations: Unified Parametric Solutions
ISBN 978-7-03-066558-4

Ⅰ. ①广…　Ⅱ. ①段…②于…　Ⅲ. ①矩阵-线性方程-研究　Ⅳ. ①O241.6

中国版本图书馆 CIP 数据核字 (2020) 第 208631 号

责任编辑：朱英彪　赵晓廷/责任校对：樊雅琼
责任印制：吴兆东/封面设计：蓝正设计

科学出版社 出版
北京东黄城根北街 16 号
邮政编码：100717
http://www.sciencep.com

北京中石油彩色印刷有限责任公司 印刷
科学出版社发行　各地新华书店经销
*
2020 年 11 月第 一 版　开本：720 × 1000 1/16
2024 年 1 月第三次印刷　印张：24 1/2
字数：494 000
定价：198.00 元
(如有印装质量问题，我社负责调换)

编者的话

我们生活在一个科学技术飞速发展的信息时代，诸如宇宙飞船、机器人、因特网、智能机器及汽车制造等高新技术对自动化提出了更高的要求。系统与控制理论也因此面临着更大的挑战。它必须能够为设计高水平的物理或信息系统提供原理和方法，使得设计出的系统能感知并自动适应快速变化的环境。

为帮助系统控制专业的专家、工程师以及青年学生迎接这些挑战，科学出版社和中国自动化学会控制理论专业委员会合作，设立了《系统与控制丛书》的出版项目。本丛书分中、英文两个系列，目的是出版一些具有创新思想的高质量著作，内容既可以是新的研究方向，也可以是至今仍然活跃的传统方向。研究生是本丛书的主要读者群，因此，我们强调内容的可读性和表述的清晰。我们希望丛书能达到这些目的，为此，期盼着大家的支持和奉献！

《系统与控制丛书》编委会

2007 年 4 月 1 日

中 文 版 序

　　Sylvester 矩阵方程在通信、电子、数学等许多学科都有非常重要的应用。信号处理、图像复原、控制系统分析和设计、微分方程数值解等许多问题最终都能归结成 Sylvester 矩阵方程问题。正是由于 Sylvester 矩阵方程具有如此广泛的应用，它们对于很多学者来说都是不陌生的。但是，正如我 20 世纪 90 年代初期刚接触这类方程时的情形一样，很多人对于这类方程的认知也可能有一定的片面性。

它们是一个庞大的家族

　　我们都知道李雅普诺夫 (Lyapunov) 方程。和 Lyapunov 矩阵方程不同的是，Sylvester 矩阵方程有许多种形式，有齐次的，也有非齐次的；有一阶、二阶的，也有高阶的；有常规的情况，也有广义的情况……它们构成了一个庞大的 Sylvester 家族，而且也包含了连续和离散情形的 Lyapunov 矩阵方程。

　　我们也都知道 Sylvester 矩阵方程，但可能很多人所知道的只是其中比较简单的情形。本书第 1 章对 Sylvester 矩阵方程进行了系统的分类。事实上，也正是 Sylvester 矩阵方程形式上的广泛性，才使得它们在许许多多的领域都有重要的应用。

在控制系统中占有极其重要的地位

　　在控制系统分析和设计中，人们更熟悉的是 Lyapunov 方法。对于线性系统的情况，就是基于 Lyapunov 矩阵方程的稳定性分析以及基于其变形后的 Riccati 方程的设计。这是控制系统分析和设计中的一条主线。

　　控制系统分析和设计的另一条主线就是基于 Sylvester 矩阵方程的分析和设计。本书第 2 章简单介绍了 Sylvester 矩阵方程在四类控制系统设计中的应用，包括极点配置和特征结构配置、观测器设计、干扰抑制和模型参考跟踪。但事实上，Sylvester 矩阵方程在控制系统中的应用远远不限于这几个问题。

　　控制系统中的许多问题都会因系统形式和条件的变化而衍生出一类问题。鉴于 Sylvester 矩阵方程形式上的多样性，很多情况下利用它可以解决所有这些同类问题。这也是 Sylvester 矩阵方程拥有一个庞大家族所具有的另一个优势。

存在统一的参数化解

　　对于矩阵方程问题，人们固有的理解是已知方程的系数矩阵，求取方程中的未知矩阵。而且对于本质上为线性的各类方程，基于熟知的矩阵拉直运算和 Kronecker 积总可以轻松解决问题。但事实上我们的问题远不止这么简单。

当矩阵方程中的核心参数矩阵 F 未知时，基于矩阵拉直运算的方法以及诸多数值解法自然失去了效力。本书中针对矩阵 F 只是结构已知甚至完全未知的情况给出方程的完全参数化解，这和人们的常规理解是完全不同的。也正因如此，才为 Sylvester 矩阵方程的应用打开了更广阔的空间。

在方程的解不唯一的情况下，人们希望建立方程的通解。本书给出了广义 Sylvester 矩阵方程的通解，而且其表现形式还极其简单、整齐。另外值得提及的一点是，当一种方程被推广到更加复杂的形式时，原来的求解方法往往不再适用，而要探寻新的方法。但是在本书中，我们是对于所有的 Sylvester 矩阵方程给出了一套完全统一的参数化方法，以至于这些方程的解的一般表达式都是一致的。

本书英文版于 2015 年在 CRC 出版社出版，它系统地总结了本人在广义 Sylvester 矩阵方程参数化解方面的主要成果。本书的四位译者均是我早年指导的博士生，他们对这方面的工作都比较熟悉。正是他们的辛勤努力，才使得这本书能以中文版的面貌问世。相信此中译本能为国内的许多读者提供一定的方便。我在此衷心感谢他们的辛勤劳动！

最后，再一次感谢广大读者，并希望广大读者多提宝贵意见。

2020 年 5 月 1 日于哈尔滨

译 者 前 言

Sylvester 矩阵方程在很多学科中都有应用,特别是在应用数学和控制理论两个领域中有着广泛的研究。段广仁教授的英文著作 *Generalized Sylvester Equations: Unified Parametric Solutions* 总结了他在此类方程参数化解方面的主要成果,并于 2015 年在 CRC 出版社出版。此中文本能为国内的读者提供方便,这是一件令人欣慰的事情。

本书给出了各类广义 Sylvester 矩阵方程的统一参数化解,并且讨论了核心矩阵 F 的各种情形。此方法的特点体现在以下几个方面:方程的形式多样,其阶数和维数均无限制,且包含了系数矩阵的各种特殊情形;方程的约束较弱,其系数矩阵不必可控或者正则;解的形式整齐、简单,却是解析封闭的;包含了问题的全部自由度,甚至方程中的参数矩阵可以预先未知。所以,此方法适用于多种矩阵方程的求解,具有很广泛的应用性。

本书的四位译者均是段广仁教授的博士研究生,都曾和段老师合作在相关方面的研究上做了一些工作。在具体的翻译工作中,刘宏亮负责第 1~3 章,薛雨负责第 4 章和第 5 章,李彦江负责第 6 章和第 7 章,于海华负责第 8 章、第 9 章和附录。另外,于海华还承担了全书的统稿工作。

段老师能把这本书的翻译工作交给我们,令我们既兴奋、激动,又有些不安,唯恐不能将原著的精髓尽皆展现。此中文本的顺利完成也离不开段老师的悉心指导,让我们受益匪浅。在此谨向我们的导师段广仁教授致以衷心的感谢!同时,非常感谢黑龙江大学电子工程学院、数学学院和哈尔滨师范大学数学系的支持。

本译著较原著在风格上做了较大的改动,特别是文献的格式和引用方式都做了改变。在翻译的过程中,纠正了一些原著中存在的错误。但由于水平有限,书中难免存在不妥之处,敬请读者批评指正。恳请广大读者能够在阅读本书的过程中及时将书中的疏漏通过 yuhh@hlju.edu.cn 反馈给我们,以便及时加以改正。

于海华 薛 雨 刘宏亮 李彦江

2020 年 5 月 1 日于哈尔滨

前　　言

本书的目的

在应用数学和控制理论领域中，常用到如下著名的 Sylvester 矩阵方程：

$$AX + XB = C$$

其中，A、B 和 C 为具有适当维数的系数矩阵；X 为未知矩阵。这一方程的很多推广形式也与诸多控制系统分析和设计问题相关，如特征结构配置、观测器设计、信号跟踪、干扰解耦和抑制等问题，但却没有引起很多的关注。

1992 年起，我就一直致力于各种广义 Sylvester 矩阵方程的参数化解，并将其应用于各种控制系统设计中。2005 年之后，部分博士生也开始在我的指导下加入到研究中，并且在几个方向上都做出了贡献。总体来说，这些成果一脉相承，自成体系，且相对完备。本书的目的就是系统地总结我们在几类广义 Sylvester 矩阵方程参数化解方面的成果。

广义 Sylvester 矩阵方程虽然在形式上有些复杂，但其本质还是线性的，因此当系数矩阵已知时，应用拉直运算或 Kronecker 积很容易求解此类方程。但是在实际应用中，还是趋向于给出某些系数矩阵不是预先已知情形下广义 Sylvester 矩阵方程的解。例如，文献中已广泛关注的方程

$$EVF - AV = BW + R$$

在具体的应用设计问题中，其系数矩阵 E、A 和 B 通常是已知的，V 和 W 为待求的矩阵，而 F 和 R 预先未知，且可以作为设计参数参与优化。因此，本书中求解广义 Sylvester 矩阵方程意味着解决如下问题：

当矩阵 F 和 R 未知或部分已知时，是否可以找到广义 Sylvester 矩阵方程中 (V, W) 的参数化解，并且有

(1) 此解是简单、整齐的显式解析封闭形式；

(2) 此解是完备的，即它包含了问题的所有自由度。

本书的目标是针对所考虑的几种广义 Sylvester 矩阵方程，给出上述问题的完整解答。

本书的内容

除附录外，本书共 9 章。

　　第 1 章介绍本书要研究的几种广义 Sylvester 矩阵方程,并且对广义 Sylvester 矩阵方程的解进行简要的概述;第 2 章通过几种典型的控制设计应用,证明广义 Sylvester 矩阵方程的重要性;第 3 章介绍并讨论多项式矩阵对的 F-互质,这一概念在本书具有基础性的作用。

　　第 4~7 章讨论广义 Sylvester 矩阵方程的解。具体来说,第 4 章和第 5 章分别给出齐次和非齐次广义 Sylvester 矩阵方程的解;第 6 章通过对第 4 章和第 5 章结果的简化,给出一类在应用中经常遇到的特殊广义 Sylvester 矩阵方程,即全驱动广义 Sylvester 矩阵方程的一般解;第 7 章将这些结果进一步推广到变系数广义 Sylvester 矩阵方程。

　　第 8 章提出一般高阶非方常规 Sylvester 矩阵方程,并且说明这类方程只是广义 Sylvester 矩阵方程的另一种形式,因此第 4 章和第 5 章关于齐次和非齐次广义 Sylvester 矩阵方程参数化解的结论可以自然推广到这类方程。

　　第 9 章通过对第 6 章关于齐次全驱动广义 Sylvester 矩阵方程结论的化简,得到方的常规 Sylvester 矩阵方程以及著名的连续和离散 Lyapunov 方程的解析解。

　　附录给出了第 3 章和第 4 章部分定理的证明。

　　前面已经提及,许多学者在求解广义 Sylvester 矩阵方程上做出了巨大的贡献,但本书的目的在于总结作者在广义 Sylvester 矩阵方程方面的成果,因此其他学者的工作并没有包含在其中,甚至有一些成果根本没有被提及,作者谨向这些学者致以歉意。

　　正如第 2 章强调的一样,广义 Sylvester 矩阵方程的重要性在于其广泛的应用,但本书仅关注于广义 Sylvester 矩阵方程的参数化解,因此尽管这些解在控制系统设计参数化中起到了基础性的作用,本书也仅在展示参数化控制设计的主要思路时简单提及了一下这些应用,而没有详细阐述。这些内容将在后续的著作中进一步总结。

本书的特点及读者

　　本书有很多重要特点,下面仅提及其中几点。

　　(1) 广泛的适应性。本书中讨论了几类一般的广义 Sylvester 矩阵方程,它们可以具有任意阶数和任意维数,需要满足的条件很弱,或者方程中的参数矩阵 F 和 R 可以预先未知,在此意义上,也可以认为这些方程具有任意参数。

　　(2) 在自由度上的完备性。本书给出广义 Sylvester 矩阵方程的完全参数化解,虽形式上整齐、简单,却是解析封闭的,包含了问题的全部自由度,甚至参数矩阵 F 和 R 都可以预先未知,作为自由度的一部分来使用。

　　(3) 高度的统一性。本书基于较弱的条件给出了广义 Sylvester 矩阵方程一组高度统一的解。事实上,本书所给出的各类不同方程的解最终都可以归结为同一

个公式 (图 1.8)。

由于广义 Sylvester 矩阵方程的广泛应用，本书的读者范围也相当广泛，尤其适合下列两类读者。

(1) 本书可用作应用数学和控制系统理论与应用领域的高年级本科生和研究生的教学用书或主要参考书，同时也可以作为机械工程、电子工程和航天工程等学科的教材及参考书。

(2) 本书适合于控制系统应用、应用数学、电子工程和航天工程领域的研究生、学者、科研人员、工程师及大学教师等。

致谢

哈尔滨工业大学 2013~2014 年选修研究生课程 "参数化控制系统设计" 的同学对本书做了大量的勘误工作，我的学生也做了许多工作，具体包括硕士生张峰、路钊、唐文彬、黄秀韦等建立了本书的参考文献库，而几位博士生在例题的演算、文献的查找、索引的建立以及部分内容的校正上都有所帮助，这其中尤其要感谢胡艳梅、章智凯和许刚三位，他们在本书成书的最后阶段做了大量工作。

另外，山东大学的冯俊娥教授、黑龙江大学的高媛教授，以及已毕业的博士生——黑龙江大学的于海华教授、装甲兵工程学院的王国胜教授、哈尔滨工业大学的张彪教授，都对本书做了校对，极大地提高了书稿的质量，在此表示衷心的感谢。

在我早期关于矩阵方面工作的启发下，几位已毕业的博士生也在求解各类 Sylvester 矩阵方程方面取得了显著的成就，其中包括哈尔滨工业大学深圳研究生院的吴爱国教授和张颖教授、哈尔滨工业大学的周彬教授、黑龙江大学的于海华教授、装甲兵工程学院的王国胜教授、哈尔滨工业大学的张彪教授。特别是吴爱国教授和张颖教授，他们在复共轭类 Sylvester 矩阵方程的求解上做出了巨大的贡献，尽管这些成果中的大部分没有被囊括于本书，但还是要对他们表示衷心的感谢。

在此，也对曾给予我支持的机构表示感谢，其中包括国家自然科学基金委员会、科技部、中国航天科技集团公司、教育部等。这些机构对我的多项研究课题提供了支持，特别是国家自然科学基金杰出青年科学基金项目和创新研究群体项目，以及国家重点基础研究发展计划 (973 计划) 和长江学者奖励计划。

最后，还要对本书的读者表示感谢，并真诚地希望大家能够将发现的错误和不当之处及时通过邮箱 g.r.duan@hit.edu.cn 反馈给作者，以便在后续的版本中加以修改使其更加完善。

2014 年 5 月 22 日于哈尔滨工业大学

目　　录

符 号 表

1. 有关集合的符号

$\mathbb{R}$	实数空间
$\mathbb{R}^+$	正实数空间
$\mathbb{R}^-$	负实数空间
$\mathbb{C}$	复数空间
$\mathbb{C}^+$	开右半复平面
$\mathbb{C}^-$	开左半复平面
$\mathbb{R}^n$	n 维实向量空间
$\mathbb{C}^n$	n 维复向量空间
$\mathbb{R}^{m\times n}$	$m\times n$ 实矩阵空间
$\mathbb{R}^{m\times n}[s]$	$m\times n$ 实系数多项式矩阵空间
$\mathbb{C}^{m\times n}$	$m\times n$ 复矩阵空间
$\mathbb{E}$	本征零点集
$\varnothing$	空集

2. 有关向量和矩阵的符号

0_n	n 维零向量
$0_{m\times n}$	$m\times n$ 零矩阵
I_n	n 维单位阵
A^{-1}	矩阵 A 的逆
A^{T}	矩阵 A 的转置
$\det A$	矩阵 A 的行列式
$\mathrm{adj}A$	矩阵 A 的伴随矩阵
$\mathrm{rank}A$	矩阵 A 的秩
$\mathrm{eig}(A)$	矩阵 A 的所有特征值的集合
$\mathrm{svd}(A)$	矩阵 A 的所有奇异值的集合
$\mathrm{vec}(A)$	矩阵 A 的拉直运算，即矩阵 A 的列构成的列向量
$\lambda_i(A)$	矩阵 A 的第 i 个特征值
$\sigma_i(A)$	矩阵 A 的第 i 个奇异值
$\|A\|_2$	矩阵 A 的谱范数

$\|A\|_{\mathrm{fro}}$	矩阵 A 的 Frobenius 范数
$\|A\|_1$	矩阵 A 的行和范数
$\|A\|_\infty$	矩阵 A 的列和范数
$\dot{x}(t)$	向量函数 $x(t)$ 对 t 的 1 阶导数
$\ddot{x}(t)$	向量函数 $x(t)$ 对 t 的 2 阶导数
$\dddot{x}(t)$	向量函数 $x(t)$ 对 t 的 3 阶导数
$x^{(i)}(t)$	向量函数 $x(t)$ 对 t 的 i 阶导数

3. 有关关系和操作的符号

$\Longrightarrow$	蕴含
$\Longleftrightarrow$	当且仅当
$\in$	属于
$\subset$	集合包含于
$\cap$	集合的交
$\cup$	集合的并
$\forall$	对于任意的
$\exists$	存在
s.t.	使得
$A \otimes B$	矩阵 A 和 B 的 Kronecker 积

4. 其他符号

deg	多项式矩阵 $P_0 + P_1 s + \cdots + P_n s^n$ 的次数 n
diag	$\mathrm{diag}(d_1, d_2, \cdots, d_n)$ 或 $\mathrm{diag}(d_i,\ i = 1, 2, \cdots, n)$ 表示对角元素 为 $d_i\ (i = 1, 2, \cdots, n)$ 的对角阵
blockdiag	$\mathrm{blockdiag}(D_1, D_2, \cdots, D_n)$ 或 $\mathrm{blockdiag}(D_i,\ i = 1, 2, \cdots, n)$ 表示对角块为 $D_i\ (i = 1, 2, \cdots, n)$ 的对角分块矩阵

第 1 章   绪   论

本章首先介绍三类线性系统的动态模型,并给出一些实际系统的例子,为后续各章的理论结果和方法提供验证实例;然后具体阐述广义 Sylvester 矩阵方程的分类,简要回顾与广义 Sylvester 矩阵方程相关的研究成果以及基于广义 Sylvester 矩阵方程的应用;最后对本书内容做简要概括。

1.1   三类线性系统模型

1.1.1   一阶线性系统

在实际应用中,常常遇到以下的一阶线性系统:

$$\begin{cases} E\dot{x} - Ax = B_1\dot{u} + B_0u \\ y = Cx + Du \end{cases} \tag{1.1}$$

其中,$x \in \mathbb{R}^q$、$y \in \mathbb{R}^m$ 和 $u \in \mathbb{R}^r$ 分别为系统的状态向量、输出向量和控制向量;$E, A \in \mathbb{R}^{n \times q}$、$B_1, B_0 \in \mathbb{R}^{n \times r}$、$C \in \mathbb{R}^{m \times q}$ 和 $D \in \mathbb{R}^{m \times r}$ 为具有适当维数的系数矩阵。

式 (1.1) 是一般形式的一阶非方系统[1-6]。尽管在绝大多数的实际应用中,非方系统是很常见的,但是本书中主要研究的是方的系统,即在上述系统模型中 $q = n$。

当 $B_1 = 0$ 时,系统 (1.1) 退化为如下常见的广义线性系统模型[1,7]:

$$\begin{cases} E\dot{x} = Ax + Bu \\ y = Cx + Du \end{cases} \tag{1.2}$$

其中,系数矩阵 E 可以是奇异的。当 E 是非奇异的矩阵时,上述系统可转化为常规线性系统,其系统模型描述为如下的一阶状态空间模型:

$$\begin{cases} \dot{x} = Ax + Bu \\ y = Cx + Du \end{cases} \tag{1.3}$$

有关常规一阶线性系统 (1.3) 的分析与控制的理论已经相当成熟,在众多的教材中都有陈述[8,9]。一阶线性系统 (1.1) 从形式上看只是系统 (1.3) 的一种拓展,但却有完全平行的相关理论[1,10-12]。

下面的定义阐述了与系统 (1.1) 有关的两个基本概念。

定义 1.1   对一阶线性系统 (1.1)，有如下定义：

(1) $sE - A$ 称为系统的特征多项式矩阵。

(2) 当 $q = n$ 时，$\det{(sE - A)}$ 称为系统的特征多项式，相应地，$\det{(sE - A)} = 0$ 的根称为系统的极点。

1.1.2   二阶线性系统

很多的实际系统可以描述为如下的二阶线性系统：

$$M\ddot{x} + D\dot{x} + Kx = B_2\ddot{u} + B_1\dot{u} + B_0u \tag{1.4}$$

其中，$x \in \mathbb{R}^q$ 和 $u \in \mathbb{R}^r$ 分别为系统的状态向量和控制向量；$M, D, K \in \mathbb{R}^{n \times q}$ 以及 $B_0, B_1, B_2 \in \mathbb{R}^{n \times r}$ 为系统的系数矩阵。而 $q = n$ 的情形，也是常见的。

在系统 (1.4) 中，当矩阵 M 为非零矩阵 (允许奇异) 时，系统称为二阶广义线性系统。以下的定义进一步阐述了有关此类系统的一些基本概念。

定义 1.2   对于二阶动态线性系统 (1.4)，有如下定义：

(1) 当 $M \neq 0$ 时，称其为二阶广义线性系统，特别地，当 $\det M \neq 0$ 时，称其为二阶常规线性系统。

(2) $Ms^2 + Ds + K$ 称为系统的特征多项式矩阵。

(3) 当 $q = n$ 时，$\det{(Ms^2 + Ds + K)}$ 称为系统的特征多项式，相应地，$\det{(Ms^2 + Ds + K)} = 0$ 的根称为系统的极点。

在很多应用中，矩阵 M 和 K 是对称正定 (或半正定) 的，而矩阵 D 是对称或反对称的。此时，矩阵 M、D 和 K 分别称为质量矩阵、结构阻尼矩阵和刚性矩阵。

当 $B_1 = B_2 = 0$ 时，令 $B \overset{\text{def}}{=} B_0$，上述系统转化为

$$M\ddot{x} + D\dot{x} + Kx = Bu \tag{1.5}$$

这一形式常见于众多实际应用中，如振动与结构分析[13-15]、航天控制[16-19]、柔性结构[20,21]、机器人系统[22-24] 等，并得到了众多关注[14,25-29]。

二阶系统之所以在实际工程中非常普遍，主要基于以下两个事实。

(1) 许多系统本质上是二阶的。当应用 Newton 定律、Euler-Lagrangian 方程和角动量定理等对系统进行动态建模时，系统模型最终将以二阶形式表现出来。

(2) 常见的动态系统一般是由两个或两个以上的一阶动态子系统构成的，因此从整体来看，系统模型仍然是二阶动态系统模型。

上述观点中，前者已经达成共识 (大多数读者均具有应用 Newton 定律建模的经验)；为验证后者，考虑如图 1.1 所示的级联系统。假设系统模型描述如下：

$$\dot{x} = A_{\text{p}}x + B_{\text{p}}u + \tau \tag{1.6}$$

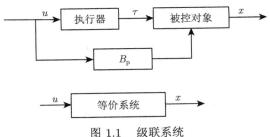

图 1.1 级联系统

其中，$x \in \mathbb{R}^n$ 为系统状态向量；$\tau \in \mathbb{R}^n$ 为系统输入 (或为外力，或为扭矩向量)。

执行器模型如下：

$$\dot{\tau} = A_{\mathrm{a}}\tau + B_{\mathrm{a}}u \tag{1.7}$$

其中，$u \in \mathbb{R}^r$ 为驱动控制向量；系数矩阵 A_{p}、B_{p} 和 A_{a}、B_{a} 具有适当的维数。

以下命题说明，二阶系统是一阶系统的级联结果。

命题 1.1 对于如图 1.1 所示的级联系统，其系统模型和执行器模型分别为式 (1.6) 和式 (1.7)，则等价的输入为 u、输出为 x 的系统具有如下二阶线性模型：

$$A_2\ddot{x} + A_1\dot{x} + A_0x = B_1\dot{u} + B_0u \tag{1.8}$$

其中，

$$\begin{cases} A_2 = I \\ A_1 = -(A_{\mathrm{p}} + A_{\mathrm{a}}) \\ A_0 = A_{\mathrm{a}}A_{\mathrm{p}} \end{cases} \tag{1.9}$$

$$\begin{cases} B_1 = B_{\mathrm{p}} \\ B_0 = B_{\mathrm{a}} - A_{\mathrm{a}}B_{\mathrm{p}} \end{cases} \tag{1.10}$$

证明 系统模型 (1.6) 可改写为如下形式：

$$\tau = \dot{x} - A_{\mathrm{p}}x - B_{\mathrm{p}}u \tag{1.11}$$

对式 (1.6) 两边同时微分，再由式 (1.7) 和式 (1.11)，有

$$\begin{aligned} \ddot{x} &= A_{\mathrm{p}}\dot{x} + B_{\mathrm{p}}\dot{u} + \dot{\tau} \\ &= A_{\mathrm{p}}\dot{x} + B_{\mathrm{p}}\dot{u} + (A_{\mathrm{a}}\tau + B_{\mathrm{a}}u) \\ &= A_{\mathrm{p}}\dot{x} + B_{\mathrm{p}}\dot{u} + A_{\mathrm{a}}(\dot{x} - A_{\mathrm{p}}x - B_{\mathrm{p}}u) + B_{\mathrm{a}}u \\ &= (A_{\mathrm{p}} + A_{\mathrm{a}})\dot{x} - A_{\mathrm{a}}A_{\mathrm{p}}x + B_{\mathrm{p}}\dot{u} + (B_{\mathrm{a}} - A_{\mathrm{a}}B_{\mathrm{p}})u \end{aligned}$$

从而有

$$\ddot{x} - (A_{\mathrm{p}} + A_{\mathrm{a}})\dot{x} + A_{\mathrm{a}}A_{\mathrm{p}}x = B_{\mathrm{p}}\dot{u} + (B_{\mathrm{a}} - A_{\mathrm{a}}B_{\mathrm{p}})u$$

将式 (1.9) 和式 (1.10) 代入上式即得到二阶模型 (1.8)。 □

1.1.3 高阶线性系统

在处理更为复杂的问题时，常常采用具有如下模型的高阶线性系统[30,31]：

$$A_m x^{(m)} + \cdots + A_1 \dot{x} + A_0 x = B_m u^{(m)} + \cdots + B_1 \dot{u} + B_0 u \tag{1.12}$$

其中，$x \in \mathbb{R}^q$ 和 $u \in \mathbb{R}^r$ 分别为状态向量和控制向量；$A_i \in \mathbb{R}^{n \times q}$、$B_i \in \mathbb{R}^{n \times r}$ ($i = 0, 1, 2, \cdots, m$) 为系统的系数矩阵。考虑到系统的物理实现性，一般要求 $A_m \neq 0$，此时 m 称为系统的阶。

方程 (1.12) 表示广义高阶非方系统。当 $q = n$ 时，系统是方的。在实际应用中，系统一般是方的。

在这一类系统中，包含如下标量形式：

$$a_m x^{(m)} + \cdots + a_1 \dot{x} + a_0 x = b_m u^{(m)} + \cdots + b_1 \dot{u} + b_0 u \tag{1.13}$$

其中，$a_i, b_i \in \mathbb{R}$ ($i = 0, 1, 2, \cdots, m$) 为标量系数。此类系统的研究请参见相关文献[8,32-34] 等。

令 s 表示微分算子，则系统 (1.12) 可以改写为如下的算子形式：

$$A(s)x(s) = B(s)u(s)$$

其中，$x(s)$ 和 $u(s)$ 分别为 $x(t)$ 和 $u(t)$ 的拉普拉斯 (Laplace) 变换，并且

$$A(s) = A_m s^m + \cdots + A_2 s^2 + A_1 s + A_0 \tag{1.14}$$

$$B(s) = B_m s^m + \cdots + B_2 s^2 + B_1 s + B_0 \tag{1.15}$$

当 $B_i = 0$ ($i = 1, 2, \cdots, m$)，且 B_0 由 B 代替时，系统 (1.12) 可转化为

$$A_m x^{(m)} + \cdots + A_1 \dot{x} + A_0 x = Bu \tag{1.16}$$

在实际应用中，这一系统较系统 (1.12) 更为常见。

平行于定义 1.2，下面给出高阶系统的一些相关概念。

定义 1.3   对于 m 阶线性系统 (1.12)，有如下定义：

(1) 如果 $A_m \neq 0$，则称其为 m 阶广义线性系统，特别地，如果 $\det A_m \neq 0$，则称其为 m 阶常规线性系统。

(2) $A(s)$ 称为系统的特征多项式矩阵。

(3) 当 $q = n$ 时，$\det A(s)$ 称为系统的特征多项式，对应地，$\det A(s) = 0$ 的根称为系统的极点。

根据定义 1.3，系统 (1.12) 的极点的集合记为

$$\aleph = \{s \mid \det A(s) = 0\}$$

再次考虑如图 1.1 所示的级联系统，假设系统模型如下：

$$M_{\mathrm{p}}\ddot{x} + D_{\mathrm{p}}\dot{x} + K_{\mathrm{p}}x = B_{\mathrm{p}}u + \tau \tag{1.17}$$

其中，$x \in \mathbb{R}^n$ 为系统状态向量；$\tau \in \mathbb{R}^n$ 为系统输入 (或为外力，或为扭矩向量)。

执行器模型如下：

$$\ddot{\tau} + D_{\mathrm{a}}\dot{\tau} + K_{\mathrm{a}}\tau = B_{\mathrm{a}}u \tag{1.18}$$

其中，$u \in \mathbb{R}^r$ 为驱动控制向量；系数矩阵 M_{p}、D_{p}、K_{p}、B_{p} 和 D_{a}、K_{a}、B_{a} 具有适当的维数。

以下命题说明，高阶系统是较低阶系统的级联结果。

命题 1.2　对于如图 1.1 所示的级联系统，其系统模型和执行器模型分别为式 (1.17) 和式 (1.18)，则其等价的输入为 u、输出为 x 的系统由如下四阶线性模型给出：

$$A_4 x^{(4)} + A_3 \dddot{x} + A_2 \ddot{x} + A_1 \dot{x} + A_0 x = B_2 \ddot{u} + B_1 \dot{u} + B_0 u \tag{1.19}$$

其中，

$$\begin{cases} A_4 = M_{\mathrm{p}} \\ A_3 = D_{\mathrm{p}} + D_{\mathrm{a}}M_{\mathrm{p}} \\ A_2 = K_{\mathrm{p}} + D_{\mathrm{a}}D_{\mathrm{p}} + K_{\mathrm{a}}M_{\mathrm{p}} \\ A_1 = D_{\mathrm{a}}K_{\mathrm{p}} + K_{\mathrm{a}}D_{\mathrm{p}} \\ A_0 = K_{\mathrm{a}}K_{\mathrm{p}} \end{cases} \tag{1.20}$$

$$\begin{cases} B_2 = B_{\mathrm{p}} \\ B_1 = D_{\mathrm{a}}B_{\mathrm{p}} \\ B_0 = K_{\mathrm{a}}B_{\mathrm{p}} + B_{\mathrm{a}} \end{cases} \tag{1.21}$$

证明　对系统 (1.17) 两侧取微分，有

$$M_{\mathrm{p}}\dddot{x} + D_{\mathrm{p}}\ddot{x} + K_{\mathrm{p}}\dot{x} = B_{\mathrm{p}}\dot{u} + \dot{\tau} \tag{1.22}$$

由式 (1.17) 和式 (1.22)，有如下形式：

$$\tau = M_{\mathrm{p}}\ddot{x} + D_{\mathrm{p}}\dot{x} + K_{\mathrm{p}}x - B_{\mathrm{p}}u$$

$$\dot{\tau} = M_{\mathrm{p}}\dddot{x} + D_{\mathrm{p}}\ddot{x} + K_{\mathrm{p}}\dot{x} - B_{\mathrm{p}}\dot{u}$$

将上述关系代入式 (1.18)，从而有

$$\dddot{\tau} = -D_{\mathrm{a}}\left(M_{\mathrm{p}}\dddot{x} + D_{\mathrm{p}}\ddot{x} + K_{\mathrm{p}}\dot{x} - B_{\mathrm{p}}\dot{u}\right)$$

$$-K_{\mathrm{a}}\left(M_{\mathrm{p}}\ddot{x} + D_{\mathrm{p}}\dot{x} + K_{\mathrm{p}}x - B_{\mathrm{p}}u\right) + B_{\mathrm{a}}u \tag{1.23}$$

对方程 (1.22) 两侧取微分, 有

$$M_{\mathrm{p}}x^{(4)} + D_{\mathrm{p}}\dddot{x} + K_{\mathrm{p}}\ddot{x} = B_{\mathrm{p}}\ddot{u} + \ddot{\tau} \tag{1.24}$$

将关系式 (1.23) 代入方程 (1.24), 整理后得到四阶方程 (1.19), 其系数由式 (1.20) 和式 (1.21) 给出。 □

说明 1.1 很明显, 当 $m = 2$ 时, m 阶系统 (1.12) 代表二阶广义线性系统; 当 $m = 1$ 时, m 阶系统化为一阶广义线性系统; 另外, 通过状态增广, m 阶系统 (1.12) 也能转化成增广的形为式 (1.3) 或式 (1.1) 的一阶线性系统。应当指出的是, 尽管一阶线性系统的控制理论和技术能够应用于转化的系统, 但是在实际分析与设计中, 这一做法并未得到广泛认可, 其原因如下:

(1) 这将带来额外的计算量, 使得处理更为复杂。

(2) 在每一步转化中, 都将引入数值误差, 这一误差会影响分析与设计的结果, 导致最终结果不准确。

(3) 这种转化破坏了最初系统参数的物理意义。

(4) 更为重要的是, 在设计与分析的简单性和闭环系统性能方面, 转化为一阶系统的设计方法常常不及高阶系统的直接设计方法。

1.2 实 例 分 析

本节将给出一些实际系统的例子, 一方面回顾 1.1 节介绍的系统模型, 另一方面为后续各章的理论结果和方法提供验证实例。

1.2.1 电路系统

例 1.1 考虑如图 1.2 所示的电路, 其中, R_0、R_1 和 R_2 为电阻; i_1 和 i_2 分别为直接通过电压源 $U_{\mathrm{s}1}$ 和 $U_{\mathrm{s}2}$ 的电流; i_3 和 i_4 分别为通过电容 C_1 和 C_2 的电流。

对于电流 i_1, 根据基尔霍夫 (Kirchhoff) 电压定律, 有

$$U_{\mathrm{s}1}(t) = R_1 i_3(t) + \frac{1}{C_1}\int i_3(t)\mathrm{d}t \tag{1.25}$$

对方程 (1.25) 两侧取微分, 有

$$C_1\frac{\mathrm{d}}{\mathrm{d}t}U_{\mathrm{s}1}(t) = R_1 C_1\frac{\mathrm{d}}{\mathrm{d}t}i_3(t) + i_3(t) \tag{1.26}$$

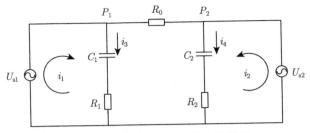

图 1.2　包括两个电压源的电路系统

类似地，对于电流 i_2，有

$$U_{s2}(t) = R_2 i_4(t) + \frac{1}{C_2} \int i_4(t)\,\mathrm{d}t \tag{1.27}$$

对式 (1.27) 两侧取微分，可得

$$C_2 \frac{\mathrm{d}}{\mathrm{d}t} U_{s2}(t) = R_2 C_2 \frac{\mathrm{d}}{\mathrm{d}t} i_4(t) + i_4(t) \tag{1.28}$$

再次在节点 P_1 应用基尔霍夫电流定律，有

$$i_3(t) = i_1(t) + \frac{1}{R_0}\left(U_{s2}(t) - U_{s1}(t)\right) \tag{1.29}$$

而在节点 P_2，有

$$i_4(t) = i_2(t) + \frac{1}{R_0}\left(U_{s1}(t) - U_{s2}(t)\right) \tag{1.30}$$

将式 (1.29) 代入式 (1.26)，可得

$$C_1 \frac{\mathrm{d}}{\mathrm{d}t} U_{s1}(t) = R_1 C_1 \frac{\mathrm{d}}{\mathrm{d}t} i_1(t) + \frac{R_1}{R_0} C_1 \frac{\mathrm{d}}{\mathrm{d}t}\left(U_{s2}(t) - U_{s1}(t)\right)$$
$$+ i_1(t) + \frac{1}{R_0}\left(U_{s2}(t) - U_{s1}(t)\right)$$

上式可改写为以下形式：

$$R_1 C_1 \frac{\mathrm{d}}{\mathrm{d}t} i_1(t) + i_1(t) = C_1\left(1 + \frac{R_1}{R_0}\right)\frac{\mathrm{d}}{\mathrm{d}t} U_{s1}(t)$$
$$- \frac{R_1}{R_0} C_1 \frac{\mathrm{d}}{\mathrm{d}t} U_{s2}(t) - \frac{1}{R_0}\left(U_{s2}(t) - U_{s1}(t)\right) \tag{1.31}$$

类似地，将式 (1.30) 代入式 (1.28)，有

$$C_1 \frac{\mathrm{d}}{\mathrm{d}t} U_{s2}(t) = R_2 C_2 \frac{\mathrm{d}}{\mathrm{d}t}\left(i_2(t) + \frac{1}{R_0}\left(U_{s1}(t) - U_{s2}(t)\right)\right)$$

$$+i_2(t) + \frac{1}{R_0}(U_{s1}(t) - U_{s2}(t))$$

进而改写为如下形式：

$$R_2 C_2 \frac{\mathrm{d}}{\mathrm{d}t} i_2(t) + i_2(t) = C_2\left(1 + \frac{R_2}{R_0}\right)\frac{\mathrm{d}}{\mathrm{d}t}U_{s2}(t)$$

$$-\frac{R_2}{R_0}C_2\frac{\mathrm{d}}{\mathrm{d}t}U_{s1}(t) - \frac{1}{R_0}(U_{s1}(t) - U_{s2}(t)) \qquad (1.32)$$

定义系统的状态和输入向量如下：

$$x = \begin{bmatrix} i_1(t) \\ i_2(t) \end{bmatrix}, \quad u = \begin{bmatrix} U_{s1}(t) \\ U_{s2}(t) \end{bmatrix}$$

从方程 (1.31) 和方程 (1.32)，可得到如下系统状态空间模型：

$$E\dot{x} - Ax = B_1\dot{u} + B_0 u \qquad (1.33)$$

其中，

$$E = \begin{bmatrix} R_1 C_1 & 0 \\ 0 & R_2 C_2 \end{bmatrix}, \quad A = \begin{bmatrix} -1 & 0 \\ 0 & -1 \end{bmatrix}$$

$$B_1 = \frac{1}{R_0}\begin{bmatrix} C_1(R_0 + R_1) & -C_1 R_1 \\ -C_2 R_2 & C_2(R_0 + R_2) \end{bmatrix}, \quad B_0 = \frac{1}{R_0}\begin{bmatrix} 1 & -1 \\ -1 & 1 \end{bmatrix}$$

若系统的参数取值为

$$C_1 = C_2 = 1$$
$$R_0 = R_1 = R_2 = 0.5$$

则对应地，有

$$E = \begin{bmatrix} 0.5 & 0 \\ 0 & 0.5 \end{bmatrix}, \quad A = \begin{bmatrix} -1 & 0 \\ 0 & -1 \end{bmatrix}$$

$$B_1 = \begin{bmatrix} 2 & -1 \\ -1 & 2 \end{bmatrix}, \quad B_0 = \begin{bmatrix} 2 & -2 \\ -2 & 2 \end{bmatrix}$$

1.2.2 多智能体运动学系统

假设有 p 个物体沿轨道移动 (图 1.3)。$p = 4$ 的情形在文献 [9] 中已经讨论过。

令 m_i 和 v_i 分别为第 i 个物体的质量和速度，u_i 为施加于第 i 个物体的外力，y_i 为第 i 个物体的位置，其中，$i = 1, 2, \cdots, p$。进一步，令 $L_i \ (i = 1, 2, \cdots, p-1)$

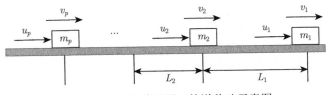

图 1.3　多个物体沿同一轨道移动示意图

为第 i 个物体与第 $i+1$ 个物体之间的相对距离。因此，上述 p 个物体的运动可以描述为以下形式：

$$\begin{cases} \dot{y}_i = v_i \\ m_i\dot{v}_i + kv_i = u_i \\ i = 1, 2, \cdots, p \end{cases} \tag{1.34}$$

其中，k 为摩擦系数。

控制目标是，p 个物体以固定的速度 v_0 移动，并且在同一时间，任意两个相邻的物体保持固定的间距 L_0。为此，令

$$\begin{cases} L_i^{\mathrm{r}} = L_i - L_0, & i = 1, 2, \cdots, p-1 \\ v_i^{\mathrm{r}} = v_i - v_0, & i = 1, 2, \cdots, p \\ u_i^{\mathrm{r}} = u_i - kv_0, & i = 1, 2, \cdots, p \end{cases} \tag{1.35}$$

利用式 (1.34) 和式 (1.35)，有

$$\begin{aligned} \dot{L}_i^{\mathrm{r}} = \dot{L}_i = \dot{y}_i - \dot{y}_{i+1} \\ = v_i^{\mathrm{r}} - v_{i+1}^{\mathrm{r}}, \quad i = 1, 2, \cdots, p-1 \end{aligned} \tag{1.36}$$

$$\begin{aligned} m_i\dot{v}_i^{\mathrm{r}} + kv_i^{\mathrm{r}} = m_i\dot{v}_i + k(v_i - v_0) \\ = u_i - kv_0 = u_i^{\mathrm{r}}, \quad i = 1, 2, \cdots, p-1 \end{aligned} \tag{1.37}$$

令

$$q_i = \begin{bmatrix} v_i^{\mathrm{r}} \\ L_i^{\mathrm{r}} \end{bmatrix}, \quad i = 1, 2, \cdots, p-1$$

并分别定义系统状态向量、输出向量和控制向量如下：

$$x = \begin{bmatrix} q_1 \\ q_2 \\ \vdots \\ q_{p-1} \\ v_p \end{bmatrix}, \quad y = \begin{bmatrix} L_1^{\mathrm{r}} \\ L_2^{\mathrm{r}} \\ \vdots \\ L_{p-1}^{\mathrm{r}} \end{bmatrix}, \quad u = \begin{bmatrix} u_1^{\mathrm{r}} \\ u_2^{\mathrm{r}} \\ \vdots \\ u_{p-1}^{\mathrm{r}} \\ u_p \end{bmatrix}$$

合并方程 (1.36) 和方程 (1.37) 以及式 (1.34) 的第二个方程，可得系统的形为式 (1.2) 的标准广义动态模型，其中[①]，

$$E = \mathrm{diag}\,(m_1, 1, m_2, 1, \cdots, m_{p-1}, 1, m_p)$$

$$A = \begin{bmatrix} -k & 0 & 0 & & & & & \\ 1 & 0 & -1 & & & & & \\ & & -k & 0 & 0 & & & \\ & & 1 & 0 & -1 & & & \\ & & & & \ddots & \ddots & & \\ & & & & & -k & 0 & 0 \\ & & & & & 1 & 0 & -1 \\ & & & & & & & -k \end{bmatrix}, \quad B = \begin{bmatrix} 1 & 0 & & \\ 0 & 0 & & \\ & & 1 & 0 \\ & & 0 & 0 \\ & & & \ddots & \ddots \\ & & & & 1 & 0 \\ & & & & 0 & 0 \\ & & & & & 1 \end{bmatrix}$$

$$C = \begin{bmatrix} 0 & 1 & & & & 0 \\ & & 0 & 1 & & 0 \\ & & & \ddots & \ddots & \vdots \\ & & & & 0 & 1 & 0 \end{bmatrix}$$

上述矩阵 A、B 和 C 中，未给出值的元素均为零。

例 1.2　当 $p = 3$ 时，系统模型为式 (1.2)，且有[②]

$$E = \mathrm{diag}\,(m_1, 1, m_2, 1, m_3)$$

$$A = \begin{bmatrix} -k & 0 & 0 & 0 & 0 \\ 1 & 0 & -1 & 0 & 0 \\ 0 & 0 & -k & 0 & 0 \\ 0 & 0 & 1 & 0 & -1 \\ 0 & 0 & 0 & 0 & -k \end{bmatrix} \tag{1.38}$$

$$B = \begin{bmatrix} 1 & 0 & 0 \\ 0 & 0 & 0 \\ 0 & 1 & 0 \\ 0 & 0 & 0 \\ 0 & 0 & 1 \end{bmatrix}, \quad C = \begin{bmatrix} 0 & 1 & 0 & 0 & 0 \\ 0 & 0 & 0 & 1 & 0 \end{bmatrix} \tag{1.39}$$

若选取如下参数：

$$k = 0.1, \quad m_i = 2i + 6(\mathrm{kg}), \quad i = 1, 2, 3$$

---

① 原书中矩阵 A 多了一列，矩阵 C 少了一列，特此更正。

② 原书中矩阵 A 多了一列，特此更正。

则有

$$E = \text{diag}\,(8, 1, 10, 1, 12) \tag{1.40}$$

$$A = \begin{bmatrix} -0.1 & 0 & 0 & 0 & 0 \\ 1 & 0 & -1 & 0 & 0 \\ 0 & 0 & -0.1 & 0 & 0 \\ 0 & 0 & 1 & 0 & -1 \\ 0 & 0 & 0 & 0 & -0.1 \end{bmatrix} \tag{1.41}$$

而矩阵 B 和 C 由式 (1.39) 给出。

1.2.3 受限线性机械系统

受限线性机械系统可描述如下[1]：

$$M\ddot{z} + D\dot{z} + Kz = Lf + J^{\mathrm{T}}\mu \tag{1.42}$$

$$G\dot{z} + Hz = 0 \tag{1.43}$$

其中，$z \in \mathbb{R}^n$ 为位移向量；$f \in \mathbb{R}^n$ 为已知的输入向量；$\mu \in \mathbb{R}^n$ 为 Lagrangian 乘子向量；M 为惯性矩阵，通常为对称正定矩阵；D 为阻尼和陀螺矩阵；K 为刚度矩阵或循环矩阵；L 为外力分布矩阵；J 为约束方程的雅可比矩阵；G 和 H 分别为约束方程的系数矩阵。式 (1.42) 和式 (1.43) 中的所有矩阵为具有适当维数的已知常数矩阵。

方程 (1.42) 称为动态方程，方程 (1.43) 称为约束方程。受限线性机械系统模型可转化为下面两种形式。

1. 矩阵二阶形式

分别选取系统的状态向量和输入向量如下：

$$x = \begin{bmatrix} z \\ \mu \end{bmatrix}, \quad u = f$$

则方程 (1.42) 和方程 (1.43) 可改写为如下的二阶广义线性系统形式：

$$A_2\ddot{x} + A_1\dot{x} + A_0x = Bu \tag{1.44}$$

其中，

$$A_2 = \begin{bmatrix} M & 0 \\ 0 & 0 \end{bmatrix}, \quad A_1 = \begin{bmatrix} D & 0 \\ G & 0 \end{bmatrix}$$

$$A_0 = \begin{bmatrix} K & -J^{\mathrm{T}} \\ H & 0 \end{bmatrix}, \quad B = \begin{bmatrix} L \\ 0 \end{bmatrix}$$

2. 矩阵一阶形式

如果分别选取系统的状态向量和输入向量如下：

$$x = \begin{bmatrix} z \\ \dot{z} \\ \mu \end{bmatrix}, \quad u = f$$

则方程 (1.42) 和方程 (1.43) 可改写为如下的一阶广义线性系统形式：

$$E\dot{x} = Ax + Bu \tag{1.45}$$

其中，

$$E = \begin{bmatrix} I & 0 & 0 \\ 0 & M & 0 \\ 0 & 0 & 0 \end{bmatrix}, \quad B = \begin{bmatrix} 0 \\ L \\ 0 \end{bmatrix}$$

$$A = \begin{bmatrix} 0 & I & 0 \\ -K & -D & J^{\mathrm{T}} \\ H & G & 0 \end{bmatrix}$$

例 1.3 考虑如图 1.4 所示的机械系统，该系统由两个单质量弹簧振子通过一个阻尼元件连接组成[1,35]。令

$$m_1 = m_2 = 1(\mathrm{kg}), \quad d = 1(\mathrm{N \cdot s/m}), \quad k_1 = 2(\mathrm{N/m}), \quad k_2 = 1(\mathrm{N/m})$$

则基于方程 (1.42) 和方程 (1.43) 描述的系统具有如下形式：

$$\begin{bmatrix} 1 & 0 \\ 0 & 1 \end{bmatrix} \begin{bmatrix} \ddot{z}_1 \\ \ddot{z}_2 \end{bmatrix} + \begin{bmatrix} 1 & 1 \\ 1 & 1 \end{bmatrix} \begin{bmatrix} \dot{z}_1 \\ \dot{z}_2 \end{bmatrix} + \begin{bmatrix} 2 & 0 \\ 0 & 1 \end{bmatrix} \begin{bmatrix} z_1 \\ z_2 \end{bmatrix} = \begin{bmatrix} 1 \\ -1 \end{bmatrix} f + \begin{bmatrix} 1 \\ 1 \end{bmatrix} \mu$$

$$\begin{bmatrix} 1 & 1 \end{bmatrix} \begin{bmatrix} z_1 \\ z_2 \end{bmatrix} = 0$$

因此，有

$$M = \begin{bmatrix} 1 & 0 \\ 0 & 1 \end{bmatrix}, \quad D = \begin{bmatrix} 1 & 1 \\ 1 & 1 \end{bmatrix}, \quad K = \begin{bmatrix} 2 & 0 \\ 0 & 1 \end{bmatrix}$$

$$L = \begin{bmatrix} 1 \\ -1 \end{bmatrix}, \quad J^{\mathrm{T}} = \begin{bmatrix} 1 \\ 1 \end{bmatrix}$$

$$G = \begin{bmatrix} 0 & 0 \end{bmatrix}, \quad H = \begin{bmatrix} 1 & 1 \end{bmatrix}$$

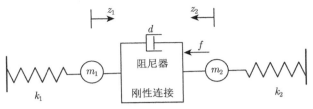

图 1.4 两个单质量弹簧振子连接系统

基于上述矩阵, 矩阵二阶形式 (1.44) 中的系数矩阵如下:

$$A_2 = \begin{bmatrix} 1 & 0 & 0 \\ 0 & 1 & 0 \\ 0 & 0 & 0 \end{bmatrix}, \quad A_1 = \begin{bmatrix} 1 & 1 & 0 \\ 1 & 1 & 0 \\ 0 & 0 & 0 \end{bmatrix} \tag{1.46}$$

$$A_0 = \begin{bmatrix} 2 & 0 & -1 \\ 0 & 1 & -1 \\ 1 & 1 & 0 \end{bmatrix}, \quad B = \begin{bmatrix} 1 \\ -1 \\ 0 \end{bmatrix} \tag{1.47}$$

若以一阶广义线性系统形式 (1.45) 来描述以上系统, 则对应的系数矩阵如下:

$$E = \begin{bmatrix} 1 & 0 & 0 & 0 & 0 \\ 0 & 1 & 0 & 0 & 0 \\ 0 & 0 & 1 & 0 & 0 \\ 0 & 0 & 0 & 1 & 0 \\ 0 & 0 & 0 & 0 & 0 \end{bmatrix} \tag{1.48}$$

$$A = \begin{bmatrix} 0 & 0 & 1 & 0 & 0 \\ 0 & 0 & 0 & 1 & 0 \\ -2 & 0 & -1 & -1 & 1 \\ 0 & -1 & -1 & -1 & 1 \\ 1 & 1 & 0 & 0 & 0 \end{bmatrix}, \quad B = \begin{bmatrix} 0 \\ 0 \\ 1 \\ -1 \\ 0 \end{bmatrix} \tag{1.49}$$

1.2.4 柔性关节机器人

文献 [36]~文献 [38] 中均研究了柔性关节机器人。

考虑如图 1.5 所示的柔性关节机械, 它代表一种由扭转弹簧所驱动的垂直连接, 也称单柔性关节机器人。它具有一个执行器, 其转子转动惯量 I 通过具有硬连接方式的弹簧与绕轴旋转的转动惯量 J 连接。为了简化, 考虑刚度为 k 的线性弹簧。在以下的讨论中, 取连接角度 q_1 和电机轴角 q_2 为广义坐标。

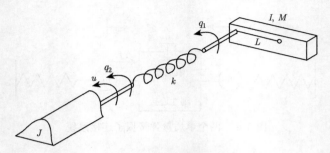

图 1.5　柔性关节机械示意图

例 1.4　当电机的动力学模型由零阶系统描述时，这一机械的运动模型可以描述如下：

$$\begin{cases} I\ddot{q}_1 + D_1\dot{q}_1 + k\,(q_1 - q_2) = 0 \\ J\ddot{q}_2 + D_2\dot{q}_2 - k\,(q_1 - q_2) = u \end{cases} \tag{1.50}$$

其中，u 为电机转矩，与直流电动机电压输入成正比。

令

$$x = \begin{bmatrix} q_1 \\ q_2 \end{bmatrix}$$

则上述系统具有矩阵二阶形式 (1.5)，对应系数矩阵为

$$M = \begin{bmatrix} I & 0 \\ 0 & J \end{bmatrix}, \quad D = \begin{bmatrix} D_1 & 0 \\ 0 & D_2 \end{bmatrix}$$

$$K = \begin{bmatrix} k & -k \\ -k & k \end{bmatrix}, \quad B = \begin{bmatrix} 0 \\ 1 \end{bmatrix}$$

若选取系统参数如下：

$$\begin{cases} I = J = 0.0004(\mathrm{N \cdot m \cdot s^2/rad}) \\ D_2 = 0.015(\mathrm{N \cdot m \cdot s/rad}) \\ D_1 = 0.0(\mathrm{N \cdot m \cdot s/rad}) \\ k = 0.8(\mathrm{N \cdot m/rad}) \end{cases} \tag{1.51}$$

则有

$$M = 0.0004 \times \begin{bmatrix} 1 & 0 \\ 0 & 1 \end{bmatrix}, \quad D = \begin{bmatrix} 0 & 0 \\ 0 & 0.015 \end{bmatrix}, \quad K = 0.8 \times \begin{bmatrix} 1 & -1 \\ -1 & 1 \end{bmatrix}$$

例 1.5　在例 1.4 中, 产生力矩 u 的电机的动力学模型由零阶动态系统描述, 而在很多情形中, 即在旋转速率足够高时, 电机的动力学模型应由一个一阶或二阶的动态系统描述。设此时电机的动力学模型由式 (1.52) 给出:

$$\dot{u} = a_0 u + v \tag{1.52}$$

其中, v 为输入电压; a_0 为适当的负实数。

下面建立此种情形下的系统模型。

对式 (1.50) 中的第二个方程两侧取微分, 有

$$J\dddot{q}_2 + D_2\ddot{q}_2 - k(\dot{q}_1 - \dot{q}_2) = \dot{u}$$

将式 (1.52) 代入上述方程, 有

$$J\dddot{q}_2 + D_2\ddot{q}_2 - k(\dot{q}_1 - \dot{q}_2) = a_0 u + v = a_0\left(J\ddot{q}_2 + D_2\dot{q}_2 - k(q_1 - q_2)\right) + v$$
$$= a_0 J\ddot{q}_2 + a_0 D_2\dot{q}_2 - a_0 k q_1 + a_0 k q_2 + v$$

即

$$J\dddot{q}_2 + (D_2 - a_0 J)\ddot{q}_2 - k\dot{q}_1 + (k - a_0 D_2)\dot{q}_2 + a_0 k q_1 - a_0 k q_2 = v$$

此时, 柔性关节机械的动态方程由式 (1.53) 给出:

$$\begin{cases} I\ddot{q}_1 + D_1\dot{q}_1 + k(q_1 - q_2) = 0 \\ J\dddot{q}_2 + (D_2 - a_0 J)\ddot{q}_2 - k\dot{q}_1 + (k - a_0 D_2)\dot{q}_2 + a_0 k q_1 - a_0 k q_2 = v \end{cases} \tag{1.53}$$

进而可以改写为以下矩阵三阶标准形式:

$$A_3\dddot{q} + A_2\ddot{q} + A_1\dot{q} + A_0 = Bv \tag{1.54}$$

其中,

$$A_3 = \begin{bmatrix} 0 & 0 \\ 0 & J \end{bmatrix}, \quad A_2 = \begin{bmatrix} I & 0 \\ 0 & D_2 - a_0 J \end{bmatrix}$$

$$A_1 = \begin{bmatrix} D_1 & 0 \\ -k & k - a_0 D_2 \end{bmatrix}, \quad A_0 = \begin{bmatrix} k & -k \\ a_0 k & -a_0 k \end{bmatrix}, \quad B = \begin{bmatrix} 0 \\ 1 \end{bmatrix}$$

当系统的参数由式 (1.51) 给出, 且取 $a_0 = -0.95$ 时, 有

$$A_3 = \begin{bmatrix} 0 & 0 \\ 0 & 0.0004 \end{bmatrix}, \quad A_2 = 10^{-3} \times \begin{bmatrix} 0.4 & 0 \\ 0 & 15.38 \end{bmatrix}$$

$$A_1 = \begin{bmatrix} 0 & 0 \\ -0.8 & 0.814\,25 \end{bmatrix}, \quad A_0 = \begin{bmatrix} 0.8 & -0.8 \\ -0.76 & 0.76 \end{bmatrix}, \quad B = \begin{bmatrix} 0 \\ 1 \end{bmatrix}$$

1.3　Sylvester 矩阵方程族

本书将广义 Sylvester 矩阵方程 (generalized Sylvester equation, GSE) 分为以下四类: 一阶广义 Sylvester 矩阵方程、二阶广义 Sylvester 矩阵方程、高阶广义 Sylvester 矩阵方程和常规 Sylvester 矩阵方程 (normal Sylvester equation, NSE)。

1.3.1　一阶广义 Sylvester 矩阵方程

1. 一阶齐次广义 Sylvester 矩阵方程

在处理与一阶广义线性系统 (1.1) 有关的分析与设计问题时, 常会遇到一类具有以下形式的广义 Sylvester 矩阵方程:

$$EVF - AV = B_1WF + B_0W \tag{1.55}$$

其中, $E, A \in \mathbb{R}^{n \times q}$、$B_1, B_0 \in \mathbb{R}^{n \times r}$ 和 $F \in \mathbb{C}^{p \times p}$ 为系数矩阵; $V \in \mathbb{C}^{q \times p}$ 和 $W \in \mathbb{C}^{r \times p}$ 为待定矩阵。

当 $B_1 = 0$ 时, 令 $B_0 \stackrel{\text{def}}{=} B$, 广义 Sylvester 矩阵方程 (1.55) 退化为以下更为常见的形式:

$$EVF - AV = BW \tag{1.56}$$

进而, 当 $E = I_q$ 时, 该方程转化为以下形式:

$$VF - AV = BW \tag{1.57}$$

这是一类在处理与一阶常规线性系统 (1.3) 有关的分析与设计问题时常会遇到的方程。

很明显, 在式 (1.56) 中, 令 $W = -I_p$、$E = -I_q$ 和 $r = p$, 可有如下著名的常规 Sylvester 矩阵方程:

$$VF + AV = B \tag{1.58}$$

而令 $W = I_p$、$A = I_q$ 和 $r = p$, 有如下的广义离散 Lyapunov 方程, 即 Kalman-Yakubovich 方程:

$$EVF - V = B \tag{1.59}$$

如果进一步, 当 $E = F^{\mathrm{T}}$ 时, 则可转化为熟知的离散 Lyapunov 方程, 即 Stein 方程:

$$F^{\mathrm{T}}VF - V = B \tag{1.60}$$

另外, 在式 (1.56) 中, 当取 $W = -I_p$、$E = -I_q$ 和 $A = F^{\mathrm{T}}$ 时, 可转化为如下著名的连续 Lyapunov 方程:

$$F^{\mathrm{T}}V + VF = B \tag{1.61}$$

2. 一阶非齐次广义 Sylvester 矩阵方程

在众多的系统分析与设计中，如扰动衰减设计等，常会遇到如下的一类非齐次广义 Sylvester 矩阵方程：

$$EVF - AV = B_1WF + B_0W + R \tag{1.62}$$

其中，$R \in \mathbb{C}^{n \times p}$ 为已知矩阵；$V \in \mathbb{C}^{q \times p}$ 和 $W \in \mathbb{C}^{r \times p}$ 为待定矩阵。

当取 $B_1 = 0$ 和 $B \overset{\text{def}}{=} B_0$ 时，方程退化为

$$EVF - AV = BW + R \tag{1.63}$$

进而，当取 $E = I$ 时，有

$$VF - AV = BW + R \tag{1.64}$$

广义 Sylvester 矩阵方程 (1.63) 和 (1.64) 分别对应广义线性系统 (1.2) 和常规线性系统 (1.3)。

1.3.2 二阶广义 Sylvester 矩阵方程

很多控制问题，如极点配置、特征结构配置 (eigenstructure assignment, ESA)、干扰解耦和观测器设计等，都伴随着二阶线性系统 (1.4)，这与以下的一类广义 Sylvester 矩阵方程有密切联系：

$$MVF^2 + DVF + KV = B_2WF^2 + B_1WF + B_0W + R \tag{1.65}$$

其中，$M, D, K \in \mathbb{R}^{n \times q}$、$B_2, B_1, B_0 \in \mathbb{R}^{n \times r}$、$F \in \mathbb{C}^{p \times p}$ 和 $R \in \mathbb{C}^{n \times p}$ 为系数矩阵；$V \in \mathbb{C}^{q \times p}$ 和 $W \in \mathbb{C}^{r \times p}$ 为待定矩阵。

这类方程称为二阶广义 Sylvester 矩阵方程。当取 $R = 0$ 时，非齐次方程 (1.65) 转化为以下齐次方程：

$$MVF^2 + DVF + KV = B_2WF^2 + B_1WF + B_0W \tag{1.66}$$

应当指出的是，在众多实际应用中，常有 $q = n$ 和 $B_1 = B_2 = 0$。在后一种情形下，上述两类广义 Sylvester 矩阵方程退化为

$$MVF^2 + DVF + KV = BW + R \tag{1.67}$$

和

$$MVF^2 + DVF + KV = BW \tag{1.68}$$

其中，为了简化，B_0 由 B 代替。

上述两类二阶广义 Sylvester 矩阵方程 (1.67) 和 (1.68) 对应于二阶线性系统 (1.5)。

1.3.3　高阶广义 Sylvester 矩阵方程

在一些控制问题中，如极点/特征结构配置和观测器设计等，常常涉及高阶线性系统 (1.12)，从而密切关联于以下一类方程[30,31,39-46]：

$$A_m V F^m + \cdots + A_1 V F + A_0 V = B_m W F^m + \cdots + B_1 W F + B_0 W + R \quad (1.69)$$

其中，$A_i \in \mathbb{R}^{n \times q}$、$B_i \in \mathbb{R}^{n \times r}$ $(i = 0,1,2,\cdots,m)$、$F \in \mathbb{C}^{p \times p}$ 和 $R \in \mathbb{C}^{n \times p}$ 为系数矩阵；$V \in \mathbb{C}^{q \times p}$ 和 $W \in \mathbb{C}^{r \times p}$ 为待定矩阵。

此类方程称为 m 阶非方非齐次广义 Sylvester 矩阵方程。当 $q = n$ 时，称为方的非齐次广义 Sylvester 矩阵方程。

若矩阵 R 限制于以下特殊形式：

$$R = C_m R^* F^m + \cdots + C_1 R^* F + C_0 R^*$$

其中，$C_i \in \mathbb{R}^{n \times d}$ $(i = 0,1,2,\cdots,m)$ 和 $R^* \in \mathbb{C}^{d \times p}$ 为给定的矩阵，则上述非齐次广义 Sylvester 矩阵方程可改写为以下形式：

$$\sum_{i=0}^{m} A_i V F^i = \sum_{i=0}^{m} B_i W F^i + \sum_{i=0}^{m} C_i R^* F^i \quad (1.70)$$

当矩阵 $R = 0$ 时，方程 (1.69) 退化为以下齐次形式：

$$A_m V F^m + \cdots + A_1 V F + A_0 V = B_m W F^m + \cdots + B_1 W F + B_0 W \quad (1.71)$$

在实际中，如果 $B_i = 0$ $(i = 1,2,\cdots,m)$，并且用 B 代替 B_0，则上述两类方程变为文献 [45] 讨论的如下形式：

$$A_m V F^m + \cdots + A_1 V F + A_0 V = BW + R \quad (1.72)$$

$$A_m V F^m + \cdots + A_1 V F + A_0 V = BW \quad (1.73)$$

显然，上述高阶广义 Sylvester 矩阵方程包括一阶和二阶广义 Sylvester 矩阵方程。为此，下面给出高阶广义 Sylvester 矩阵方程的有关定义。

定义 1.4　给定 m 阶广义 Sylvester 矩阵方程 (1.69) 或 (1.71)，则由

$$\begin{cases} A(s) = A_m s^m + \cdots + A_1 s + A_0 \\ B(s) = B_m s^m + \cdots + B_1 s + B_0 \end{cases}$$

定义的多项式矩阵方程对 $(A(s), B(s))$ 称为广义 Sylvester 矩阵方程 (1.69) 或 (1.71) 的多项式矩阵对。特别地，多项式矩阵 $A(s)$ 称为广义 Sylvester 矩阵方程 (1.69) 或 (1.71) 的特征多项式矩阵。

1.3.4　常规 Sylvester 矩阵方程

在非齐次广义 Sylvester 矩阵方程 (1.73) 中，令 $B = I_n$，从而有以下形式：

$$A_m V F^m + \cdots + A_1 V F + A_0 V = W \tag{1.74}$$

进而，当 W 为已知矩阵且 $\det A_m \neq 0$ 时，式 (1.74) 称为 m 阶常规 Sylvester 矩阵方程。

若矩阵 W 具有如下特殊形式：

$$W = C_m W^* F^m + \cdots + C_1 W^* F + C_0 W^*$$

其中，$C_i \in \mathbb{R}^{n \times d}$ $(i = 0, 1, 2, \cdots, m)$ 和 $W^* \in \mathbb{C}^{d \times p}$ 为给定矩阵，则常规 Sylvester 矩阵方程 (1.74) 可改写为以下形式：

$$A_m V F^m + \cdots + A_1 V F + A_0 V = C_m W^* F^m + \cdots + C_1 W^* F + C_0 W^* \tag{1.75}$$

当 $m = 2$，且 $A_2 = M$、$A_1 = D$、$A_0 = K$ 时，常规 Sylvester 矩阵方程 (1.74) 退化为以下二阶常规 Sylvester 矩阵方程：

$$MVF^2 + DVF + KV = W \tag{1.76}$$

当 $m = 1$，且 $A_1 = E$ 和 $A_0 = -A$ 时，常规 Sylvester 矩阵方程 (1.74) 退化为以下一阶常规 Sylvester 矩阵方程：

$$EVF - AV = W \tag{1.77}$$

进而，在式 (1.77) 中，令 $E = I_n$，有以下常见的常规 Sylvester 矩阵方程：

$$VF - AV = W \tag{1.78}$$

事实上，方程 (1.78) 是最常见的 Sylvester 矩阵方程。方程 (1.77) 是方程 (1.78) 的一种简单推广，此形式常见于一阶广义线性系统 (1.1) 的设计问题。基于此原因，称方程 (1.78) 和方程 (1.77) 为一阶常规 Sylvester 矩阵方程，称方程 (1.76) 为二阶常规 Sylvester 矩阵方程，而称方程 (1.74) 为 m 阶常规 Sylvester 矩阵方程。

在一阶常规 Sylvester 矩阵方程 (1.77) 中，令 $E = I_n$, $A = -F^{\mathrm{T}}$，或在式 (1.78) 中，取 $A = -F^{\mathrm{T}}$，有如下常见的连续 Lyapunov 方程：

$$VF + F^{\mathrm{T}}V = W \tag{1.79}$$

若在常规 Sylvester 矩阵方程 (1.77) 中，取 $A = I_n$，则可得到如下的广义离散 Lyapunov 方程 (或称为 Kalman-Yakubovich 方程)：

$$EVF - V = W \tag{1.80}$$

当 $E = F^{\mathrm{T}}$ 时，式 (1.80) 转化为以下传统的离散 Lyapunov 方程：

$$F^{\mathrm{T}}VF - V = W \tag{1.81}$$

说明 1.2　方程 (1.74)~方程 (1.81) 也可以从非齐次方程 (1.69) 得到，即令 $B_i = 0$ $(i = 0, 1, 2, \cdots, m)$，或 $r = 0$，即 B_i $(i = 0, 1, 2, \cdots, m)$ 的列数为零。此时，在方程 (1.74)~方程 (1.81) 中矩阵 W 由 R 代替。

说明 1.3　当 A_i、B_i $(i = 0, 1, 2, \cdots, m)$、F 和 R 为已知矩阵时，也许求解矩阵方程 (1.69) 的最直接方法是通过 Kronecker 积或拉直运算[47]，产生等价的形为式 (A.24) 和式 (A.25) 的线性向量方程。但是，出于分析和设计目的，常需要明确的完全参数化解。进一步，在某些情形中，甚至当矩阵 F 和 R 未知或只有部分已知时，也需要这一方程的一般解。本书的目的之一，就是给出广义 Sylvester 矩阵方程 (1.69) 和 (1.71) 及其一些特殊情形的解。

在本书中，方程 (1.69) 是最一般的形式。图 1.6 给出了本节介绍的几类广义 Sylvester 矩阵方程与常规 Sylvester 矩阵方程之间的关系。

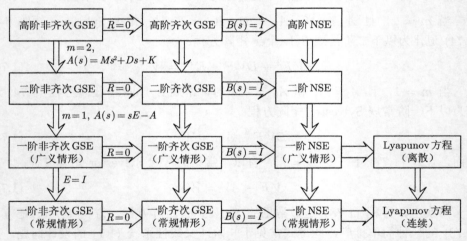

图 1.6　广义 Sylvester 矩阵方程与常规 Sylvester 矩阵方程之间的关系

1.4　其他学者的研究进展

本节将简要回顾与广义 Sylvester 矩阵方程相关的研究成果以及基于广义 Sylvester 矩阵方程的应用。需要指出的是，作者的工作并未涵盖其中，这些工作将系统地在本书中的相关章节进行阐述，或是在注释、文献部分加以体现。与本回顾章节紧密相关的注记分别是 2.4 节、4.8 节和 5.9 节。

1.4.1　与常规线性系统相关的广义 Sylvester 矩阵方程

广义 Sylvester 矩阵方程中受到广泛关注的是一阶齐次广义 Sylvester 矩阵方程 (1.57)，即

$$VF - AV = BW \tag{1.82}$$

这一方程与常规线性系统 (1.3) 的各种设计问题密切相关 (见第 2 章). 方程 (1.82) 的转置形式为

$$F^{\mathrm{T}}V^{\mathrm{T}} - V^{\mathrm{T}}A^{\mathrm{T}} = W^{\mathrm{T}}B^{\mathrm{T}}$$

进而, 有以下形式:

$$FT - TA = ZC \tag{1.83}$$

当 T 和 Z 未知时, 上述方程就是方程 (1.82) 的对偶形式, 常称为类 Sylvester 观测矩阵方程.

1. 数值解

对大多数研究者而言, 求解方程意味着, 在其他所有相关矩阵已知的条件下, 找到未知的矩阵 V 和 W (或对偶意义下的 T 和 Z).

对大型类 Sylvester 观测矩阵方程, 数值方法 (即 Arnoldi 方法) 已经受到相当的关注. 该方法由文献 [48] 提出, 其中, A 为大型的稀疏矩阵, 并已应用到部分谱设计中. 该方法的一个缺点是, 由于计算过程中潜在的舍入, 无法保证得到的向量之间的正交性. 但是, 该方法仍然能给出准确解, 特别是重新正交化之后. 随后, 该方法得到了进一步研究, 文献 [49] 研究了 Datta-Saad 方法[48] 数值方面的问题, 文献 [50] 使用在 Arnoldi 块的近爆破方法求解大型 Sylvester 矩阵方程, 数值试验表明所提出的迭代方法要优于经典方法. 文献 [51] 进一步提出了全局 Arnoldi 方法来求解 Sylvester 观测器方程, 该方法是由文献 [48] 提出的单输出情形下的早期 Arnoldi 方法的一般化推广形式, 其进一步发展是利用初始选择行块的向量和使用全局 Arnoldi 方法 m 步后得到的行块向量之间的关系. 进一步, 文献 [52] 对大型低秩 Sylvester 矩阵方程提出了拓展的 Arnoldi 方法, 数值结果表明这些方法具有鲁棒性, 并且与低秩 Sylvester 矩阵方程的块 Arnoldi (low-rank Sylvester block Arnoldi, LRS-BA) 方法和低秩 Sylvester 矩阵方程的全局 Arnoldi (low-rank Sylvester global Arnoldi, LRS-GA) 方法相比, 能给出更好的结果.

除了 Arnoldi 方法, 基于 Krylov 子空间的方法也受到了关注. 文献 [53] 为求解 Sylvester 观测方程提出了一种新的块算法, 该算法不要求系统矩阵 A 降维, 借助于 Krylov 子空间方法, 使其适用于大型稀疏矩阵的计算, 非常适合应用于使用线性代数程序包 (LAPACK) 高性能计算, 并且与相似方法相比, 具有更高的精度. 同时, 文献 [54] 提出了求解大型矩阵方程的低秩渐近解的矩阵 Krylov 子空间方法, 数值结果表明所提出的方法对稀疏 Sylvester 矩阵方程更有效.

其他算法分别由文献 [55]~文献 [57] 提出. 文献 [55] 提出了一种正交转置算法, 用以求解 Sylvester 观测矩阵方程. 在该算法中, 首先通过酉状态空间变换将矩阵对 (A, C) 化为阶梯型, 通过求解 Schur 形式的低阶矩阵方程得到 Sylvester

观测矩阵方程的解。这种方法的优点在于，可以通过使用方程中更多的自由度找到解矩阵，该解矩阵具有理想的鲁棒性，如最小范数等。文献 [56] 提出了一种算法用以计算受限 Sylvester 矩阵方程的解，在给出解的存在性条件时，也给出了相应的方法；对矩阵 $[\, C^{\mathrm{T}} \ \ T^{\mathrm{T}} \,]$ 满秩的情形也进行了讨论，这个问题在能够实现环路复现的降阶观测器的设计理论中不断出现。基于广义 Hessenberg 观测器形式，文献 [57] 推广了 Hessenberg 观测器算法，用以计算 Sylvester 观测方程的分块解，同时还应用于振动系统的状态和速度估计。

不同于上述方法，文献 [58] 通过精密转换，运用低秩交替方向隐式 (low rank alternating direction implicit, LR-ADI) 方法分析了 Sylvester 矩阵方程的解，并得到了解矩阵 V 的新界和扰动范围，用以反映矩阵 A 和 B 特征分解及右侧因子的关系。

2. 参数化解

对广义 Sylvester 矩阵方程的显式解，也有一些结果。文献 [59] 考虑了右既约分解，并基于此给出了广义 Sylvester 矩阵方程包含全部自由度的完全解。这一解的主要特点在于，矩阵 F 不需要再转化为任何的标准型。针对 F 是 Jordan 矩阵的情形，文献 [60] 给出了方程无任何限制的解析解。通过使用 Kronecker 映射、Sylvester 和以及矩阵 A 的特征多项式的系数的概念，文献 [61] 考虑了 Sylvester 矩阵方程和 Yakubovich 矩阵方程的显式解，结果表明该方法十分简洁且高效。

3. 解及其应用

广义 Sylvester 矩阵方程的最成功应用是基于反馈控制的线性系统特征结构配置。文献 [62] 运用了两个 Sylvester 矩阵方程，针对满足输入、输出的维数和大于系统状态维数的一类系统，提出了基于输出反馈的特征结构配置的简单算法；为求取这两个耦合 Sylvester 矩阵方程的解，提出了一种有效的算法，从而计算出理想输出反馈增益。文献 [63] 考虑了基于 Sylvester 矩阵方程的左特征结构配置问题，所提出的方法可以用来进行干扰抑制控制器的设计，其原因在于配置的左特征向量的方向会影响控制有效性和干扰抑制的程度。进一步，文献 [64] 运用 Sylvester 矩阵方程，对于线性时不变系统和线性时变系统，基于新提出的代数、微分 Sylvester 矩阵方程的概念，给出了特征结构配置问题的算法。

广义 Sylvester 矩阵方程的另一类应用是观测器和补偿器的设计。文献 [65] 考虑了系统设计中的耦合受限 Sylvester 矩阵方程，利用它解决了降阶观测器设计、补偿器设计、输出反馈和有限传输零点配置等问题。Sylvester 方法实现了代数和几何方法的统一，提出了基于 Hessenberg 形式的数值设计算法。文献 [66] 通过应用半群概念提出了观测器设计的基本理论及其应用，发展了针对基于微分、代数形式的无限维 Sylvester 矩阵方程的数学体系；同时，还研究了具有有界输入算子和无界输出算子的线性无限维控制系统的渐近状态观测器设计问题。进一步，Wang 等基于一类 Sylvester 矩阵方程的参数化解，提出了线性系统的降阶状态观测器的参数化设计[67]，又考虑了鲁棒有限时间函数观测器的设计问题[68-70]。

不同于以上情况，文献 [71] 利用受限 Sylvester 矩阵方程，考虑了干扰解耦问题。首先设计了状态反馈控制器用以抑制输出干扰，然后构造观测器用以估计有噪声条件下的状态。该方法通过受限方程及系统设计问题和一个几何理论的紧密联系，展示了受限方程对于系统设计问题的重要意义，并提出了用于干扰解耦问题的有效数值算法。

1.4.2 与广义线性系统相关的广义 Sylvester 矩阵方程

对应于方程 (1.82)，与广义线性系统 (1.2) 相关联的一阶齐次广义 Sylvester 矩阵方程具有式 (1.56) 的形式，即

$$EVF - AV = BW \tag{1.84}$$

该方程的观测器形式为

$$FTE - TA = ZC$$

其中，T 和 Z 是未知矩阵。

1. 方程的解

文献 [72] 研究了一类 Sylvester 矩阵方程，这类方程出现在广义系统强可检测条件下的控制理论中。通过一系列坐标变换，将问题转化为求解与一类可检测降阶常规系统相关联的 Sylvester 矩阵方程，且其结果适用于离散时间广义系统。数值算例表明，LMI 技术为寻求所考虑的受限 Sylvester 矩阵方程的最优解提供了令人感兴趣的方法。文献 [73] 同样也考虑了这一问题，提出了一种新的简单算法用以求解与广义线性系统相对应的广义 Sylvester 矩阵方程，进而提出了一种简单、直接的设计方法。

此外，还有两种方法可用于求取此类方程的显式解。利用 Kronecker 映射、Sylvester 和，以及矩阵 A 的特征多项式系数的概念，Ramadan 等考虑了 Sylvester 矩阵方程和 Yakubovich 矩阵方程的显式解[61]。数值算例验证了所提出的方法，其结果说明了该方法的简洁性和有效性。Wu 等考虑了 Sylvester 共轭矩阵方程的封闭解[74]。对这类矩阵方程，采用了两种方法。第一种方法是基于实表示技术，其基本思想就是将方程变换为广义 Sylvester 矩阵方程形式。第二种方法是给出这一矩阵方程的显式解，其过程是首先构造两个矩阵，然后推导出它们之间的关系，此方法不要求系数矩阵具有任何标准形式。

Song 等研究了 Yakubovich 方程的解[75,76]。特别地，文献 [75] 考虑了 Yakubovich 转置矩阵方程的解，利用 Leverrier 算法和伴随特征多项式给出了

方程的显式解，该方程事实上是式 (1.84) 在 $A = I_n$ 时的特殊形式。而文献 [76] 基于四元矩阵的实表示方法，提出了求解 Yakubovich 共轭四元矩阵方程 $X - A\bar{X}B = CY$ 的实表示方法。

不同于以上方法，文献 [77] 研究了具有以下形式的广义 Sylvester 矩阵方程：

$$EVJ - AV = B_1WJ + B_0W \tag{1.85}$$

并且提出了该矩阵方程的两种解析一般解，其中矩阵 J 是 Jordan 矩阵。

2. 解及其应用

Carvalho 等提出了求解广义 Sylvester 观测器方程的分块解的算法[57]，并将其应用于状态和速度的估计。基于广义 Hessenberg 观测器形式，将该算法推广到 Sylvester 观测器方程的求解。Yang 等提出一种迭代方法，用于求解广义 Sylvester 矩阵方程[78]，并将其应用于线性系统的特征结构配置问题，一些数值结果表明了所提出方法的有效性。Zhang 运用广义 Sylvester 矩阵方程的参数化解，处理了广义系统基于状态反馈的参数化特征结构配置问题[79]，以及广义线性系统基于输出反馈的特征值配置问题[80]。基于一类 Sylvester 矩阵方程的参数化解，Liang 等给出了不确定广义系统的针对传感器和执行器故障的鲁棒 H_∞ 容错控制器的设计方法[81]。

1.4.3 其他类型的方程

1. 非齐次一阶广义 Sylvester 矩阵方程

Wu 等提出了形为式 (1.63) 的非齐次广义 Sylvester 矩阵方程的一般完全参数化解[82]。该解利用了与矩阵三元组 (E, A, B) 相对应的指数为 t 和 φ 的 R-可控性矩阵、广义对称算子和指数为 t 的可观测性矩阵。所提出解的优点在于，矩阵 F 和 R 可具有任意形式，并且可以未知。

不同于文献 [82]，Ramadan 等针对 Sylvester 共轭矩阵方程 $AV + BW = E\bar{V}F + C$ 和 $AV + B\bar{W} = E\bar{V}F + C$ 提出了两种迭代算法[83]。当两个矩阵方程一致时，对于任意的初始矩阵，其解可以通过有限步迭代得到，并且不存在舍入误差。同时，文献提出了一些引理和定理。

关于一般的非齐次广义 Sylvester 矩阵方程的研究结果很少，大多数学者[84-97] 将注意力投入以下的特殊形式：

$$VF - BW = R \tag{1.86}$$

2. 二阶和高阶广义 Sylvester 矩阵方程

Dehghan 等构造了一种有效的迭代方法，用以求解形为式 (1.68) 的二阶 Sylvester 矩阵方程[98]。通过迭代方法，二阶 Sylvester 矩阵方程的可解性也同时确定。这种算法简单、明了，并且不要求矩阵 F 具有任何典范形式。Wang 等给出了此方程的参数化解，并基于此解研究了二阶线性系统的振动控制问题[99]。

区别于上述方法，Sun 等基于一类二阶 Sylvester 矩阵方程的参数化解法，研究了一类不确定二阶矩阵方程的鲁棒解问题[100]。

迄今，对于形为式 (1.66) 的二阶广义 Sylvester 矩阵方程以及形为式 (1.73) 和式 (1.71) 的高阶广义 Sylvester 矩阵方程，除了 Duan 等的工作以外，其他的成果还鲜有报道。

同样，对于形为式 (1.67) 和式 (1.65) 的非齐次二阶广义 Sylvester 矩阵方程以及形为式 (1.69) 和式 (1.72) 的非齐次高阶广义 Sylvester 矩阵方程，除了 Duan 等的工作以外，其他的成果也鲜有报道。

但是，通过与作者在高阶广义 Sylvester 矩阵方程的求解和高阶系统的特征结构配置等方面的合作，Yu 等对高阶广义 Sylvester 矩阵方程参数化解的应用进行了一些尝试，具体包括具有输入时滞的不确定高阶离散系统的鲁棒极点配置[101]、一类高阶离散时滞线性系统的基于状态反馈的特征结构配置[102]、高阶线性系统的基于输出反馈的特征结构配置[103] 以及高阶广义线性系统的观测器设计[104]。

说明 1.4　与离散、连续的常规 Sylvester 矩阵方程以及 Kalman-Yakubovich 方程相关的结论，请参见本书第 9 章中的注记。在此，有以下两点说明。

(1) 非方常规 Sylvester 矩阵方程的研究尚处于起步阶段。

(2) 对于方的常规 Sylvester 矩阵方程，大多数结论集中在一阶情形，而高阶常规 Sylvester 矩阵方程尚未得到广泛关注。

1.5　关 于 本 书

1.5.1　本书的目的

1. 展示广义 Sylvester 矩阵方程的应用

广义 Sylvester 矩阵方程广泛应用于诸多领域，如计算机科学、信号处理、生物计算和控制系统设计等。本书的目的之一就是强调 Sylvester 矩阵方程族在控制系统设计中的应用，以使读者确信很多线性系统控制理论中的控制系统设计问题都与广义 Sylvester 矩阵方程紧密相关。

如前所述，连续和离散的 Lyapunov 方程 (1.79) 和 (1.81) 是广义 Sylvester 矩阵方程的特殊形式。众所周知，在控制系统分析与设计中与 Lyapunov 方程 (式 (1.79)、式 (1.81)) 和一阶常规 Sylvester 矩阵方程 (式 (1.77)、式 (1.78)) 相关的应用，近一二十年来已有大量的报道。

本书第 2 章将展示广义 Sylvester 矩阵方程在控制系统理论中的应用。为配合大多数读者的熟悉程度，在此只强调一阶广义 Sylvester 矩阵方程的情形，阐述其在控制系统理论几种典型控制系统设计问题中的基本功能，即广义极点/特征结构配置、观测器设计、模型参考跟踪和干扰抑制。

2. 强调 Sylvester 参数化方法

本书着眼于广义 Sylvester 矩阵方程的一般参数化解。在第 2 章中，许多控制系统设计问题转化为与之相关的某类广义 Sylvester 矩阵方程的求解问题。基于这一事实，以及广义 Sylvester 矩阵方程的一般完全参数化解，Duan 等提出了控制系统设计问题的一般 Sylvester 参数化方法，这种方法具有高效、简单和方便等特点，同时能更好地处理多目标设计问题。

具体来说，在处理某一控制系统设计问题时，基于相关的广义 Sylvester 矩阵方程的一般参数化解，将所要设计的控制器进行参数化，并明确其需满足的具体条件，进而建立一个最优问题，求解相应的参数。一旦得到了此参数，将其代入参数化的控制器，就可以得到理想的控制器。

尽管本书未涉及 Sylvester 参数化设计方法的细节，但第 2 章给出了与之相关的基本思想并证实了 Sylvester 参数化设计方法的强大 (图 2.1)。

3. 求解广义 Sylvester 矩阵方程

本书的主要目的就是给出广义 Sylvester 矩阵方程的解。

很明显，求解常规 Sylvester 矩阵方程 (1.77) 和 (1.78)，或求解 Lyapunov 矩阵方程 (1.79) 和 (1.81)，就是要寻求一个矩阵 V 满足相应的方程。此时，只需求解一个未知、待定的矩阵 V，而其他的系数矩阵都假定是已知的。矩阵 W 不需要预先已知，也不是待求解变量。但是，考虑到广义 Sylvester 矩阵方程 (1.57)~(1.69) 其中之一时，其目的就是寻求两个未知矩阵 V 和 W 满足该方程。

本书处理形为式 (1.69) 的高阶广义 Sylvester 矩阵方程，它实际上包含了一阶和二阶广义 Sylvester 矩阵方程、任意阶的常规 Sylvester 矩阵方程，以及常见的连续、离散 Lyapunov 矩阵方程等特例。

本书首先研究广义 Sylvester 矩阵方程的可解性。结果表明，在一般条件下齐次广义 Sylvester 矩阵方程具有一个以上的解。由于问题中存在的自由度可以进一步地用来满足其他设计要求，所以给出的包含所有自由度的一般解是非常重要的。研究表明，广义 Sylvester 矩阵方程的可解性和其一般解的自由度，取决于 F-左互质条件，而这一条件又等价于矩阵 F 的特征值不同于与方程相关的系统的不可控模态。

本书针对以下三种重要情形，给出了广义 Sylvester 矩阵方程的一般完全参数化解：

(1) F 是任意矩阵 (方阵)。

(2) F 是一般的 Jordan 矩阵。

(3) F 是对角阵。

从中可以看出，第一种情形会在观测器设计、模型参考跟踪和干扰抑制等问题中有应用；第二、三种情形，经常出现在极点配置和特征结构配置问题中。将广义 Sylvester 矩阵方程的一般参数化解特殊化，可以得到一系列常规 Sylvester 矩阵方程的显式解析解，其中包括连续、离散 Lyapunov 矩阵方程，这些方程中矩阵 W 可以未知，且作为解的部分自由度来使用。

1.5.2 本书的结构

包括绪论在内，本书共 9 章及一个附录。各章节之间相应的结构和关系如图 1.7 所示。

本书的主要目的是给出广义 Sylvester 矩阵方程的解，而对读者而言，了解广义 Sylvester 矩阵方程的重要性和应用价值同样重要。为实现这一目标，在第 2 章中将给出几种典型的控制系统设计问题，其解与广义 Sylvester 矩阵方程密切相关。

为求解所提出的广义 Sylvester 矩阵方程，作为基础知识，第 3 章将提出 F-左 (或右) 互质的概念并给出相应的判别条件。需要指出的是，此概念以及与其相关的几个充分必要条件，在导出齐次和非齐次广义 Sylvester 矩阵方程一般解的过程中将起到重要作用。特别地，形为式 (1.69) 的齐次广义 Sylvester 矩阵方程的可解性及其一般解的自由度都取决于广义 Sylvester 矩阵方程的 F-左互质条件。

第 4 章和第 5 章将给出本书最重要的结论。

第 4 章处理一阶、二阶和高阶齐次广义 Sylvester 矩阵方程的参数化解的问题。首先，在矩阵 F 为任意矩阵的条件下，给出方程的一般完全参数化解；然后，具体到矩阵 F 为 Jordan 矩阵时，推导出方程的简单完全参数化解；最后，选取 Jordan 矩阵的特殊情形——对角阵，通过简化一般解，给出当矩阵 F 为对角阵时方程的完全参数化解，结果表明该解极其简单、规整。

第 5 章处理高阶非齐次广义 Sylvester 矩阵方程的参数化解的问题。首先，给出此方程的一个特解；然后，基于线性方程解的叠加性，给出非齐次方程的一般参数化解。同样，矩阵 F 为任意矩阵、Jordan 矩阵和对角阵三种情形都分别得以研究。

在某些实际应用，如机器人控制和卫星姿态控制中，常会遇到一类特殊的广义 Sylvester 矩阵方程，即全驱动广义 Sylvester 矩阵方程。通过简化第 4 章和第 5 章的结果，第 6 章给出关于齐次和非齐次全驱动广义 Sylvester 矩阵方程的一般结果。而第 7 章将这些结果推广到具有时变系数的广义 Sylvester 矩阵方程中。

第 8 章首先证明非方常规 Sylvester 矩阵方程只是广义 Sylvester 矩阵方程的另一种不同表示形式，并通过简化第 4 章和第 5 章的结果，得到齐次和非齐次非

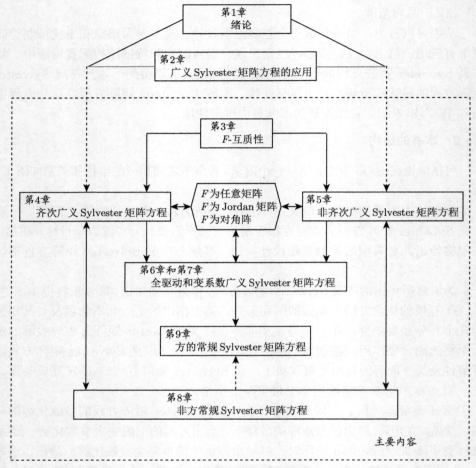

图 1.7   本书的结构及各章的关系

方常规 Sylvester 矩阵方程的解。

最后,通过简化第 6 章中关于齐次全驱动广义 Sylvester 矩阵方程的结果,第 9 章给出一系列方的常规 Sylvester 矩阵方程 (1.74)~(1.81) 的解析解。

1.5.3   基本公式

本书提出的求解各类型广义 Sylvester 矩阵方程的方法是高度一致的。事实上,全书中的统一公式如下:

$$
\begin{cases}
V = \left[P^v(s)\, X \right]\big|_F = P_0^v X + P_1^v X F + \cdots + P_\rho^v X F^\rho \\
W = \left[P^w(s)\, X \right]\big|_F = P_0^w X + P_1^w X F + \cdots + P_\rho^w X F^\rho
\end{cases} \tag{1.87}
$$

其中，X 为具有适当维数的矩阵；$P^v(s)$ 和 $P^w(s)$ 为具有如下形式的多项式矩阵：

$$\begin{cases} P^v(s) = P_0^v + P_1^v s + \cdots + P_\rho^v s^\rho \\ P^w(s) = P_0^w + P_1^w s + \cdots + P_\rho^w s^\rho \end{cases} \tag{1.88}$$

从式 (1.87) 可以推导出下面的三组公式。

1. F 为任意矩阵时的公式组 I

在式 (1.87) 中，直接给定矩阵 X 和多项式矩阵 $P^v(s)$、$P^w(s)$，就得到这组公式，它是在 F 为任意矩阵的条件下，一阶、二阶和高阶广义 Sylvester 矩阵方程的统一一般解，具体包括以下几个部分。

(1) 以 Z 代替矩阵 X，并以满足右既约分解的右互质多项式矩阵对 $N(s)$ 和 $D(s)$ 分别代替矩阵对 $P^v(s)$ 和 $P^w(s)$，从而得到公式 $\mathrm{I_H}$ (4.31)，它是 F 为任意矩阵时，一阶、二阶和高阶齐次广义 Sylvester 矩阵方程的统一一般解。此时，矩阵 Z 为自由参数，代表一般解中的全部自由度。

(2) 以 R 代替矩阵 X，并以满足 Diophantine 方程 (Diophantine equation, DPE) 的多项式矩阵对 $U(s)$ 和 $T(s)$ 代替矩阵对 $P^v(s)$ 和 $P^w(s)$，从而得到公式 $\mathrm{I_N}$ (5.62)，它是 F 为任意矩阵时，一阶、二阶和高阶非齐次广义 Sylvester 矩阵方程的统一特解。此时，矩阵 R 为与非齐次广义 Sylvester 矩阵方程相关的右端项。

(3) 由线性代数方程解的叠加原理，将公式 $\mathrm{I_H}$ (4.31) 和 $\mathrm{I_N}$ (5.62) 两端求和，得到公式 $\mathrm{I_G}$ (5.66)，它是一阶、二阶和高阶非齐次广义 Sylvester 矩阵方程的统一一般参数化解。

因此，这类公式组是非常基础的，其他两类公式组可以由此导出。

2. F 为 Jordan 矩阵时的公式组 II

这类公式组可以通过公式集合 I 中取 F 为 Jordan 矩阵得到，由此给出了在 F 为 Jordan 矩阵的条件下，一阶、二阶和高阶广义 Sylvester 矩阵方程的一般参数化解。特别地，有以下方面。

(1) 在公式 $\mathrm{I_H}$ (4.31) 中令 F 为 Jordan 矩阵，得到公式 $\mathrm{II_H}$ (4.65)，即 F 为 Jordan 矩阵时，一阶、二阶和高阶齐次广义 Sylvester 矩阵方程的统一一般解。

(2) 在公式 $\mathrm{I_N}$ (5.62) 中令 F 为 Jordan 矩阵，得到公式 $\mathrm{II_N}$ (5.84)，即 F 为 Jordan 矩阵时，一阶、二阶和高阶非齐次广义 Sylvester 矩阵方程的统一特解。

(3) 由线性代数方程解的叠加原理，将公式 $\mathrm{II_H}$ (4.65) 和 $\mathrm{II_N}$ (5.84) 两端求和，得到公式 $\mathrm{II_G}$ (5.85)，即一阶、二阶和高阶非齐次广义 Sylvester 矩阵方程的统一一般参数化解。

3. F 为对角阵时的公式组 III

这一类公式集合是公式组 II 的特殊形式，由此给出了在 F 为对角阵的条件下，一阶、二阶和高阶广义 Sylvester 矩阵方程的一般参数化解。特别地，有以下方面。

(1) 在公式 II_H (4.65) 中令 F 为对角阵，得到公式 III_H (4.83)，即 F 为对角阵时，一阶、二阶和高阶齐次广义 Sylvester 矩阵方程的统一一般解。

(2) 在公式 II_N (5.84) 中令 F 为对角阵，得到公式 III_N (5.101)，即 F 为对角阵时，一阶、二阶和高阶非齐次广义 Sylvester 矩阵方程的统一特解。

(3) 由线性代数方程解的叠加原理，将公式 III_H (4.83) 和 III_N (5.101) 两端求和，得到公式 III_G (5.102)，即一阶、二阶和高阶非齐次广义 Sylvester 矩阵方程的统一一般参数化解。

以上三类解公式组与广义 Sylvester 矩阵方程的对应关系参见表 1.1，各类解之间的关系由图 1.8 说明。

表 1.1　基本公式

情形	F 为任意矩阵	F 为 Jordan 矩阵	F 为对角阵
齐次 GSE	公式 I_H	公式 II_H	公式 III_H
非齐次 GSE	公式 I_N	公式 II_N	公式 III_N
非齐次 GSE	公式 I_G	公式 II_G	公式 III_G

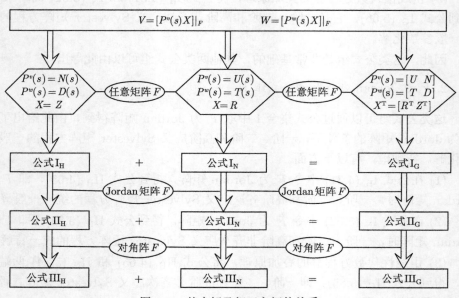

图 1.8　基本解及相互之间的关系

建议读者在学习第 4 章和第 5 章内容之后再次阅读本节,借助这些总结更好地理解相关内容。

1.5.4 特点

本书的主要目的是研究广义 Sylvester 矩阵方程的解。应当指出,本书所给出的关于不同类型齐次和非齐次广义 Sylvester 矩阵方程的解,具有如下特点。

1. 普遍适用性

本书以解析、封闭形式给出了各种广义 Sylvester 矩阵方程的解,具体包括以下方面。

(1) 任意阶的广义 Sylvester 矩阵方程。

(2) 任意维数的广义 Sylvester 矩阵方程。

(3) 不满足可控性、可正则化假设的广义 Sylvester 矩阵方程。

(4) 参数矩阵 F 和 (或) R 未知或部分已知的广义 Sylvester 矩阵方程。

2. 高度统一性

本书所提出的解析、封闭形式的各类广义 Sylvester 矩阵方程的解具有高度统一性,表现如下。

(1) 齐次广义 Sylvester 矩阵方程的一般解,以及非齐次广义 Sylvester 矩阵方程的特解和一般解,都具有表达式 (1.87) 的形式。

(2) 决定齐次广义 Sylvester 矩阵方程一般解的多项式矩阵 $N(s)$ 和 $D(s)$,是通过右既约分解得到的,而此分解对所有广义 Sylvester 矩阵方程都具有统一的形式,没有阶数和维数的限制。

(3) 决定非齐次广义 Sylvester 矩阵方程特解的多项式矩阵 $U(s)$ 和 $T(s)$ 是通过 Diophantine 方程得到的,而所有广义 Sylvester 矩阵方程对应的 Diophantine 方程都具有统一的形式,没有阶数和维数的限制。

(4) 多项式矩阵 $N(s)$、$D(s)$ 和 $U(s)$、$T(s)$ 可以基于 Smith 标准分解 (Smith form reduction, SFR) 得到,而对于不同的方程,此分解的过程也是统一的。

3. 自由度的完备性

齐次和非齐次广义 Sylvester 矩阵方程解的完备性,在于其包含了方程的所有自由度,具体如下。

(1) 当矩阵 F 为任意矩阵时,自由度由参数矩阵 Z 确定。

(2) 当矩阵 F 为 Jordan 矩阵时,自由度由参数向量 $\{z_{ij}\}$ 确定。

(3) 当矩阵 F 为对角阵时,自由度由参数向量 $\{z_i\}$ 确定。

(4) 矩阵 F 和 R 可以是未知的,并且作为方程的部分自由度。

在实际应用中, 正是由于这些自由度的存在, 可以对某些指标进行优化, 从而得到更好的性能。

4. 形式的整齐简单性

只要给出多项式矩阵 $N(s)$ 和 $D(s)$ 或 $U(s)$ 和 $T(s)$, 就能够写出各种类型的广义 Sylvester 矩阵方程的解析、封闭解, 这些解的形式也是整齐简单的, 有以下方面。

(1) 当 F 是任意矩阵时, 解的矩阵形式非常简单、整齐、优美。

(2) 当 F 是对角阵时, 解的向量形式极其简单、整齐。

5. 数值的简单可靠性

本书所提出的解在数值方面是简单、可靠的, 其原因在于以下方面。

(1) 解公式本身非常简单, 并且不要求繁杂的计算。

(2) 在求解多项式矩阵 $N(s)$、$D(s)$ 和 (或) $U(s)$、$T(s)$ 的统一过程中, 只利用了矩阵的初等变换, 因此给出的结果是准确的, 本书中的数值算例说明了这一点。

(3) 在高阶和大维数情形下, 可以利用奇异值分解 (singular value decomposition, SVD) 的方法求解, 从而保证了解的数值稳定性。

说明 1.5　从图 1.7 可以看出, 本书中所处理的最一般情形是第 5 章中的非齐次广义 Sylvester 矩阵方程。因此, 第 5 章的结论是非常基础的, 基于此可以得到第 6~9 章的所有结论。

说明 1.6　本书中某些章的研究方法, 如第 6 章和第 8 章, 看起来很容易、简单, 但这些结果也同样重要。对一个问题而言, 采用某一种方法来求解可能十分复杂, 而采用其他方法时, 其解决过程或许会非常简单。基于本书的研究框架, 对于方程在矩阵阶数、维数的非方性和更多自由度方面的拓展, 都变得容易处理, 但是当基于其他框架研究时, 这些拓展都有可能变成不可解的问题。

第 2 章　广义 Sylvester 矩阵方程的应用

Sylvester 矩阵方程在很多领域都有重要的应用，相关研究也有很多。通过网址 www.amazon.com 查询，有超过 300 部著作用到或提到 Sylvester 矩阵方程。特别地，有 38 部著作用到了广义 Sylvester 矩阵方程，对其进行以下分类。

(1) 矩阵代数：包括矩阵计算[105-107]、矩阵特征值问题[108,109]、线性代数及其应用[110,111]、微分–代数方程[112] 和代数几何[113]。

(2) 数值方法[114,115]。

(3) 计算科学：包括平行计算[116-119]、平行处理[120-123] 和高性能计算[124]。

(4) 电路及系统[125-127]。

(5) 信号处理[128,129]。

(6) 控制系统：包括饱和切换系统[130]、观测器设计[131]、计算机辅助设计[132,133]、广义线性系统[1]、鲁棒控制设计[134]、周期控制系统[135] 和控制设计[136,137]。

(7) 生物计算[138]。

(8) 生命系统[139]。

(9) 神经网络[140]。

本章将描述广义 Sylvester 矩阵方程在线性控制系统设计中的几类应用，这里仅指出这些控制设计问题与广义 Sylvester 矩阵方程的联系。

在控制界，大家都比较熟悉一阶线性系统的分析和设计问题，而此类问题又与一阶广义 Sylvester 矩阵方程相关，因此本章借助一阶线性系统的一些控制问题，重点介绍一阶广义 Sylvester 矩阵方程的应用。

应当注意的是，本章中涉及的所有系统模型都是方的，即 $q = n$。这一点在具体例子中将不再提及。

2.1　特征结构配置和观测器设计

为了阐述广义 Sylvester 矩阵方程在控制系统设计中的应用，本节描述一阶线性系统的特征结构配置和观测器设计的问题。

2.1.1　广义极点/特征结构配置

广义极点/特征结构配置问题包括状态反馈和输出反馈两种情形。

1. 状态反馈情形

基于状态反馈的一阶线性系统 (1.3) 广义极点/特征结构配置问题可描述如下。

问题 2.1　　给定一阶线性系统 (1.3) 和 (稳定) 矩阵 $F \in \mathbb{C}^{n \times n}$，寻求状态反馈控制器

$$u = Kx, \quad K \in \mathbb{R}^{r \times n}$$

使得对应的闭环系统矩阵 $A + BK$ 相似于矩阵 F。

基于上述问题的要求，必存在非奇异矩阵 $V \in \mathbb{C}^{n \times n}$，使得

$$(A + BK)V = VF \tag{2.1}$$

令

$$W = KV \tag{2.2}$$

从而方程 (2.1) 转化为一阶广义 Sylvester 矩阵方程 (1.57)。因此，对于上述广义极点/特征结构配置问题的解，有如下结论[1,8,141-143]。

定理 2.1　　问题 2.1 的所有解由下式给出：

$$K = WV^{-1}$$

其中，

$$(V, W) \in \left\{ (V, W) \mid AV + BW = VF, \ \det V \neq 0, \ WV^{-1} \ \text{为实矩阵} \right\}$$

因此，求解广义极点/特征结构配置问题的关键在于寻求一阶广义 Sylvester 矩阵方程 (1.57) 的一般完全参数化解。

2. 输出反馈情形

基于输出反馈的一阶线性系统 (1.3) 广义极点/特征结构配置问题可描述如下。

问题 2.2　　给定一阶线性系统 (1.3) 和 (稳定) 矩阵 $F \in \mathbb{C}^{n \times n}$，寻求输出反馈控制器

$$u = Ky, \quad K \in \mathbb{R}^{r \times m}$$

使得对应的闭环系统矩阵 $A + BKC$ 与矩阵 F 相似。

基于上述问题的要求，必存在非奇异矩阵 $T, V \in \mathbb{C}^{n \times n}$，使得

$$T^{\mathrm{T}}(A + BKC) = FT^{\mathrm{T}} \tag{2.3}$$

$$(A + BKC)V = VF \tag{2.4}$$

以及

$$T^{\mathrm{T}}V = I \tag{2.5}$$

令

$$Z^{\mathrm{T}} = T^{\mathrm{T}} BK, \quad W = KCV \tag{2.6}$$

则方程 (2.4) 转化为一阶广义 Sylvester 矩阵方程 (1.57)，而方程 (2.3) 转化为

$$T^{\mathrm{T}} A + Z^{\mathrm{T}} C = FT^{\mathrm{T}} \tag{2.7}$$

这是一阶广义 Sylvester 矩阵方程 (1.57) 的对偶形式。

基于上述推导，有如下关于输出反馈广义极点/特征结构配置问题的结论[1,7,8,144-146]。

定理 2.2 问题 2.2 的所有解可由式 (2.6) 的两个方程确定，其中矩阵 $T, V \in \mathbb{C}^{n \times n}$ 满足条件 (2.5)、一阶广义 Sylvester 矩阵方程 (1.57) 和 (2.7)，以及自共轭条件，该条件能够保证由式 (2.6) 的两个方程给出的解 K 为实矩阵。

基于上述定理，为了寻求问题 2.2 的一般解，需要找到满足式 (2.5) 以及一阶广义 Sylvester 矩阵方程 (1.57) 和 (2.7) 的矩阵 $T, V \in \mathbb{C}^{n \times n}$ 的一般完全参数化表示，根据方程 (2.6) 得到矩阵 K 的参数化表示。

上述定理也同样说明，求解基于输出反馈广义极点/特征结构配置问题的关键在于寻求一阶广义 Sylvester 矩阵方程 (1.57) 的一般完全参数化解。

3. 评述与注释

很明显，上述广义极点/特征结构配置问题包括通常的极点配置和特征结构配置问题。事实上，为求解通常的极点配置/特征结构配置问题，很多学者的成果中在某种程度上运用了形为式 (1.55) 的广义 Sylvester 矩阵方程[147]。而且，当矩阵 F 被选定为实矩阵时，上述问题求解过程中的所有运算都被限制在实域范围。

从上述求解过程可以看出，一旦得到相应广义 Sylvester 矩阵方程的完全参数化解，也就得到了广义极点/特征结构配置问题的完全参数化方法。基于这一思想，各种特征结构配置问题已被广泛关注。不同于已有的极点/特征结构配置问题的解法，参数化方法给出了问题的所有自由度，而这些自由度可进一步用来实现系统设计的附加要求[145,146,148]。

这两个广义极点/特征结构配置问题解的存在性条件是很直观的。一般来说，如果将闭环系统的 Jordan 矩阵配置为 F 的 Jordan 矩阵的特征结构配置问题有解，则上述问题有解。特别地，当常规线性系统 (1.3) 可控时，对于任意具有互异特征值的矩阵 F，基于状态反馈的广义极点/特征结构配置问题是有解的。

众所周知，线性系统基于动态补偿器的极点/特征结构配置问题能够转化为扩展线性系统基于常值输出反馈的极点/特征结构配置问题。因此，一旦确立了基于常值输出反馈的广义极点/特征结构配置问题的参数化方法，就可以直接得到基于动态补偿器的广义极点/特征结构配置问题的参数化方法。

最后需要指出的是，尽管以上两类广义极点/特征结构配置问题是针对常规线性系统 (1.3) 提出的，但它们可以很容易地推广到广义线性系统、二阶和高阶线性系统的情形。

2.1.2　观测器设计

系统 (1.3) 全阶状态观测器的设计问题能够转化为其对偶系统的状态反馈极点/特征结构配置问题，类似于问题 2.1 的解，全阶状态观测器设计问题的解也与一阶广义 Sylvester 矩阵方程有密切关系。下面将进一步建立 Luenberger 函数观测器设计、比例加积分 (proportional plus integral, PI) 状态观测器设计问题与广义 Sylvester 矩阵方程之间的联系。

1. Luenberger 函数观测器

广义线性系统 (1.2) 的 Luenberger 常规 Kx 函数观测器具有以下形式：

$$\begin{cases} \dot{z} = Fz + Su + Ly \\ w = Mz + Ny \end{cases} \tag{2.8}$$

其中，$z \in \mathbb{R}^p$ 为观测状态向量；F、S、L、M 和 N 为具有适当维数的观测器系数矩阵。

问题 2.3　给定广义系统 (1.2)，且 $D = 0$，以及矩阵 $K \in \mathbb{R}^{l \times n}$，寻求系统参数矩阵 F、S、L、M 和 N，使得联合系统 (1.2) 和 (2.8)，对于任意给定的初值 $x(0)$、$z(0)$，以及控制输入 $u(t)$，满足

$$\lim_{t \to \infty} (Kx(t) - w(t)) = 0 \tag{2.9}$$

此时，称系统 (2.8) 为广义系统 (1.2) 的 Luenberger 常规 Kx 函数观测器。

以下定理给出了上述观测器设计问题有解的充分必要条件[1,7]。

定理 2.3　设广义线性系统 (1.2) 是 R-可控的，并且观测器系统 (2.8) 是可观的，则式 (2.8) 为系统 (1.2) 的常规 Kx 函数观测器的充分必要条件是矩阵 F 稳定，并且存在矩阵 $T \in \mathbb{R}^{p \times n}$ 满足

$$S = TB \tag{2.10}$$

$$TA - FTE = LC \tag{2.11}$$

$$K = MTE + NC \tag{2.12}$$

由于定理 2.3 中的方程 (2.11) 事实上是一阶广义 Sylvester 矩阵方程，且为方程 (1.56) 的对偶形式，所以上述问题的一部分可转化为寻求一阶广义 Sylvester 矩阵方程一般参数化解的问题。

2. 比例加积分状态观测器

对于常规线性系统 (1.3)，且 $D=0$，它的 PI 状态观测器具有如下形式 (参见文献 [149] 及其所引文献)：

$$\begin{cases} \dot{\hat{x}} = (A-LC)\hat{x} + Bu + Ly + Gw \\ \dot{w} = K(y - C\hat{x}) \end{cases} \tag{2.13}$$

其中，$\hat{x} \in \mathbb{R}^n$ 为估计状态向量；$w \in \mathbb{R}^p$ 表示加权输出估计误差的积分；$L \in \mathbb{R}^{n \times m}$、$G \in \mathbb{R}^{n \times p}$ 和 $K \in \mathbb{R}^{p \times m}$ 为观测器增益矩阵，分别称为比例增益矩阵、积分增益矩阵和输出估计误差加权增益矩阵。

问题 2.4　给定常规线性系统 (1.3)，且 $D=0$，寻求观测器增益矩阵 L、G 和 K，使得联合系统 (1.3) 和 (2.13)，对任意给定的初始值 $x(0)$、$\hat{x}(0)$ 和控制输入 $u(t)$，满足

$$\lim_{t\to\infty}(\hat{x}(t) - x(t)) = 0, \quad \lim_{t\to\infty}w(t) = 0 \tag{2.14}$$

此时，系统 (2.13) 称为系统 (1.3) 的 PI 状态观测器。

总结文献 [149] 的结论，有如下关于上述 PI 状态观测器设计问题的定理。

定理 2.4　设矩阵对 (A,C) 可观，矩阵 C 行满秩，则系统 (1.3) 的 PI 状态观测器 (2.13) 中的增益矩阵 L 和 K 由下式给出：

$$\begin{bmatrix} L \\ K \end{bmatrix} = -\begin{bmatrix} T^{\mathrm{T}} & F^{-1}T^{\mathrm{T}}G \end{bmatrix}^{-1} Z^{\mathrm{T}}$$

其中，$F \in \mathbb{R}^{(n+p)\times(n+p)}$ 为稳定矩阵；$T \in \mathbb{R}^{n\times(n+p)}$ 和 $Z \in \mathbb{R}^{m\times(n+p)}$ 为满足以下条件的任意矩阵：

$$T^{\mathrm{T}}A + Z^{\mathrm{T}}C = FT^{\mathrm{T}} \tag{2.15}$$

而且，增益矩阵 $G \in \mathbb{R}^{n\times p}$ 可以为任意矩阵，只需和矩阵 T、F 一起满足下述条件：

$$\det\begin{bmatrix} T^{\mathrm{T}} & F^{-1}T^{\mathrm{T}}G \end{bmatrix} \neq 0$$

定理 2.4 再次说明，求解 PI 状态观测器设计问题的关键步骤为推导矩阵方程 (2.15) 的一般解，该方程为广义 Sylvester 矩阵方程 (1.57) 的对偶形式。

3. 评述与注释

综上可见，线性系统的全阶状态观测器、Luenberger 函数观测器和 PI 状态观测器设计问题均与一类广义 Sylvester 矩阵方程密切相关，该类方程为广义 Sylvester 矩阵方程 (1.55) 的对偶形式。但是应当指出的是，可以借助广义 Sylvester 矩阵方程设计的观测器不仅仅限于上述三类。一般来说，线性系统的任

一种线性观测器都与某一类型的广义 Sylvester 矩阵方程有关。同样，一旦得到了相关广义 Sylvester 矩阵方程的完全参数化解，就可以得到这一类观测器设计的参数化方法，且该方法提供了问题的所有自由度。

众所周知，状态观测器在很多理论问题中有应用，如基于观测器的状态反馈控制和鲁棒故障检测与分离等。在这些控制应用中，如果应用参数化方法进行相应的观测器设计，则可以提出此控制应用问题的参数化方法。基于这一观点，Duan 等已经提出了鲁棒故障检测的几种参数化方法[150-152]。

2.2　模型参考跟踪和干扰抑制

本节继续介绍另外两类与广义 Sylvester 矩阵方程相关的控制系统设计问题。

2.2.1　模型参考跟踪

简化起见，下面仅考虑常规线性系统 (1.3) 基于状态反馈的模型参考跟踪问题。问题可描述如下。

问题 2.5　给定一阶线性系统 (1.3) 以及如下的参考模型：

$$\begin{cases} \dot{x}_{\mathrm{m}} = A_{\mathrm{m}} x_{\mathrm{m}} + B_{\mathrm{m}} u_{\mathrm{m}} \\ y_{\mathrm{m}} = C_{\mathrm{m}} x_{\mathrm{m}} + D_{\mathrm{m}} u_{\mathrm{m}} \end{cases} \tag{2.16}$$

其中，$x_{\mathrm{m}} \in \mathbb{R}^p$、$u_{\mathrm{m}} \in \mathbb{R}^r$ 和 $y_{\mathrm{m}} \in \mathbb{R}^m$ 分别为参考模型的状态向量、输入向量和输出向量；矩阵 A_{m}、B_{m}、C_{m} 和 D_{m} 为已知的具有适当维数的系数矩阵。

寻求状态反馈控制器

$$u = Kx + K_{\mathrm{m}} x_{\mathrm{m}} + Q u_{\mathrm{m}}$$

使得：

(1) 闭环系统渐近稳定，即系统矩阵 $A + BK$ 为 Hurwitz 稳定；

(2) 对于任意的初值 $x(0)$、$x_{\mathrm{m}}(0)$ 和任意的参考输入 $u_{\mathrm{m}}(t) \in \mathbb{R}^r$，都满足渐近跟踪要求

$$\lim_{t \to \infty} (y(t) - y_{\mathrm{m}}(t)) = 0 \tag{2.17}$$

关于上述问题有如下结论[148]。

定理 2.5　问题 2.5 有解的充分必要条件是存在矩阵 $Q \in \mathbb{R}^{r \times r}$、$H \in \mathbb{R}^{r \times p}$ 和 $G \in \mathbb{R}^{n \times p}$，满足如下矩阵方程组：

$$AG + BH = GA_{\mathrm{m}} \tag{2.18}$$

$$CG + DH = C_{\mathrm{m}} \tag{2.19}$$

$$BQ + GB_{\mathrm{m}} = 0 \tag{2.20}$$

$$DQ + D_{\mathrm{m}} = 0 \tag{2.21}$$

此时，K_{m} 可以如下选取：

$$K_{\mathrm{m}} = H - KG$$

其中，K 为任意能够使矩阵 $A + BK$ 稳定的实矩阵。

可见，定理 2.5 中的第一个条件，即方程 (2.18)，事实上是形为式 (1.57) 的一阶广义 Sylvester 矩阵方程，其中，(G,H) 代替了 (V,W)，而 A_{m} 代替了 F。

通过建立满足矩阵方程 (2.18)～(2.21) 的矩阵 $Q \in \mathbb{R}^{r \times r}$、$H \in \mathbb{R}^{r \times p}$ 和 $G \in \mathbb{R}^{n \times p}$ 的一般参数化表示，就可以得到模型参考跟踪问题的完全参数化方法。

对于某些系统，上述模型跟踪问题的解是不唯一的，即满足矩阵方程 (2.18)～(2.21) 的矩阵 $Q \in \mathbb{R}^{r \times r}$、$H \in \mathbb{R}^{r \times p}$ 和 $G \in \mathbb{R}^{n \times p}$ 是不唯一的。因此，在参数化设计中存在额外的自由度，这些额外的自由度可以用来实现一些鲁棒性要求。基于这一观点，Duan 等已经成功地解决了具有参数不确定性的多变量线性系统的鲁棒模型参考控制问题[148]。

2.2.2 干扰抑制

干扰抑制是控制系统设计中非常重要的问题之一。本小节将阐述干扰抑制问题与广义 Sylvester 矩阵方程的密切关系。

为了便于问题描述，首先引入如下受干扰的常规线性系统：

$$\begin{cases} \dot{x} = Ax + Bu + E_{\mathrm{w}}w \\ y_{\mathrm{m}} = C_{\mathrm{m}}x + D_{\mathrm{mw}}w \\ y_{\mathrm{r}} = C_{\mathrm{r}}x + D_{\mathrm{ru}}u + D_{\mathrm{rw}}w \end{cases} \tag{2.22}$$

其中，$x \in \mathbb{R}^n$ 和 $u \in \mathbb{R}^r$ 的含义与式 (1.3) 相同，即系统的状态向量和控制向量；$y_{\mathrm{m}} \in \mathbb{R}^{m_1}$ 和 $y_{\mathrm{r}} \in \mathbb{R}^{m_2}$ 分别为量测输出向量和待调节的输出向量；$w \in \mathbb{R}^s$ 为干扰向量；矩阵 A、B、E_{w}、C_{m}、C_{r}、D_{ru}、D_{mw} 和 D_{rw} 为具有适当维数的已知矩阵。

干扰 w 由如下外界系统产生：

$$\dot{w} = Fw \tag{2.23}$$

问题 2.6 给定一阶常规线性系统 (2.22) 和外界的干扰发生系统 (2.23)，寻求如下输出动态补偿器：

$$\begin{cases} \dot{\varsigma} = A_{\mathrm{c}}\varsigma + B_{\mathrm{c}}y_{\mathrm{m}} \\ u = C_{\mathrm{c}}\varsigma + D_{\mathrm{c}}y_{\mathrm{m}} \end{cases}$$

其中，$\varsigma \in \mathbb{R}^{n_c}$，使得：

(1) 闭环系统

$$\begin{cases} \dot{x} = (A + BD_c C_m)\,x + BC_c\varsigma \\ \dot{\varsigma} = B_c C_m x + A_c\varsigma \end{cases}$$

是渐近稳定的；

(2) 对于任意的初值 $x(0) \in \mathbb{R}^n$、$\varsigma(0) \in \mathbb{R}^{n_c}$ 和任意的干扰初值 $w(0) \in \mathbb{R}^s$，渐近输出调节要求

$$\lim_{t \to \infty} y_r(t) = 0 \tag{2.24}$$

成立。

为使上述问题可解，提出如下三条假设。

假设 2.1   矩阵对 (A, B) 是可稳的。

假设 2.2   矩阵 F 是反 Hurwitz 的 (否则，干扰将会自行消失)。

假设 2.3   矩阵对 $(\tilde{A}, \tilde{C})$ 是可检测的，其中，

$$\tilde{C} = [C_m \quad D_{mw}], \quad \tilde{A} = \begin{bmatrix} A & E_w \\ 0 & F \end{bmatrix}$$

对于上述问题的解，有下述结论[153]。

定理 2.6   基于假设 2.1～2.3，问题 2.6 有解的充分必要条件是存在矩阵 $V \in \mathbb{R}^{n \times s}$ 和 $W \in \mathbb{R}^{r \times s}$ 满足如下矩阵方程组：

$$AV + BW = VF - E_w \tag{2.25}$$

$$C_r V + D_{ru} W = -D_{ru} \tag{2.26}$$

此时，该问题的一个合适的动态补偿器可以如下给出：

$$\begin{cases} \begin{bmatrix} \dot{\hat{x}} \\ \dot{\hat{w}} \end{bmatrix} = \begin{bmatrix} A & E_w \\ 0 & F \end{bmatrix} \begin{bmatrix} \hat{x} \\ \hat{w} \end{bmatrix} + \begin{bmatrix} K_A \\ K_F \end{bmatrix} \left([C_m \quad D_{mw}] \begin{bmatrix} \hat{x} \\ \hat{w} \end{bmatrix} - y \right) \\ u = \begin{bmatrix} K & W - KV \end{bmatrix} \begin{bmatrix} \hat{x} \\ \hat{w} \end{bmatrix} \end{cases} \tag{2.27}$$

其中，K 是能使 $A + BK$ 为 Hurwitz 的任意矩阵；K_A 和 K_F 是能使系统 (2.27) 内部稳定的任意矩阵，即

$$A_{ce} = \begin{bmatrix} A & E_w \\ 0 & F \end{bmatrix} + \begin{bmatrix} K_A \\ K_F \end{bmatrix} [C_m \quad D_{mw}]$$

稳定。

显然，方程 (2.25) 为形为式 (1.64) 的一阶非齐次广义 Sylvester 矩阵方程。因此，上述干扰抑制问题的解也在很大程度上依赖于形为式 (1.64) 的一阶非齐次广义 Sylvester 矩阵方程的解。

通过建立满足矩阵方程 (2.25) 和 (2.26) 的矩阵 $V \in \mathbb{R}^{n \times s}$ 和 $W \in \mathbb{R}^{r \times s}$ 的一般完全参数化表示，可以得到干扰抑制问题的完全参数化方法。正如前述，该参数化方法给出了所有的设计自由度，从而可以用来满足很多其他附加的系统设计要求，如具有系数不确定性的系统的鲁棒性、H_2 和 H_∞ 等指标，以及控制饱和条件等。

2.3　Sylvester 参数化控制方法

从上述广义极点/特征结构配置问题、观测器设计问题、模型参考跟踪问题和干扰抑制问题的处理过程中可以看出，很多控制系统设计问题的解与某类广义 Sylvester 矩阵方程的解紧密相关。因此，通过建立一类广义 Sylvester 矩阵方程的一般完全参数化解，就可以得到相应控制问题的完全参数化方法。该方法的优点在于其提供了所有设计自由度，从而可进一步处理附加的各种设计要求。

本节的目的是给出 Sylvester 参数化控制方法的一般概貌。

2.3.1　一般步骤

通常来说，一个实际控制系统需要满足的设计要求不是单一的，而是一系列的多个要求。而 Sylvester 参数化方法的本质就使其成为处理多目标控制设计问题的最方便、最有效的方法。

将上述四类控制设计问题的解决过程加以归纳，Sylvester 参数化方法一般可以分为以下步骤。

步骤 1　与广义 Sylvester 矩阵方程相联系。将一个控制设计问题，如上述问题之一，与一类广义 Sylvester 矩阵方程建立相关关系。

步骤 2　求解广义 Sylvester 矩阵方程。寻求相关的广义 Sylvester 矩阵方程的一般显式参数化解。

步骤 3　控制器参数化。基于确立的这类广义 Sylvester 矩阵方程的一般完全参数化解，寻求控制器 (或观测器) 的所有系数矩阵的一般参数化表示。

步骤 4　指标参数化。基于这类 Sylvester 矩阵方程的一般参数化解以及所有控制器 (或观测器) 系数的一般参数化表示，寻求所有设计指标要求的一般参数化表示。这实际上给出了关于自由度的一系列约束条件。

步骤 5　参数最优化。寻求满足设计要求的设计参数集合，这一步通常借助于求解包含所有设计要求和约束条件的优化问题。

步骤 6   控制器计算。将优化得到的参数集合代入步骤 3 中控制器的参数化形式，计算所有的控制器 (或观测器) 的系数矩阵。

图 2.1 更具体地解释了参数化设计思想的过程。

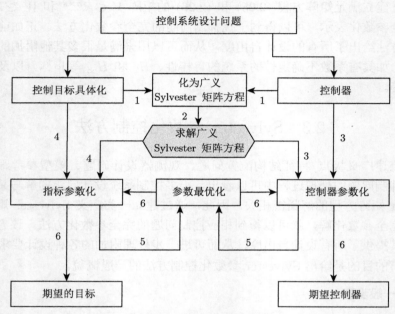

图 2.1   参数化设计方法示意图

2.3.2   主要步骤

这里对上述步骤的主要过程进行进一步说明。

1. 解广义 Sylvester 矩阵方程

该步骤在控制系统设计的 Sylvester 参数化方法中起到了核心的作用。实际上，本书的目的就是给出一大类广义 Sylvester 矩阵方程，并以封闭形式给出其一致的参数化解。本书给出了两类一般完全参数化解，一类适用于矩阵 F 为任意矩阵的情形，另一类适用于矩阵 F 为任意 Jordan 矩阵的情形。后一种情形还包括矩阵 F 为对角阵的情形，此时解的形式十分简单。

在后续章节中所提出的一般解的所有自由度由矩阵 R、F 和 Z 给出，即

$$V = V(Z, F, R), \quad W = W(Z, F, R)$$

需要注意的是，对于齐次广义 Sylvester 矩阵方程，上述表达式中的参数矩阵 R 不存在。

2. 控制器参数化

控制器参数化的目的是，利用相应广义 Sylvester 矩阵方程解中存在的自由参数，推导出所求类型控制器的一般参数化表示。基于本书所提出的一般参数化解，控制器的一般参数化中以矩阵 Z、F 和 R 作为其设计参数，例如状态反馈增益 K 的参数化为

$$K = K\left(Z, F, R\right)$$

3. 指标参数化

指数参数化的目的是，利用相应广义 Sylvester 矩阵方程解中存在的自由参数，推导出系统设计具体指标的一般参数化表示。虽然在实际应用中会遇到不同的指标要求，但其中的大多数一般能够转化为如下三类限制条件：

$$\begin{cases} J_k\left(Z,\ F,\ R\right) \text{最小}, & k = 1, 2, \cdots, n_k \\ g_i\left(Z,\ F,\ R\right) \geqslant 0, & i = 1, 2, \cdots, n_i \\ p_j\left(Z,\ F,\ R\right) = 0, & j = 1, 2, \cdots, n_j \end{cases} \tag{2.28}$$

4. 参数最优化

参数最优化的目的是得到满足系统具体指标要求的参数集合。只要得到上述系统指标的参数化条件 (2.28)，该步骤可以通过求解如下的最优化问题来获得：

$$\begin{cases} \min \ \sum_{k=1}^{n_k} \alpha_k J_k\left(Z,\ F,\ R\right) \\ \text{s.t.} \ \ g_i\left(Z,\ F,\ R\right) \geqslant 0, & i = 1, 2, \cdots, n_i \\ \qquad\ p_j\left(Z,\ F,\ R\right) = 0, & j = 1, 2, \cdots, n_j \end{cases}$$

其中，$\alpha_k \geqslant 0\ (k = 1, 2, \cdots, n_k)$ 为一系列加权因子。

Duan 等利用 Sylvester 参数化方法对控制系统设计方面进行了深入研究 (参见 2.4.2 节中的简要回顾)，并将该参数化方法成功地应用于许多实际问题中，如磁悬浮系统的鲁棒控制、导弹和卫星控制系统设计[154-159]。

2.4　注　　记

2.4.1　高阶系统的特征结构配置问题

本章阐述了一阶广义 Sylvester 矩阵方程在控制系统设计中的一些直接应用。为了明确高阶广义 Sylvester 矩阵方程的应用，在此考虑一类广义特征结构配置问题。

考虑如下的一类高阶动态线性系统:

$$\sum_{i=0}^{m} A_i x^{(i)} = Bu \tag{2.29}$$

其中, $x \in \mathbb{R}^n$ 和 $u \in \mathbb{R}^r$ 分别为状态向量和控制向量; $A_i \in \mathbb{R}^{n \times n}$ $(i = 0, 1, 2, \cdots, m)$、$B \in \mathbb{R}^{n \times r}$ 为系数矩阵。不失一般性,假设

$$1 \leqslant \operatorname{rank} A_m = n_0 \leqslant n$$

对系统 (2.29) 应用如下比例加微分状态反馈控制器:

$$u = K_0 x + K_1 \dot{x} + \cdots + K_{m-1} x^{(m-1)}$$

得到闭环系统

$$A_m x^{(m)} + \sum_{i=0}^{m-1} (A_i - BK_i) x^{(i)} = 0 \tag{2.30}$$

其增广的广义状态空间系统形式为

$$E_e \dot{X} = A_e X \tag{2.31}$$

其中,

$$E_e = \operatorname{blockdiag}(I_n, \cdots, I_n, A_m) \tag{2.32}$$

$$A_e = \begin{bmatrix} 0 & I & \cdots & 0 \\ \vdots & \ddots & \ddots & \vdots \\ 0 & \cdots & 0 & I \\ -A_0^c & \cdots & -A_{m-2}^c & -A_{m-1}^c \end{bmatrix} \tag{2.33}$$

$$A_i^c = A_i - BK_i, \quad i = 0, 1, 2, \cdots, m-1 \tag{2.34}$$

系统 (2.29) 的广义特征结构配置问题可以描述如下。

问题 2.7 令 $A_i \in \mathbb{R}^{n \times n}$ $(i = 0, 1, 2, \cdots, m)$, $B \in \mathbb{R}^{n \times r}$, $F \in \mathbb{R}^{p \times p}$, 并且 $p = (m-1)n + n_0$。寻求一系列矩阵 $K_i \in \mathbb{R}^{r \times n}$ $(i = 0, 1, 2, \cdots, m-1)$ 和矩阵 $V_e \in \mathbb{R}^{mn \times p}$ 的一般参数化表示, 其中, $\operatorname{rank} V_e = p$, 并且满足

$$A_e V_e = E_e V_e F \tag{2.35}$$

由于上述广义特征结构配置问题的要求, 矩阵 F 的特征值就是闭环系统的有限特征值, 或者说是矩阵对 (A_e, B_e) 的有限特征值, 而矩阵 V_e 是由 F 确定的系

统有限特征值所对应的特征向量矩阵[1]。特别地，当 $n_0 = \mathrm{rank} A_m = n$ 时，闭环系统有 nm 个有限特征值①，此时，V_e 成为闭环系统的完全特征向量矩阵。

记

$$
V_\mathrm{e} = \begin{bmatrix} V \\ V_1 \\ \vdots \\ V_{m-1} \end{bmatrix}
$$

应用式 (2.32)~式 (2.35)，有

$$
V_i = V F^i, \quad i = 1, 2, \cdots, m-1 \tag{2.36}
$$

$$
\sum_{i=0}^{m} (A_i - BK_i) V_i = 0 \tag{2.37}
$$

关系式 (2.36) 说明

$$
V_\mathrm{e} = \begin{bmatrix} V \\ VF \\ \vdots \\ VF^{m-1} \end{bmatrix}
$$

同时，将式 (2.36) 代入式 (2.37)，有

$$
\sum_{i=0}^{m} (A_i - BK_i) V F^i = 0 \tag{2.38}
$$

令

$$
W = \begin{bmatrix} K_0 & K_1 & \cdots & K_{m-1} \end{bmatrix} V_\mathrm{e} \tag{2.39}
$$

由式 (2.38) 可知

$$
\sum_{i=0}^{m} A_i V F^i = BW \tag{2.40}
$$

这是一个与广义特征结构配置问题相伴的 m 阶广义 Sylvester 矩阵方程。

为求解上述的广义特征结构配置问题，必须首先求解如下问题。

问题 2.8　给定高阶动态系统 (2.29) 和矩阵 $F \in \mathbb{R}^{p \times p}$，且该矩阵可以预先未知。寻求矩阵 V 和 W 的显式封闭一般参数化表示，其中矩阵 V 非奇异，并且满足 m 阶广义 Sylvester 矩阵方程 (2.40)。

---

① 原书中误写为 n，特此更正。

一旦得到了上述问题的解，在条件 $n_0 = \text{rank} A_m = n$ 下，可以从式 (2.39) 中得到如下的增益矩阵：

$$\begin{bmatrix} K_0 & K_1 & \cdots & K_{m-1} \end{bmatrix} = W V_e^{-1} \tag{2.41}$$

对高阶系统特征结构配置问题感兴趣的读者可参考相关文献[30,45,46,158,160]。第 6 章中的注记中，在对广义 Sylvester 矩阵方程的解有充分了解后，将继续给出这种特征结构配置问题的参数化解。

需要指出的是，包括特征结构配置问题在内，方程 (2.40) 与系统 (2.29) 的其他控制设计问题也密切相关。

2.4.2　作者在 Sylvester 参数化方法上的成果

沿着控制系统设计的参数化方法这条主线，作者及其合作者开展了大量的工作。基于所提出的某些广义 Sylvester 矩阵方程的参数化形式，得到了很多类型系统设计的参数化方法。本小节将简要介绍作者在参数化控制系统设计方面的几类主要成果。

1. 特征结构配置

在 2.1 节中已经指出，线性系统基于反馈的特征结构配置问题与广义 Sylvester 矩阵方程有密切关系。借助于关注的广义 Sylvester 矩阵方程的参数化解，Duan 等已经提出了线性控制系统的基于不同反馈的特征结构配置问题的参数化设计方法，具体包括状态反馈[142,161-176]、输出反馈[177-183] 和动态补偿器[146,149,154,184-186]。

进一步地从系统方面来说，Duan 等关于特征结构配置问题的工作涵盖了一阶和二阶广义线性系统[141,187-191]、一类合成系统[192]、二阶系统[26,27,193-200]、高阶线性系统[30,45,46,158,160]。

特别地，Yu 和 Duan 首先给出了高阶广义 Sylvester 矩阵方程的一般参数化解，然后考虑了高阶常规或广义线性系统的基于比例加微分状态反馈和输出反馈的参数化控制，并利用所提出的一般参数化解得到了高阶线性系统的完全参数化控制方法[30,46,158]。所提出的方法给出了状态反馈增益矩阵和闭环特征向量矩阵的简单完全参数化表示，并且包含了问题全部的设计自由度。

除此之外，Duan 等有关特征结构配置问题的其他工作还包括线性变参数系统[159]、线性时变系统[144]、混合性能指标[201]、多目标控制[202,203]、干扰解耦和最小化特征值灵敏度[204] 以及部分特征结构配置问题的完全参数化方法[205]。

2. 观测器设计

众所周知，状态观测器设计和状态反馈控制器设计是一对对偶问题，即状态反馈设计 (如特征结构配置问题) 是利用标准的广义 Sylvester 矩阵方程，而对应的观测器设计是利用广义 Sylvester 矩阵方程的对偶形式。正是由于这一原因，出现了很多类型的观测器参数化设计成果，如全阶观测器[206,207]、降阶观测器[208]、函数观测器[209]、Luenberger 函数观测器[151,182,210-215]、未知输入观测器[152,216-218]、鲁棒保性能观测器[219-221]、矩阵二阶线性系统观测器[222-224]、线性离散周期系统观测器[225] 和 PID 状态观测器[149,185,207,226-237]。

Duan 等有关观测器的设计工作还包括鲁棒跟踪观测器[238,239]、基于观测器的容错控制[240-243]、基于观测器的控制[244-248]、积分系统的基于观测器的输出镇定[249]、干扰抑制观测器[250] 和自感应磁悬浮系统基于观测器的控制[251]。

3. 故障诊断

基于广义 Sylvester 矩阵方程的控制器参数化方法已经应用于线性系统的故障检测中。Duan 等关注了一类鲁棒故障检测问题，提出了具有未知干扰的线性系统的鲁棒故障检测的参数化方法[151,252]，又借助于 Luenberger 型未知输入观测器，研究了鲁棒故障检测问题[151]。

在广义线性系统方面，Liang 等研究了广义线性系统的故障检测问题[240]；Duan 等基于广义未知输入观测器，研究了广义线性系统的鲁棒故障检测问题[152]。

Duan 等在故障检测方面的工作也涵盖了矩阵二阶线性系统，给出了矩阵二阶线性系统的基于未知输入观测器的鲁棒故障检测的参数法方法[210,218]。

4. 干扰解耦和干扰抑制

基于某些类型的特征结构配置控制器的参数形式，Duan 等进一步得到了控制系统干扰解耦和干扰抑制的参数化表示，并给出了干扰解耦与抑制的参数化控制方法。

在干扰解耦方面，文献 [181] 考虑了线性系统基于输出动态反馈控制的特征结构配置干扰解耦问题，文献 [182] 研究了广义系统基于输出反馈的解耦问题，文献 [204] 研究了干扰解耦和最小化特征值灵敏度的特征结构配置问题，而文献 [253] 考虑了矩阵二阶系统的干扰解耦函数观测器的设计问题。

在干扰抑制和模型跟踪方面，Duan 等的工作涵盖了很多类系统，如基于动态补偿器的线性系统干扰抑制[184]、二阶系统的模型跟踪设计[254] 和一阶系统的模型跟踪设计[255]，以及基于 Luenberger 函数观测器的干扰抑制[256] 和基于观测器的具有干扰抑制的控制器设计问题[250]。

5. 鲁棒极点配置

参数化控制系统设计的重要性在于，该方法能够很自然地处理多目标设计问题。事实上，只要某一系统设计要求能够被转化为关于控制器的参数形式，这些设计要求就能够被处理。鲁棒极点配置也属于系统设计要求，其目的在于使配置的闭环极点对于可能的系统参数摄动尽量不敏感。

基于参数化设计的一般框架，Duan 等提出了线性系统基于不同反馈控制器的鲁棒极点配置的算法，具体包括状态反馈[31, 246, 257-264]、输出反馈[141, 145, 265, 266] 和动态补偿器[183, 186, 245, 267]。

其他与鲁棒极点配置有关的工作，请参见相关文献[206, 246, 268-273]；关于鲁棒极点配置的应用，请参见相关文献[274, 275]。

除了上述工作，Duan 还基于算例进行了关于极点配置算法的数值可靠性对比研究[276]，结果表明基于广义 Sylvester 矩阵方程的参数化方法具有优越性。

说明 2.1　　包括上述问题在内，Duan 等也进行了其他参数化控制问题的研究，如鲁棒跟踪控制[277]、鲁棒模型参考控制[148, 278, 279] 和系统重构[192, 280] 等。

第 3 章 $\boldsymbol{F}$-互质性

为了表示各类广义 Sylvester 矩阵方程的解，本章将介绍多项式矩阵的 F-互质概念，这一概念在本书中起着基础作用。关于两个多项式矩阵的 F-互质的多种判别准则也将在这里给出。

3.1 可控性和可正则化性

首先，考虑一对既相似、又有紧密联系的概念，即可控性和可正则化性。

3.1.1 一阶系统

1. 可控性和可稳性

考虑矩阵对 (A, B)，其中，$A \in \mathbb{R}^{n \times n}$，$B \in \mathbb{R}^{n \times r}$。由著名的 PBH(Popov-Belevith-Hautus) 可控性判据，矩阵对或一阶线性系统

$$\dot{x} = Ax + Bu \tag{3.1}$$

可控的充分必要条件是

$$\mathrm{rank} \begin{bmatrix} sI - A & B \end{bmatrix} = n, \quad \forall s \in \mathbb{C} \tag{3.2}$$

进一步，对于任意满足下述条件的 λ：

$$\mathrm{rank} \begin{bmatrix} \lambda I - A & B \end{bmatrix} < n \tag{3.3}$$

称其为矩阵对 (A, B) 或系统 (3.1) 的不可控模态。记 $\mathscr{U}_c(A, B)$ 为矩阵对 (A, B) 的不可控模态集合，从而有

$$\mathscr{U}_c(A, B) = \left\{ \lambda \mid \mathrm{rank} \begin{bmatrix} \lambda I - A & B \end{bmatrix} < n \right\}$$

显然，$\mathscr{U}_c(A, B)$ 为空集的充分必要条件是矩阵对 (A, B) 可控。

对于如下的广义线性系统：

$$E\dot{x} = Ax + Bu \tag{3.4}$$

有以下结论[1]。

定理 3.1   一阶广义线性系统 (3.4) R-可控的充分必要条件是

$$\text{rank} \begin{bmatrix} sE - A & B \end{bmatrix} = n, \quad \forall s \in \mathbb{C}, \ s < \infty \tag{3.5}$$

类似地,可以定义广义线性系统的不可控模态。但不同于常规系统的情况,广义线性系统 (3.4) 的不可控模态可能是有限的,也可能是无穷的[1]。

定义 3.1   对于正则广义线性系统 (3.4),如果其所有不可控模态都是稳定的,则称其为可稳的。

显然,广义线性系统 (3.4) 可稳的充分必要条件是

$$\text{rank} \begin{bmatrix} sE - A & B \end{bmatrix} = n, \quad \forall s \in \mathbb{C}^+ \tag{3.6}$$

2. 正则性和可正则化性

不同于常规线性系统 (3.1),对于广义线性系统 (3.4),可能有

$$\det (sE - A) = 0, \quad \forall s \in \mathbb{C}$$

这一现象产生了与广义线性系统 (3.4) 伴随的如下概念。

定义 3.2   对于广义线性系统 (3.4),如果

$$\det (sE - A) \neq 0, \quad \exists s \in \mathbb{C}$$

则称其为正则的。

众所周知,广义线性系统正则性这一概念的重要性在于,正则的广义线性系统有唯一解[1]。

对于非正则的广义线性系统,令人感兴趣的问题是寻求状态反馈控制器,使得对应闭环系统正则。为此,引入以下概念[1]。

定义 3.3   对于广义线性系统 (3.4),如果存在矩阵 $K \in \mathbb{R}^{r \times n}$,使得

$$\det [sE - (A + BK)] \neq 0, \quad \exists s \in \mathbb{C}$$

则称其为可正则化的。

对于可正则化性,有以下充分必要条件[1]。

定理 3.2   广义线性系统 (3.4) 可正则化的充分必要条件是

$$\text{rank} \begin{bmatrix} sE - A & B \end{bmatrix} = n, \quad \exists s \in \mathbb{C}$$

3.1.2 高阶系统

1. 可控性和可稳性

考虑形为式 (1.16) 的一类高阶系统，即

$$\sum_{i=0}^{m} A_i x^{(i)} = Bu \tag{3.7}$$

其伴随多项式矩阵为

$$A(s) = A_m s^m + \cdots + A_1 s + A_0 \tag{3.8}$$

显然，这一系统可以转化为如下的一阶增广状态空间模型：

$$E_{\mathrm{e}}\dot{z} = A_{\mathrm{e}}z + B_{\mathrm{e}}u \tag{3.9}$$

其中，

$$E_{\mathrm{e}} = \mathrm{blockdiag}\,(I_n, \cdots, I_n, A_m) \tag{3.10}$$

$$A_{\mathrm{e}} = \begin{bmatrix} 0 & I_n & & & \\ & 0 & I_n & & \\ & & \ddots & \ddots & \\ & & & 0 & I_n \\ -A_0 & -A_1 & \ldots & -A_{m-2} & -A_{m-1} \end{bmatrix} \tag{3.11}$$

$$B_{\mathrm{e}} = \begin{bmatrix} 0 & \cdots & 0 & B^{\mathrm{T}} \end{bmatrix}^{\mathrm{T}} \tag{3.12}$$

引理 3.1 说明增广系统的 R-可控性，可以通过原始系统的系数矩阵进行验证。

引理 3.1 设 $A(s) \in \mathbb{R}^{n \times n}[s]$ 由式 (3.8) 给出，且 $B \in \mathbb{R}^{n \times r}$。那么，高阶动态系统 (3.9)~(3.12) 为 R-可控的充分必要条件是

$$\mathrm{rank}\begin{bmatrix} A(s) & B \end{bmatrix} = n, \quad \forall s \in \mathbb{C} \tag{3.13}$$

证明 由著名的 PBH 可控性判据可知，只需证明条件

$$\mathrm{rank}\begin{bmatrix} sE_{\mathrm{e}} - A_{\mathrm{e}} & B_{\mathrm{e}} \end{bmatrix} = mn, \quad \forall s \in \mathbb{C} \tag{3.14}$$

等价于式 (3.13)，其中，E_{e}、A_{e} 和 B_{e} 由式 (3.10)~式 (3.12) 给出。

注意到

$$\mathrm{rank}\begin{bmatrix} A_{\mathrm{e}} - sE_{\mathrm{e}} & B_{\mathrm{e}} \end{bmatrix}$$

$$= \operatorname{rank} \begin{bmatrix} -sI_n & I_n & & & & 0 \\ & \ddots & \ddots & & & \vdots \\ & & & -sI_n & I_n & 0 \\ -A_0 & -A_1 & \cdots & -A_{m-1} & -sA_m & B \end{bmatrix}$$

现在，从上述方程右端的最后第二列开始，每一列先乘以 s，再加到其左侧列上，则有

$$\operatorname{rank} \begin{bmatrix} A_e - sE_e & B_e \end{bmatrix}$$

$$= \operatorname{rank} \begin{bmatrix} 0 & I_{n(m-1)} & 0 \\ -\sum_{i=0}^{m} A_i s^i & * & B \end{bmatrix}$$

$$= \operatorname{rank} \begin{bmatrix} I_{n(m-1)} & 0 & 0 \\ * & \sum_{i=0}^{m} A_i s^i & B \end{bmatrix}$$

$$= n(m-1) + \operatorname{rank} \begin{bmatrix} A(s) & B \end{bmatrix}$$

从而得到相应结论。   □

观察上述结果可知，当条件 (3.13) 成立时，矩阵对 $(A(s), B)$ 可控。进一步推广这一概念，有下述定义。

定义 3.4   设 $A(s) \in \mathbb{R}^{n \times q}[s]$，$B(s) \in \mathbb{R}^{n \times r}[s]$，$q + r > n$，则有下述定义。

(1) 如果

$$\operatorname{rank} \begin{bmatrix} A(s) & B(s) \end{bmatrix} = n, \quad \forall s \in \mathbb{C} \tag{3.15}$$

则称多项式矩阵对 $(A(s), B(s))$ 或高阶系统 (1.12) 为可控的。

(2) 称任意满足条件

$$\operatorname{rank} \begin{bmatrix} A(\lambda) & B(\lambda) \end{bmatrix} < n \tag{3.16}$$

的 $\lambda \in \mathbb{C}$ 为多项式矩阵对 $(A(s), B(s))$ 或高阶系统 (1.12) 的不可控模态。

将多项式矩阵对 $(A(s), B(s))$ 的不可控模态的集合记为 $\mathcal{U}_c(A(s), B(s))$，则根据定义 3.4，有

$$\mathcal{U}_c(A(s), B(s)) = \left\{ \lambda \mid \operatorname{rank} \begin{bmatrix} A(\lambda) & B(\lambda) \end{bmatrix} < n \right\}$$

可见，$\mathcal{U}_c(A(s), B(s))$ 为空集的充分必要条件是多项式矩阵对 $(A(s), B(s))$ 可控。

为方便起见，引入以下定义。

定义 3.5 设 $M_1(s)$, $M_2(s) \in \mathbb{R}^{m \times n}[s]$。如果存在两个幺模矩阵 $P(s) \in \mathbb{R}^{m \times m}[s]$ 和 $Q(s) \in \mathbb{R}^{n \times n}[s]$ 满足

$$P(s) M_1(s) Q(s) = M_2(s)$$

那么，称这两个多项式矩阵 $M_1(s)$ 和 $M_2(s)$ 是等价的。

利用定义 3.5，可得出引理 3.2，这进一步给出了一般意义下 $\mathscr{U}_c(A(s), B(s))$ 的特征。

引理 3.2 设 $A(s) \in \mathbb{R}^{n \times q}[s]$, $B(s) \in \mathbb{R}^{n \times r}[s]$，且 $q + r > n$。如果 $[A(s) \quad B(s)]$ 等价于 $\begin{bmatrix} \varSigma(s) & 0 \end{bmatrix}$，其中，$\varSigma(s) \in \mathbb{R}^{n \times n}[s]$，那么

$$\mathscr{U}_c(A(s), B(s)) = \{s \mid \det \varSigma(s) = 0\}$$

证明 在引理给定的条件下，存在幺模矩阵对 $P(s)$ 和 $Q(s)$，使得

$$P(s) \begin{bmatrix} A(s) & B(s) \end{bmatrix} Q(s) = \begin{bmatrix} \varSigma(s) & 0 \end{bmatrix}, \quad \forall s \in \mathbb{C} \tag{3.17}$$

其中，$\varSigma(s) \in \mathbb{R}^{n \times n}[s]$。由此可见，当且仅当 $\det \varSigma(\lambda) = 0$ 时，$\lambda \in \mathbb{C}$ 满足式 (3.16)。因此，结论成立。 □

定义 3.6 是著名的可稳性概念的直接推广。

定义 3.6 设 $A(s) \in \mathbb{R}^{n \times q}[s]$ 和 $B(s) \in \mathbb{R}^{n \times r}[s]$，且 $q + r > n$。如果多项式矩阵对 $(A(s), B(s))$ 的所有不可控模态都是稳定的，那么称此矩阵对或对应的高阶线性系统为可稳的。

显然，多项式矩阵对 $(A(s), B(s))$ 可稳的充分必要条件是

$$\text{rank} \begin{bmatrix} A(s) & B(s) \end{bmatrix} = n, \quad \forall s \in \mathbb{C}^+ \tag{3.18}$$

2. 正则性和可正则化性

平行地，可定义高阶系统的正则性和可正则化性。

定义 3.7 如果多项式矩阵 $A(s) \in \mathbb{R}^{n \times q}[s]$ 满足

$$\text{rank} A(s) = \min\{n, q\}, \quad \exists s \in \mathbb{C} \tag{3.19}$$

则称其为正则的。

基于定义 3.7，多项式矩阵 $A(s) \in \mathbb{R}^{n \times q}[s]$ 非正则的充分必要条件是

$$\text{rank} A(s) < \min\{n, q\}, \quad \forall s \in \mathbb{C} \tag{3.20}$$

此时，引入如下本征零点的定义。

定义 3.8　　设 $A(s) \in \mathbb{R}^{n \times q}[s]$，则有下述定义。

(1) 任意满足条件

$$\mathrm{rank} A(\lambda) < \min\{n, q\} \tag{3.21}$$

的 λ，称为 $A(s)$ 的零点。

(2) 任意满足条件

$$\mathrm{rank} A(\lambda) < \max_{s \in \mathbb{C}} \{\mathrm{rank} A(s)\} \tag{3.22}$$

的 λ，称为 $A(s)$ 的本征零点。

基于定义 3.8，可得出命题 3.1。

命题 3.1　　多项式矩阵 $A(s) \in \mathbb{R}^{n \times q}[s]$ 正则的充分必要条件是其具有相同的零点集和本征零点集。

定理 3.3 通过 Smith 标准分解揭示了多项式矩阵本征零点的本质。

定理 3.3　　设矩阵 $A(s) \in \mathbb{R}^{n \times q}[s]$ 的 Smith 标准型如下：

$$\begin{bmatrix} \Sigma(s) & 0 \\ 0 & 0 \end{bmatrix}$$

其中，$\Sigma(s) \in \mathbb{R}^{p \times p}[s]$ 为对角多项式矩阵，满足

$$\det \Sigma(s) \neq 0, \quad \exists s \in \mathbb{C} \tag{3.23}$$

那么，$A(s)$ 的本征零点集由下式给出：

$$\mathbb{E} = \{s \mid \det \Sigma(s) = 0\}$$

证明　　由式 (3.23)，有

$$\max_{s \in \mathbb{C}} \{\mathrm{rank} A(s)\} = p$$

进一步，注意到式 (3.23)，以及

$$\mathrm{rank} A(s) = \mathrm{rank} \begin{bmatrix} \Sigma(s) & 0 \\ 0 & 0 \end{bmatrix} = \mathrm{rank} \Sigma(s)$$

由定义 3.8，可以得到结论。　　　　　　　　　　　　　　　　　　　　□

由定理 3.3 可以推出以下结论。

推论 3.1　　等价的多项式矩阵具有相同的本征零点。

平行地，可以如下定义多项式矩阵对 $(A(s), B(s))$ 的可正则化性。

定义 3.9　设 $A(s) \in \mathbb{R}^{n \times q}[s]$ 和 $B(s) \in \mathbb{R}^{n \times r}[s]$，且 $q + r > n$。如果

$$\text{rank} \begin{bmatrix} A(s) & B(s) \end{bmatrix} = n, \quad \exists s \in \mathbb{C} \tag{3.24}$$

那么，称多项式矩阵对 $(A(s), B(s))$ 或对应的高阶线性系统是可正则化的。

对多项式矩阵对 $(A(s), B(s))$ 的可正则化性，有以下结论。

引理 3.3　设 $A(s) \in \mathbb{R}^{n \times q}[s]$ 和 $B(s) \in \mathbb{R}^{n \times r}[s]$，且 $q + r > n$。那么，多项式矩阵对 $(A(s), B(s))$ 可正则化的充分必要条件是以下条件之一成立。

(1) 多项式矩阵对 $(A(s), B(s))$ 的不可控模态集合不构成整个复平面，即

$$\mathscr{U}_{\text{c}}(A(s), B(s)) \neq \mathbb{C}$$

(2) $\Sigma(s)$ 满足

$$\det \Sigma(s) \neq 0, \quad \exists s \in \mathbb{C} \tag{3.25}$$

其中，$[\Sigma(s) \quad 0]$ 与 $[A(s) \quad B(s)]$ 等价。

由上述定义及结论可知，多项式矩阵对 $(A(s), B(s))$ 不可正则化的充分必要条件是

$$\text{rank} \begin{bmatrix} A(s) & B(s) \end{bmatrix} < n, \quad \forall s \in \mathbb{C} \tag{3.26}$$

此时，有

$$\alpha = \max_{s \in \mathbb{C}} \left\{ \text{rank} \begin{bmatrix} A(s) & B(s) \end{bmatrix} \right\} < n \tag{3.27}$$

命题 3.2 基于多项式矩阵的零点，总结了多项式矩阵对 $(A(s), B(s))$ 的一些相关结论。

命题 3.2　设 $A(s) \in \mathbb{R}^{n \times q}[s]$ 和 $B(s) \in \mathbb{R}^{n \times r}[s]$，且 $q + r > n$。那么，以下结论成立。

(1) $(A(s), B(s))$ 可控的充分必要条件是增广多项式矩阵 $[A(s) \quad B(s)]$ 没有零点。

(2) $(A(s), B(s))$ 可稳的充分必要条件是增广多项式矩阵 $[A(s) \quad B(s)]$ 的所有零点都在左半复平面上。

(3) $(A(s), B(s))$ 可正则化的充分必要条件是增广多项式矩阵 $[A(s) \quad B(s)]$ 的所有零点是增广多项式矩阵的本征零点。

(4) $(A(s), B(s))$ 不可正则化的充分必要条件是增广多项式矩阵 $[A(s) \quad B(s)]$ 的零点不全是增广矩阵的本征零点。

最后，给出三个重要概念之间的关系，即 $(A(s), B(s))$ 的可控性蕴含 $(A(s), B(s))$ 的可稳性，而 $(A(s), B(s))$ 的可稳性蕴含 $(A(s), B(s))$ 的可正则化性，如图 3.1 所示。

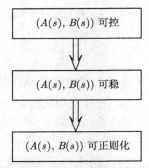

图 3.1   三个概念之间的关系

3.2 互 质 性

3.2.1 基本概念

众所周知，如果多项式矩阵对 $N(s) \in \mathbb{R}^{n \times r}[s]$ 和 $D(s) \in \mathbb{R}^{r \times r}[s]$ 满足

$$\text{rank} \begin{bmatrix} N(s) \\ D(s) \end{bmatrix} = r, \quad \forall s \in \mathbb{C} \tag{3.28}$$

则称其为右互质的；而如果多项式矩阵对 $H(s) \in \mathbb{R}^{m \times n}[s]$ 和 $L(s) \in \mathbb{R}^{m \times m}[s]$ 满足

$$\text{rank} \begin{bmatrix} H(s) & L(s) \end{bmatrix} = m, \quad \forall s \in \mathbb{C} \tag{3.29}$$

则称其为左互质的。基于定义 3.4 和定义 3.6，易得到下述结论。这里首先介绍著名的一阶系统 PBH 可控性判据的推广形式。

命题 3.3   设 $A(s) \in \mathbb{R}^{n \times n}[s]$, $B(s) \in \mathbb{R}^{n \times r}[s]$，以下结论成立。

(1) 多项式矩阵对 $(A(s), B(s))$ 可控的充分必要条件是 $A(s)$ 和 $B(s)$ 为左互质。

(2) 多项式矩阵对 $(A(s), B(s))$ 可稳的充分必要条件是其所有不可控模态都是稳定的。

设 $F \in \mathbb{C}^{p \times p}$ 为任意矩阵。Duan 等将上述互质概念推广到 F-互质[25,281]。具体来说，如果对任意矩阵 $F \in \mathbb{C}^{p \times p}$，多项式矩阵对 $N(s) \in \mathbb{R}^{n \times r}[s]$ 和 $D(s) \in \mathbb{R}^{r \times r}[s]$ 满足

$$\text{rank} \begin{bmatrix} N(s) \\ D(s) \end{bmatrix} = r, \quad \forall s \in \text{eig}(F) \tag{3.30}$$

则称其为 F-右互质；而如果多项式矩阵对 $H(s) \in \mathbb{R}^{m \times n}[s]$ 和 $L(s) \in \mathbb{R}^{m \times m}[s]$ 满足

$$\text{rank} \begin{bmatrix} H(s) & L(s) \end{bmatrix} = m, \quad \forall s \in \text{eig}(F) \tag{3.31}$$

则称其为 F-左互质的。显然，多项式矩阵对 $N(s) \in \mathbb{R}^{n \times r}[s]$ 和 $D(s) \in \mathbb{R}^{r \times r}[s]$ 右互质的充分必要条件是对于任意的矩阵 $F \in \mathbb{C}^{p \times p}$, $p > 0$, 它们是 F-右互质的；而多项式矩阵对 $H(s) \in \mathbb{R}^{m \times n}[s]$ 和 $L(s) \in \mathbb{R}^{m \times m}[s]$ 左互质的充分必要条件是对于任意的矩阵 $F \in \mathbb{C}^{p \times p}$, $p > 0$, 它们是 F-左互质的。

大多数实际控制系统是满足可控性条件的，但也有一些系统无法满足可控性条件。众所周知，即使在可稳条件下，也可以获得系统的满意控制，这说明对多项式矩阵 $[A(s)\ B(s)]$ 的行满秩要求可以进一步放宽。

3.2.2　概念的推广

基于上述背景，提出定义 3.10，该定义在后续章节中有重要作用。

定义 3.10　设 $F \in \mathbb{C}^{p \times p}$ 为任意矩阵，$N(s) \in \mathbb{R}^{q \times n}[s]$, $D(s) \in \mathbb{R}^{r \times n}[s]$, 且 $q + r > n$, 则有下述定义。

(1) 如果多项式矩阵对 $N(s)$ 和 $D(s)$ 满足

$$\mathrm{rank} \left[\begin{array}{c} N(s) \\ D(s) \end{array} \right] \leqslant \alpha, \quad \forall s \in \mathbb{C} \tag{3.32}$$

和

$$\mathrm{rank} \left[\begin{array}{c} N(s) \\ D(s) \end{array} \right] = \alpha, \quad \forall s \in \mathrm{eig}(F) \tag{3.33}$$

则称它们是 (F, α)-右互质的。

(2) 如果多项式矩阵对 $N(s)$ 和 $D(s)$ 是 (F, n)-右互质的，则称它们是 F-右互质的。

(3) 如果对任意的矩阵 $F \in \mathbb{C}^{p \times p}$, $p > 0$, 多项式矩阵对 $N(s)$ 和 $D(s)$ 是 (F, α)-右互质的，则称它们是 $(\cdot, \alpha)$-右互质的。

对应地，有如下左互质概念。

定义 3.11　设 $F \in \mathbb{C}^{p \times p}$ 为任意矩阵，$H(s) \in \mathbb{R}^{n \times q}[s]$, $L(s) \in \mathbb{R}^{n \times r}[s]$, 且 $q + r > n$, 则有下述定义。

(1) 如果矩阵对 $H(s)$ 和 $L(s)$ 满足

$$\mathrm{rank} \left[\begin{array}{cc} H(s) & L(s) \end{array} \right] \leqslant \alpha, \quad \forall s \in \mathbb{C} \tag{3.34}$$

和

$$\mathrm{rank} \left[\begin{array}{cc} H(s) & L(s) \end{array} \right] = \alpha, \quad \forall s \in \mathrm{eig}(F) \tag{3.35}$$

则称它们是 (F, α)-左互质的。

(2) 如果矩阵对 $H(s)$ 和 $L(s)$ 是 (F, n)-左互质的，则称它们是 F-左互质的。

(3) 如果对于任意的 $F \in \mathbb{C}^{p \times p}$, $p > 0$, 矩阵对 $H(s)$ 和 $L(s)$ 是 (F, α)-左互质的, 则称它们是 $(\cdot, \alpha)$-左互质的.

显然, 定义 3.11 是文献 [25] 和文献 [281] 中提出的 F-互质的推广.

依据定义 3.10 和定义 3.11, F-右互质和 F-左互质是一对对偶概念, 即 $N(s)$ 和 $D(s)$ 为 F-右互质的充分必要条件是 $N^{\mathrm{T}}(s)$ 和 $D^{\mathrm{T}}(s)$ 为 F-左互质.

3.2.3　$A(s)$ 和 $B(s)$ 的互质性

1. 不可正则化的情形

将定义 3.11 应用于矩阵对 $A(s)$ 和 $B(s)$, 有如下 $A(s)$ 和 $B(s)$ 的 (F, α)-左互质定义:

$$\begin{cases} \mathrm{rank}\left[\begin{array}{cc} A(s) & B(s) \end{array}\right] \leqslant \alpha, & \forall s \in \mathbb{C} \\ \mathrm{rank}\left[\begin{array}{cc} A(s) & B(s) \end{array}\right] = \alpha, & \forall s \in \mathrm{eig}(F) \end{cases} \tag{3.36}$$

特别地, 矩阵对 $A(s)$ 和 $B(s)$ 为 $(\cdot, \alpha)$-左互质的充分必要条件是对任意的矩阵 $F \in \mathbb{C}^{p \times p}$, 且 $p > 0$, $A(s)$ 和 $B(s)$ 是 (F, α)-左互质的.

由上述条件及本征零点的概念可以得到, 如下关于矩阵对 $A(s)$ 和 $B(s)$ 为 (F, α)-左互质的结果成立.

定理 3.4　设 $A(s) \in \mathbb{R}^{n \times q}[s]$ 和 $B(s) \in \mathbb{R}^{n \times r}[s]$, 且 $q + r > n$, 以及 $F \in \mathbb{C}^{p \times p}$, 则 $A(s)$ 和 $B(s)$ 为 (F, α)-左互质的充分必要条件是矩阵 F 的特征值不是 $[A(s)\ B(s)]$ 的本征零点.

证明　**充分性**　设矩阵 F 的特征值不是 $[A(s)\ B(s)]$ 的本征零点, 根据本征零点的定义, 有

$$\mathrm{rank}\left[\begin{array}{cc} A(s) & B(s) \end{array}\right] \geqslant \alpha, \quad \forall s \in \mathrm{eig}(F)$$

其中,

$$\alpha = \max_{s \in \mathbb{C}}\left\{\mathrm{rank}\left[\begin{array}{cc} A(s) & B(s) \end{array}\right]\right\} \tag{3.37}$$

上述两个关系很明显等价于式 (3.36).

必要性　设式 (3.36) 成立, 那么式 (3.37) 显然成立. 因此, $[A(s)\ B(s)]$ 的任何本征零点 s 由下式确定:

$$\mathrm{rank}\left[\begin{array}{cc} A(s) & B(s) \end{array}\right] < \alpha$$

再考虑式 (3.36) 中的第二个条件, 可知矩阵 F 的特征值不是 $[A(s)\ B(s)]$ 的本征零点.　　　□

2. 可正则化的情形

当矩阵对 $A(s)$ 和 $B(s)$ 可正则化时，显然有

$$\alpha = \max_{s \in \mathbb{C}} \left\{ \text{rank} \begin{bmatrix} A(s) & B(s) \end{bmatrix} \right\} = n \tag{3.38}$$

依据上述事实和定义 3.11，有下述关于 $A(s)$ 和 $B(s)$ 为 F-左互质的结论。

定理 3.5　设 $A(s) \in \mathbb{R}^{n \times q}[s]$，$B(s) \in \mathbb{R}^{n \times r}[s]$，且 $q+r > n$，以及 $F \in \mathbb{C}^{p \times p}$，则下述结论成立。

(1) $(A(s), B(s))$ 可控的充分必要条件是 $A(s)$ 和 $B(s)$ 为左互质，即对于任意的矩阵 $F \in \mathbb{C}^{p \times p}$，且 $p > 0$，$A(s)$ 和 $B(s)$ 是 F-左互质的。

(2) $(A(s), B(s))$ 可稳的充分必要条件是，对于任意的稳定矩阵 $F \in \mathbb{C}^{p \times p}$，且 $p > 0$，$A(s)$ 和 $B(s)$ 是 F-左互质的。

(3) $A(s)$ 和 $B(s)$ 为 F-左互质 (即 (F, n)-左互质) 的充分必要条件是矩阵 F 的特征值不是 $(A(s), B(s))$ 的不可控模态。

表 3.1 列出了矩阵对 $(A(s), B(s))$ 各种左互质的定义，而图 3.2 给出了本节中各概念的关系。

表 3.1　$A(s)$ 和 $B(s)$ 的互质性

概念	条件
(F, α)-左互质	$\begin{cases} \text{rank} \begin{bmatrix} A(s) & B(s) \end{bmatrix} \leqslant \alpha, & \forall s \in \mathbb{C} \\ \text{rank} \begin{bmatrix} A(s) & B(s) \end{bmatrix} = \alpha, & \forall s \in \text{eig}(F) \end{cases}$
$(\cdot, \alpha)$-左互质	$\text{rank} \begin{bmatrix} A(s) & B(s) \end{bmatrix} = \alpha, \quad \forall s \in \mathbb{C}$
F-左互质	$\text{rank} \begin{bmatrix} A(s) & B(s) \end{bmatrix} = n, \quad \forall s \in \text{eig}(F)$
左互质	$\text{rank} \begin{bmatrix} A(s) & B(s) \end{bmatrix} = n, \quad \forall s \in \mathbb{C}$

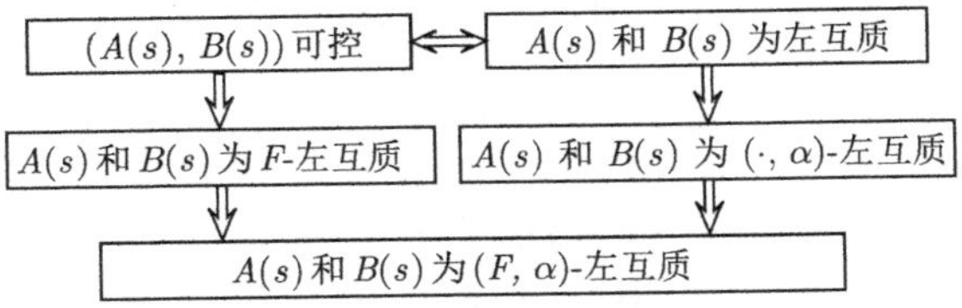

图 3.2　五个概念之间的关系

3.3　互质的等价条件

根据定义，为验证两个多项式矩阵 $N(s)$ 和 $D(s)$ 的 F-右互质性，需要计算矩阵 F 的特征值，这就有可能涉及病态矩阵的计算问题。而下述的直接判据只涉

及系数矩阵 N_i、D_i $(i = 0, 1, 2, \cdots, \omega)$ 和矩阵 F，从而避免了这一现象的发生。

定理 3.6　设 $F \in \mathbb{C}^{p \times p}$ 为任意矩阵，以及

$$\begin{cases} N(s) = \sum_{i=0}^{\omega} N_i s^i, & N_i \in \mathbb{R}^{n \times r} \\ D(s) = \sum_{i=0}^{\omega} D_i s^i, & D_i \in \mathbb{R}^{m \times r} \end{cases} \tag{3.39}$$

且 $m + n > r$，则 $N(s)$ 和 $D(s)$ 为 (F, α)-右互质的充分必要条件是

$$\text{rank} \left[\sum_{i=0}^{\omega} \left(F^i \otimes \begin{bmatrix} N_i \\ D_i \end{bmatrix} \right) \right] = \alpha p \tag{3.40}$$

定理 3.6 的证明，请参见附录。

本章的其余各节，也将进一步研究相关的等价条件 (这些条件将在其后各章中得到应用)，并且重点研究矩阵对 $(A(s), B(s))$ 的左互质性。

3.3.1　Smith 标准分解

$[A(s) \ \ -B(s)]$ 的 Smith 标准分解，就是寻求具有适当维数的幺模矩阵 $P(s)$ 和 $Q(s)$，使得

$$P(s) \begin{bmatrix} A(s) & -B(s) \end{bmatrix} Q(s) = \begin{bmatrix} \Sigma(s) & 0 \\ 0 & 0 \end{bmatrix} \tag{3.41}$$

其中，$\Sigma(s) \in \mathbb{R}^{\alpha \times \alpha}[s]$ 为一对角多项式矩阵，满足

$$\det \Sigma(s) \neq 0, \quad \exists s \in \mathbb{C}$$

根据定理 3.3，$[A(s) \ \ B(s)]$ 的本征零点集合由下式给出：

$$\mathbb{E} = \{s| \ \det \Sigma(s) = 0\}$$

以下结果借助 Smith 标准分解揭示了 F-左互质的本质。

定理 3.7　设 $A(s) \in \mathbb{R}^{n \times q}[s]$，$B(s) \in \mathbb{R}^{n \times r}[s]$，$q + r > n$，而式 (3.41) 为 $[A(s) \ \ B(s)]$ 的 Smith 标准分解，则下述结论成立。

(1) $A(s)$ 和 $B(s)$ 为 (F, α)-左互质的充分必要条件是

$$\Delta(s) = \det \Sigma(s) \neq 0, \quad \forall s \in \text{eig}(F) \tag{3.42}$$

(2) $A(s)$ 和 $B(s)$ 为 $(\cdot, \alpha)$ 左互质的充分必要条件是 $\Sigma(s) = I_\alpha$。

上述结论可以利用定理 3.3 和定理 3.4 证明，这里给出其直接证明。

证明　很明显，当

$$\text{rank}\begin{bmatrix} A(s) & B(s) \end{bmatrix} \leqslant \alpha, \quad \forall s \in \mathbb{C}$$

时，$\begin{bmatrix} A(s) & -B(s) \end{bmatrix}$ 具有形为式 (3.41) 的 Smith 标准分解。基于这一变换，显然有

$$\text{rank}\begin{bmatrix} A(s) & B(s) \end{bmatrix} = \alpha, \quad \forall s \in \text{eig}(F)$$
$$\Longleftrightarrow \text{rank}\begin{bmatrix} \Sigma(s) & 0 \\ 0 & 0 \end{bmatrix} = \alpha, \quad \forall s \in \text{eig}(F)$$
$$\Longleftrightarrow 式(3.42)$$

因此，根据 (F,α)-左互质的定义，结论 (1) 成立。

当多项式矩阵对 $A(s)$ 和 $B(s)$ 为 $(\cdot,\alpha)$-左互质时，利用式 (3.41)，有

$$\text{rank}\begin{bmatrix} A(s) & B(s) \end{bmatrix} = \alpha, \quad \forall s \in \mathbb{C}$$
$$\Leftrightarrow \text{rank}\begin{bmatrix} \Sigma(s) & 0 \\ 0 & 0 \end{bmatrix} = \alpha, \quad \forall s \in \mathbb{C}$$
$$\Leftrightarrow \Sigma(s) = I_\alpha$$

这表明 $\begin{bmatrix} A(s) & B(s) \end{bmatrix}$ 具有 Smith 标准分解，且 $\Sigma(s) = I_\alpha$。 $\square$

3.3.2　广义右既约分解

众所周知，对于给定的 $A \in \mathbb{R}^{n\times n}$，$B \in \mathbb{R}^{n\times r}$，如果 (A,B) 可控，则存在一对右互质的多项式矩阵对 $N(s) \in \mathbb{R}^{n\times r}[s]$ 和 $D(s) \in \mathbb{R}^{r\times r}[s]$，使得

$$(sI-A)^{-1} B = N(s) D^{-1}(s) \tag{3.43}$$

式 (3.43) 就是著名的矩阵对 (A,B) 的右既约分解 (right coprime factorization, RCF)。

上述右既约分解可改写为以下形式：

$$(sI-A)N(s) - BD(s) = 0 \tag{3.44}$$

在式 (3.44) 中，以往的要求，即 $N(s) \in \mathbb{R}^{n\times r}[s]$ 和 $D(s) \in \mathbb{R}^{r\times r}[s]$ 的列数等于矩阵 B 的列数，不再是必要条件，而这一条件放松的必要性反映在下述事实中。

当 (A,B) 不可控时，满足式 (3.43) 的右互质的多项式矩阵对 $N(s) \in \mathbb{R}^{n\times r}[s]$ 和 $D(s) \in \mathbb{R}^{r\times r}[s]$ 是不存在的，但是可能存在最大的 $\beta \leqslant r$，以及右互质的多项

式矩阵对 $N(s) \in \mathbb{R}^{n \times \beta}[s]$ 和 $D(s) \in \mathbb{R}^{r \times \beta}[s]$ 满足式 (3.44)。因此，当 (A, B) 不可控时，在其可控条件下才存在的满足条件 (3.43) 的矩阵对 $N(s) \in \mathbb{R}^{n \times r}[s]$ 和 $D(s) \in \mathbb{R}^{r \times r}[s]$ 是不存在的，但此时存在矩阵对 $N(s) \in \mathbb{R}^{n \times \beta}[s]$ 和 $D(s) \in \mathbb{R}^{r \times \beta}[s]$ 满足条件 (3.44)。

由于上述事实，将式 (3.43) 推广到式 (3.44) 是必要的，并称式 (3.44) 为广义右既约分解。

进一步，将 $(sI - A)$ 和 B 替换为两个更一般的多项式矩阵 $A(s) \in \mathbb{R}^{n \times q}[s]$ 和 $B(s) \in \mathbb{R}^{n \times r}[s]$，且 $q + r > n$，可以得到如下右既约分解的推广形式：

$$A(s) N(s) - B(s) D(s) = 0 \tag{3.45}$$

当 $q = n$，且多项式 $\det A(s)$ 不恒为零时，$A(s)$ 可逆。在假设 $D(s)$ 也是可逆的条件下，式 (3.45) 可以改写为如下右既约分解形式：

$$A^{-1}(s) B(s) = N(s) D^{-1}(s) \tag{3.46}$$

形式看起来相似，但在广义形式 (3.45) 中，$A(s)$ 和 $D(s)$ 可以是非方的。

注意到 $A_m \neq 0$，那么传递函数 $A^{-1}(s) B(s)$ 在物理意义上是可实现的，同理，$N(s) D^{-1}(s)$ 也是物理可实现的。因此，多项式矩阵 $N(s)$ 和 $D(s)$ 的最高阶可由 $D(s)$ 的最高阶确定。如果记 $D(s) = [d_{ij}(s)]_{r \times \beta}$ 和

$$\omega = \max \{\deg(d_{ij}(s)), \ i = 1, 2, \cdots, r, \ j = 1, 2, \cdots, \beta\}$$

则满足式 (3.45) 的矩阵对 $N(s)$ 和 $D(s)$ 可改写为以下形式：

$$\begin{cases} N(s) = \sum_{i=0}^{\omega} N_i s^i, \ N_i \in \mathbb{R}^{q \times \beta} \\ D(s) = \sum_{i=0}^{\omega} D_i s^i, \ D_i \in \mathbb{R}^{r \times \beta} \end{cases} \tag{3.47}$$

下述结论基于广义右既约分解 (3.45) 给出了两个多项式矩阵为 (F, α)-左互质的条件。

定理 3.8 给定多项式矩阵 $A(s) \in \mathbb{R}^{n \times q}[s]$ 和 $B(s) \in \mathbb{R}^{n \times r}[s]$，且 $q + r > n$，对于某一 $F \in \mathbb{C}^{p \times p}$，它们为 (F, α)-左互质的充分必要条件如下：

(1) 对于所有的 $s \in \mathbb{C}$，存在右互质多项式矩阵对 $N(s) \in \mathbb{R}^{q \times \beta}[s]$ 和 $D(s) \in \mathbb{R}^{r \times \beta}[s]$ 满足广义右既约分解 (3.45)，且 $\beta = q + r - \alpha$。

(2) 对于任意的 $s \in \mathrm{eig}(F)$，满足广义右既约分解 (3.45) 且列数大于 $\beta = q + r - \alpha$ 的右互质多项式矩阵对 $N(s)$ 和 $D(s)$ 不存在。

证明　由定理 3.7 可知，$A(s)$ 和 $B(s)$ 为 (F,α)-左互质的充分必要条件是存在两个具有适当维数的幺模矩阵 $P(s)$ 和 $Q(s)$ 满足式 (3.41) 和式 (3.42)。因此，这里只需证明上述条件等价于存在右互质多项式矩阵对 $N(s) \in \mathbb{R}^{q \times \beta}[s]$ 和 $D(s) \in \mathbb{R}^{r \times \beta}[s]$ 满足广义右既约分解 (3.45)，且 $\beta = q + r - \alpha$。

必要性　设对某一 $F \in \mathbb{C}^{p \times p}$，$A(s)$ 和 $B(s)$ 是 (F,α)-左互质的，那么存在两个具有适当维数的幺模矩阵 $P(s)$ 和 $Q(s)$ 满足式 (3.41) 和式 (3.42)。对幺模矩阵 $Q(s)$ 划分如下：

$$Q(s) = \begin{bmatrix} * & N(s) \\ * & D(s) \end{bmatrix}, \quad N(s) \in \mathbb{R}^{q \times \beta}[s], \quad D(s) \in \mathbb{R}^{r \times \beta}[s] \tag{3.48}$$

则由式 (3.41) 可得

$$\begin{bmatrix} A(s) & -B(s) \end{bmatrix} \begin{bmatrix} N(s) \\ D(s) \end{bmatrix} = 0 \tag{3.49}$$

从而得到广义右既约分解 (3.45)。另外，$Q(s)$ 为幺模矩阵，因此矩阵对 $N(s)$ 和 $D(s)$ 也是互质的，由此第一个条件成立。而根据式 (3.42) 也可证明第二条件成立。

充分性　设存在右互质多项式矩阵对 $N(s) \in \mathbb{R}^{q \times \beta}[s]$ 和 $D(s) \in \mathbb{R}^{r \times \beta}[s]$ 满足广义右既约分解 (3.45)，或等价的式 (3.49)，同时，当第二个条件成立时，可以找到一个形为式 (3.48) 的幺模矩阵 $Q(s)$，进而有

$$\begin{bmatrix} A(s) & -B(s) \end{bmatrix} Q(s) = \begin{bmatrix} C(s) & 0 \end{bmatrix} \tag{3.50}$$

其中，$C(s) \in \mathbb{R}^{n \times \alpha}[s]$ 满足

$$\operatorname{rank} C(s) = \alpha, \quad \forall s \in \operatorname{eig}(F) \tag{3.51}$$

因此，有

$$\operatorname{rank} \begin{bmatrix} A(s) & -B(s) \end{bmatrix} \leqslant \alpha, \quad \forall s \in \mathbb{C} \tag{3.52}$$

又由于 $Q(s)$ 为幺模矩阵，且式 (3.51) 成立，有

$$\operatorname{rank} \begin{bmatrix} A(s) & -B(s) \end{bmatrix} = \alpha, \quad \forall s \in \operatorname{eig}(F) \tag{3.53}$$

由式 (3.53) 和式 (3.52) 可知，多项式矩阵 $A(s) \in \mathbb{R}^{n \times q}[s]$ 和 $B(s) \in \mathbb{R}^{n \times r}[s]$ 是 (F,α)-左互质的。　　　　　　　　　　　　　　　　　　　　　　　$\square$

说明 3.1　应当注意到，当 $A(s)$ 和 $B(s)$ 为 $(\cdot,\alpha)$-左互质时，定理 3.8 中不再包含第二个条件。

3.3.3 Diophantine 方程

设 $A(s) \in \mathbb{R}^{n\times q}[s]$、$B(s) \in \mathbb{R}^{n\times r}[s]$ 和 $C(s) \in \mathbb{R}^{n\times \alpha}[s]$，则称

$$A(s)U(s) - B(s)T(s) = C(s) \tag{3.54}$$

为 Diophantine 方程，其中，$U(s) \in \mathbb{R}^{q\times\alpha}[s]$ 和 $T(s) \in \mathbb{R}^{r\times\alpha}[s]$ 为所要求解的多项式矩阵。Zhou 等给出了这一类方程的解[282]。

定理 3.9 多项式矩阵 $A(s) \in \mathbb{R}^{n\times q}[s]$ 和 $B(s) \in \mathbb{R}^{n\times r}[s]$ 为 (F,α)-左互质的充分必要条件是存在多项式矩阵对 $U(s) \in \mathbb{R}^{q\times\alpha}[s]$ 和 $T(s) \in \mathbb{R}^{r\times\alpha}[s]$ 满足 Diophantine 方程 (3.54)，且

$$\mathrm{rank}C(s) = \alpha, \quad \forall s \in \mathrm{eig}(F) \tag{3.55}$$

证明 **必要性** 由定理 3.7 可知，$A(s) \in \mathbb{R}^{n\times q}[s]$ 和 $B(s) \in \mathbb{R}^{n\times r}[s]$ 为 (F,α)-左互质的等价条件是存在两个具有适当维数的幺模矩阵 $P(s)$ 和 $Q(s)$ 满足式 (3.41) 和式 (3.42)。将幺模矩阵 $Q(s)$ 划分如下：

$$Q(s) = \begin{bmatrix} U(s) & * \\ T(s) & * \end{bmatrix}, \quad U(s) \in \mathbb{R}^{q\times\alpha}[s], \quad T(s) \in \mathbb{R}^{r\times\alpha}[s] \tag{3.56}$$

从而，由式 (3.41)，有

$$\begin{bmatrix} A(s) & -B(s) \end{bmatrix} \begin{bmatrix} U(s) \\ T(s) \end{bmatrix} = P^{-1}(s) \begin{bmatrix} \Sigma(s) \\ 0 \end{bmatrix}$$

可直接得到 Diophantine 方程 (3.54)，其中，

$$C(s) = P^{-1}(s) \begin{bmatrix} \Sigma(s) \\ 0 \end{bmatrix}$$

由式 (3.42) 可知，上式满足式 (3.55)。

充分性 假设存在右互质多项式矩阵对 $U(s) \in \mathbb{R}^{q\times\alpha}[s]$ 和 $T(s) \in \mathbb{R}^{r\times\alpha}[s]$ 满足 Diophantine 方程 (3.54)，其中，$C(s)$ 满足式 (3.55)，可以通过扩充方式，找到一个形为式 (3.48) 的幺模矩阵 $Q(s)$，从而有

$$\begin{bmatrix} A(s) & -B(s) \end{bmatrix} Q(s) = \begin{bmatrix} C(s) & 0 \end{bmatrix} \tag{3.57}$$

因此，显然有

$$\mathrm{rank}\begin{bmatrix} A(s) & -B(s) \end{bmatrix} \leqslant \alpha, \quad \forall s \in \mathbb{C} \tag{3.58}$$

进一步由式 (3.55) 可知

$$\text{rank}\left[\begin{array}{cc} A(s) & -B(s) \end{array}\right] = \alpha, \quad \forall s \in \text{eig}(F) \tag{3.59}$$

由式 (3.58) 和式 (3.59) 可知，多项式矩阵对 $A(s) \in \mathbb{R}^{n \times q}[s]$ 和 $B(s) \in \mathbb{R}^{n \times r}[s]$ 是 (F, α)-左互质的。　　　　　　　　　　　　　　　　　$\square$

3.3.4　统一的分解过程

由上述三个定理的证明可知，满足广义右既约分解 (3.45) 的右互质多项式矩阵对 $N(s)$ 和 $D(s)$，以及满足 Diophantine 方程 (3.54) 的多项式矩阵对 $U(s)$ 和 $T(s)$ 可同时得到。

引理 3.4　设 $A(s) \in \mathbb{R}^{n \times q}[s]$ 和 $B(s) \in \mathbb{R}^{n \times r}[s]$ 是 (F, α)-左互质的，且具有 Smith 标准分解 (3.41) 和 (3.42)。对幺模矩阵 $Q(s)$ 进行如下划分：

$$Q(s) = \left[\begin{array}{cc} U(s) & N(s) \\ T(s) & D(s) \end{array}\right]$$

其中，$N(s) \in \mathbb{R}^{q \times \beta}[s], D(s) \in \mathbb{R}^{r \times \beta}[s], U(s) \in \mathbb{R}^{q \times \alpha}[s], T(s) \in \mathbb{R}^{r \times \alpha}[s]$。因此，下述结论成立。

(1) 多项式矩阵 $N(s)$ 和 $D(s)$ 为右互质，且满足广义右既约分解 (3.45)。

(2) 多项式矩阵 $U(s)$ 和 $T(s)$ 满足 Diophantine 方程 (3.54)，其中，

$$C(s) = P^{-1}(s)\left[\begin{array}{c} \Sigma(s) \\ 0 \end{array}\right], \quad \det \Sigma(s) \neq 0, \quad \forall s \in \text{eig}(F) \tag{3.60}$$

当 $A(s)$ 和 $B(s)$ 为 $(\cdot, \alpha)$-左互质时，式 (3.60) 可简化为

$$C(s) = P^{-1}(s)\left[\begin{array}{c} I_\alpha \\ 0 \end{array}\right] \tag{3.61}$$

由引理 3.4 可知，寻求满足广义右既约分解 (3.45) 的右互质多项式矩阵对 $N(s)$ 和 $D(s)$，以及满足 Diophantine 方程 (3.54) 的多项式矩阵对 $U(s)$ 和 $T(s)$ 的关键一步是求解 Smith 标准分解 (3.41)。下面命题则提出一种求解 Smith 标准分解 (3.41) 的简单方法。

命题 3.4　设 $A(s) \in \mathbb{R}^{n \times q}[s]$ 和 $B(s) \in \mathbb{R}^{n \times r}[s]$ 为给定的多项式矩阵，且对给定的 F，它们是 (F, α)-左互质的。那么，构造如下的分块矩阵：

$$\left[\begin{array}{c|cc} I_n & A(s) & -B(s) \\ \hline 0 & I_{q+r} & \end{array}\right]$$

对其前 n 行进行一系列初等行变换, 对后 $q+r$ 列进行一系列初等列变换, 将其简化为以下形式:

$$\left[\begin{array}{c|cc} P(s) & \Sigma(s) & 0 \\ & 0 & 0 \\ \hline 0 & Q(s) & \end{array}\right], \quad \Sigma(s) \in \mathbb{R}^{\alpha \times \alpha}[s]$$

则 $P(s)$ 和 $Q(s)$ 满足 Smith 标准分解 (3.41)。

最后要指出的是, 上述结论在后续各章的研究中起着重要的基础作用。

3.4 可正则化的情形

在 3.3 节中, 已经给出了多项式矩阵对 $A(s)$ 和 $B(s)$ 为 (F,α)-左互质的一些判据。本节将进一步讨论 $(A(s),B(s))$ 可正则化条件下的互质判据。不难记得, 在此种情形下, 存在 s 使得 $[A(s) \quad B(s)]$ 是行满秩的, 即 $\alpha=n$。本节的目的是对某些 $F \in \mathbb{C}^{p \times p}$, 寻求多项式矩阵对 $A(s)$ 和 $B(s)$ 为 F-左互质的判据。

不同于 3.3 节, 本节只研究 $(A(s),B(s))$ 可正则化的特殊情形, 即

$$\mathrm{rank}\left[\begin{array}{cc} A(s) & -B(s) \end{array}\right]=n, \quad \exists s \in \mathbb{C} \tag{3.62}$$

3.4.1 F-左互质的情形

如果对于某一 $F \in \mathbb{C}^{p \times p}$, 多项式矩阵对 $A(s)$ 和 $B(s)$ 满足

$$\mathrm{rank}\left[\begin{array}{cc} A(s) & -B(s) \end{array}\right]=n, \quad \forall s \in \mathrm{eig}(F) \tag{3.63}$$

则称它们为 F-左互质。本小节将给出此条件下的一些判据。

1. F-左互质的等价条件

定理 3.10 是定理 3.7、定理 3.8 和定理 3.9 的直接推论。

定理 3.10 设 $A(s) \in \mathbb{R}^{n \times q}[s]$, $B(s) \in \mathbb{R}^{n \times r}[s]$, $q+r>n$, $F \in \mathbb{C}^{p \times p}$, 则 $A(s)$ 和 $B(s)$ 为 F-左互质的充分必要条件是以下条件之一成立。

(1) 存在两个具有适当维数的幺模矩阵 $P(s)$ 和 $Q(s)$ 满足

$$P(s)\left[\begin{array}{cc} A(s) & -B(s) \end{array}\right]Q(s)=\left[\begin{array}{cc} \Sigma(s) & 0 \end{array}\right] \tag{3.64}$$

其中, $\Sigma(s) \in \mathbb{R}^{n \times n}[s]$ 满足

$$\Delta(s)=\det \Sigma(s) \neq 0, \quad \forall s \in \mathrm{eig}(F) \tag{3.65}$$

(2) 存在右互质多项式矩阵对 $N(s) \in \mathbb{R}^{q \times \beta_0}[s]$ 和 $D(s) \in \mathbb{R}^{r \times \beta_0}[s]$，且 $\beta_0 = q + r - n$，满足广义右既约分解

$$A(s)N(s) - B(s)D(s) = 0, \quad \forall s \in \mathbb{C} \tag{3.66}$$

同时，对任意的 $s \in \mathrm{eig}(F)$，不存在列数大于 β_0 的右互质多项式矩阵对 $N(s)$ 和 $D(s)$ 满足广义右既约分解 (3.66)。

(3) 存在右互质多项式矩阵对 $U(s) \in \mathbb{R}^{q \times n}[s]$ 和 $T(s) \in \mathbb{R}^{r \times n}[s]$ 满足如下 Diophantine 方程：

$$A(s)U(s) - B(s)T(s) = \Delta(s)I_n \tag{3.67}$$

其中，$\Delta(s)$ 为标量多项式，且满足

$$\Delta(s) \neq 0, \quad \forall s \in \mathrm{eig}(F) \tag{3.68}$$

证明　前两个结论是定理 3.7 和定理 3.8 的直接推论。这里只证明第三个结论。

由定理 3.9 可知，多项式矩阵对 $A(s)$ 和 $B(s)$ 为 F-左互质的充分必要条件是存在多项式矩阵对 $\tilde{U}(s) \in \mathbb{R}^{q \times n}[s]$ 和 $\tilde{T}(s) \in \mathbb{R}^{r \times n}[s]$ 满足如下 Diophantine 方程：

$$A(s)\tilde{U}(s) - B(s)\tilde{T}(s) = C(s) \tag{3.69}$$

其中，$C(s) \in \mathbb{R}^{n \times n}[s]$ 满足

$$\Delta(s) \stackrel{\mathrm{def}}{=} \det C(s) \neq 0, \quad \forall s \in \mathrm{eig}(F) \tag{3.70}$$

基于条件 (3.70)，$C^{-1}(s)$ 存在。首先，对式 (3.69) 两侧右乘 $C^{-1}(s)$，有

$$A(s)\tilde{U}(s)C^{-1}(s) - B(s)\tilde{T}(s)C^{-1}(s) = I \tag{3.71}$$

其次，对式 (3.71) 两侧同乘 $\Delta(s)$，并利用

$$C^{-1}(s) = \frac{\mathrm{adj}C(s)}{\Delta(s)}$$

由此可知

$$A(s)\tilde{U}(s)\mathrm{adj}C(s) - B(s)\tilde{T}(s)\mathrm{adj}C(s) = \Delta(s)I \tag{3.72}$$

最后，定义

$$U(s) = \tilde{U}(s)\mathrm{adj}C(s), \quad T(s) = \tilde{T}(s)\mathrm{adj}C(s)$$

则方程 (3.72) 变为 Diophantine 方程 (3.67)。而由式 (3.70) 就可以得到式 (3.68)。　□

值得注意的是，当 $q = n$ 时，有 $\beta_0 = r$。此时，如果 $A(s)$ 和 $D(s)$ 均是非奇异的，则广义右既约分解 (3.66) 可以改写为如下形式：

$$A^{-1}(s) B(s) = N(s) D^{-1}(s)$$

2. 统一的分解过程

平行于 3.3.4 节的结果，这里给出统一的分解过程，即同时求得满足广义右既约分解 (3.66) 的右互质多项式矩阵对 $N(s)$、$D(s)$ 和满足 Diophantine 方程 (3.67) 的多项式矩阵对 $U(s)$、$T(s)$。

引理 3.5 设 $A(s) \in \mathbb{R}^{n \times q}[s]$ 和 $B(s) \in \mathbb{R}^{n \times r}[s]$ ($q + r > n$) 是 F-左互质的，且有 Smith 标准分解 (3.64)。对幺模矩阵 $Q(s)$ 进行如下划分：

$$Q(s) = \begin{bmatrix} \tilde{U}(s) & N(s) \\ \tilde{T}(s) & D(s) \end{bmatrix}$$

其中，$N(s) \in \mathbb{R}^{q \times \beta_0}[s]$，$D(s) \in \mathbb{R}^{r \times \beta_0}[s]$，$\tilde{U}(s) \in \mathbb{R}^{q \times n}[s]$，$\tilde{T}(s) \in \mathbb{R}^{r \times n}[s]$。那么，下述结论成立。

(1) 多项式矩阵对 $N(s)$ 和 $D(s)$ 为右互质，并满足广义右既约分解 (3.66)。

(2) 由式 (3.73) 给出的多项式矩阵对 $U(s)$ 和 $T(s)$ 满足 Diophantine 方程 (3.67)：

$$\begin{cases} U(s) = \tilde{U}(s)\,\mathrm{adj}\Sigma(s)\,P(s) \\ T(s) = \tilde{T}(s)\,\mathrm{adj}\Sigma(s)\,P(s) \end{cases} \tag{3.73}$$

平行于命题 3.4，以下结论给出了一个寻求满足 Smith 标准分解 (3.64) 的幺模矩阵 $P(s)$ 和 $Q(s)$ 的简单方法。

命题 3.5 设 $A(s) \in \mathbb{R}^{n \times q}[s]$ 和 $B(s) \in \mathbb{R}^{n \times r}[s]$ 为两个给定的多项式矩阵，且对给定的 F 是 F-左互质的。构造如下的分块矩阵：

$$\left[\begin{array}{c|cc} I_n & A(s) & -B(s) \\ \hline 0 & & I_{q+r} \end{array}\right]$$

对其前 n 行进行一系列初等行变换，对后 $q + r$ 列进行一系列初等列变换，将其化简为如下形式：

$$\left[\begin{array}{c|cc} P(s) & \Sigma(s) & 0 \\ \hline 0 & & Q(s) \end{array}\right]$$

那么，$P(s)$ 和 $Q(s)$ 满足 Smith 标准分解 (3.64)。

例 3.1 考虑著名的空间对接问题, 其模型为 C-W 方程:

$$\begin{bmatrix} \ddot{x}_{\mathrm{r}} - 2\omega\dot{y}_{\mathrm{r}} - 3\omega^2 x_{\mathrm{r}} \\ \ddot{y}_{\mathrm{r}} + 2\omega\dot{x}_{\mathrm{r}} \\ \ddot{z}_{\mathrm{r}} + \omega^2 z_{\mathrm{r}} \end{bmatrix} = \begin{bmatrix} u_1 \\ u_2 \\ u_3 \end{bmatrix} \tag{3.74}$$

其中, x_{r}、y_{r} 和 z_{r} 为相对位置变量; u_i $(i = 1, 2, 3)$ 为三个通道的推力。假设推力 u_2 消失, 则系统可以转化为如下的标准矩阵二阶形式:

$$\ddot{x} + D\dot{x} + Kx = Bu$$

其中,

$$D = \begin{bmatrix} 0 & -2\omega & 0 \\ 2\omega & 0 & 0 \\ 0 & 0 & 0 \end{bmatrix}, \quad K = \begin{bmatrix} -3\omega^2 & 0 & 0 \\ 0 & 0 & 0 \\ 0 & 0 & \omega^2 \end{bmatrix}$$

$$B = \begin{bmatrix} 1 & 0 \\ 0 & 0 \\ 0 & 1 \end{bmatrix}, \quad x = \begin{bmatrix} x_{\mathrm{r}} \\ y_{\mathrm{r}} \\ z_{\mathrm{r}} \end{bmatrix}$$

此时, 系统伴随的两个多项式矩阵为

$$\begin{cases} A(s) = \begin{bmatrix} s^2 - 3\omega^2 & -2\omega s & 0 \\ 2\omega s & s^2 & 0 \\ 0 & 0 & s^2 + \omega^2 \end{bmatrix} \\ B(s) = \begin{bmatrix} 1 & 0 \\ 0 & 0 \\ 0 & 1 \end{bmatrix} \end{cases}$$

因此, 有

$$\begin{bmatrix} A(s) & -B(s) \end{bmatrix} = \begin{bmatrix} s^2 - 3\omega^2 & -2\omega s & 0 & -1 & 0 \\ 2\omega s & s^2 & 0 & 0 & 0 \\ 0 & 0 & s^2 + \omega^2 & 0 & -1 \end{bmatrix}$$

构造矩阵

$$
\begin{bmatrix}
s^2 - 3\omega^2 & -2\omega s & 0 & -1 & 0 \\
2\omega s & s^2 & 0 & 0 & 0 \\
0 & 0 & s^2 + \omega^2 & 0 & -1 \\
1 & 0 & 0 & 0 & 0 \\
0 & 1 & 0 & 0 & 0 \\
0 & 0 & 1 & 0 & 0 \\
0 & 0 & 0 & 1 & 0 \\
0 & 0 & 0 & 0 & 1
\end{bmatrix}
$$

并通过一系列初等列变换，将其简化为

$$
\begin{bmatrix}
1 & 0 & 0 & 0 & 0 \\
0 & s & 0 & 0 & 0 \\
0 & 0 & 1 & 0 & 0 \\
0 & \dfrac{1}{2\omega} & 0 & -s & 0 \\
0 & 0 & 0 & 2\omega & 0 \\
0 & 0 & 0 & 0 & 1 \\
-1 & \dfrac{1}{2\omega}\left(s^2 - 3\omega^2\right) & 0 & -4\omega^2 s - \left(s^2 - 3\omega^2\right)s & 0 \\
0 & 0 & -1 & 0 & s^2 + \omega^2
\end{bmatrix}
$$

则 $P(s) = I_3$，且

$$
Q(s) = \begin{bmatrix}
0 & \dfrac{1}{2\omega} & 0 & -s & 0 \\
0 & 0 & 0 & 2\omega & 0 \\
0 & 0 & 0 & 0 & 1 \\
-1 & \dfrac{1}{2\omega}\left(s^2 - 3\omega^2\right) & 0 & -4\omega^2 s - \left(s^2 - 3\omega^2\right)s & 0 \\
0 & 0 & -1 & 0 & s^2 + \omega^2
\end{bmatrix}
$$

$$
\Sigma(s) = \begin{bmatrix}
1 & 0 & 0 \\
0 & s & 0 \\
0 & 0 & 1
\end{bmatrix}
$$

因此，有

$$\begin{cases} N(s) = \begin{bmatrix} -s & 0 \\ 2\omega & 0 \\ 0 & 1 \end{bmatrix} \\ D(s) = \begin{bmatrix} -4\omega^2 s - (s^2 - 3\omega^2)s & 0 \\ 0 & s^2 + \omega^2 \end{bmatrix} \end{cases}$$

$$\begin{cases} \tilde{U}(s) = \dfrac{1}{2\omega} \begin{bmatrix} 0 & 1 & 0 \\ 0 & 0 & 0 \\ 0 & 0 & 0 \end{bmatrix} \\ \tilde{T}(s) = \dfrac{1}{2\omega} \begin{bmatrix} -2\omega & s^2 - 3\omega^2 & 0 \\ 0 & 0 & -2\omega \end{bmatrix} \end{cases}$$

注意到

$$\mathrm{adj}\,\Sigma(s) = \begin{bmatrix} s & 0 & 0 \\ 0 & 1 & 0 \\ 0 & 0 & s \end{bmatrix}, \quad \det\Sigma(s) = s$$

可以得到

$$\begin{cases} U(s) = \tilde{U}(s)\,\mathrm{adj}\,\Sigma(s) = \dfrac{1}{2\omega} \begin{bmatrix} 0 & 1 & 0 \\ 0 & 0 & 0 \\ 0 & 0 & 0 \end{bmatrix} \\ T(s) = \tilde{T}(s)\,\mathrm{adj}\,\Sigma(s) = \dfrac{1}{2\omega} \begin{bmatrix} -2\omega s & s^2 - 3\omega^2 & 0 \\ 0 & 0 & -2\omega s \end{bmatrix} \end{cases}$$

另外，可知对任意的不具有零特征值的矩阵 F，系统是 F-左互质的。

3.4.2　可控的情形

考虑一种非常重要的特殊情形，即多项式矩阵对 $(A(s), B(s))$ 是可控的，或等价地说成是左互质的。应当注意到，多项式矩阵对 $(A(s), B(s))$ 的左互质意味着，对任意的矩阵 $F \in \mathbb{C}^{p \times p}$，多项式矩阵对 $A(s)$ 和 $B(s)$ 是 F-左互质的。此时，有

$$\mathrm{rank}\,\begin{bmatrix} A(s) & -B(s) \end{bmatrix} = n, \quad \forall s \in \mathbb{C} \tag{3.75}$$

本小节将给出此种情形的判据。

1. 可控性的等价条件

以下结果是定理 3.10 的直接推论。

定理 3.11　设 $A(s)\in\mathbb{R}^{n\times q}[s]$, $B(s)\in\mathbb{R}^{n\times r}[s]$, $q+r>n$, 则 $(A(s),B(s))$ 可控的充分必要条件是以下三个条件之一成立。

(1) 存在具有适当维数的幺模矩阵 $Q(s)$, 满足

$$\left[\begin{array}{cc} A(s) & -B(s) \end{array}\right]Q(s) = \left[\begin{array}{cc} I_n & 0 \end{array}\right] \tag{3.76}$$

(2) 存在右互质多项式矩阵对 $N(s)\in\mathbb{R}^{q\times\beta_0}[s]$ 和 $D(s)\in\mathbb{R}^{r\times\beta_0}[s]$, 且 $\beta_0=q+r-n$, 满足如下广义右既约分解:

$$A(s)N(s)-B(s)D(s)=0 \tag{3.77}$$

(3) 存在多项式矩阵对 $U(s)\in\mathbb{R}^{q\times n}[s]$ 和 $T(s)\in\mathbb{R}^{r\times n}[s]$, 满足 Diophantine 方程

$$A(s)U(s)-B(s)T(s)=I_n \tag{3.78}$$

证明　(1) 由定理 3.10 的条件 (1) 可知, $(A(s),B(s))$ 可控的充分必要条件是存在具有适当维数的幺模矩阵对 $P_1(s)$ 和 $Q_1(s)$, 满足

$$P_1(s)\left[\begin{array}{cc} A(s) & -B(s) \end{array}\right]Q_1(s) = \left[\begin{array}{cc} I_n & 0 \end{array}\right] \tag{3.79}$$

对式 (3.79) 两侧左乘 $P_1^{-1}(s)$, 有

$$\left[\begin{array}{cc} A(s) & -B(s) \end{array}\right]Q_1(s) = \left[\begin{array}{cc} P_1^{-1}(s) & 0 \end{array}\right] \tag{3.80}$$

对式 (3.80) 两侧右乘

$$Q_2(s)=\mathrm{blockdiag}\left(P_1(s),I_{q+r-n}\right)$$

得到

$$\left[\begin{array}{cc} A(s) & -B(s) \end{array}\right]Q_1(s)Q_2(s) = \left[\begin{array}{cc} I_n & 0 \end{array}\right] \tag{3.81}$$

取

$$Q(s)=Q_1(s)Q_2(s)$$

则式 (3.76) 成立。

(2) 基于定理 3.10 的条件 (2) 和式 (3.76), 条件 (2) 显然成立。

(3) 由条件 (1) 可知, $(A(s),B(s))$ 可控的充分必要条件是存在具有适当维数的幺模矩阵 $Q(s)$ 满足式 (3.76)。对 $Q(s)$ 进行如下划分:

$$Q(s)=\left[\begin{array}{cc} U(s) & * \\ T(s) & * \end{array}\right], \quad U(s)\in\mathbb{R}^{q\times n}[s], \quad T(s)\in\mathbb{R}^{r\times n}[s] \tag{3.82}$$

由式 (3.76) 可知

$$\begin{bmatrix} A(s) & -B(s) \end{bmatrix} \begin{bmatrix} U(s) \\ T(s) \end{bmatrix} = I_n \tag{3.83}$$

式 (3.83) 显然等价于式 (3.78)。　　　　　　　　　　　　　　　　　　　□

特殊的 Diophantine 方程 (3.78) 也称为广义 Bezout 方程, 而当

$$A(s) = sI - A, \quad B(s) = B$$

时, 称其为 Bezout 方程。Kong 等给出了利用 Stein 方程求解 Bezout 方程和广义 Bezout 方程的方法[283]。

2. 统一的分解过程

平行于 3.3.4 节的结果, 本小节给出统一的分解方法, 该方法将同时给出满足广义右既约分解 (3.77) 的右互质多项式矩阵对 $N(s)$ 和 $D(s)$, 以及满足 Diophantine 方程 (3.78) 的右互质多项式矩阵对 $U(s)$ 和 $T(s)$。

引理 3.6　设 $A(s) \in \mathbb{R}^{n \times q}[s]$ 和 $B(s) \in \mathbb{R}^{n \times r}[s]$ $(q + r > n)$ 是左互质的, 且具有 Smith 标准分解 (3.76)。对幺模矩阵 $Q(s)$ 进行如下划分:

$$Q(s) = \begin{bmatrix} U(s) & N(s) \\ T(s) & D(s) \end{bmatrix}$$

其中, $N(s) \in \mathbb{R}^{q \times \beta_0}[s]$, $D(s) \in \mathbb{R}^{r \times \beta_0}[s]$, $U(s) \in \mathbb{R}^{q \times n}[s]$, $T(s) \in \mathbb{R}^{r \times n}[s]$。那么, 下述结论成立。

(1) 多项式矩阵 $N(s)$ 和 $D(s)$ 为右互质, 且满足广义右既约分解 (3.77)。

(2) 多项式矩阵 $U(s)$ 和 $T(s)$ 满足 Diophantine 方程 (3.78)。

平行于命题 3.4 和命题 3.5, 命题 3.6 给出了求得满足式 (3.76) 的幺模矩阵 $Q(s)$ 的方法。

命题 3.6　设 $A(s) \in \mathbb{R}^{n \times q}[s]$ 和 $B(s) \in \mathbb{R}^{n \times r}[s]$ 为两个给定的多项式矩阵, 且是左互质的。构造如下的分块矩阵:

$$\left[\begin{array}{c|c} I_n & A(s) \quad -B(s) \\ \hline 0 & I_{q+r} \end{array} \right]$$

对其前 n 行进行一系列初等行变换, 后 $q + r$ 列进行一系列初等列变换, 简化为以下形式:

$$\left[\begin{array}{c|c} P_1(s) & I_n \quad 0 \\ \hline 0 & Q_1(s) \end{array} \right]$$

那么，有

$$Q(s) = Q_1(s) \, \text{blockdiag} \left(P_1^{-1}(s), I \right)$$

满足 Smith 标准分解 (3.76)。

例 3.2 考虑例 1.1 中所处理的电路系统，其状态空间模型如下：

$$E\dot{x} - Ax = B_1\dot{u} + B_0 u \tag{3.84}$$

其中，

$$E = \begin{bmatrix} 0.5 & 0 \\ 0 & 0.5 \end{bmatrix}, \quad A = \begin{bmatrix} -1 & 0 \\ 0 & -1 \end{bmatrix}$$

$$B_1 = \begin{bmatrix} 2 & -1 \\ -1 & 2 \end{bmatrix}, \quad B_0 = \begin{bmatrix} 2 & -2 \\ -2 & 2 \end{bmatrix}$$

从而，有

$$A(s) = \begin{bmatrix} 0.5s+1 & 0 \\ 0 & 0.5s+1 \end{bmatrix}$$

$$B(s) = \begin{bmatrix} 2s+2 & -s-2 \\ -s-2 & 2s+2 \end{bmatrix}$$

那么，有

$$[A(s) \quad -B(s)] = \begin{bmatrix} 0.5s+1 & 0 & -2s-2 & s+2 \\ 0 & 0.5s+1 & s+2 & -2s-2 \end{bmatrix}$$

构造矩阵

$$\left[\begin{array}{c|c} I_2 & A(s) \quad -B(s) \\ \hline 0 & I_4 \end{array} \right]$$

对其前 2 行进行一系列初等行变换，后 4 列进行一系列初等列变换，将其化简为如下形式：

$$\left[\begin{array}{c|c} P(s) & I_2 \quad 0 \\ \hline 0 & Q(s) \end{array} \right]$$

其中，$P(s) = I$，且

$$Q(s) = \begin{bmatrix} -4s-4 & 2s+4 & 2 & -1 \\ 2s+4 & -4s-4 & -1 & 2 \\ -s-2 & 0 & \dfrac{1}{2} & 0 \\ 0 & -s-2 & 0 & \dfrac{1}{2} \end{bmatrix}$$

因此, 有

$$N(s) = \begin{bmatrix} 2 & -1 \\ -1 & 2 \end{bmatrix}, \quad D(s) = \frac{1}{2} \times \begin{bmatrix} 1 & 0 \\ 0 & 1 \end{bmatrix}$$

以及

$$U(s) = 2 \times \begin{bmatrix} -2(s+1) & s+2 \\ s+2 & -2(s+1) \end{bmatrix}$$

$$T(s) = (s+2) \begin{bmatrix} -1 & 0 \\ 0 & -1 \end{bmatrix}$$

3.5　实　　例

本节将通过 1.2 节提出的一些实例, 验证本章所提出的求取广义右既约分解 (3.45) 和 Diophantine 方程 (3.54) 的方法。

3.5.1　一阶系统

例 3.3 (多智能体运动学系统)　考虑例 1.2 中提出的多智能体运动学系统, 其是一阶系统, 且具有如下系数矩阵:

$$E = \begin{bmatrix} 8 & 0 & 0 & 0 & 0 \\ 0 & 1 & 0 & 0 & 0 \\ 0 & 0 & 10 & 0 & 0 \\ 0 & 0 & 0 & 1 & 0 \\ 0 & 0 & 0 & 0 & 12 \end{bmatrix}$$

$$A = \begin{bmatrix} -0.1 & 0 & 0 & 0 & 0 \\ 1 & 0 & -1 & 0 & 0 \\ 0 & 0 & -0.1 & 0 & 0 \\ 0 & 0 & 1 & 0 & -1 \\ 0 & 0 & 0 & 0 & -0.1 \end{bmatrix}, \quad B = \begin{bmatrix} 1 & 0 & 0 \\ 0 & 0 & 0 \\ 0 & 1 & 0 \\ 0 & 0 & 0 \\ 0 & 0 & 1 \end{bmatrix}$$

因此, 有

$$\begin{bmatrix} sE - A & -B \end{bmatrix} = \begin{bmatrix} 8s+0.1 & 0 & 0 & 0 & 0 & -1 & 0 & 0 \\ -1 & s & 1 & 0 & 0 & 0 & 0 & 0 \\ 0 & 0 & 10s+0.1 & 0 & 0 & 0 & -1 & 0 \\ 0 & 0 & -1 & s & 1 & 0 & 0 & 0 \\ 0 & 0 & 0 & 0 & 12s+0.1 & 0 & 0 & -1 \end{bmatrix}$$

构造矩阵

$$\left[\begin{array}{c|cc} I_5 & sE-A & -B \\ \hline 0 & I_8 \end{array}\right]$$

对前 5 行进行一系列初等行变换，后 8 列进行一系列初等列变换，可将其转化为以下形式：

$$\left[\begin{array}{c|cc} P(s) & I_5 & 0 \\ \hline 0 & Q(s) \end{array}\right]$$

而且，

$$P(s)=\begin{bmatrix} 0 & 1 & 0 & 0 & 0 \\ 0 & 0 & 0 & 1 & 0 \\ -1 & 0 & 0 & 0 & 0 \\ 0 & 0 & -1 & 0 & 0 \\ 0 & 0 & 0 & 0 & -1 \end{bmatrix}$$

$$Q(s)=[Q_1(s) \quad Q_2(s)]$$

其中，

$$Q_1(s)=\begin{bmatrix} 0 & 0 & 0 & 0 & 0 \\ 0 & 0 & 0 & 0 & 0 \\ 1 & 0 & 0 & 0 & 0 \\ 0 & 0 & 0 & 0 & 0 \\ 1 & 1 & 0 & 0 & 0 \\ 0 & 0 & 1 & 0 & 0 \\ 10s+0.1 & 0 & 0 & 1 & 0 \\ 12s+0.1 & 12s+0.1 & 0 & 0 & 1 \end{bmatrix}$$

$$Q_2(s)=\begin{bmatrix} 1 & 0 & 0 \\ 0 & 1 & 0 \\ 1 & -s & 0 \\ 0 & 0 & 1 \\ 1 & -s & -s \\ 8s+0.1 & 0 & 0 \\ 10s+0.1 & -s(10s+0.1) & 0 \\ 12s+0.1 & -s(12s+0.1) & -s(12s+0.1) \end{bmatrix}$$

因此，满足广义右既约分解 (3.77) 的右互质多项式矩阵对 $N(s)$ 和 $D(s)$ 为

$$N(s) = \begin{bmatrix} 1 & 0 & 0 \\ 0 & 1 & 0 \\ 1 & -s & 0 \\ 0 & 0 & 1 \\ 1 & -s & -s \end{bmatrix}$$

$$D(s) = \begin{bmatrix} 8s+0.1 & 0 & 0 \\ 10s+0.1 & -s(10s+0.1) & 0 \\ 12s+0.1 & -s(12s+0.1) & -s(12s+0.1) \end{bmatrix}$$

取

$$C(s) = P^{-1}(s) = \begin{bmatrix} 0 & 0 & -1 & 0 & 0 \\ 1 & 0 & 0 & 0 & 0 \\ 0 & 0 & 0 & -1 & 0 \\ 0 & 1 & 0 & 0 & 0 \\ 0 & 0 & 0 & 0 & -1 \end{bmatrix}$$

则满足 Diophantine 方程 (3.54) 的多项式矩阵对 $U(s)$ 和 $T(s)$ 由下式给出：

$$U(s) = \begin{bmatrix} 0 & 0 & 0 & 0 & 0 \\ 0 & 0 & 0 & 0 & 0 \\ 1 & 0 & 0 & 0 & 0 \\ 0 & 0 & 0 & 0 & 0 \\ 1 & 1 & 0 & 0 & 0 \end{bmatrix}$$

$$T(s) = \begin{bmatrix} 0 & 0 & 1 & 0 & 0 \\ 10s+0.1 & 0 & 0 & 1 & 0 \\ 12s+0.1 & 12s+0.1 & 0 & 0 & 1 \end{bmatrix}$$

同时，满足 Diophantine 方程 (3.78) 的多项式矩阵对 $U(s)$ 和 $T(s)$ 为

$$U(s) = \begin{bmatrix} 0 & 0 & 0 & 0 & 0 \\ 0 & 0 & 0 & 0 & 0 \\ 0 & 1 & 0 & 0 & 0 \\ 0 & 0 & 0 & 0 & 0 \\ 0 & 1 & 0 & 1 & 0 \end{bmatrix}$$

$$T(s) = \begin{bmatrix} -1 & 0 & 0 & 0 & 0 \\ 0 & 10s+0.1 & -1 & 0 & 0 \\ 0 & 12s+0.1 & 0 & 12s+0.1 & -1 \end{bmatrix}$$

例 3.4 (一阶形式下的受限机械系统)　考虑例 1.3 中提出的一阶形式下的受限机械系统, 其系数矩阵为

$$E = \begin{bmatrix} 1 & 0 & 0 & 0 & 0 \\ 0 & 1 & 0 & 0 & 0 \\ 0 & 0 & 1 & 0 & 0 \\ 0 & 0 & 0 & 1 & 0 \\ 0 & 0 & 0 & 0 & 0 \end{bmatrix}$$

$$A = \begin{bmatrix} 0 & 0 & 1 & 0 & 0 \\ 0 & 0 & 0 & 1 & 0 \\ -2 & 0 & -1 & -1 & 1 \\ 0 & -1 & -1 & -1 & 1 \\ 1 & 1 & 0 & 0 & 0 \end{bmatrix}, \quad B = \begin{bmatrix} 0 \\ 0 \\ 1 \\ -1 \\ 0 \end{bmatrix}$$

因此, 有

$$\begin{bmatrix} sE - A & -B \end{bmatrix} = \begin{bmatrix} s & 0 & -1 & 0 & 0 & 0 \\ 0 & s & 0 & -1 & 0 & 0 \\ 2 & 0 & s+1 & 1 & -1 & -1 \\ 0 & 1 & 1 & s+1 & -1 & 1 \\ -1 & -1 & 0 & 0 & 0 & 0 \end{bmatrix}$$

构造矩阵

$$\left[\begin{array}{c|cc} I_5 & sE - A & -B \\ \hline 0 & & I_6 \end{array} \right]$$

对后 6 列进行一系列初等列变换, 前 5 行进行一系列初等行变换, 将其化简为以下形式:

$$\left[\begin{array}{c|cc} P(s) & I_5 & 0 \\ \hline 0 & & Q(s) \end{array} \right]$$

这里, $P(s) = I_5$, 且

$$Q(s) = \begin{bmatrix} 0 & 0 & 0 & 0 & 0 & 1 \\ 0 & 0 & 0 & 0 & -1 & -1 \\ -1 & 0 & 0 & 0 & 0 & s \\ 0 & -1 & 0 & 0 & -s & -s \\ -\frac{1}{2}s - 1 & -\frac{1}{2}s - 1 & -\frac{1}{2} & -\frac{1}{2} & -\frac{1}{2}(s+1)^2 & \frac{1}{2} \\ -\frac{1}{2}s & \frac{1}{2}s & -\frac{1}{2} & \frac{1}{2} & \frac{1}{2}s^2 + \frac{1}{2} & s^2 + \frac{3}{2} \end{bmatrix}$$

对 $Q(s)$ 进行如下划分:

$$Q(s) = \begin{bmatrix} N(s) & U(s) \\ D(s) & T(s) \end{bmatrix}$$

则有

$$N(s) = \begin{bmatrix} 1 \\ -1 \\ s \\ -s \\ \dfrac{1}{2} \end{bmatrix}, \quad D(s) = s^2 + \dfrac{3}{2}$$

$$U(s) = \dfrac{1}{2} \times \begin{bmatrix} 0 & 0 & 0 & 0 & 0 \\ 0 & 0 & 0 & 0 & -2 \\ -2 & 0 & 0 & 0 & 0 \\ 0 & -2 & 0 & 0 & -2s \\ -s-2 & -s-2 & -1 & -1 & -(s+1)^2 \end{bmatrix}$$

$$T(s) = \dfrac{1}{2} \times \begin{bmatrix} -s & s & -1 & 1 & s^2+1 \end{bmatrix}$$

3.5.2　二阶系统

例 3.5 (二阶形式下的受限机械系统)　考虑例 1.3 中所处理的受限机械系统, 该系统具有矩阵二阶形式, 其系数矩阵如下:

$$A_2 = \begin{bmatrix} 1 & 0 & 0 \\ 0 & 1 & 0 \\ 0 & 0 & 0 \end{bmatrix}, \quad A_1 = \begin{bmatrix} 1 & 1 & 0 \\ 1 & 1 & 0 \\ 0 & 0 & 0 \end{bmatrix}$$

$$A_0 = \begin{bmatrix} 2 & 0 & -1 \\ 0 & 1 & -1 \\ 1 & 1 & 0 \end{bmatrix}, \quad B = \begin{bmatrix} 1 \\ -1 \\ 0 \end{bmatrix}$$

因此, 有

$$\begin{bmatrix} A_2 s^2 + A_1 s + A_0 & -B \end{bmatrix} = \begin{bmatrix} s^2+s+2 & s & -1 & -1 \\ s & s^2+s+1 & -1 & 1 \\ 1 & 1 & 0 & 0 \end{bmatrix}$$

构造矩阵

$$\left[\begin{array}{c|cc} I_3 & A_2 s^2 + A_1 s + A_0 & -B \\ \hline 0 & & I_4 \end{array}\right]$$

对后 4 列进行一系列初等列变换, 前 3 行进行一系列初等行变换, 将其简化为以下形式:

$$\left[\begin{array}{c|cc} P(s) & I_3 & 0 \\ \hline 0 & & Q(s) \end{array}\right]$$

而且,

$$P(s) = \begin{bmatrix} 1 & 1 & 0 \\ 0 & 1 & 0 \\ 0 & 0 & 1 \end{bmatrix}$$

$$Q(s) = \begin{bmatrix} 0 & 0 & 0 & 1 \\ 0 & 0 & 1 & -1 \\ -\dfrac{1}{2} & 0 & \dfrac{1}{2}(s+1)^2 & \dfrac{1}{2} \\ -\dfrac{1}{2} & 1 & -\dfrac{1}{2}s^2 - \dfrac{1}{2} & s^2 + \dfrac{3}{2} \end{bmatrix}$$

从而, 有

$$N(s) = \frac{1}{2} \times \begin{bmatrix} 2 \\ -2 \\ 1 \end{bmatrix}, \quad D(s) = s^2 + \frac{3}{2}$$

以及

$$U(s) = \frac{1}{2} \times \begin{bmatrix} 0 & 0 & 0 \\ 0 & 0 & 2 \\ -1 & -1 & (s+1)^2 \end{bmatrix}$$

$$T(s) = \frac{1}{2} \times \begin{bmatrix} -1 & 1 & -s^2 - 1 \end{bmatrix}$$

例 3.6 (柔性关节机械——二阶模型情形)　考虑例 1.4 中研究的柔性关节机械系统, 它也是二阶线性系统, 其参数如下:

$$M = 0.0004 \times \begin{bmatrix} 1 & 0 \\ 0 & 1 \end{bmatrix}, \quad D = \begin{bmatrix} 0 & 0 \\ 0 & 0.015 \end{bmatrix}$$

$$K = 0.8 \times \begin{bmatrix} 1 & -1 \\ -1 & 1 \end{bmatrix}, \quad B = \begin{bmatrix} 0 \\ 1 \end{bmatrix}$$

此时，有

$$\left[\begin{array}{cc} Ms^2 + Ds + K & -B \end{array} \right] = \left[\begin{array}{ccc} 0.0004s^2 + 0.8 & -0.8 & 0 \\ -0.8 & 0.0004s^2 + 0.015s + 0.8 & -1 \end{array} \right]$$

构造矩阵

$$\left[\begin{array}{c|c} I_2 & Ms^2 + Ds + K \quad -B \\ \hline 0 & I_3 \end{array} \right]$$

通过对上述矩阵的一系列初等列变换，可找到一个幺模矩阵 $Q(s)$ 满足

$$\left[\begin{array}{cc} Ms^2 + Ds + K & -B \end{array} \right] Q(s) = [I_2 \quad 0]$$

其中，

$$Q(s) = [Q_1(s) \quad Q_2(s)]$$

$$Q_1(s) = \left[\begin{array}{cc} 0 & 0 \\ -1.25 & 0 \\ -0.0005s^2 - 0.01875s - 1.0 & -1 \end{array} \right]$$

$$Q_2(s) = \left[\begin{array}{c} 2000 \\ s^2 + 2000 \\ 0.0004s^4 + 0.015s^3 + 1.6s^2 + 30s \end{array} \right]$$

因此，通过调整合适的公因子，可得

$$N(s) = \left[\begin{array}{c} 2000 \\ s^2 + 2000 \end{array} \right]$$

$$D(s) = s\left(4 \times 10^{-4}s^3 + 0.015s^2 + 1.6s + 30\right)$$

以及

$$U(s) = \left[\begin{array}{cc} 0 & 0 \\ -1.25 & 0 \end{array} \right]$$

$$T(s) = \left[\begin{array}{cc} -0.0005s^2 - 0.01875s - 1.0 & -1 \end{array} \right]$$

3.5.3　高阶系统

例 3.7 (柔性关节机械——三阶模型情形)　考虑例 1.5 中研究的柔性关节机械系统，该系统具有矩阵三阶形式，其参数为

$$A_3 = \left[\begin{array}{cc} 0 & 0 \\ 0 & 0.0004 \end{array} \right], \quad A_2 = 10^{-3} \times \left[\begin{array}{cc} 0.4 & 0 \\ 0 & 15.38 \end{array} \right]$$

$$A_1 = \begin{bmatrix} 0 & 0 \\ -0.8 & 0.814\,25 \end{bmatrix}, \quad A_0 = \begin{bmatrix} 0.8 & -0.8 \\ -0.76 & 0.76 \end{bmatrix}, \quad B = \begin{bmatrix} 0 \\ 1 \end{bmatrix}$$

此时，有

$$A(s) = A_3 s^3 + A_2 s^2 + A_1 s + A_0$$
$$= \begin{bmatrix} 0.0004s^2 + 0.8 & -0.8 \\ -0.8s - 0.76 & 0.000\,4s^3 + 0.01538s^2 + 0.81425s + 0.76 \end{bmatrix}$$

$$[A(s) \quad -B]$$
$$= \begin{bmatrix} 0.0004s^2 + 0.8 & -0.8 & 0 \\ -0.8s - 0.76 & 0.000\,4s^3 + 0.01538s^2 + 0.81425s + 0.76 & -1 \end{bmatrix}$$

构造矩阵

$$\left[\begin{array}{c|cc} I_2 & A_3 s^3 + A_2 s^2 + A_1 s + A_0 & -B \\ \hline 0 & \multicolumn{2}{c}{I_3} \end{array} \right]$$

对前 2 行进行一系列初等行变换，后 3 列进行一系列初等列变换，将其化简为以下形式：

$$\left[\begin{array}{c|cc} P(s) & I_2 & 0 \\ \hline 0 & \multicolumn{2}{c}{Q(s)} \end{array} \right]$$

而且有

$$P = \begin{bmatrix} -\dfrac{10}{8} & 0 \\ 0 & -1 \end{bmatrix}$$
$$Q(s) = [Q_1(s) \quad Q_2(s)]$$

其中，

$$Q_1(s) = \begin{bmatrix} 0 & 0 \\ 1 & 0 \\ 0.0004s^3 + 0.01538s^2 + 0.81425s + 0.76 & 1 \end{bmatrix}$$

$$Q_2(s) = \begin{bmatrix} 2000 \\ s^2 + 2000 \\ s(0.0004s^4 + 0.01538s^3 + 1.6143s^2 + 31.52s + 28.5) \end{bmatrix}$$

因此，可取

$$N(s) = \begin{bmatrix} 2000 \\ s^2 + 2000 \end{bmatrix}$$

$$D(s) = s\left(0.0004s^4 + 0.01538s^3 + 1.6143s^2 + 31.52s + 28.5\right)$$

以及

$$U(s) = \frac{1}{8} \times \begin{bmatrix} 0 & 0 \\ -10 & 0 \end{bmatrix}$$

$$T(s) = \frac{1}{8} \times \begin{bmatrix} -0.004s^3 - 0.1538s^2 - 8.1425s - 7.6 & -8 \end{bmatrix}$$

3.6   基于奇异值分解的数值解

设

$$\begin{cases} A(s) = A_0 + A_1 s + \cdots + A_m s^m \\ B(s) = B_0 + B_1 s + \cdots + B_m s^m \end{cases}$$

其中, $A_i \in \mathbb{R}^{n \times q}$、$B_i \in \mathbb{R}^{n \times r}$ $(i = 0, 1, 2, \cdots, m)$ 为系数矩阵。

本节再一次考虑矩阵对 $(A(s), B(s))$ 可控的情形, 即

$$\text{rank}\begin{bmatrix} A(s) & B(s) \end{bmatrix} = n, \quad \forall s \in \mathbb{C} \tag{3.85}$$

3.6.1   问题描述

由 3.4.2 节可知, 多项式矩阵对 $(A(s), B(s))$ 可控的充分必要条件是以下三个条件之一成立。

(1) 存在具有适当维数的幺模矩阵对 $P(s)$ 和 $Q(s)$, 满足

$$P(s)\begin{bmatrix} A(s) & -B(s) \end{bmatrix} Q(s) = \begin{bmatrix} I_n & 0 \end{bmatrix} \tag{3.86}$$

(2) 存在右互质多项式矩阵对 $N(s) \in \mathbb{R}^{q \times \beta}[s]$ 和 $D(s) \in \mathbb{R}^{r \times \beta}[s]$, 且 $\beta = q + r - n$, 满足广义右既约分解 (3.77), 即

$$A(s)N(s) - B(s)D(s) = 0 \tag{3.87}$$

(3) 存在右互质多项式矩阵对 $U(s) \in \mathbb{R}^{q \times n}[s]$ 和 $T(s) \in \mathbb{R}^{r \times n}[s]$, 满足 Diophantine 方程 (3.78), 即

$$A(s)U(s) - B(s)T(s) = I_n \tag{3.88}$$

同时, 由 3.4.2 节可知, 一旦找到了满足式 (3.86) 的具有适当维数的幺模矩阵对 $P(s)$ 和 $Q(s)$, 那么通过 $Q(s)$ 的列, 立刻可以给出满足广义右既约分解 (3.77) 的右互质多项式矩阵对 $N(s) \in \mathbb{R}^{q \times \beta}[s]$ 和 $D(s) \in \mathbb{R}^{r \times \beta}[s]$, 且 $\beta = q + r - n$,

以及满足 Diophantine 方程 (3.78) 的多项式矩阵对 $U(s) \in \mathbb{R}^{q \times n}[s]$ 和 $T(s) \in \mathbb{R}^{r \times n}[s]$。因此，核心的问题就是找到具有适当维数的满足式 (3.86) 的幺模多项式矩阵对 $P(s)$ 和 $Q(s)$。

虽然 3.4 节和 3.5 节已经提出了求解一般 Smith 标准分解的方法，但是这种方法只适用于低阶或低维情形。因此，本节将给出求解具有适当维数的、满足式 (3.86) 的幺模矩阵对 $P(s)$ 和 $Q(s)$ 的数值算法。

问题 3.1　设 $A(s) \in \mathbb{R}^{n \times q}[s]$，$B(s) \in \mathbb{R}^{n \times r}[s]$，且 $(A(s), B(s))$ 可控，并对充分大的整数 N，选取一组互不相同的复数 $s_i\ (i = 1, 2, \cdots, N)$。问题是如何基于数据

$$[A(s_i)\quad B(s_i)], \quad i = 1, 2, \cdots, N \tag{3.89}$$

寻求具有适当维数的、满足式 (3.86) 的幺模矩阵对 $P(s)$ 和 $Q(s)$。

3.6.2　主要步骤

1. 基于奇异值分解的数据产生

作为求解问题 3.1 的第一步，需要获得以下数据：

$$P(s_i), Q(s_i), \quad i = 1, 2, \cdots, N \tag{3.90}$$

满足

$$P(s_i) \left[A(s_i)\quad -B(s_i) \right] Q(s_i) = \left[I_n\quad 0 \right], \quad i = 1, 2, \cdots, N \tag{3.91}$$

为此，对式 (3.89) 中的矩阵进行奇异值分解，则有

$$U_i \left[A(s_i)\quad -B(s_i) \right] V_i = \left[\Sigma_i\quad 0 \right], \quad i = 1, 2, \cdots, N \tag{3.92}$$

其中，U_i、$V_i\ (i = 1, 2, \cdots, N)$ 为具有适当维数的正交矩阵，而

$$\Sigma_i = \mathrm{diag}\,(\sigma_{i1}, \sigma_{i2}, \cdots, \sigma_{in})$$

$$\sigma_{ij} \in \mathrm{svd}\left(\left[A(s_i)\quad -B(s_i) \right] \right), \quad i = 1, 2, \cdots, N;\ j = 1, 2, \cdots, n$$

并且满足

$$\sigma_{i1} \geqslant \sigma_{i2} \geqslant \cdots \geqslant \sigma_{in} > 0 \tag{3.93}$$

应当注意到，由于可控性条件 (3.85)，所有的奇异值都大于零。

式 (3.92) 改写为以下形式：

$$\Sigma_i^{-1} U_i \left[A(s_i)\quad -B(s_i) \right] V_i = \left[I_n\quad 0 \right], \quad i = 1, 2, \cdots, N \tag{3.94}$$

从而，对比式 (3.91) 与式 (3.92)，可得到如下关系：

$$\begin{cases} Q\left(s_i\right) = V_i \\ P\left(s_i\right) = \Sigma_i^{-1}U_i \\ \quad i = 1, 2, \cdots, N \end{cases} \tag{3.95}$$

2. 多项式复现

得到式 (3.90) 中多项式矩阵 $P\left(s\right)$ 和 $Q\left(s\right)$ 的值后，下一步需要通过这些数据复现这两个多项式矩阵。这一问题可进行以下描述。

问题 3.2 设 $s_i\ (i = 1, 2, \cdots, N)$ 为一组任意选取的、互异的自共轭复数，这里 N 为充分大的整数。令实系数多项式矩阵为

$$X\left(s\right) = X_0 + X_1s + \cdots + X_ns^n \in \mathbb{R}^{q \times r}\left[s\right] \tag{3.96}$$

且其在 $s_i\ (i = 1, 2, \cdots, N)$ 的函数值为

$$Y_i = X\left(s_i\right), \quad i = 1, 2, \cdots, N \tag{3.97}$$

问题是基于数据 (3.97)，寻求多项式 $X\left(s\right)$ 的阶数 n 和系数矩阵 $X_i(i = 0, 1, 2, \cdots, n)$。

为寻求上述问题的解，一个自然的想法就是应用最小二乘法。将式 (3.97) 改写为

$$Y_i = X\left(s_i\right) = X_0 + X_1s_i + \cdots + X_ns_i^n$$

$$= \begin{bmatrix} X_0 & X_1 & \cdots & X_n \end{bmatrix} \begin{bmatrix} I_r \\ s_iI_r \\ \vdots \\ s_i^nI_r \end{bmatrix}, \quad i = 1, 2, \cdots, N$$

或者写成如下的矩阵形式：

$$Y = \begin{bmatrix} X_0 & X_1 & \cdots & X_n \end{bmatrix} V\left(N\right)$$

其中，I_r 为 $r \times r$ 的单位阵

$$Y = \begin{bmatrix} Y_1 & Y_2 & \cdots & Y_N \end{bmatrix} \tag{3.98}$$

$$V\left(N\right) = \begin{bmatrix} I_r & I_r & \cdots & I_r \\ s_1I_r & s_2I_r & \cdots & s_NI_r \\ \vdots & \vdots & & \vdots \\ s_1^nI_r & s_2^nI_r & \cdots & s_N^nI_r \end{bmatrix} \tag{3.99}$$

那么，多项式系数矩阵的最小二乘解由式 (3.100) 给出：

$$\begin{bmatrix} X_0 & X_1 & \cdots & X_n \end{bmatrix} = YV^{\mathrm{T}}(N)\left[V(N)V^{\mathrm{T}}(N)\right]^{-1} \tag{3.100}$$

另外，下面的结论也是求解问题的一种方法。

定理 3.12　　设 $S_i \in \mathbb{C}^{r \times r}$ $(i = 1, 2, \cdots, n+1)$ 为一组任意选取的可交换矩阵，且满足

$$\mathrm{eig}\,(S_i) \cap \mathrm{eig}\,(S_j) = \varnothing, \quad i \neq j;\ i, j = 1, 2, \cdots, n+1$$

则下述结论成立。

(1) 广义 Vandermonde 矩阵

$$V_{\mathrm{an}} = \begin{bmatrix} I & I & \cdots & I \\ S_1 & S_2 & \cdots & S_{n+1} \\ \vdots & \vdots & & \vdots \\ S_1^n & S_2^n & \cdots & S_{n+1}^n \end{bmatrix} \tag{3.101}$$

是非奇异的。

(2) 由数据

$$Y_i = X(S_i), \quad i = 1, 2, \cdots, n+1 \tag{3.102}$$

可以唯一确定形为式 (3.96) 的多项式矩阵 $X(s) \in \mathbb{R}^{q \times r}\,[s]$ 的系数矩阵如下：

$$\begin{bmatrix} X_0 & X_1 & \cdots & X_n \end{bmatrix} = \begin{bmatrix} Y_1 & Y_2 & \cdots & Y_{n+1} \end{bmatrix} V_{\mathrm{an}}^{-1} \tag{3.103}$$

定理 3.12 的证明比较简单，其结论 (1) 是文献 [284] 的一个结果。

3.6.3　数值解

基于 3.6.2 节的结论，提出以下求解问题 3.1 的数值算法。

算法 3.1　　求解问题 3.1。

步骤 1　　进行一系列的奇异值分解 (3.92)。如果其中任一 Σ_i 是奇异的，则终止算法，因为此时可控性条件没有得到满足。

步骤 2　　根据式 (3.95)，求得式 (3.90) 中多项式矩阵 $P(s_i)$ 和 $Q(s_i)$ 的数据。

步骤 3　　基于式 (3.95) 中的数据，利用最小二乘法 (式 (3.100)) 或 Vandermonde 方法 (式 (3.103))，计算多项式矩阵 $P(s)$ 和 $Q(s)$。

考虑式 (3.92) 中的奇异值分解，对于任意整数 $1 \leqslant i \leqslant N$，有以下结论成立。

(1) 交换 V_i 的后 $q + r - n$ 列中的任意两列，关系式 (3.92) 仍然成立。

(2) 同时交换 U_i 的两行和 V_i 对应的两列，关系式 (3.92) 仍然成立，此时 Σ_i 中的奇异值也对应交换位置 (但应当注意到，式 (3.93) 中的关系不再成立)。

基于以上观察，不失一般性，一般要求

$$\det U_i = \det V_i = 1, \quad i = 1, 2, \cdots, N \tag{3.104}$$

本小节的主要结论如下。

定理 3.13　设问题 3.1 中的条件得到满足，式 (3.92) 中的奇异值分解成立，U_i 和 V_i 为正交矩阵且满足式 (3.104)。那么，算法 3.1 给出了唯一的幺模多项式矩阵对 $P(s)$ 和 $Q(s)$，且满足关系式 (3.86)。

定理 3.13 的证明请参见附录。

说明 3.2　显然，一旦找到了多项式矩阵 $Q(s)$，满足广义右既约分解 (3.77) 的右互质多项式矩阵对 $N(s) \in \mathbb{R}^{q \times \beta}[s]$ 和 $D(s) \in \mathbb{R}^{r \times \beta}[s]$，且 $\beta = q + r - n$，就可以由 $Q(s)$ 的后 β 列直接给出。但是，为了由 $Q(s)$ 的前 n 列给出满足 Diophantine 方程 (3.78) 的多项式矩阵 $U(s) \in \mathbb{R}^{q \times n}[s]$ 和 $T(s) \in \mathbb{R}^{r \times n}[s]$，应当取 $P(s) = I_n$。为此，需要将 $Q(s_i)$ $(i = 1, 2, \cdots, N)$ 变形为

$$Q(s_i) = V_i \begin{bmatrix} \Sigma_i^{-1} U_i & 0 \\ 0 & I \end{bmatrix}, \quad i = 1, 2, \cdots, N \tag{3.105}$$

说明 3.3　实际应用中，经常使用满足广义右既约分解 (3.77) 的右互质多项式矩阵对 $N(s) \in \mathbb{R}^{q \times \beta}[s]$ 和 $D(s) \in \mathbb{R}^{r \times \beta}[s]$，且 $\beta = q + r - n$，或满足 Diophantine 方程 (3.78) 的多项式矩阵 $U(s) \in \mathbb{R}^{q \times n}[s]$ 和 $T(s) \in \mathbb{R}^{r \times n}[s]$。当然，可以先得到幺模矩阵 $Q(s)$，再通过如下划分矩阵 $Q(s)$ 得到这些多项式矩阵:

$$Q(s) = \begin{bmatrix} U(s) & N(s) \\ T(s) & D(s) \end{bmatrix} \tag{3.106}$$

或者通过式 (3.106) 中的 $Q(s)$ 得到数据:

$$N(s_i), \quad D(s_i), \quad i = 1, 2, \cdots, N \tag{3.107}$$

$$U(s_i), \quad T(s_i), \quad i = 1, 2, \cdots, N \tag{3.108}$$

不再应用 $P(s)$ 和 $Q(s)$，而是在算法 3.1 的步骤 3 中直接应用式 (3.107) 或式 (3.108) 的数据，从而直接求解 $N(s)$ 和 $D(s)$，或 $U(s)$ 和 $T(s)$。

例 3.8　再次考虑例 1.5 和例 3.7 中柔性关节系统的三阶模型，其系数矩阵为

$$A_3 = \begin{bmatrix} 0 & 0 \\ 0 & 0.0004 \end{bmatrix}, \quad A_2 = 10^{-3} \times \begin{bmatrix} 0.4 & 0 \\ 0 & 15.38 \end{bmatrix}$$

$$A_1 = \begin{bmatrix} 0 & 0 \\ -0.8 & 0.814\,25 \end{bmatrix}, \quad A_0 = \begin{bmatrix} 0.8 & -0.8 \\ -0.76 & 0.76 \end{bmatrix}, \quad B = \begin{bmatrix} 0 \\ 1 \end{bmatrix}$$

下面利用算法 3.1 寻求幺模矩阵 $Q(s)$。

(1) 选取 $N = 100$，以及

$$s_i = -0.8 - 0.15i, \quad i = 1, 2, \cdots, N$$

应用 MATLAB 软件可以得到满足式 (3.92) 的矩阵 U_i、V_i、Σ_i ($i = 1, 2, \cdots, N$)。

(2) 为寻求矩阵对 $P(s)$ 和 $Q(s)$，且 $P(s) = I$，需要重新设置 $Q(s_i)$ 的值，即

$$Q(s_i) = V_i \begin{bmatrix} \Sigma_i^{-1} U_i & 0 \\ 0 & I \end{bmatrix}, \quad i = 1, 2, \cdots, N$$

(3) 选取 $Q(s)$ 的阶为 5，应用最小二乘解 (3.100)，得到如下多项式矩阵：

$$Q(s) = Q_0 + Q_1 s + Q_2 s^2 + Q_3 s^3 + Q_4 s^4 + Q_5 s^5$$

其中 (这里保留七位有效数字)，

$$Q_0 = \begin{bmatrix} 0.6255370 & -0.0002122 & 0.7071669 \\ -0.6246203 & -0.0002096 & 0.7071619 \\ -0.9538445 & -1.0001623 & -0.0001427 \end{bmatrix}$$

$$Q_1 = \begin{bmatrix} 0.0078865 & 0.0066119 & 0.0001481 \\ 0.0074906 & 0.0066189 & 0.0001362 \\ -1.0188594 & -0.0003963 & 0.0097318 \end{bmatrix}$$

$$Q_2 = 10^{-1} \times \begin{bmatrix} 0.1543176 & 0.0742285 & -0.0007428 \\ 0.1536496 & 0.0743012 & 0.0026900 \\ -0.1921711 & -0.0026437 & 0.1083799 \end{bmatrix}$$

$$Q_3 = 10^{-2} \times \begin{bmatrix} 0.8551964 & 0.0214671 & -0.0015885 \\ 0.8377301 & 0.0221941 & -0.0019809 \\ -0.4651373 & 0.0058661 & 0.0444892 \end{bmatrix}$$

$$Q_4 = 10^{-3} \times \begin{bmatrix} 0.4529907 & -0.0316473 & -0.0324625 \\ 0.4169516 & -0.0267640 & -0.0331099 \\ -0.9839919 & 0.0953915 & -0.0179649 \end{bmatrix}$$

$$Q_5 = 10^{-4} \times \begin{bmatrix} -0.0590530 & -0.0101880 & -0.0247530 \\ -0.0689572 & -0.0072061 & -0.0246009 \\ -0.4502768 & 0.0732408 & -0.0050057 \end{bmatrix}$$

划分得到的多项式矩阵 $Q(s)$ 如下:

$$Q(s) = \begin{bmatrix} U(s) & N(s) \\ T(s) & D(s) \end{bmatrix}$$

则可以得到满足广义右既约分解 (3.87) 的右互质多项式矩阵对 $N(s)$ 和 $D(s)$, 以及满足 Diophantine 方程 (3.88) 的多项式矩阵对 $U(s)$ 和 $T(s)$, 从而有

$$\begin{cases} N(s) = N_0 + N_1 s + N_2 s^2 + N_3 s^3 + N_4 s^4 + N_5 s^5 \\ D(s) = D_0 + D_1 s + D_2 s^2 + D_3 s^3 + D_4 s^4 + D_5 s^5 \\ U(s) = U_0 + U_1 s + U_2 s^2 + U_3 s^3 + U_4 s^4 + U_5 s^5 \\ T(s) = T_0 + T_1 s + T_2 s^2 + T_3 s^3 + T_4 s^4 + T_5 s^5 \end{cases}$$

其中,

$$N_0 = \begin{bmatrix} 0.7071669 \\ 0.7071619 \end{bmatrix}, \quad U_0 = \begin{bmatrix} 0.6255370 & -0.0002122 \\ -0.6246203 & -0.0002096 \end{bmatrix}$$

$$N_1 = 10^{-3} \times \begin{bmatrix} 0.1481246 \\ 0.1362151 \end{bmatrix}, \quad U_1 = 10^{-2} \times \begin{bmatrix} 0.7886536 & 0.6611921 \\ 0.7490588 & 0.6618868 \end{bmatrix}$$

$$N_2 = 10^{-3} \times \begin{bmatrix} -0.0742837 \\ 0.2690009 \end{bmatrix}, \quad U_2 = 10^{-1} \times \begin{bmatrix} 0.1543176 & 0.0742285 \\ 0.1536496 & 0.0743012 \end{bmatrix}$$

$$N_3 = 10^{-4} \times \begin{bmatrix} -0.1588480 \\ -0.1980903 \end{bmatrix}, \quad U_3 = 10^{-2} \times \begin{bmatrix} 0.8551964 & 0.0214671 \\ 0.8377301 & 0.0221941 \end{bmatrix}$$

$$N_4 = 10^{-4} \times \begin{bmatrix} -0.3246255 \\ -0.3310990 \end{bmatrix}, \quad U_4 = 10^{-3} \times \begin{bmatrix} 0.4529907 & -0.0316473 \\ 0.4169516 & -0.0267640 \end{bmatrix}$$

$$N_5 = 10^{-5} \times \begin{bmatrix} -0.2475304 \\ -0.2460089 \end{bmatrix}, \quad U_5 = 10^{-5} \times \begin{bmatrix} -0.5905300 & -0.1018800 \\ -0.6895723 & -0.0720610 \end{bmatrix}$$

$$D_0 = -1.4268069 \times 10^{-4}, \quad T_0 = \begin{bmatrix} -0.9538445 & -1.0001623 \end{bmatrix}$$

$$D_1 = 0.0097318, \quad T_1 = \begin{bmatrix} -1.0188594 & -0.0003963 \end{bmatrix}$$

$$D_2 = 0.0108380, \quad T_2 = 10^{-1} \times \begin{bmatrix} -0.1921711 & -0.0026437 \end{bmatrix}$$

$$D_3 = 4.4489200 \times 10^{-4}, \quad T_3 = 10^{-2} \times \begin{bmatrix} -0.4651373 & 0.0058661 \end{bmatrix}$$

$$D_4 = -1.7964926 \times 10^{-5}, \quad T_4 = 10^{-3} \times \begin{bmatrix} -0.9839919 & 0.0953915 \end{bmatrix}$$

$$D_5 = -5.0057040 \times 10^{-7}, \quad T_5 = 10^{-4} \times \begin{bmatrix} -0.4502768 & 0.0732408 \end{bmatrix}$$

为检验上述结果的正确性，定义如下两个指标：

$$P_{r1}(t) = \|A(t)N(t) - B(t)D(t)\|_{\text{fro}}$$

$$P_{r2}(t) = \|A(t)U(t) - B(t)T(t) - I_2\|_{\text{fro}}$$

计算它们在以下各点的值 (图 3.3)：

$$t_k = -7.0 + 0.15k, \quad k = 1, 2, \cdots, 45$$

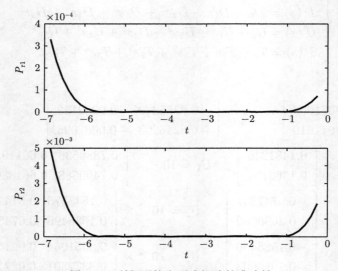

图 3.3　所得到的多项式矩阵的准确性

由图 3.3 可知，在区间 $[-5, -1]$，两个指标的值都小于 1×10^{-4}。因此，通过上述方法得到的多项式矩阵 $Q(s)$ 在这一工作区间具有很高的准确性，是一个很好的估计。

3.7　注　　记

本章引入了多项式矩阵对 $A(s) \in \mathbb{R}^{n \times q}$ 和 $B(s) \in \mathbb{R}^{n \times r}$ 为 (F, α)-左互质的概念，具体研究了几种特殊情形，其中包括 $(A(s), B(s))$ 可控的情形，并给出了基于 Smith 标准分解、右既约分解和 Diophantine 方程的判定条件。

关于各种互质性定义的总结，请参见表 3.1。关于这些概念之间的关系，请参见图 3.2。表 3.2 进一步给出了伴随于多项式矩阵对 $A(s) \in \mathbb{R}^{n \times q}$ 和 $B(s) \in \mathbb{R}^{n \times r}$ 互质性的 Smith 标准分解、右既约分解和 Diophantine 方程条件的一些参量。下面进一步讨论与 Smith 标准分解、右既约分解和 Diophantine 方程有关的结论。

表 3.2　伴随于多项式矩阵对 $A(s)$ 和 $B(s)$ 互质性的参量

情形	$\Sigma(s)$	β	$C(s)$
(F, α)-左互质	$\in \mathbb{R}^{\alpha \times \alpha}$	$q + r - \alpha$	$P^{-1}(s) \begin{bmatrix} \Sigma(s) \\ 0 \end{bmatrix}$
$(\cdot, \alpha)$-左互质	I_α	$q + r - \alpha$	$P^{-1}(s) \begin{bmatrix} I_\alpha \\ 0 \end{bmatrix}$
F-左互质	$\in \mathbb{R}^{n \times n}$	$q + r - n$	$\Delta(s) I_n$
左互质	I_n	$q + r - n$	I_n

3.7.1　既约分解

线性系统的既约分解是控制系统理论的基本问题，得到了众多研究者的广泛关注。但是，大多数研究局限于与一阶线性系统相伴的如下形式：

$$(sE - A)^{-1} B = N(s) D^{-1}(s)$$

其中，矩阵 E 在大多数情形中为单位矩阵。

既约分解在很多问题中得到应用。Green 提出了 H_∞ 控制器综合的既约分解方法[285]；Armstrong 考虑了利用既约分解的鲁棒镇定问题[286]；Ohishi 等基于二重既约分解和速度观测器，在更大的速度范围内建立了一类速度伺服系统[287]。除此之外，Duan 通过研究表明，既约分解可以用来参数化一类广义 Sylvester 矩阵方程的解[141-143]，并在特征结构配置问题[141,142,161-163,177,178]、鲁棒极点配置[145,146] 和鲁棒故障检测[150] 中均有重要应用。

在求解方面，Beelen 等提出了一种求解传递函数既约分解问题的数值计算方法[288]；Bongers 等发展了可靠算法来进行适当的离散时间有限维线性时不变系统的正规化既约分解[289]；Almuthairi 等提出了计算互质矩阵的简便算法，并考虑了基于既约分解的最小状态空间实现问题[290,291]。

除此之外，Duan 基于 Hessenberg 形式，不仅研究了单输入系统的右既约分解问题[292]，给出了多输入线性系统右既约分解的数值稳定的迭代算法[293]，还将该方法推广到广义线性系统[294]。此后，Zhou 等给出了 Stein 矩阵方程法用以求得既约分解问题[295]。

3.7.2　统一的分解过程

通过引入 (F, α)-互质的概念，本章给出了基于初等变换的统一分解过程用以求解 Smith 标准分解、右既约分解问题以及 Diophantine 方程。然而，据我们所知，在已有结果中，这些问题一般都是独立处理的。当然，统一分解过程的重要性在于，既给出了具体的 Smith 标准分解、右既约分解和 Diophantine 方程问题的解，同时也涵盖了这三个重要概念的关系。

这一过程有一个较早的版本，当时用以处理与一阶系统伴随的 Smith 标准分解、右既约分解问题以及 Diophantine 方程[141-143,283,295]。该过程事实上是作者在特征结构配置研究中发现的 (参见 2.4 节)。更为特别地，作者将线性系统的特征结构配置问题与有关的广义 Sylvester 矩阵方程相关联，而广义 Sylvester 矩阵方程的一般解析参数化解又基于伴随的右既约分解给出，同时通过执行相关的 Smith 标准分解，给出了求解右既约分解的方法。

为了克服该方法手算时只适用于低维系统的缺点，作者在自行设计的用于控制系统参数化的 MATLAB 软件包 ParaConD 中，编写了通用函数 rcfsolve.m 和 smith.m，用于高效求解一阶系统的 Smith 标准分解和右既约分解。

3.7.3　基于奇异值分解的数值算法

必须说明的是，在一般情形下，对于如下的广义高阶系统：

$$A(s)x(s) = B(s)u(s)$$

基于初等变换的上述统一过程求解 Smith 标准分解、右既约分解问题以及 Diophantine 方程问题用 MATLAB 编程实现是很困难的。事实上，已有的其他很多方法，在实现上述目的时很容易失效，或者根本不能实现理论上的推广以适用于一般高阶系统情形。虽然可以先将高阶系统转化为一阶系统，再应用一阶系统的数值算法求解问题，但在这种情况下，还需将针对增广的一阶系统的最终结果转化回高阶系统。因此，更建议直接应用本章介绍的直接高阶系统设计方法。

本章中，在 $(A(s), B(s))$ 可控条件下，给出了同时求解伴随于高阶系统的广义 Smith 标准分解、右既约分解和 Diophantine 方程问题的算法。这一思想的关键点在于，运用奇异值分解方法，产生多项式在确定点的值。这是一个非常重要的想法，它避免了处理 $A(s)$ 和 $B(s)$ 结构复杂这一难点，并使算法具有以下特点。

(1) 相比于直接涉及 $A(s)$ 和 $B(s)$ 系数计算的方法，这一方法极其简单。

(2) 具有良好的数值稳定性，因为该算法涉及的计算主要是奇异值分解，而奇异值分解已经被证明具有数值稳定性。

本章是重要的基础部分，从第 4 章起，将开始求解广义 Sylvester 矩阵方程。

第 4 章　齐次广义 Sylvester 矩阵方程

本章研究齐次广义 Sylvester 矩阵方程的解。4.1 节介绍一个在本章和后面其他章节频繁使用的算子。4.2~4.4 节针对 F 为任意矩阵的情况，给出满足广义 Sylvester 矩阵方程的矩阵 V 和 W 的一般完全参数化表达式。该解的主要特点是矩阵 F 不需要是任何规范型，甚至可以是未知的。4.5 节和 4.6 节在矩阵 F 的特殊情况下，即分别是 Jordan 矩阵和对角阵，研究广义 Sylvester 矩阵方程的解。4.7 节给出一些算例。

本章的研究结果非常有利于计算和分析这类方程的解，对控制系统理论的许多分析和设计问题具有重要作用。

4.1　Sylvester 映射

在给出齐次广义 Sylvester 矩阵方程的一般解之前，首先介绍本书中频繁使用的算子，称为 Sylvester 映射。

4.1.1　定义和算子

令 $P(s) \in \mathbb{R}^{m \times n}[s]$ 是如下定义的多项式：

$$P(s) = P_0 + P_1 s + \cdots + P_k s^k \tag{4.1}$$

对于任意矩阵 $X \in \mathbb{C}^{n \times p}$，引入下面的记号：

$$P(s)\big|_X \stackrel{\text{def}}{=} P_0 + P_1 X + \cdots + P_k X^k$$

注意到对于任意矩阵 $Z \in \mathbb{C}^{n \times p}$，有

$$P(s) Z = P_0 Z + P_1 Z s + \cdots + P_k Z s^k$$

而对于任意矩阵 $F \in \mathbb{C}^{p \times p}$，有

$$[P(s) Z]\big|_F \stackrel{\text{def}}{=} P_0 Z + P_1 Z F + \cdots + P_k Z F^k \tag{4.2}$$

式 (4.2) 中的记号 $[P(s) Z]\big|_F$ 定义了从 $\mathbb{C}^{n \times p}$ 到 $\mathbb{C}^{m \times p}$ 的映射，本书称为 Sylvester 映射，并将在本书中频繁使用。

一般来说

$$[P(s)Z]\big|_F \neq P(F)Z = P_0 Z + P_1 F Z + \cdots + P_k F^k Z$$

令 $P_1(s)$ 和 $P_2(s)$ 是具有适当维数的多项式矩阵, 由定义 (4.2), 显然有

$$\left[\left[\begin{array}{c} P_1(s) \\ P_2(s) \end{array}\right] Z\right]\bigg|_F = \left[\begin{array}{c} [P_1(s)Z]\big|_F \\ [P_2(s)Z]\big|_F \end{array}\right] \tag{4.3}$$

同时由定义 (4.2), 对于常值矩阵 P_0, 容易验证

$$[P_0 Z]\big|_F = P_0 Z$$

下面的定理给出了 Sylvester 映射的一些运算规则。

定理 4.1 令 $P(s) \in \mathbb{R}^{m \times n}[s]$ 由式 (4.1) 定义, 则下述结论成立。

(1) 对于任意两个可交换矩阵 $F, G \in \mathbb{R}^{p \times p}$, 有式 (4.4) 成立:

$$[P(s)ZG]\big|_F = [P(s)Z]\big|_F G, \quad \forall Z \in \mathbb{C}^{n \times p} \tag{4.4}$$

(2) 存在矩阵 $Z \in \mathbb{C}^{n \times p}$ 满足

$$[P(s)Z]\big|_F = 0, \quad \forall F \in \mathbb{C}^{p \times p} \tag{4.5}$$

的充分必要条件是

$$P(s)Z = 0, \quad \forall s \in \mathbb{C} \tag{4.6}$$

或者等价地写成

$$P_i Z = 0, \quad i = 0, 1, 2, \cdots, k \tag{4.7}$$

(3) 对于 $Q(s) \in \mathbb{R}^{n \times r}[s]$ 和 $X \in \mathbb{C}^{r \times p}$, 有式 (4.8) 成立:

$$\left[P(s)\left[Q(s)X\right]\big|_F\right]\bigg|_F = [P(s)Q(s)X]\big|_F, \quad \forall F \in \mathbb{C}^{p \times p} \tag{4.8}$$

(4) 对于 $\tilde{P}(s) \in \mathbb{R}^{m \times q}[s]$、$\tilde{Z} \in \mathbb{C}^{q \times p}$ 和 $Z \in \mathbb{C}^{n \times p}$, 有式 (4.9) 成立:

$$\left[P(s)Z + \tilde{P}(s)\tilde{Z}\right]\bigg|_F = [P(s)Z]\big|_F + \left[\tilde{P}(s)\tilde{Z}\right]\bigg|_F, \quad \forall F \in \mathbb{C}^{p \times p} \tag{4.9}$$

或者

$$\left[P(s)Z + \tilde{P}(s)\tilde{Z}\right]\bigg|_F = [R(s)Z_e]\big|_F, \quad \forall F \in \mathbb{C}^{p \times p} \tag{4.10}$$

其中,

$$R(s) = \left[\begin{array}{cc} P(s) & \tilde{P}(s) \end{array}\right], \quad Z_e = \left[\begin{array}{c} Z \\ \tilde{Z} \end{array}\right]$$

上述定理的证明请参见附录。

令 $\Delta(s)$ 是标量多项式，则易证

$$F\Delta(F) = \Delta(F)F \tag{4.11}$$

即 F 和 $\Delta(F)$ 是可交换的。再由定理 4.1 中的结论 (1)，有

$$[P(s)Z\Delta(F)]\big|_F = [P(s)Z]\big|_F \Delta(F) \tag{4.12}$$

4.1.2　广义 Sylvester 矩阵方程的表示

使用上述引入的 Sylvester 映射，可以给出一般高阶广义 Sylvester 矩阵方程的另一种表达形式。

令 $A_i \in \mathbb{R}^{n\times q}$，$B_i \in \mathbb{R}^{n\times r}$，$i = 0, 1, 2, \cdots, m$，$F \in \mathbb{C}^{p\times p}$，并定义

$$\begin{cases} A(s) = \displaystyle\sum_{i=0}^{m} A_i s^i, & A_i \in \mathbb{R}^{n\times q} \\ B(s) = \displaystyle\sum_{i=0}^{m} B_i s^i, & B_i \in \mathbb{R}^{n\times r} \end{cases} \tag{4.13}$$

则由 Sylvester 映射的定义，有

$$[A(s)V]\big|_F = \sum_{i=0}^{m} A_i V F^i \tag{4.14}$$

$$[B(s)W]\big|_F = \sum_{i=0}^{m} B_i W F^i \tag{4.15}$$

因此，m 阶齐次广义 Sylvester 矩阵方程

$$\sum_{i=0}^{m} A_i V F^i = \sum_{i=0}^{m} B_i W F^i \tag{4.16}$$

用 Sylvester 映射可以表示为

$$[A(s)V]\big|_F = [B(s)W]\big|_F \tag{4.17}$$

再由定理 4.1 中的结论 (4) 可以将其等价地写为

$$\left[\begin{bmatrix} A(s) & -B(s) \end{bmatrix} \begin{bmatrix} V \\ W \end{bmatrix} \right]\Bigg|_F = 0 \tag{4.18}$$

特别地，由定理 4.1 中的结论 (2) 可知

$$[A(s)V]\big|_F - [B(s)W]\big|_F = 0, \quad \forall F \in \mathbb{C}^{p \times p} \tag{4.19}$$

等价于

$$A(s)V - B(s)W = 0, \quad \forall s \in \mathbb{C} \tag{4.20}$$

说明 4.1　值得强调的是，本节引入的 Sylvester 映射将会在本书随后的章节中频繁使用。事实上，齐次和非齐次广义 Sylvester 矩阵方程全部的参数化解都是通过 Sylvester 映射表示的。

4.2　一阶齐次广义 Sylvester 矩阵方程

首先研究如下一阶齐次广义 Sylvester 矩阵方程的解：

$$EVF - AV = B_0W + B_1WF \tag{4.21}$$

其中，$E, A \in \mathbb{R}^{n \times q}$、$B_1, B_0 \in \mathbb{R}^{n \times r}$、$F \in \mathbb{C}^{p \times p}$ 是系数矩阵，且 $q + r > n$；矩阵 F 可以是待定的；V 和 W 是需要求解的未知矩阵。

显然，广义 Sylvester 矩阵方程的两个重要的特殊形式为

$$EVF - AV = BW \tag{4.22}$$

和

$$VF - AV = BW \tag{4.23}$$

$V = 0$ 和 $W = 0$ 是广义 Sylvester 矩阵方程 (4.21) 的解，因此广义 Sylvester 矩阵方程 (4.21) 总是有解的。关于广义 Sylvester 矩阵方程 (4.21) 一般解 (V, W) 的自由度，有下面的定理，其证明参见附录。

定理 4.2　令 $E, A \in \mathbb{R}^{n \times q}$, $B_1, B_0 \in \mathbb{R}^{n \times r}$, $q + r > n$, 则广义 Sylvester 矩阵方程 (4.21) 一般解 (V, W) 的最大自由度为 $p\beta$ $(\beta = q + r - \alpha)$ 的充分必要条件是 $sE - A$ 和 $B_1s + B_0$ 为 (F, α)-左互质，即

$$\text{rank} \begin{bmatrix} sE - A & B_1s + B_0 \end{bmatrix} \leqslant \alpha, \quad \forall s \in \mathbb{C} \tag{4.24}$$

$$\text{rank} \begin{bmatrix} sE - A & B_1s + B_0 \end{bmatrix} = \alpha, \quad \forall s \in \text{eig}(F) \tag{4.25}$$

基于上述结果，本节进行以下假设。

假设 4.1　$sE - A$ 和 $B_1s + B_0$ 是 (F, α)-左互质的。

4.2.1　一般解

在假设 4.1 的条件下，由 3.3 节的结果可得，存在两个具有适当维数的幺模矩阵 $P(s)$ 和 $Q(s)$，满足

$$P(s) \begin{bmatrix} sE - A & -(B_1 s + B_0) \end{bmatrix} Q(s) = \begin{bmatrix} \Sigma(s) & 0 \\ 0 & 0 \end{bmatrix} \tag{4.26}$$

其中，$\Sigma(s) \in \mathbb{R}^{\alpha \times \alpha}[s]$ 是对角多项式矩阵，满足

$$\det \Sigma(s) \neq 0, \quad \forall s \in \text{eig}(F) \tag{4.27}$$

将幺模矩阵 $Q(s)$ 分块如下：

$$Q(s) = \begin{bmatrix} * & N(s) \\ * & D(s) \end{bmatrix}, \quad N(s) \in \mathbb{R}^{q \times \beta}[s], \quad D(s) \in \mathbb{R}^{r \times \beta}[s]$$

则多项式矩阵 $N(s)$ 和 $D(s)$ 是右互质的，且满足广义右既约分解

$$(sE - A)N(s) - (B_1 s + B_0)D(s) = 0 \tag{4.28}$$

而且当 $q = n$ 且 (E, A) 正则，即 $(sE - A)$ 可逆时，有 $\alpha = n$，上述方程可写成如下的右既约分解形式：

$$(sE - A)^{-1}(B_1 s + B_0) = N(s)D^{-1}(s) \tag{4.29}$$

若记 $D(s) = [d_{ij}(s)]_{r \times \beta}$，且

$$\omega = \max\{\deg(d_{ij}(s)), \ i = 1, 2, \cdots, r, \ j = 1, 2, \cdots, \beta\}$$

则 $N(s)$ 和 $D(s)$ 可改写为

$$\begin{cases} N(s) = \sum_{i=0}^{\omega} N_i s^i, & N_i \in \mathbb{R}^{q \times \beta} \\ D(s) = \sum_{i=0}^{\omega} D_i s^i, & D_i \in \mathbb{R}^{r \times \beta} \end{cases} \tag{4.30}$$

当上述多项式矩阵 $N(s)$ 和 $D(s)$ 满足广义右既约分解 (4.28) 时，关于一阶齐次广义 Sylvester 矩阵方程 (4.21) 的一般解有如下定理。

定理 4.3　令 $E, A \in \mathbb{R}^{n \times q}$，$B_1, B_0 \in \mathbb{R}^{n \times r}$，$q + r > n$，$F \in \mathbb{C}^{p \times p}$，假设 4.1 成立，再令 $N(s) \in \mathbb{R}^{q \times \beta}[s]$ 和 $D(s) \in \mathbb{R}^{r \times \beta}[s]$ 是形为 (4.30) 的右互质多项式矩

阵对, 且满足式 (4.28), 则广义 Sylvester 矩阵方程 (4.21) 的全部解 $V \in \mathbb{C}^{q \times p}$ 和 $W \in \mathbb{C}^{r \times p}$ 为

$$
\boxed{
\begin{aligned}
&\textbf{公式 I}_{\mathbf{H}}\\
&\begin{cases}
V = \left[N\left(s\right)Z\right]\big|_F = N_0 Z + N_1 Z F + \cdots + N_\omega Z F^\omega \\
W = \left[D\left(s\right)Z\right]\big|_F = D_0 Z + D_1 Z F + \cdots + D_\omega Z F^\omega
\end{cases}
\end{aligned}
}
\tag{4.31}
$$

其中, $Z \in \mathbb{C}^{\beta \times p}$ 是任意参数矩阵。

证明   利用式 (4.30), 有

$$
\begin{aligned}
(sE - A) N(s) &= \sum_{i=0}^{\omega} E N_i s^{i+1} - \sum_{i=0}^{\omega} A N_i s^i \\
&= E N_\omega s^{\omega+1} + \sum_{i=1}^{\omega} E N_{i-1} s^i - \sum_{i=1}^{\omega} A N_i s^i - A N_0 \\
&= E N_\omega s^{\omega+1} + \sum_{i=1}^{\omega} (E N_{i-1} - A N_i) s^i - A N_0
\end{aligned}
$$

$$
\begin{aligned}
(B_1 s + B_0) D(s) &= \sum_{i=0}^{\omega} B_1 D_i s^{i+1} + \sum_{i=0}^{\omega} B_0 D_i s^i \\
&= B_1 D_\omega s^{\omega+1} + \sum_{i=1}^{\omega} B_1 D_{i-1} s^i + \sum_{i=1}^{\omega} B_0 D_i s^i + B_0 D_0 \\
&= B_1 D_\omega s^{\omega+1} + \sum_{i=1}^{\omega} (B_1 D_{i-1} + B_0 D_i) s^i + B_0 D_0
\end{aligned}
$$

将上述两个关系式代入式 (4.28), 并比较等式两边 s^i 的系数, 可得到如下关系式:

$$
\begin{cases}
A N_0 = -B_0 D_0 \\
E N_{i-1} - A N_i = B_1 D_{i-1} + B_0 D_i, \quad i = 1, 2, \cdots, \omega \\
E N_\omega = B_1 D_\omega
\end{cases}
\tag{4.32}
$$

下面借助上述这组关系式来验证由式 (4.31) 给出的矩阵 V 和 W 满足矩阵方程 (4.21)。

利用式 (4.31) 中的表达式, 有

$$
EVF - AV = \sum_{i=0}^{\omega} E N_i Z F^{i+1} - \sum_{i=0}^{\omega} A N_i Z F^i
$$

$$= -(AN_0)Z - \sum_{i=1}^{\omega} AN_i ZF^i + \sum_{i=1}^{\omega} EN_{i-1}ZF^i + EN_\omega ZF^{\omega+1}$$

$$= -(AN_0)Z + \sum_{i=1}^{\omega} (EN_{i-1} - AN_i)ZF^i + EN_\omega ZF^{\omega+1} \quad (4.33)$$

$$B_0 W + B_1 WF = \sum_{i=0}^{\omega} B_0 D_i ZF^i + \sum_{i=0}^{\omega} B_1 D_i ZF^{i+1}$$

$$= B_0 D_0 Z + \sum_{i=1}^{\omega} B_0 D_i ZF^i + \sum_{i=1}^{\omega} B_1 D_{i-1}ZF^i + B_1 D_\omega ZF^{\omega+1}$$

$$= B_0 D_0 Z + \sum_{i=1}^{\omega} (B_1 D_{i-1} + B_0 D_i)ZF^i + B_1 D_\omega ZF^{\omega+1} \quad (4.34)$$

再利用式 (4.32) 中的方程，易知上述两个方程的右端是相等的。而取上述两个方程的左端相等就是广义 Sylvester 矩阵方程 (4.21)。由此可知，由式 (4.31) 给出的矩阵 V 和 W 满足矩阵方程 (4.21)。

解 (4.31) 的完备性证明在附录中给出。　　　　　　　　　　　　　□

说明 4.2　这里所给出的解 (4.31) 非常简洁，同时也美丽而优雅。然而，毋庸置疑，它也是非常有用的。简单紧凑的形式在很多问题的分析上都是有利的，同时自由参数矩阵 Z 的线性特性肯定也是一个优点。此外，需要指出的是，使用这个公式能确保得到数值稳定解，这是因为根据这个公式计算方程解的主要过程是找到一个多项式矩阵对，而该多项式矩阵在低维数问题中可以通过手算精确得到，或者通过 3.6 节中讨论过的奇异值分解得到。

说明 4.3　解 (4.31) 的另外一个优点是允许矩阵 F 是待定的，因为在给出一般解形式之前不需要矩阵 F，而给出一般解形式之后需要做的就是把矩阵 F 放在相应的位置。这样的特点极有利于解决控制系统理论中的分析和设计问题。在某些特殊的应用中，矩阵 F 可以同参数矩阵 Z 一起作为设计自由度，通过优化来得到其他附加的性能。

4.2.2　算例

例 4.1　考虑一个形为式 (4.21) 的一阶广义 Sylvester 矩阵方程，其参数如下：

$$E = \begin{bmatrix} 1 & 0 & 0 \\ 0 & 1 & 0 \\ 0 & 0 & 0 \end{bmatrix}, \quad A = \begin{bmatrix} 0 & 1 & 0 \\ 0 & 0 & 1 \\ 0 & 0 & -1 \end{bmatrix}$$

$$B_1 = \begin{bmatrix} 0 & 0 \\ 0 & 1 \\ 0 & 0 \end{bmatrix}, \quad B_0 = \begin{bmatrix} 0 & 0 \\ 1 & 0 \\ 0 & 1 \end{bmatrix}$$

按照命题 3.4 的步骤, 可得

$$P(s) = \begin{bmatrix} 1 & 0 & 0 \\ 0 & 1 & -s \\ 0 & 0 & 1 \end{bmatrix}, \quad Q(s) = \begin{bmatrix} 0 & 0 & 0 & 1 & 0 \\ -1 & 0 & 0 & s & 0 \\ 0 & 0 & 0 & 0 & 1 \\ -s & -1 & 0 & s^2 & -s-1 \\ 0 & 0 & -1 & 0 & 1 \end{bmatrix}$$

满足

$$P(s) \begin{bmatrix} sE - A & -(B_1 s + B_0) \end{bmatrix} Q(s) = \begin{bmatrix} I & 0 \end{bmatrix}$$

因此, 能得到满足右既约分解 (4.28) 的多项式矩阵对 $N(s)$ 和 $D(s)$, 即

$$N(s) = \begin{bmatrix} 1 & 0 \\ s & 0 \\ 0 & 1 \end{bmatrix}, \quad D(s) = \begin{bmatrix} s^2 & -1-s \\ 0 & 1 \end{bmatrix}$$

故有

$$D_0 = \begin{bmatrix} 0 & -1 \\ 0 & 1 \end{bmatrix}, \quad D_1 = \begin{bmatrix} 0 & -1 \\ 0 & 0 \end{bmatrix}, \quad D_2 = \begin{bmatrix} 1 & 0 \\ 0 & 0 \end{bmatrix} \tag{4.35}$$

$$N_0 = \begin{bmatrix} 1 & 0 \\ 0 & 0 \\ 0 & 1 \end{bmatrix}, \quad N_1 = \begin{bmatrix} 0 & 0 \\ 1 & 0 \\ 0 & 0 \end{bmatrix}, \quad N_2 = \begin{bmatrix} 0 & 0 \\ 0 & 0 \\ 0 & 0 \end{bmatrix} \tag{4.36}$$

根据定理 4.3, 对于任意矩阵 $F \in \mathbb{C}^{p \times p}$, 形为式 (4.21) 的广义 Sylvester 矩阵方程的完全解析显式解的参数化形式为

$$\begin{cases} V = N_0 Z + N_1 Z F + N_2 Z F^2 \\ W = D_0 Z + D_1 Z F + D_2 Z F^2 \end{cases}$$

其中, $Z \in \mathbb{C}^{2 \times p}$ 是任意参数矩阵。特别地, 令

$$F = \begin{bmatrix} -\lambda & 1 \\ 0 & -\lambda \end{bmatrix}, \quad Z = \begin{bmatrix} z_{11} & z_{12} \\ z_{21} & z_{22} \end{bmatrix}$$

则有

$$V = \begin{bmatrix} z_{11} & z_{12} \\ -\lambda z_{11} & z_{11} - \lambda z_{12} \\ z_{21} & z_{22} \end{bmatrix}$$

$$W = \begin{bmatrix} z_{11}\lambda^2 + z_{21}\lambda - z_{21} & \lambda z_{22} - z_{22} - 2\lambda z_{11} - z_{21} + \lambda^2 z_{12} \\ z_{21} & z_{22} \end{bmatrix}$$

而且，如果取 $\lambda = z_{11} = 1$, $z_{12} = z_{21} = z_{22} = 0$，那么可以得到如下的解：

$$V = \begin{bmatrix} 1 & 0 \\ -1 & 1 \\ 0 & 0 \end{bmatrix}, \quad W = \begin{bmatrix} 1 & -2 \\ 0 & 0 \end{bmatrix}$$

4.3　二阶齐次广义 Sylvester 矩阵方程

本节研究二阶齐次广义 Sylvester 矩阵方程，其形式为

$$MVF^2 + DVF + KV = B_2WF^2 + B_1WF + B_0W \tag{4.37}$$

其中，$M, D, K \in \mathbb{R}^{n \times q}$、$B_2, B_1, B_0 \in \mathbb{R}^{n \times r}$、$F \in \mathbb{C}^{p \times p}$ 为系数矩阵，且 $q + r > n$。在许多实际应用中，系数矩阵 M、D 和 K 分别称为质量矩阵、结构阻尼矩阵和刚度矩阵。矩阵 F 不需要事先给出，甚至可以为待定的，而矩阵 $V \in \mathbb{C}^{q \times p}$ 和 $W \in \mathbb{C}^{r \times p}$ 是需要求解的未知矩阵。

和一阶方程相同，显然 $V = 0$ 和 $W = 0$ 满足二阶广义 Sylvester 矩阵方程 (4.37)，因此二阶广义 Sylvester 矩阵方程 (4.37) 事实上总会有解。考虑到解 (V, W) 中的自由度，可得定理 4.4，其证明参见附录。

定理 4.4　令 $M, D, K \in \mathbb{R}^{n \times q}$, $B_2, B_1, B_0 \in \mathbb{R}^{n \times r}$，$q + r > n$，则二阶广义 Sylvester 矩阵方程 (4.37) 的解 (V, W) 的自由度为 $p\beta$ ($\beta = q + r - \alpha$) 的充分必要条件是 $Ms^2 + Ds + K$ 和 $B_2s^2 + B_1s + B_0$ 为 (F, α)-左互质，即

$$\text{rank} \begin{bmatrix} Ms^2 + Ds + K & B_2s^2 + B_1s + B_0 \end{bmatrix} \leqslant \alpha, \quad \forall s \in \mathbb{C} \tag{4.38}$$

$$\text{rank} \begin{bmatrix} Ms^2 + Ds + K & B_2s^2 + B_1s + B_0 \end{bmatrix} = \alpha, \quad \forall s \in \text{eig}(F) \tag{4.39}$$

基于定理 4.4，本节进行如下假设。

假设 4.2　$Ms^2 + Ds + K$ 和 $B_2s^2 + B_1s + B_0$ 是 (F, α)-左互质的。

后面将验证方程求解主要依赖如下的两个多项式:

$$\begin{cases} A(s) = Ms^2 + Ds + K \\ B(s) = B_2 s^2 + B_1 s + B_0 \end{cases} \tag{4.40}$$

因此称式 (4.40) 为与广义 Sylvester 矩阵方程 (4.37) 相关的系数多项式矩阵。

4.3.1 一般解

由 3.3 节中的结果可知,如果假设 4.2 成立,则存在两个具有适当维数的幺模矩阵 $P(s)$ 和 $Q(s)$ 满足

$$P(s) \left[\begin{array}{cc} (Ms^2 + Ds + K) & -(B_2 s^2 + B_1 s + B_0) \end{array} \right] Q(s) = \left[\begin{array}{cc} \Sigma(s) & 0 \\ 0 & 0 \end{array} \right] \tag{4.41}$$

其中, $\Sigma(s) \in \mathbb{R}^{\alpha \times \alpha}$ 是对角多项式矩阵,满足

$$\det \Sigma(s) \neq 0, \quad \forall s \in \mathrm{eig}(F) \tag{4.42}$$

将幺模矩阵 $Q(s)$ 分块如下:

$$Q(s) = \left[\begin{array}{cc} * & N(s) \\ * & D(s) \end{array} \right], \quad N(s) \in \mathbb{R}^{q \times \beta}[s], \quad D(s) \in \mathbb{R}^{r \times \beta}[s]$$

则多项式矩阵 $N(s)$ 和 $D(s)$ 是右互质的,并满足广义右既约分解

$$(Ms^2 + Ds + K) N(s) - (B_2 s^2 + B_1 s + B_0) D(s) = 0 \tag{4.43}$$

当 $q = n$ 且 $\det A(s)$ 不恒为零时, $A(s)$ 是可逆的。再假设 $D(s)$ 是可逆的,则有 $\beta = r$,且上述方程可写成如下右既约分解形式:

$$(Ms^2 + Ds + K)^{-1} (B_2 s^2 + B_1 s + B_0) = N(s) D^{-1}(s) \tag{4.44}$$

若记 $D(s) = [d_{ij}(s)]_{r \times \beta}$, 以及

$$\omega = \max \{ \deg (d_{ij}(s)), \ i = 1, 2, \cdots, r, \ j = 1, 2, \cdots, \beta \}$$

则 $N(s)$ 和 $D(s)$ 可表示为

$$\begin{cases} N(s) = \sum_{i=0}^{\omega} N_i s^i, \quad N_i \in \mathbb{R}^{q \times \beta} \\ D(s) = \sum_{i=0}^{\omega} D_i s^i, \quad D_i \in \mathbb{R}^{r \times \beta} \end{cases} \tag{4.45}$$

利用上述多项式矩阵对 $N(s)$ 和 $D(s)$,可得如下关于二阶齐次广义 Sylvester 矩阵方程 (4.37) 一般解的结果。

定理 4.5 令 $M, D, K \in \mathbb{R}^{n \times q}$，$B_2, B_1, B_0 \in \mathbb{R}^{n \times r}$，$q + r > n$，假设 4.2 成立，而且令 $N(s) \mathbb{R}^{q \times \beta}[s]$ 和 $D(s) \in \mathbb{R}^{r \times \beta}[s]$ 是一对由式 (4.45) 给出的右互质多项式矩阵，且满足式 (4.44)。那么，二阶广义 Sylvester 矩阵方程的全部解 $V \in \mathbb{C}^{q \times p}$ 和 $W \in \mathbb{C}^{r \times p}$ 由式 (4.46) 给出：

$$
\boxed{
\begin{aligned}
&\text{公式 I}_\text{H} \\
&\left\{
\begin{aligned}
V &= \left. [N(s) Z] \right|_F = N_0 Z + N_1 Z F + \cdots + N_\omega Z F^\omega \\
W &= \left. [D(s) Z] \right|_F = D_0 Z + D_1 Z F + \cdots + D_\omega Z F^\omega
\end{aligned}
\right.
\end{aligned}
}
\tag{4.46}
$$

其中，$Z \in \mathbb{C}^{\beta \times p}$ 是任意参数矩阵。

证明 利用式 (4.45)，可得

$$
\begin{aligned}
\left(M s^2 + D s + K\right) N(s) &= \sum_{i=0}^{\omega} M N_i s^{i+2} + \sum_{i=0}^{\omega} D N_i s^{i+1} + \sum_{i=0}^{\omega} K N_i s^i \\
&= M N_\omega s^{\omega+2} + M N_{\omega-1} s^{\omega+1} + \sum_{i=2}^{\omega} M N_{i-2} s^i \\
&\quad + D N_\omega s^{\omega+1} + \sum_{i=2}^{\omega} D N_{i-1} s^i + D N_0 s \\
&\quad + \sum_{i=2}^{\omega} K N_i s^i + K N_1 s + K N_0 \\
&= M N_\omega s^{\omega+2} + \left(M N_{\omega-1} + D N_\omega\right) s^{\omega+1} \\
&\quad + \sum_{i=2}^{\omega} \left(M N_{i-2} + D N_{i-1} + K N_i\right) s^i \\
&\quad + \left(K N_1 + D N_0\right) s + K N_0 \\
\left(B_2 s^2 + B_1 s + B_0\right) D(s) &= \sum_{i=0}^{\omega} B_2 D_i s^{i+2} + \sum_{i=0}^{\omega} B_1 D_i s^{i+1} + \sum_{i=0}^{\omega} B_0 D_i s^i \\
&= B_2 D_\omega s^{\omega+2} + B_2 D_{\omega-1} s^{\omega+1} + \sum_{i=2}^{\omega} B_2 D_{i-2} s^i \\
&\quad + B_1 D_\omega s^{\omega+1} + \sum_{i=2}^{\omega} B_1 D_{i-1} s^i + B_1 D_0 s \\
&\quad + \sum_{i=2}^{\omega} B_0 D_i s^i + B_0 D_1 s + B_0 D_0 \\
&= B_2 D_\omega s^{\omega+2} + \left(B_2 D_{\omega-1} + B_1 D_\omega\right) s^{\omega+1}
\end{aligned}
$$

$$+ \sum_{i=2}^{\omega} (B_2 D_{i-2} + B_1 D_{i-1} + B_0 D_i) s^i$$
$$+ (B_0 D_1 + B_1 D_0) s + B_0 D_0$$

将上述两个关系式代入广义右既约分解 (4.43)，并比较等式两端 s^i 的系数，则有

$$\begin{cases} KN_0 = B_0 D_0 \\ KN_1 + DN_0 = B_0 D_1 + B_1 D_0 \\ MN_{i-2} + DN_{i-1} + KN_i = B_2 D_{i-2} + B_1 D_{i-1} + B_0 D_i, \quad i = 2, 3, \cdots, \omega \\ MN_{\omega-1} + DN_\omega = B_2 D_{\omega-1} + B_1 D_\omega \\ MN_\omega = B_2 D_\omega \end{cases} \quad (4.47)$$

下面借助关系式 (4.47)，验证由式 (4.46) 给出的矩阵 V 和 W 满足矩阵方程 (4.37)。

事实上，利用式 (4.46) 中的表达式，可得

$$MVF^2 + DVF + KV$$
$$= M \left(\sum_{i=0}^{\omega} N_i Z F^i \right) F^2 + D \left(\sum_{i=0}^{\omega} N_i Z F^i \right) F + K \sum_{i=0}^{\omega} N_i Z F^i$$
$$= (KN_0) Z + (DN_0 + KN_1) ZF + \sum_{i=0}^{\omega-2} (MN_i + DN_{i+1} + KN_{i+2}) ZF^{i+2}$$
$$+ (MN_{\omega-1} + DN_\omega) ZF^{\omega+1} + (MN_\omega) ZF^{\omega+2} \quad (4.48)$$

$$B_2 WF^2 + B_1 WF + B_0 W$$
$$= B_2 \left(\sum_{i=0}^{\omega} D_i Z F^i \right) F^2 + B_1 \left(\sum_{i=0}^{\omega} D_i Z F^i \right) F + B_0 \sum_{i=0}^{\omega} D_i Z F^i$$
$$= (B_0 D_0) Z + (B_1 D_0 + B_0 D_1) ZF + \sum_{i=0}^{\omega-2} (B_2 D_i + B_1 D_{i+1} + B_0 D_{i+2}) ZF^{i+2}$$
$$+ (B_2 D_{\omega-1} + B_1 D_\omega) ZF^{\omega+1} + (B_2 D_\omega) ZF^{\omega+2} \quad (4.49)$$

比较上述关系式的右端，并利用式 (4.47) 可得方程 (4.37)。因此，式 (4.46) 中给出的矩阵 V 和 W 是广义 Sylvester 矩阵方程 (4.37) 的解。

解 (4.46) 的完备性证明参见附录。   □

说明 4.4   显而易见，二阶广义 Sylvester 矩阵方程的解与一阶广义 Sylvester 矩阵方程的解在形式上完全相同。求解过程中唯一的不同点在于，对于二阶广义 Sylvester 矩阵方程，右互质多项式矩阵 $N(s)$ 和 $D(s)$ 是由式 (4.43) 确定，而不是式 (4.28)。然而，容易看出式 (4.43) 亦是式 (4.28) 的自然推广。同一阶广义

Sylvester 矩阵方程的情形一样，矩阵 F 可以是待定的，因此可以和参数矩阵 Z 一起参与优化，从而在实际应用中用来满足另外一些性能指标要求。

4.3.2　算例

例 4.2　考虑形为式 (4.37) 的二阶广义 Sylvester 矩阵方程，其参数如下：

$$M = \begin{bmatrix} 1 & 0 & 0 \\ 0 & 1 & 0 \\ 0 & 0 & 0 \end{bmatrix}, \quad D = \begin{bmatrix} 1 & 0 & 1 \\ 0 & 2 & -1 \\ 1 & -1 & 3 \end{bmatrix}, \quad K = \begin{bmatrix} 2 & -1 & 0 \\ -1 & 1 & 2 \\ 0 & 2 & 1 \end{bmatrix}$$

$$B_2 = B_1 = 0, \quad B_0 = \begin{bmatrix} 1 & 0 \\ 0 & 0 \\ 0 & 1 \end{bmatrix}$$

由引理 3.4，得到满足右既约分解 (4.44) 的多项式矩阵对 $N(s)$ 和 $D(s)$ 如下：

$$N(s) = \begin{bmatrix} s^2 + 2s + 1 & -s + 2 \\ 1 & 0 \\ 0 & 1 \end{bmatrix}$$

$$D(s) = \begin{bmatrix} s^4 + 3s^3 + 5s^2 + 5s + 1 & -s^3 + s^2 + s + 4 \\ s^3 + 2s^2 + 2 & -s^2 + 5s + 1 \end{bmatrix}$$

故有

$$D_0 = \begin{bmatrix} 1 & 4 \\ 2 & 1 \end{bmatrix}, \quad D_1 = \begin{bmatrix} 5 & 1 \\ 0 & 5 \end{bmatrix}, \quad D_2 = \begin{bmatrix} 5 & 1 \\ 2 & -1 \end{bmatrix}$$

$$D_3 = \begin{bmatrix} 3 & -1 \\ 1 & 0 \end{bmatrix}, \quad D_4 = \begin{bmatrix} 1 & 0 \\ 0 & 0 \end{bmatrix}$$

$$N_0 = \begin{bmatrix} 1 & 2 \\ 1 & 0 \\ 0 & 1 \end{bmatrix}, \quad N_1 = \begin{bmatrix} 2 & -1 \\ 0 & 0 \\ 0 & 0 \end{bmatrix}, \quad N_2 = \begin{bmatrix} 1 & 0 \\ 0 & 0 \\ 0 & 0 \end{bmatrix}$$

根据定理 4.5，对任意矩阵 $F \in \mathbb{C}^{p \times p}$，二阶广义 Sylvester 矩阵方程 (4.37) 完全解析显式解的参数化形式为

$$\begin{cases} V = N_0 Z + N_1 Z F + N_2 Z F^2 \\ W = D_0 Z + D_1 Z F + D_2 Z F^2 + D_3 Z F^3 + D_4 Z F^4 \end{cases}$$

其中，$Z \in \mathbb{C}^{2 \times p}$ 是任意参数矩阵。

记

$$F = \begin{bmatrix} -\lambda & 1 \\ 0 & -\lambda \end{bmatrix}, \quad Z = \begin{bmatrix} z_{11} & z_{12} \\ z_{21} & z_{22} \end{bmatrix}$$

则有

$$V = \begin{bmatrix} v_{11} & v_{12} \\ z_{11} & z_{12} \\ z_{21} & z_{22} \end{bmatrix}, \quad W = \begin{bmatrix} w_{11} & w_{12} \\ w_{21} & w_{22} \end{bmatrix}$$

其中,

$$v_{11} = z_{11} + 2z_{21} + \lambda\,(z_{21} - 2z_{11}) + \lambda^2 z_{11}$$

$$v_{12} = 2z_{11} + z_{12} - z_{21} + 2z_{22} - 2\lambda z_{11} + \lambda\,(z_{22} - 2z_{12}) + \lambda^2 z_{12}$$

$$w_{11} = z_{11} + 4z_{21} + \lambda^3\,(z_{21} - 3z_{11}) + \lambda^2\,(5z_{11} + z_{21})$$
$$\qquad -\lambda\,(5z_{11} + z_{21}) + \lambda^4 z_{11}$$

$$w_{12} = 5z_{11} + z_{12} + z_{21} + 4z_{22} - 3\lambda^2\,(z_{21} - 3z_{11})$$
$$\qquad +\lambda^3\,(z_{22} - 3z_{12}) + \lambda^2\,(5z_{12} + z_{22}) - 2\lambda\,(5z_{11} + z_{21})$$
$$\qquad -\lambda\,(5z_{12} + z_{22}) - 4\lambda^3 z_{11} + \lambda^4 z_{12}$$

$$w_{21} = 2z_{11} + z_{21} - \lambda^2\,(z_{21} - 2z_{11}) - 5\lambda z_{21} - \lambda^3 z_{11}$$

$$w_{22} = 2z_{12} + 5z_{21} + z_{22} - \lambda^2\,(z_{22} - 2z_{12}) - 5\lambda z_{22}$$
$$\qquad +2\lambda\,(z_{21} - 2z_{11}) + 3\lambda^2 z_{11} - \lambda^3 z_{12}$$

而且,若特别取 $\lambda = 1$ 和

$$Z = \begin{bmatrix} 1 & 0 \\ 0 & 0 \end{bmatrix}$$

则可得一对解如下:

$$V = \begin{bmatrix} 0 & 0 \\ 1 & 0 \\ 0 & 0 \end{bmatrix}, \quad W = \begin{bmatrix} -1 & 0 \\ 3 & -1 \end{bmatrix}$$

4.4 高阶齐次广义 Sylvester 矩阵方程

本节研究如下高阶齐次广义 Sylvester 矩阵方程的参数化解:

$$\sum_{i=0}^{m} A_i V F^i = \sum_{i=0}^{m} B_i W F^i \tag{4.50}$$

其中，$A_i \in \mathbb{R}^{n \times q}$、$B_i \in \mathbb{R}^{n \times r} (i = 0, 1, 2, \cdots, m)$、$F \in \mathbb{C}^{p \times p}$ 是系数矩阵，且 $q + r > n$，矩阵 F 可以未知；$V \in \mathbb{C}^{q \times p}$ 和 $W \in \mathbb{C}^{r \times p}$ 是待求解的未知矩阵。与这个广义 Sylvester 矩阵方程相关的多项式矩阵为

$$\begin{cases} A(s) = \sum_{i=0}^{m} A_i s^i, & A_i \in \mathbb{R}^{n \times q} \\ B(s) = \sum_{i=0}^{m} B_i s^i, & B_i \in \mathbb{R}^{n \times r} \end{cases} \tag{4.51}$$

和一阶、二阶情形一样，显然 $V = 0$ 和 $W = 0$ 满足 m 阶广义 Sylvester 矩阵方程 (4.50)。考虑到存在于解中的自由度，有下面的定理成立，其证明参见附录。

定理 4.6　令 $A(s)$ 和 $B(s)$ 由式 (4.51) 给定，则 m 阶广义 Sylvester 矩阵方程 (4.50) 的解 (V, W) 的自由度为 $p\beta$ $(\beta = q + r - \alpha)$ 的充分必要条件是 $A(s)$ 和 $B(s)$ 为 (F, α)-左互质，即

$$\text{rank} \begin{bmatrix} A(s) & B(s) \end{bmatrix} \leqslant \alpha, \quad \forall s \in \mathbb{C} \tag{4.52}$$

$$\text{rank} \begin{bmatrix} A(s) & B(s) \end{bmatrix} = \alpha, \quad \forall s \in \text{eig}(F) \tag{4.53}$$

根据上述结果，本节进行如下假设。

假设 4.3　$A(s)$ 和 $B(s)$ 是 (F, α)-左互质的。

由定理 3.4 可知，上述假设等同于矩阵 F 的特征值均不是 $[A(s) \quad B(s)]$ 的本征零点。

4.4.1　一般解

由 3.3 节中的结果可知，在假设 4.3 的条件下，存在两个具有适当维数的幺模矩阵 $P(s)$ 和 $Q(s)$，满足

$$P(s) \begin{bmatrix} A(s) & -B(s) \end{bmatrix} Q(s) = \begin{bmatrix} \Sigma(s) & 0 \\ 0 & 0 \end{bmatrix} \tag{4.54}$$

其中，$\Sigma(s) \in \mathbb{R}^{\alpha \times \alpha}$ 是对角多项式矩阵，满足

$$\det \Sigma(s) \neq 0, \quad \forall s \in \text{eig}(F) \tag{4.55}$$

将幺模矩阵 $Q(s)$ 分块如下：

$$Q(s) = \begin{bmatrix} * & N(s) \\ * & D(s) \end{bmatrix}, \quad N(s) \in \mathbb{R}^{q \times \beta}[s], \quad D(s) \in \mathbb{R}^{r \times \beta}[s]$$

则多项式矩阵 $N(s)$ 和 $D(s)$ 是右互质的，且满足广义右既约分解

$$A(s)N(s) - B(s)D(s) = 0 \tag{4.56}$$

特别地，当 $q = n$ 且 $\det A(s)$ 不恒为零时，$A(s)$ 是可逆的。在 $D(s)$ 可逆的假设下，式 (4.56) 可以写成如下右既约分解形式：

$$A^{-1}(s)B(s) = N(s)D^{-1}(s) \tag{4.57}$$

若记 $D(s) = [d_{ij}(s)]_{r \times \beta}$ 和

$$\omega = \max\{\deg(d_{ij}(s)), \ i = 1, 2, \cdots, r, \ j = 1, 2, \cdots, \beta\}$$

则 $N(s)$ 和 $D(s)$ 可以改写为

$$\begin{cases} N(s) = \displaystyle\sum_{i=0}^{\omega} N_i s^i, & N_i \in \mathbb{R}^{q \times \beta} \\[2mm] D(s) = \displaystyle\sum_{i=0}^{\omega} D_i s^i, & D_i \in \mathbb{R}^{r \times \beta} \end{cases} \tag{4.58}$$

关于高阶齐次广义 Sylvester 矩阵方程 (4.50) 的一般解，有如下用上述多项式矩阵 $N(s)$ 和 $D(s)$ 表示的结论。

定理 4.7 令 $A(s)$ 和 $B(s)$ 由式 (4.51) 给定，假设 4.3 成立，且令 $N(s) \in \mathbb{R}^{q \times \beta}[s]$ 和 $D(s) \in \mathbb{R}^{r \times \beta}[s]$ 是由式 (4.58) 给出的一对右互质多项式矩阵，满足广义右既约分解 (4.56)，则 m 阶广义 Sylvester 矩阵方程 (4.50) 的全部解 $V \in \mathbb{C}^{q \times p}$ 和 $W \in \mathbb{C}^{r \times p}$ 由式 (4.59) 给出：

$$\boxed{\begin{aligned} &\text{公式 I}_{\text{H}} \\ &\begin{cases} V = [N(s)Z]\big|_F = N_0 Z + N_1 Z F + \cdots + N_\omega Z F^\omega \\ W = [D(s)Z]\big|_F = D_0 Z + D_1 Z F + \cdots + D_\omega Z F^\omega \end{cases} \end{aligned}} \tag{4.59}$$

其中，$Z \in \mathbb{C}^{\beta \times p}$ 是任意参数矩阵。

证明 利用式 (4.51) 中 $A(s)$ 和 $B(s)$ 的表达式及式 (4.58) 中 $N(s)$ 和 $D(s)$ 的表达式，有

$$\begin{aligned} A(s)N(s) &= \sum_{i=0}^{m} A_i s^i \sum_{j=0}^{\omega} N_j s^j = \sum_{i=0}^{m} \sum_{j=0}^{\omega} A_i N_j s^{i+j} \\ &= \sum_{k=0}^{m+\omega} \left(\sum_{i=0}^{k} A_i N_{k-i} \right) s^k \end{aligned}$$

$$B(s)D(s) = \sum_{i=0}^{m} B_i s^i \sum_{j=0}^{\omega} D_j s^j = \sum_{i=0}^{m} \sum_{j=0}^{\omega} B_i D_j s^{i+j}$$

$$= \sum_{k=0}^{m+\omega} \left(\sum_{i=0}^{k} B_i D_{k-i} \right) s^k$$

其中，当 $i > m$ 时，$A_i = 0$，$B_i = 0$；而当 $i > \omega$ 时，$N_i = 0$，$D_i = 0$。因此，由广义右既约分解 (4.56) 可知

$$A(s)N(s) - B(s)D(s) = \sum_{k=0}^{m+\omega} \left(\sum_{i=0}^{k} A_i N_{k-i} \right) s^k - \sum_{k=0}^{m+\omega} \left(\sum_{i=0}^{k} B_i D_{k-i} \right) s^k$$

$$= \sum_{k=0}^{m+\omega} \left(\sum_{i=0}^{k} A_i N_{k-i} - \sum_{i=0}^{k} B_i D_{k-i} \right) s^k$$

$$= 0$$

则上述方程第二行 s^k 的系数为零，即

$$\sum_{i=0}^{k} A_i N_{k-i} = \sum_{i=0}^{k} B_i D_{k-i}, \quad k = 1, 2, \cdots, \omega + m \tag{4.60}$$

另外，利用式 (4.59) 给出的解，有

$$\sum_{i=0}^{m} A_i V F^i = \sum_{i=0}^{m} A_i \left(\sum_{j=0}^{\omega} N_j Z F^j \right) F^i = \sum_{i=0}^{m} \sum_{j=0}^{\omega} A_i N_j Z F^{i+j}$$

$$= \sum_{k=0}^{m+\omega} \left(\sum_{i=0}^{k} A_i N_{k-i} \right) Z F^k$$

$$\sum_{i=0}^{m} B_i W F^i = \sum_{i=0}^{m} B_i \left(\sum_{j=0}^{\omega} D_j Z F^j \right) F^i = \sum_{i=0}^{m} \sum_{j=0}^{\omega} B_i D_j Z F^{i+j}$$

$$= \sum_{k=0}^{m+\omega} \left(\sum_{i=0}^{k} B_i D_{k-i} \right) Z F^k$$

结合式 (4.60) 中的关系式，易见上述两个关系式的右端是相等的，因此左端也相等，即

$$\sum_{i=0}^{m} A_i V F^i = \sum_{i=0}^{m} B_i W F^i$$

由此可见，式 (4.59) 给出的矩阵 V 和 W 满足广义 Sylvester 矩阵方程 (4.50)。方程解 (4.59) 的完备性证明在附录中给出。　　　　　　　　　　　　　□

说明 4.5 由上述定理可见, 高阶广义 Sylvester 矩阵方程的一般参数化解 (4.59) 与一阶和二阶广义 Sylvester 矩阵方程的参数化解在形式上完全相同。具体过程中的唯一区别在于求解右互质多项式矩阵 $N(s)$ 和 $D(s)$。然而, 值得一提的是, 这对右互质多项式矩阵 $N(s)$ 和 $D(s)$ 的定义又和一阶、二阶情形相同。由此可见, 这三种情形下给出的齐次广义 Sylvester 矩阵方程的解具有高度的统一性。

说明 4.6 需要再次提及的是, 一般参数化解 (4.59) 是简单、整洁且优雅的, 而且是与自由参数矩阵 Z 相关的线性化解。同时, 与一阶和二阶广义 Sylvester 矩阵方程一样, 矩阵 F 可以是待定的, 因此可以同参数矩阵 Z 一起用来满足实际应用中附加的要求。

说明 4.7 在其他许多研究成果中, 都假定 $(A(s), B(s))$ (通常是特殊的一对) 是可控的。在此假设下, 显而易见, 一般解的自由度是 $(q+r-n)p$。然而, 在作者的研究中不仅将假设扩展到正则情况, 而且可以包括非正则情况, 且一般解提供的自由度是 $(q+r-\alpha)p$。而在非正则情况下, 有 $\alpha < n$, 因此这种一般情况给齐次广义 Sylvester 矩阵方程的一般解提供了更多的自由度。

说明 4.8 就应用范围来说, 广义 Sylvester 矩阵方程 (4.50) 中的矩阵 V、W 和 F 可以取复数值。然而, 容易观察到, 一旦矩阵 F 被限制为实矩阵 (但可以有复特征值), 解 (4.59) 中的矩阵 V 和 W 也是实矩阵。

4.4.2 算例

例 4.3 考虑形为式 (4.50) 的三阶广义 Sylvester 矩阵方程, 其系数矩阵为

$$A_3 = \begin{bmatrix} 1 & 0 & 0 \\ 0 & 1 & 0 \\ 0 & 0 & 0 \end{bmatrix}, \quad A_2 = \begin{bmatrix} 1 & 0 & 1 \\ 0 & 2 & -1 \\ 1 & -1 & 3 \end{bmatrix}$$

$$A_1 = \begin{bmatrix} 2 & 0 & 0 \\ 0 & 1 & 2 \\ 0 & 2 & 1 \end{bmatrix}, \quad A_0 = \begin{bmatrix} 0 & -1 & 0 \\ -1 & 1 & 2 \\ 0 & 1 & 1 \end{bmatrix}$$

$$B_3 = B_2 = B_1 = 0, \quad B_0 = \begin{bmatrix} 1 & 0 \\ 0 & 0 \\ 0 & 1 \end{bmatrix}$$

由引理 3.4, 得到满足广义右既约分解 (4.56) 的一对多项式矩阵 $N(s)$ 和 $D(s)$

为

$$N(s) = \begin{bmatrix} s^3 + 2s^2 + s + 1 & -s^2 + 2s + 2 \\ 1 & 0 \\ 0 & 1 \end{bmatrix}$$

$$D(s) = \begin{bmatrix} s^6 + 3s^5 + 5s^4 + 6s^3 + 3s^2 + 2s - 1 & -s^5 + s^4 + 2s^3 + 7s^2 + 4s \\ s^5 + 2s^4 + s^3 + 2s + 1 & -s^4 + 2s^3 + 5s^2 + s + 1 \end{bmatrix}$$

因此，有

$$N_0 = \begin{bmatrix} 1 & 2 \\ 1 & 0 \\ 0 & 1 \end{bmatrix}, \quad N_1 = \begin{bmatrix} 1 & 2 \\ 0 & 0 \\ 0 & 0 \end{bmatrix}$$

$$N_2 = \begin{bmatrix} 2 & -1 \\ 0 & 0 \\ 0 & 0 \end{bmatrix}, \quad N_3 = \begin{bmatrix} 1 & 0 \\ 0 & 0 \\ 0 & 0 \end{bmatrix}$$

$$D_0 = \begin{bmatrix} -1 & 0 \\ 1 & 1 \end{bmatrix}, \quad D_1 = \begin{bmatrix} 2 & 4 \\ 2 & 1 \end{bmatrix}$$

$$D_2 = \begin{bmatrix} 3 & 7 \\ 0 & 5 \end{bmatrix}, \quad D_3 = \begin{bmatrix} 6 & 2 \\ 1 & 2 \end{bmatrix}$$

$$D_4 = \begin{bmatrix} 5 & 1 \\ 2 & -1 \end{bmatrix}, \quad D_5 = \begin{bmatrix} 3 & -1 \\ 1 & 0 \end{bmatrix}, \quad D_6 = \begin{bmatrix} 1 & 0 \\ 0 & 0 \end{bmatrix}$$

根据定理 4.7，对任意矩阵 $F \in \mathbb{C}^{p \times p}$，三阶广义 Sylvester 矩阵方程 (4.50) 的完全解析显式解的参数化形式为

$$\begin{cases} V = \sum_{i=0}^{3} N_i Z F^i \\ W = \sum_{i=0}^{6} D_i Z F^i \end{cases}$$

其中，$Z \in \mathbb{C}^{2 \times p}$ 是任意的参数矩阵。令

$$F = \begin{bmatrix} -\lambda & 1 \\ 0 & -\lambda \end{bmatrix}, \quad Z = \begin{bmatrix} 0 & 1 \\ -1 & 0 \end{bmatrix} \tag{4.61}$$

则有

$$V = \begin{bmatrix} \lambda^2 + 2\lambda - 2 & -\lambda^3 + 2\lambda^2 - 3\lambda - 1 \\ 0 & 1 \\ -1 & 0 \end{bmatrix}$$

$$W = \begin{bmatrix} w_{11} & w_{12} \\ w_{21} & w_{22} \end{bmatrix}$$

其中,

$$\begin{cases} w_{11} = -\lambda^5 - \lambda^4 + 2\lambda^3 - 7\lambda^2 + 4\lambda \\ w_{12} = \lambda^6 - 3\lambda^5 + 10\lambda^4 - 2\lambda^3 - 3\lambda^2 + 12\lambda - 5 \\ w_{21} = \lambda^4 + 2\lambda^3 - 5\lambda^2 + \lambda - 1 \\ w_{22} = -\lambda^5 + 2\lambda^4 - 5\lambda^3 - 6\lambda^2 + 8\lambda \end{cases}$$

特别地, 若取 $\lambda = 1$, 可得一对解如下:

$$V = \begin{bmatrix} 1 & -3 \\ 0 & 1 \\ -1 & 0 \end{bmatrix}, \quad W = \begin{bmatrix} -3 & 10 \\ -2 & -2 \end{bmatrix} \tag{4.62}$$

4.5 F 为 Jordan 矩阵的情形

在线性系统极点配置或特征结构配置中, 常常要求系数矩阵 F 是 Jordan 矩阵[142,146,161-164,177-180,268]。本节将基于一般解 (4.59) 的形式, 研究矩阵 $F \in \mathbb{C}^{p \times p}$ 为 Jordan 矩阵

$$\begin{cases} F = \text{blockdiag}\,(F_1, F_2, \cdots, F_w) \\ F_i = \begin{bmatrix} s_i & 1 & & \\ & s_i & \ddots & \\ & & \ddots & 1 \\ & & & s_i \end{bmatrix}_{p_i \times p_i} \end{cases} \tag{4.63}$$

时, 齐次广义 Sylvester 矩阵方程的完全参数化解, 其中, $s_i \in \mathbb{C}(i = 1, 2, \cdots, w)$ 是矩阵 F 的特征值, $p_i(i = 1, 2, \cdots, w)$ 是对应于特征值 $s_i(i = 1, 2, \cdots, w)$ 的几何重数, 且满足

$$\sum_{i=1}^{w} p_i = p$$

对应于上述 Jordan 矩阵 F 的结构, 引入如下约定。

约定 C1　对应于 Jordan 矩阵 F 的结构，任意具有 p 列的矩阵 X 由一组向量 $x_{ij}(j = 1, 2, \cdots, p_i;\ i = 1, 2, \cdots, w)$，按下列方式构成：

$$\begin{cases} X = \begin{bmatrix} X_1 & X_2 & \cdots & X_w \end{bmatrix} \\ X_i = \begin{bmatrix} x_{i1} & x_{i2} & \cdots & x_{ip_i} \end{bmatrix} \end{cases} \tag{4.64}$$

因此，对应于矩阵 F 的结构，矩阵 V、W 和 Z 的列，即 v_{ij}、w_{ij} 和 z_{ij}，按照约定 C1 的方式定义。

同时，当矩阵 F 以式 (4.63) 的形式给出时，假设 4.3 可叙述如下。

假设 4.4　$\operatorname{rank}[A(s)\ B(s)] \leqslant \alpha,\ \forall s \in \mathbb{C},\ \operatorname{rank}[A(s_i)\ B(s_i)] = \alpha,\ i = 1, 2, \cdots, w$。

4.5.1　一般解

当矩阵 F 由式 (4.63) 给出时，基于定理 4.7，可以得到齐次广义 Sylvester 矩阵方程 (4.50) 的一般解。

定理 4.8　令假设 4.4 成立，且 $F \in \mathbb{C}^{p \times p}$ 是由式 (4.63) 给出的 Jordan 矩阵，$N(s) \in \mathbb{R}^{q \times \beta}[s]$ 和 $D(s) \in \mathbb{R}^{r \times \beta}[s]$ 是满足式 (4.56) 的右互质多项式矩阵对，则齐次广义 Sylvester 矩阵方程 (4.50) 的全部参数化解为

公式 II_{H}

$$\begin{bmatrix} v_{ij} \\ w_{ij} \end{bmatrix} = \sum_{k=0}^{j-1} \frac{1}{k!} \frac{\mathrm{d}^k}{\mathrm{d}s^k} \begin{bmatrix} N(s_i) \\ D(s_i) \end{bmatrix} z_{i,j-k}, \quad j = 1, 2, \cdots, p_i;\ i = 1, 2, \cdots, w$$

$$\tag{4.65}$$

其展开形式为

$$\begin{bmatrix} v_{ij} \\ w_{ij} \end{bmatrix} = \begin{bmatrix} N(s_i) \\ D(s_i) \end{bmatrix} z_{ij} + \frac{1}{1!} \frac{\mathrm{d}}{\mathrm{d}s} \begin{bmatrix} N(s_i) \\ D(s_i) \end{bmatrix} z_{i,j-1}$$

$$+ \cdots + \frac{1}{(j-1)!} \frac{\mathrm{d}^{j-1}}{\mathrm{d}s^{j-1}} \begin{bmatrix} N(s_i) \\ D(s_i) \end{bmatrix} z_{i1}, \quad j = 1, 2, \cdots, p_i;\ i = 1, 2, \cdots, w$$

$$\tag{4.66}$$

其中，$z_{ij} \in \mathbb{C}^{\beta}(j = 1, 2, \cdots, p_i; i = 1, 2, \cdots, w)$ 是任意一组参数向量。

为证明上述结果，需要下面的引理。

引理 4.1　令 $P(s)$ 是形为式 (4.67) 的多项式矩阵：

$$P(s) = P_0 + P_1 s + \cdots + P_l s^l \tag{4.67}$$

且定义

$$\Theta\left(l-k\right) = \sum_{i=0}^{k}\left(s^{i}C_{i+l-k}^{l-k}P_{i+l-k}\right), \quad k = 0,1,2,\cdots,l \tag{4.68}$$

则有

$$\Theta\left(l-k\right) = \frac{1}{(l-k)!}\frac{\mathrm{d}^{l-k}}{\mathrm{d}s^{l-k}}P\left(s\right), \quad k = 0,1,2,\cdots,l \tag{4.69}$$

证明　由式 (4.68)，有

$$\Theta\left(l-k\right) = C_{l-k}^{l-k}P_{l-k} + sC_{1+l-k}^{l-k}P_{1+l-k} + \cdots + s^{k}C_{l}^{l-k}P_{l}$$

将 $k = 0,1,2,\cdots,l$ 代入上式，可得

$$\begin{cases} \Theta\left(l\right) = C_{l}^{l}P_{l} \\ \Theta\left(l-1\right) = C_{l-1}^{l-1}P_{l-1} + sC_{l}^{l-1}P_{l} \\ \Theta\left(l-2\right) = C_{l-2}^{l-2}P_{l-2} + sC_{l-1}^{l-2}P_{l-1} + s^{2}C_{l}^{l-2}P_{l} \\ \qquad\vdots \\ \Theta\left(0\right) = C_{0}^{0}P_{0} + sC_{1}^{0}P_{1} + \cdots + s^{l}C_{l}^{0}P_{l} \end{cases} \tag{4.70}$$

另外，根据式 (4.69) 可得

$$\begin{aligned} \Theta\left(0\right) &= \frac{1}{0!}\frac{\mathrm{d}^{0}}{\mathrm{d}s^{0}}P\left(s\right) = P_{0} + P_{1}s + \cdots + P_{l}s^{l} \\ &= C_{0}^{0}P_{0} + sC_{1}^{0}P_{1} + \cdots + s^{l}C_{l}^{0}P_{l} \end{aligned} \tag{4.71}$$

$$\begin{aligned} \Theta\left(1\right) &= \frac{1}{1!}\frac{\mathrm{d}}{\mathrm{d}s}P\left(s\right) = P_{1} + 2P_{2}s + \cdots + lP_{l}s^{l-1} \\ &= C_{1}^{1}P_{1} + C_{2}^{1}P_{2}s + \cdots + C_{l}^{1}P_{l}s^{l-1} \end{aligned} \tag{4.72}$$

$$\begin{aligned} \Theta\left(2\right) &= \frac{1}{2!}\frac{\mathrm{d}^{2}}{\mathrm{d}s^{2}}P\left(s\right) = \frac{1}{2!}\left(2P_{2} + 3\times2P_{3}s + \cdots + l\times\left(l-1\right)P_{l}s^{l-2}\right) \\ &= C_{2}^{2}P_{2} + C_{3}^{2}P_{3}s + \cdots + C_{l}^{2}P_{l}s^{l-2} \end{aligned} \tag{4.73}$$

继续这个过程，直到

$$\Theta\left(l\right) = \frac{1}{l!}\frac{\mathrm{d}^{l}}{\mathrm{d}s^{l}}P\left(s\right) = C_{l}^{l}P_{l} \tag{4.74}$$

比较式 (4.70) 和式 (4.71)~式 (4.74) 中的方程，易见结论成立。　　　□

借助引理 A.1、定理 4.1 和定理 4.7 可以证得本节的主要结论。

证明 (定理 4.8 的证明)　将解公式 $\mathrm{I_H}$，即式 (4.59)，写为

$$\begin{bmatrix} V \\ W \end{bmatrix} = \begin{bmatrix} N_{0} \\ D_{0} \end{bmatrix}Z + \begin{bmatrix} N_{1} \\ D_{1} \end{bmatrix}ZF + \cdots + \begin{bmatrix} N_{\omega} \\ D_{\omega} \end{bmatrix}ZF^{\omega}$$

则由约定 C1, 有

$$
\begin{aligned}
\begin{bmatrix} V_i \\ W_i \end{bmatrix} &= \sum_{k=0}^{\omega} \begin{bmatrix} N_k \\ D_k \end{bmatrix} Z_i F_i^k \\
&= \begin{bmatrix} N_0 \\ D_0 \end{bmatrix} Z_i + \begin{bmatrix} N_1 \\ D_1 \end{bmatrix} Z_i F_i + \cdots + \begin{bmatrix} N_\omega \\ D_\omega \end{bmatrix} Z_i F_i^\omega, \quad i = 1, 2, \cdots, w
\end{aligned}
\tag{4.75}
$$

注意到

$$
F_i = s_i I_{p_i} + E_i, \quad i = 1, 2, \cdots, w
$$

其中,

$$
E_i = \begin{bmatrix} 0 & I_{p_i - 1} \\ 0 & 0 \end{bmatrix}_{p_i \times p_i}, \quad i = 1, 2, \cdots, w
\tag{4.76}
$$

利用引理 A.1 的结论 (2), 可得

$$
F_i^k = s_i^k I_{p_i} + s_i^{k-1} C_k^1 E_i^1 + \cdots + C_k^k E_i^k = \sum_{j=0}^{k} s_i^{k-j} C_k^j E_i^j
\tag{4.77}
$$

将方程 (4.77) 代入式 (4.75) 并简化, 可得

$$
\begin{aligned}
\begin{bmatrix} V_i \\ W_i \end{bmatrix} &= \sum_{k=0}^{\omega} \begin{bmatrix} N_k \\ D_k \end{bmatrix} Z_i F_i^k = \sum_{k=0}^{\omega} \begin{bmatrix} N_k \\ D_k \end{bmatrix} Z_i \sum_{j=0}^{k} s_i^{k-j} C_k^j E_i^j \\
&= \sum_{k=0}^{\omega} \sum_{j=0}^{k} \left(s_i^j C_{j+\omega-k}^{\omega-k} \begin{bmatrix} N_{j+\omega-k} \\ D_{j+\omega-k} \end{bmatrix} \right) Z_i E_i^k \\
&= \Theta_i(0) Z_i I_{p_i} + \Theta_i(1) Z_i E_i + \cdots \\
&\quad + \Theta_i(\omega - 1) Z_i E_i^{\omega-1} + \Theta_i(\omega) Z_i E_i^\omega
\end{aligned}
\tag{4.78}
$$

其中,

$$
\Theta_i(\omega - k) = \sum_{j=0}^{k} \left(s_i^j C_{j+\omega-k}^{\omega-k} \begin{bmatrix} N_{j+\omega-k} \\ D_{j+\omega-k} \end{bmatrix} \right), \quad k = 0, 1, 2, \cdots, \omega
\tag{4.79}
$$

因此, 基于式 (4.78) 和约定 C1 可得

$$
\begin{bmatrix} v_{ij} \\ w_{ij} \end{bmatrix} = \Theta_i(0) z_{ij} + \Theta_i(1) Z_i (E_i)_j + \cdots + \Theta_i(\omega - 1) Z_i \left(E_i^{\omega-1} \right)_j + \Theta_i(\omega) Z \left(E_i^\omega \right)_j
\tag{4.80}
$$

而且利用引理 A.1 的结论 (1)，可得

$$Z_i \left(E_i^k \right)_j = z_{i,j-k}, \quad k = 1, 2, \cdots, \omega$$

将这些关系式代入式 (4.80)，可得

$$\begin{bmatrix} v_{ij} \\ w_{ij} \end{bmatrix} = \Theta_i \left(0 \right) z_{ij} + \Theta_i \left(1 \right) z_{i,j-1} + \cdots + \Theta_i \left(\omega \right) z_{i,j-\omega}, \quad j = 1, 2, \cdots, p_i; \ i = 1, 2, \cdots, w$$

最后，利用引理 4.1，并注意到不存在 $z_{ij}(j \leqslant 0)$，将上述表达式写成式 (4.66) 的形式。   □

4.5.2 算例

例 4.4 再次考虑例 4.3 中形为式 (4.50) 的三阶广义 Sylvester 矩阵方程，其中，

$$A_3 = \begin{bmatrix} 1 & 0 & 0 \\ 0 & 1 & 0 \\ 0 & 0 & 0 \end{bmatrix}, \quad A_2 = \begin{bmatrix} 1 & 0 & 1 \\ 0 & 2 & -1 \\ 1 & -1 & 3 \end{bmatrix}$$

$$A_1 = \begin{bmatrix} 2 & 0 & 0 \\ 0 & 1 & 2 \\ 0 & 2 & 1 \end{bmatrix}, \quad A_0 = \begin{bmatrix} 0 & -1 & 0 \\ -1 & 1 & 2 \\ 0 & 1 & 1 \end{bmatrix}$$

$$B_3 = B_2 = B_1 = 0, \quad B_0 = \begin{bmatrix} 1 & 0 \\ 0 & 0 \\ 0 & 1 \end{bmatrix}$$

选择矩阵 F 为

$$F = \begin{bmatrix} -1 & 1 \\ 0 & -1 \end{bmatrix}$$

利用引理 3.4，得到满足右既约分解 (4.56) 的多项式矩阵对 $N(s)$ 和 $D(s)$ 为

$$N\left(s \right) = \begin{bmatrix} s^3 + 2s^2 + s + 1 & -s^2 + 2s + 2 \\ 1 & 0 \\ 0 & 1 \end{bmatrix}$$

$$D\left(s \right) = \begin{bmatrix} s^6 + 3s^5 + 5s^4 + 6s^3 + 3s^2 + 2s - 1 & -s^5 + s^4 + 2s^3 + 7s^2 + 4s \\ s^5 + 2s^4 + s^3 + 2s + 1 & -s^4 + 2s^3 + 5s^2 + s + 1 \end{bmatrix}$$

注意到给定矩阵 F 实际上是 Jordan 矩阵, 利用定理 4.8, 可得方程的一般解如下:

$$V = \begin{bmatrix} v_{11} & v_{12} \end{bmatrix}, \quad W = \begin{bmatrix} w_{11} & w_{12} \end{bmatrix}$$

其中,

$$\begin{bmatrix} v_{11} \\ w_{11} \end{bmatrix} = \begin{bmatrix} N(-1) \\ D(-1) \end{bmatrix} z_{11}$$

$$\begin{bmatrix} v_{12} \\ w_{12} \end{bmatrix} = \begin{bmatrix} N(-1) \\ D(-1) \end{bmatrix} z_{12} + \frac{1}{1!} \frac{\mathrm{d}}{\mathrm{d}s} \begin{bmatrix} N(-1) \\ D(-1) \end{bmatrix} z_{11}$$

因为

$$\frac{\mathrm{d}}{\mathrm{d}s} N(s) = \begin{bmatrix} 3s^2 + 4s + 1 & -2s + 2 \\ 0 & 0 \\ 0 & 0 \end{bmatrix}$$

$$\frac{\mathrm{d}}{\mathrm{d}s} D(s) = \begin{bmatrix} 6s^5 + 15s^4 + 20s^3 + 18s^2 + 6s + 2 & -5s^4 + 4s^3 + 6s^2 + 14s + 4 \\ 5s^4 + 8s^3 + 3s^2 + 2 & -4s^3 + 6s^2 + 10s + 1 \end{bmatrix}$$

且选取矩阵 Z 如下:

$$Z = \begin{bmatrix} 1 & 0 \\ 0 & 1 \\ 3 & 1 \end{bmatrix}$$

可得

$$\begin{bmatrix} v_{11} \\ w_{11} \end{bmatrix} = \begin{bmatrix} 1 & -1 & 0 \\ 1 & 0 & 0 \\ 0 & 1 & 0 \\ -3 & 3 & -1 \\ -1 & 2 & 0 \end{bmatrix} \begin{bmatrix} 1 \\ 0 \\ 3 \end{bmatrix} = \begin{bmatrix} 1 \\ 1 \\ 0 \\ -6 \\ -1 \end{bmatrix}$$

$$\begin{bmatrix} v_{12} \\ w_{12} \end{bmatrix} = \begin{bmatrix} 1 & -1 & 0 \\ 1 & 0 & 0 \\ 0 & 1 & 0 \\ -3 & 3 & -1 \\ -1 & 2 & 0 \end{bmatrix} \begin{bmatrix} 0 \\ 1 \\ 1 \end{bmatrix} + \begin{bmatrix} 0 & 4 & 0 \\ 0 & 0 & 0 \\ 0 & 0 & 0 \\ 3 & -13 & 0 \\ 2 & 1 & 0 \end{bmatrix} \begin{bmatrix} 1 \\ 0 \\ 3 \end{bmatrix}$$

$$= \begin{bmatrix} -1 & 0 & 1 & 5 & 4 \end{bmatrix}^{\mathrm{T}}$$

则得到方程的一个解为

$$V = \begin{bmatrix} 1 & -1 \\ 1 & 0 \\ 0 & 1 \end{bmatrix}, \quad W = \begin{bmatrix} -6 & 5 \\ -1 & 4 \end{bmatrix}$$

4.6　F 为对角阵的情形

在很多应用中，高阶广义 Sylvester 矩阵方程 (4.50) 中的矩阵 F 是对角阵，即

$$F = \mathrm{diag}\,(s_1, s_2, \cdots, s_p) \tag{4.81}$$

其中，$s_i \in \mathbb{C}\,(i = 1, 2, \cdots, p)$ 不必相异。这种特殊情形在实际应用中会经常遇到，因而非常重要。针对这个重要的特殊情形，本节给出高阶广义 Sylvester 矩阵方程的完全参数化一般解。

当矩阵 F 是对角阵时，由约定 C1 可知，矩阵 V、W 和 Z 的列分别定义为 v_{i1}、w_{i1} 和 z_{i1}。不失一般性，可以进一步将 v_{i1}、w_{i1} 和 z_{i1} 简化为 v_i、w_i 和 z_i。因此，进行如下约定。

约定 C2　对应于式 (4.81) 中对角阵 F 的结构，任意具有 p 列的矩阵 X 由一组向量 $x_i(i = 1, 2, \cdots, p)$ 按下面的方式构成：

$$X = \begin{bmatrix} x_1 & x_2 & \cdots & x_p \end{bmatrix} \tag{4.82}$$

同时注意到，当矩阵 F 为式 (4.81) 时，假设 4.3 可简化如下。

假设 4.5　$\mathrm{rank}\,[A(s)\ B(s)] \leqslant \alpha,\ \forall s \in \mathbb{C},\ \mathrm{rank}\,[A(s_i)\ B(s_i)] = \alpha,\ i = 1, 2, \cdots, p$。

4.6.1　F 待定的情形

对角阵亦是 Jordan 矩阵。只要将定理 4.8 中的 Jordan 矩阵 F 替换为形为式 (4.81) 的对角阵 F，可得广义 Sylvester 矩阵方程 (4.50) 的一般解。

定理 4.9　令 $A(s) \in \mathbb{R}^{n \times q}\,[s]$ 和 $B(s) \in \mathbb{R}^{n \times r}\,[s]\,(q + r > n)$ 由式 (4.51) 给出，$F \in \mathbb{C}^{p \times p}$ 是形为式 (4.81) 的对角阵，假设 4.5 成立，再令 $N(s) \in \mathbb{R}^{q \times \beta}\,[s]$ 和 $D(s) \in \mathbb{R}^{r \times \beta}\,[s]$ 由式 (4.58) 给出且满足广义右既约分解 (4.56)，则广义 Sylvester 矩阵方程 (4.50) 的全部解 V 和 W 由式 (4.83) 给出：

$$\boxed{\begin{array}{l} \text{公式 III}_{\mathrm{H}} \\[4pt] \begin{bmatrix} v_i \\ w_i \end{bmatrix} = \begin{bmatrix} N(s_i) \\ D(s_i) \end{bmatrix} z_i, \quad i = 1, 2, \cdots, p \end{array}} \tag{4.83}$$

其中，$z_i \in \mathbb{C}^{\beta}(i = 1, 2, \cdots, p)$ 是任意一组参数向量，且包括解的全部自由度。

　　简单是复杂的最高境界，也是最好的艺术。对于 F 为对角阵的情形，式 (4.83) 给出的广义 Sylvester 矩阵方程 (4.50) 的一般完全参数化解公式 III$_H$ 极为简单。然而，这种情况也是实际应用中最常遇到的。更重要的是，由于非亏损矩阵相似于对角阵，借助相似变换，F 为对角阵的情形也可以应用于 F 非亏损的情形。

　　向量 $z_i(i = 1, 2, \cdots, p)$ 表示解公式 III$_H$ (4.83) 中的自由度。同时，还允许矩阵 F 的特征值是待定的，但要求 $A(s)$ 和 $B(s)$ 是 (F, α)-左互质的。特别地，当 $(A(s), B(s))$ 可控时，矩阵 F 可以任意选择，即其全部特征值也可作为自由度的一部分，这些自由度极有利于控制系统理论中的很多分析和设计问题。

　　当 $\beta = r$，且

$$\det D(s_i) \neq 0, \quad i = 1, 2, \cdots, p$$

时，进行如下变量替换：

$$z_i' = D(s_i) z_i, \quad i = 1, 2, \cdots, p$$

则上述解变为

$$\begin{bmatrix} v_i \\ w_i \end{bmatrix} = \begin{bmatrix} N(s_i) D^{-1}(s_i) \\ I_r \end{bmatrix} z_i', \quad i = 1, 2, \cdots, p$$

　　由 $N(s)$ 和 $D(s)$ 的定义，在 $q = n$，且

$$\det A(s_i) \neq 0, \quad i = 1, 2, \cdots, p \tag{4.84}$$

的情形下，也有如下解：

$$\begin{bmatrix} v_i \\ w_i \end{bmatrix} = \begin{bmatrix} A^{-1}(s_i) B(s_i) \\ I_r \end{bmatrix} z_i', \quad i = 1, 2, \cdots, p$$

　　上述解有一个极大的优点，即它直接使用了原始方程的参数多项式矩阵。但有一点需要注意，此解仅适用于满足条件 (4.84) 的方的广义 Sylvester 矩阵方程，且仅在 F 是对角阵的情形下有效。

　　例 4.5　考虑如下的非旋转导弹模型[296]：

$$\dot{x} = Ax + Bu \tag{4.85}$$

其中，

$$A = \begin{bmatrix} -0.5 & 1 & 0 & 0 & 0 \\ -62 & -0.16 & 0 & 0 & 30 \\ 10 & 0 & -50 & 40 & 5 \\ 0 & 0 & 0 & -40 & 0 \\ 0 & 0 & 0 & 0 & -20 \end{bmatrix}, \quad B = \begin{bmatrix} 0 & 0 \\ 0 & 0 \\ 0 & 0 \\ 4 & 0 \\ 0 & 20 \end{bmatrix} \tag{4.86}$$

对应的广义 Sylvester 矩阵方程为

$$VF - AV = BW \tag{4.87}$$

由引理 3.4 可得

$$N(s) = \begin{bmatrix} 1 & 0 \\ 0.5 + s & 0 \\ 0 & 1 \\ -\dfrac{1}{240}\left[122 + (0.5 + s)(0.16 + s)\right] & \dfrac{1}{40}(50 + s) \\ \dfrac{1}{30}\left[62 + (0.5 + s)(0.16 + s)\right] & 0 \end{bmatrix}$$

$$D(s) = \begin{bmatrix} -\dfrac{1}{960}(s^3 + 40.66s^2 + 148) & \dfrac{1}{160}(s^2 + 90s + 2000) \\ \dfrac{1}{600}(s^3 + 20.66s^2 + 75.28s + 1241.6) & 0 \end{bmatrix}$$

因此，由定理 4.9，式 (4.83) 给出了相应广义 Sylvester 矩阵方程 (4.87) 的一般解。考虑如下情况：

$$F = \mathrm{diag}\,(-6 + 4\,\mathrm{i}, -6 - 4\,\mathrm{i}, -70, -60, -30)$$

为得到一对实矩阵 V 和 W，取

$$z_{1,2} = \begin{bmatrix} z_{11} \pm z_{21}\,\mathrm{i} \\ z_{12} \pm z_{22}\,\mathrm{i} \end{bmatrix}, \quad z_i = \begin{bmatrix} z_{i1} \\ z_{i2} \end{bmatrix}, \quad i = 3, 4, 5$$

由于导弹系统 (4.85) 控制设计中模态解耦的需求，这里考虑一组满足如下条件的解：

$$v_1(3) = v_2(3) = 0$$
$$v_3(1) = v_3(2) = 0$$
$$v_4(1) = v_4(2) = 0$$

根据式 (4.83)，这些约束可以很容易地转化为如下对参数向量 $z_i(i = 1, 2, \cdots, 5)$ 的约束：

$$z_{12} = z_{22} = z_{31} = 0$$

因此，参数向量 $z_i(i = 1, 2, 3)$ 需具有如下结构：

$$z_1 = \begin{bmatrix} z_{11} + z_{21}\,\mathrm{i} \\ 0 \end{bmatrix}, \quad z_2 = \begin{bmatrix} z_{11} - z_{21}\,\mathrm{i} \\ 0 \end{bmatrix}, \quad z_3 = \begin{bmatrix} 0 \\ z_{32} \end{bmatrix}$$

特别地，若取自由参数如下：

$$\begin{cases} z_{11} = z_{32} = 1 \\ z_{21} = 0.5455 \\ z_{41} = z_{52} = 0 \\ z_{42} = -4 \\ z_{51} = 0.03184 \end{cases}$$

则可得如下一组解：

$$V = \begin{bmatrix} 1 + 0.5455\,\mathrm{i} & 1 - 0.5455\,\mathrm{i} & 0 & 0 & 0.03184 \\ -7.6820 + \mathrm{i} & -7.6820 - \mathrm{i} & 0 & 0 & -0.9392 \\ 0 & 0 & 1 & -4 & 0 \\ -0.6786 - 0.1249\,\mathrm{i} & -0.6876 + 0.1249\,\mathrm{i} & -0.5 & 1 & -0.13296 \\ 3.4290 - 0.0916\,\mathrm{i} & 3.4290 + 0.0916\,\mathrm{i} & 0 & 0 & 1 \end{bmatrix}$$

$$W = \begin{bmatrix} -5.6432 - 1.7405\,\mathrm{i} & -5.6432 + 1.7405\,\mathrm{i} & 3.75 & -5 & -0.3324 \\ 2.4185 + 0.6217\,\mathrm{i} & 2.4185 - 0.6217\,\mathrm{i} & 0 & 0 & -0.5 \end{bmatrix}$$

4.6.2　F 已知的情形

在 4.6.1 节中，考虑了矩阵 F 是对角阵时齐次广义 Sylvester 矩阵方程 (4.50) 的解，其中矩阵 F 的特征值直到最后一步时才用到，因而可以是待定的。

本小节考虑矩阵 F 是形为式 (4.81) 的已知对角阵的情形，即其特征值 $s_i(i = 1, 2, \cdots, p)$ 是已知的。下面将再一次运用 3.6 节的方法，由于 3.6 节中已针对可控情况给出了严格的证明，本小节的结论将不再证明。

由 4.6.1 节可知，当矩阵 F 是对角阵时，在找到由式 (4.58) 给出并满足式 (4.56) 的右互质多项式矩阵对 $N(s) \in \mathbb{R}^{q \times \beta}[s]$ 和 $D(s) \in \mathbb{R}^{r \times \beta}[s]$ 后，可以直接得到齐次广义 Sylvester 矩阵方程 (4.50) 的一般解。更重要的是，实际用到的是这些多项式在 $s_i(i = 1, 2, \cdots, p)$ 点的值，即 $N(s_i)$、$D(s_i)(i = 1, 2, \cdots, p)$。因此，在特征值 $s_i(i = 1, 2, \cdots, p)$ 给定的情形下，可以不用求解这两个多项式矩阵，而是尝试直接计算 $N(s_i)$、$D(s_i)(i = 1, 2, \cdots, p)$ 的值。

在 3.6 节中，基于著名的奇异值分解给出了求解右既约分解问题和 Diophantine 方程的数值方法。接下来，还会再次利用奇异值分解来求解方程。基本思想也和 3.6 节相同。

首先，当 F 是对角阵时，在假设 4.3 或等价的假设 4.5 下，由定理 3.7 可得到如下的 Smith 标准分解：

$$P(s)\begin{bmatrix} A(s) & -B(s) \end{bmatrix} Q(s) = \begin{bmatrix} \Sigma(s) & 0 \\ 0 & 0 \end{bmatrix} \tag{4.88}$$

其中，$\Sigma(s) \in \mathbb{R}^{\alpha \times \alpha}[s]$ 是对角阵且满足

$$\det \Sigma(s_i) \neq 0, \quad i = 1, 2, \cdots, p \tag{4.89}$$

然后，根据引理 3.4，将 $Q(s)$ 分块为

$$Q(s) = \begin{bmatrix} * & N(s) \\ * & D(s) \end{bmatrix}, \quad N(s) \in \mathbb{R}^{q \times \beta}[s], \ D(s) \in \mathbb{R}^{r \times \beta}[s]$$

则如下的广义右既约分解成立：

$$A(s)N(s) - B(s)D(s) = 0$$

另外，若对 $\begin{bmatrix} A(s_i) & -B(s_i) \end{bmatrix}$ 进行奇异值分解，可得到两个正交矩阵 P_i、Q_i 和一个非奇异对角阵 Σ_i，且满足

$$P_i \begin{bmatrix} A(s_i) & -B(s_i) \end{bmatrix} Q_i = \begin{bmatrix} \Sigma_i & 0 \\ 0 & 0 \end{bmatrix}, \quad i = 1, 2, \cdots, p \tag{4.90}$$

接着，将矩阵 Q_i 分块为

$$Q_i = \begin{bmatrix} * & N_i \\ * & D_i \end{bmatrix}, \quad N_i \in \mathbb{R}^{q \times \beta}, \ D_i \in \mathbb{R}^{r \times \beta} \tag{4.91}$$

则由式 (4.90) 可得

$$A(s_i)N_i - B(s_i)D_i = 0, \quad i = 1, 2, \cdots, p \tag{4.92}$$

比较上述两方面，可知

$$\begin{cases} N_i = N(s_i) \\ D_i = D(s_i) \\ i = 1, 2, \cdots, p \end{cases} \tag{4.93}$$

利用上述准备工作和定理 4.9，可直接得到如下关于齐次广义 Sylvester 矩阵方程 (4.50) 另一种形式解的结论。

定理 4.10　令 $A(s) \in \mathbb{R}^{n \times q}[s]$ 和 $B(s) \in \mathbb{R}^{n \times r}[s]$（$q + r > n$）由式 (4.51) 给出，$F \in \mathbb{C}^{p \times p}$ 是具有形式 (4.81) 的对角阵，假设 4.5 成立，且令 $N_i \in \mathbb{R}^{q \times \beta}$ 和 $D_i \in \mathbb{R}^{r \times \beta}(i = 1, 2, \cdots, p)$ 由式 (4.90) 和式 (4.91) 给出。那么，广义 Sylvester 矩阵方程 (4.50) 的全部解 V 和 W 由式 (4.94) 给出：

$$
\boxed{
\begin{array}{l}
\text{公式 III}_{\text{H}}^* \\[4pt]
\begin{bmatrix} v_i \\ w_i \end{bmatrix} = \begin{bmatrix} N_i \\ D_i \end{bmatrix} z_i, \quad i = 1, 2, \cdots, p
\end{array}
} \tag{4.94}
$$

其中，$z_i \in \mathbb{C}^{\beta}(i = 1, 2, \cdots, p)$ 是任意一组参数向量，且包含了解的全部自由度。

显然，对于 F 是已知对角阵的情形，广义 Sylvester 矩阵方程 (4.50) 的一般完全参数化解 (4.94) 最终变得更简单了。这当然是一个巨大的优势。除了简单，另一个巨大的优势是解的数值稳定性，这是由著名的奇异值分解良好的数值稳定性来保证的。因为 $s_i(i = 1, 2, \cdots, p)$ 被用于得到 N_i、$D_i(i = 1, 2, \cdots, p)$，故其不再是自由度。然而，该解仍提供了 F 的特征值之外的全部自由度，并由任意一组参数向量 $z_i \in \mathbb{C}^{\beta}(i = 1, 2, \cdots, p)$ 表示。

例 4.6　再次考虑例 3.1 中研究的由 C-W 方程描述的有一个推进器失效的著名空间交会系统，此系统的标准矩阵二阶形式为

$$\ddot{x} + D\dot{x} + Kx = Bu$$

其中，

$$D = \begin{bmatrix} 0 & -2\omega & 0 \\ 2\omega & 0 & 0 \\ 0 & 0 & 0 \end{bmatrix}, \quad K = \begin{bmatrix} -3\omega^2 & 0 & 0 \\ 0 & 0 & 0 \\ 0 & 0 & \omega^2 \end{bmatrix}, \quad B = \begin{bmatrix} 1 & 0 \\ 0 & 0 \\ 0 & 1 \end{bmatrix}$$

例 3.1 已验证了此系统是不可控的，原点为它的不可控模态。同时，求得了满足右既约分解 (4.56) 的一对右互质多项式矩阵为

$$\begin{cases} N(s) = \begin{bmatrix} -s & 0 \\ 2\omega & 0 \\ 0 & 1 \end{bmatrix} \\ D(s) = \begin{bmatrix} -4\omega^2 s - \left(s^2 - 3\omega^2\right) s & 0 \\ 0 & s^2 + \omega^2 \end{bmatrix} \end{cases}$$

因此，由定理 4.9，当取

$$z_i = \begin{bmatrix} 1 \\ \alpha_i \end{bmatrix}, \quad i = 1, 2, \cdots, p \tag{4.95}$$

时，相应的广义 Sylvester 矩阵方程的解为

$$v_i = \begin{bmatrix} -s_i \\ 2\omega \\ \alpha_i \end{bmatrix}, \quad w_i = \begin{bmatrix} -4\omega^2 s_i - \left(s_i^2 - 3\omega^2\right) s_i \\ \alpha_i \left(s_i^2 + \omega^2\right) \end{bmatrix}, \quad i = 1, 2, \cdots, p$$

下面利用定理 4.10 研究相同的广义 Sylvester 矩阵方程。假定目标以 $\omega = 7.292115 \times 10^{-5}(\text{rad/s})$ 的角加速度在地球同步轨道上运动，同时取

$$F = \text{diag}(-1, -2, -3, -4, -5)$$

则有

$$N_1 = \begin{bmatrix} 0.707106775546493 & 0 \\ 0.000103126078491 & 0 \\ 0 & 0.707106779306529 \end{bmatrix}$$

$$N_2 = \begin{bmatrix} 0.242535624694947 & 0 \\ 0.000017685976669 & 0 \\ 0 & 0.242535624732878 \end{bmatrix}$$

$$N_3 = \begin{bmatrix} 0.110431526008804 & 0 \\ 0.000005368529249 & 0 \\ 0 & 0.110431526010396 \end{bmatrix}$$

$$N_4 = \begin{bmatrix} 0.062378286134369 & 0 \\ 0.000002274348180 & 0 \\ 0 & 0.062378286134530 \end{bmatrix}$$

$$N_5 = \begin{bmatrix} 0.039968038340357 & 0 \\ 0.000001165806128 & 0 \\ 0 & 0.039968038340384 \end{bmatrix}$$

$$D_1 = \begin{bmatrix} 0.707106779306530 & 0 \\ 0 & 0.707106783066566 \end{bmatrix}$$

$$D_2 = \begin{bmatrix} 0.970142500069468 & 0 \\ 0 & 0.970142500221196 \end{bmatrix}$$

$$D_3 = \begin{bmatrix} 0.993883734666458 & 0 \\ 0 & 0.993883734680780 \end{bmatrix}$$

$$D_4 = \begin{bmatrix} 0.998052578481598 & 0 \\ 0 & 0.998052578484179 \end{bmatrix}$$

$$D_5 = \begin{bmatrix} 0.999200958721450 & 0 \\ 0 & 0.999200958722129 \end{bmatrix}$$

当这些矩阵确定后, 给出一般解为

$$\begin{cases} v_i = N_i z_i \\ w_i = D_i z_i, \\ \quad i = 1, 2, \cdots, 5 \end{cases}$$

特别地，取

$$z_i = \begin{bmatrix} 1 \\ 1 \end{bmatrix}, \quad i = 1, 2, \cdots, 5$$

得到如下一组解：

$$V = \begin{bmatrix} 0.70710678 & 0.24253562 & 0.11043153 & 0.06237827 & 0.03996804 \\ 0.00010313 & 0.00001769 & 0.00000537 & 0.00000227 & 0.00000117 \\ 0.70710678 & 0.24253562 & 0.11043153 & 0.06237829 & 0.03996804 \end{bmatrix}$$

$$W = \begin{bmatrix} 0.70710678 & 0.97014250 & 0.99388373 & 0.99805258 & 0.99920096 \\ 0.70710678 & 0.97014250 & 0.99388373 & 0.99805258 & 0.99920096 \end{bmatrix}$$

对于上面得到的矩阵 V 和 W，可以验证

$$\left\| VF^2 + DVF + KV - BW \right\|_{\mathrm{fro}} = 3.0758 \times 10^{-7}$$

4.7　算　　例

为进一步验证在 F 为对角阵情形下的结论，本节讨论曾在 1.2 节和 3.5 节中研究过的实际算例。

4.7.1　一阶系统

例 4.7 (多智能体运动学系统)　考虑例 1.2 中的多运动体系统，其模型是具有如下系数矩阵的一阶系统：

$$E = \begin{bmatrix} 8 & 0 & 0 & 0 & 0 \\ 0 & 1 & 0 & 0 & 0 \\ 0 & 0 & 10 & 0 & 0 \\ 0 & 0 & 0 & 1 & 0 \\ 0 & 0 & 0 & 0 & 12 \end{bmatrix}$$

$$A = \begin{bmatrix} -0.1 & 0 & 0 & 0 & 0 \\ 1 & 0 & -1 & 0 & 0 \\ 0 & 0 & -0.1 & 0 & 0 \\ 0 & 0 & 1 & 0 & -1 \\ 0 & 0 & 0 & 0 & -0.1 \end{bmatrix}, \quad B = \begin{bmatrix} 1 & 0 & 0 \\ 0 & 0 & 0 \\ 0 & 1 & 0 \\ 0 & 0 & 0 \\ 0 & 0 & 1 \end{bmatrix}$$

例 3.3 已验证此系统是可控的，且给出了满足广义右既约分解 (3.77) 的右互质多项式矩阵对 $N(s)$ 和 $D(s)$ 为

$$N(s) = \begin{bmatrix} 1 & 0 & 0 \\ 0 & 1 & 0 \\ 1 & -s & 0 \\ 0 & 0 & 1 \\ 1 & -s & -s \end{bmatrix}$$

$$D(s) = \begin{bmatrix} 8s+0.1 & 0 & 0 \\ 10s+0.1 & -s(10s+0.1) & 0 \\ 12s+0.1 & -s(12s+0.1) & -s(12s+0.1) \end{bmatrix}$$

因此，根据式 (4.83)，当 F 为形为式 (4.81) 的对角阵时，相应的广义 Sylvester 矩阵方程的一般解为

$$v_i = \begin{bmatrix} 1 & 0 & 0 \\ 0 & 1 & 0 \\ 1 & -s_i & 0 \\ 0 & 0 & 1 \\ 1 & -s_i & -s_i \end{bmatrix} z_i, \quad i = 1, 2, \cdots, p$$

$$w_i = \begin{bmatrix} 8s_i+0.1 & 0 & 0 \\ 10s_i+0.1 & -s_i(10s_i+0.1) & 0 \\ 12s_i+0.1 & -s_i(12s_i+0.1) & -s_i(12s_i+0.1) \end{bmatrix} z_i, \quad i = 1, 2, \cdots, p$$

特别地，若取

$$F = \mathrm{diag}\,(-1 \pm 2\,\mathrm{i}, -3, -3, -4)$$

$$z_{1,2} = \begin{bmatrix} 1 \pm \mathrm{i} \\ 1 \\ \pm \mathrm{i} \end{bmatrix}, \quad z_3 = \begin{bmatrix} 1 \\ 0 \\ 0 \end{bmatrix}, \quad z_4 = \begin{bmatrix} 1 \\ 1 \\ 1 \end{bmatrix}, \quad z_5 = \begin{bmatrix} 0 \\ 0 \\ 1 \end{bmatrix}$$

则可得到相应广义 Sylvester 矩阵方程的如下一组解：

$$V = \begin{bmatrix} 1+\mathrm{i} & 1-\mathrm{i} & 1 & 1 & 0 \\ 1 & 1 & 0 & 1 & 0 \\ 2-\mathrm{i} & 2+\mathrm{i} & 1 & 4 & 0 \\ \mathrm{i} & -\mathrm{i} & 0 & 1 & 1 \\ 4 & 4 & 1 & 7 & 4 \end{bmatrix}$$

$$W = \begin{bmatrix} -23.9 + 8.1\,\mathrm{i} & -23.9 - 8.1\,\mathrm{i} & -23.9 & -23.9 & 0 \\ 0.2 + 49.9\,\mathrm{i} & 0.2 - 49.9\,\mathrm{i} & -29.9 & -119.6 & 0 \\ -47.6 + 96.0\,\mathrm{i} & -47.6 - 96.0\,\mathrm{i} & -35.9 & -251.3 & -191.6 \end{bmatrix}$$

例 4.8 (一阶受限机械系统)　考虑例 1.3 中的一阶受限机械系统，其系数矩阵为

$$E = \begin{bmatrix} 1 & 0 & 0 & 0 & 0 \\ 0 & 1 & 0 & 0 & 0 \\ 0 & 0 & 1 & 0 & 0 \\ 0 & 0 & 0 & 1 & 0 \\ 0 & 0 & 0 & 0 & 0 \end{bmatrix}, \quad A = \begin{bmatrix} 0 & 0 & 1 & 0 & 0 \\ 0 & 0 & 0 & 1 & 0 \\ -2 & 0 & -1 & -1 & 1 \\ 0 & -1 & -1 & -1 & 1 \\ 1 & 1 & 0 & 0 & 0 \end{bmatrix}, \quad B = \begin{bmatrix} 0 \\ 0 \\ 1 \\ -1 \\ 0 \end{bmatrix}$$

例 3.4 已验证此系统是可控的，并给出了满足广义右既约分解 (3.77) 的右互质多项式矩阵对 $N(s)$ 和 $D(s)$ 为

$$N(s) = \begin{bmatrix} 1 \\ -1 \\ s \\ -s \\ \dfrac{1}{2} \end{bmatrix}, \quad D(s) = s^2 + \frac{3}{2}$$

因此，当 F 为形为式 (4.81) 的对角阵时，根据式 (4.83)，相应的广义 Sylvester 矩阵方程的一般解为

$$v_i = \begin{bmatrix} 1 \\ -1 \\ s_i \\ -s_i \\ \dfrac{1}{2} \end{bmatrix} z_i, \quad w_i = \left(s_i^2 + \frac{3}{2} \right) z_i, \quad i = 1, 2, \cdots, p$$

特别地，若取

$$F = \mathrm{diag}\,(-1, -2, -3)$$

$$z_1 = \begin{bmatrix} 1 \\ 0 \\ 0 \end{bmatrix}, \quad z_2 = \begin{bmatrix} 0 \\ 1 \\ 0 \end{bmatrix}, \quad z_3 = \begin{bmatrix} 0 \\ 0 \\ 1 \end{bmatrix}$$

则可得到相应广义 Sylvester 矩阵方程的如下一组解：

$$V = \frac{1}{2} \times \begin{bmatrix} 2 & 2 & 2 \\ -2 & -2 & -2 \\ -2 & -4 & -6 \\ 2 & 4 & 6 \\ 1 & 1 & 1 \end{bmatrix}, \quad W = \frac{1}{2} \times \begin{bmatrix} 5 & 11 & 21 \end{bmatrix}$$

4.7.2 二阶系统

例 4.9 (二阶受限机械系统) 考虑例 1.3 中的受限机械系统，其模型是具有如下系数矩阵的矩阵二阶形式：

$$A_2 = \begin{bmatrix} 1 & 0 & 0 \\ 0 & 1 & 0 \\ 0 & 0 & 0 \end{bmatrix}, \quad A_1 = \begin{bmatrix} 1 & 1 & 0 \\ 1 & 1 & 0 \\ 0 & 0 & 0 \end{bmatrix}$$

$$A_0 = \begin{bmatrix} 2 & 0 & -1 \\ 0 & 1 & -1 \\ 1 & 1 & 0 \end{bmatrix}, \quad B = \begin{bmatrix} 1 \\ -1 \\ 0 \end{bmatrix}$$

例 3.5 已验证此系统是可控的，并给出了满足广义右既约分解 (3.77) 的右互质多项式矩阵对 $N(s)$ 和 $D(s)$ 为

$$N(s) = \frac{1}{2} \begin{bmatrix} 2 \\ -2 \\ 1 \end{bmatrix}, \quad D(s) = s^2 + \frac{3}{2}$$

因此，当 F 为形为式 (4.81) 的对角阵时，根据式 (4.83)，相应的广义 Sylvester 矩阵方程的一般解为

$$\begin{cases} v_i = \dfrac{1}{2} \begin{bmatrix} 2 \\ -2 \\ 1 \end{bmatrix} z_i \\ w_i = \left(s_i^2 + \dfrac{3}{2} \right) z_i \\ \quad i = 1, 2, \cdots, p \end{cases}$$

特别地，若取

$$F = \mathrm{diag}\,(-1, -2, -3, -4, -5, -6)$$

$$z_i = 1, 2, \cdots, 6$$

则可得到相应广义 Sylvester 矩阵方程的如下一组解:

$$V = \frac{1}{2} \times \begin{bmatrix} 2 & 4 & 6 & 8 & 10 & 12 \\ -2 & -4 & -6 & -8 & -10 & -12 \\ 1 & 2 & 3 & 4 & 5 & 6 \end{bmatrix}$$

$$W = \frac{1}{2} \times \begin{bmatrix} 5 & 22 & 63 & 140 & 265 & 450 \end{bmatrix}$$

例 4.10 (柔性铰链机构——二阶模型情况) 例 1.4 中的柔性铰链机构模型是具有如下参数的矩阵二阶形式:

$$M = 0.0004 \times \begin{bmatrix} 1 & 0 \\ 0 & 1 \end{bmatrix}, \quad D = \begin{bmatrix} 0 & 0 \\ 0 & 0.015 \end{bmatrix}$$

$$K = 0.8 \times \begin{bmatrix} 1 & -1 \\ -1 & 1 \end{bmatrix}, \quad B = \begin{bmatrix} 0 \\ 1 \end{bmatrix}$$

例 3.6 已验证此系统是可控的,并给出满足广义右既约分解 (3.77) 的右互质多项式矩阵对 $N(s)$ 和 $D(s)$ 为

$$N(s) = \begin{bmatrix} 2000 \\ s^2 + 2000 \end{bmatrix}$$

$$D(s) = s \left(4 \times 10^{-4} s^3 + 0.015 s^2 + 1.6 s + 30 \right)$$

因此, 根据式 (4.83), 当 F 为形为式 (4.81) 的对角阵时, 给出相应的广义 Sylvester 矩阵方程的一般解为

$$v_i = \begin{bmatrix} 2000 \\ s_i^2 + 2000 \end{bmatrix} z_i, \quad i = 1, 2, \cdots, p$$

$$w_i = s_i \left(4 \times 10^{-4} s_i^3 + 0.015 s_i^2 + 1.6 s_i + 30 \right) z_i, \quad i = 1, 2, \cdots, p$$

特别地, 若取

$$F = \mathrm{diag} \left(-1 \pm \mathrm{i}, -1, -2 \right)$$

$$z_i = 1, \quad i = 1, 2, 3, 4$$

则可得到相应广义 Sylvester 矩阵方程的如下一组解:

$$V = \begin{bmatrix} 2000 & 2000 & 2000 & 2000 \\ 2000 - 2\mathrm{i} & 2000 + 2\mathrm{i} & 2001 & 2004 \end{bmatrix}$$

$$W = \begin{bmatrix} -29.972 + 26.83\mathrm{i} & -29.972 - 26.83\mathrm{i} & -28.415 & -53.714 \end{bmatrix}$$

4.7.3 高阶系统

例 4.11 (柔性铰链机构——三阶模型情况) 例 1.5 中的柔性铰链机构模型可化为具有如下参数的矩阵三阶形式：

$$A_3 = \begin{bmatrix} 0 & 0 \\ 0 & 0.0004 \end{bmatrix}, \quad A_2 = 10^{-3} \times \begin{bmatrix} 0.4 & 0 \\ 0 & 15.38 \end{bmatrix}$$

$$A_1 = \begin{bmatrix} 0 & 0 \\ -0.8 & 0.814\,25 \end{bmatrix}, \quad A_0 = \begin{bmatrix} 0.8 & -0.8 \\ -0.76 & 0.76 \end{bmatrix}, \quad B = \begin{bmatrix} 0 \\ 1 \end{bmatrix}$$

例 3.7 中表明此系统是可控的，并给出满足广义右既约分解 (3.77) 的右互质多项式矩阵对 $N(s)$ 和 $D(s)$ 如下：

$$N(s) = \begin{bmatrix} 2000 \\ s^2 + 2000 \end{bmatrix}$$

$$D(s) = s\left(0.0004s^4 + 0.01538s^3 + 1.614\,3s^2 + 31.52s + 28.5\right)$$

因此，根据式 (4.83)，当 F 为形为式 (4.81) 的对角阵时，相应的广义 Sylvester 矩阵方程的一般解为

$$v_i = \begin{bmatrix} 2000 \\ s_i^2 + 2000 \end{bmatrix} z_i, \quad i = 1, 2, \cdots, p$$

$$w_i = s_i\left(0.0004s_i^4 + 0.01538s_i^3 + 1.6143s_i^2 + 31.52s_i + 28.5\right) z_i, \quad i = 1, 2, \cdots, p$$

特别地，若取

$$F = \mathrm{diag}\,(-1, -2, -3)$$
$$z_i = 1, \quad i = 1, 2, 3$$

则可得到相应广义 Sylvester 矩阵方程的如下一组解：

$$V = \begin{bmatrix} 2000 & 2000 & 2000 \\ 2001 & 2004 & 2009 \end{bmatrix}$$

$$W = \begin{bmatrix} 1.4207 & 56.399 & 155.74 \end{bmatrix}$$

4.8 注 记

本章研究了几类齐次广义 Sylvester 矩阵方程的一般解。这些解的主要特点是有高度统一的完全解析参数化形式，且所有不同类型的广义 Sylvester 矩阵方

程的求解方法也是统一的。由于这个特点,本书没有覆盖所有情形。本章中处理过的情形如表 4.1 所示。建议读者尝试推导其他情形时解的参数表达式。

表 4.1   本章研究的齐次广义 Sylvester 矩阵方程

情形	F 为任意矩阵	F 为 Jordan 矩阵	F 为对角阵
高阶	是	是	是
二阶	是	—	—
一阶 (广义)	是	—	—
一阶 (常规)	—	—	—

接下来总结作者的成果中与本章内容相关的部分。

自 1991 年以来,广义 Sylvester 矩阵方程的参数化解吸引了作者的注意。自 2005 年起,在作者的指导下,几个博士研究生加入了这方面的研究,并取得了相当多的成果[25,30,46,158,281,297-302]。

4.8.1   与常规线性系统相关的广义 Sylvester 矩阵方程

与常规线性系统相关的一阶广义 Sylvester 矩阵方程是式 (1.57),即

$$VF - AV = BW \qquad (4.96)$$

此方程曾是 Duan 等研究的主要目标之一。关于这个方程,最早的结果发表于 1993 年[142]。在这篇文献中,基于 (A, B) 已知并可控,且给定 Jordan 矩阵 F 特征值任意的假设下,给出了矩阵方程的具有完全和显式自由度的两个简单、完整、解析和无限制的解。通过此矩阵方程的解,得到了线性系统状态反馈特征结构配置的完全参数化方法,并提出两种新算法。给出的矩阵方程的解和特征结构配置是对以往结果的推广,且更简单、有效。

2005 年,文献 [298] 在矩阵 F 是友矩阵条件下,给出了广义 Sylvester 矩阵方程 $AX - XF = BY$ 的完全一般显式解。该解是由对称矩阵算子、Hankel 矩阵和矩阵对 (A, B) 的可控矩阵以极为简洁的形式表示。此外,也给出了该解的几个等价形式。基于这些给出的结果,建立了常规 Sylvester 矩阵方程和著名的 Lyapunov 矩阵方程的显式解。得到的结果极有利于分析方程的解,并在控制系统理论的许多分析和设计问题中发挥重要的作用。作为示例,提出了一个简单有效的参数化极点配置方法。

文献 [303] 没有进行任何变换和分解,也给出了广义 Sylvester 矩阵方程的显式参数化解。该解以矩阵对 (A, B) 的 Krylov 矩阵、一个对称算子和矩阵对 (Z, F) 的广义观测矩阵的形式给出,其中,Z 是一个任意矩阵,用来表示解的自由度。

　　与以上不同，文献 [304] 研究了相同形式的广义 Sylvester 矩阵方程，但是 F 是任意矩阵，借助 Kronecker 映射，得到了此矩阵方程的显式参数化解。该解形式非常简洁，并允许矩阵 F 是待定的。

4.8.2　与广义线性系统相关的广义 Sylvester 矩阵方程

　　形为式 (1.56) 的广义 Sylvester 矩阵方程，即

$$EVF - AV = BW \tag{4.97}$$

与广义线性系统的分析和设计问题有密切联系，并已引起了极大的关注。

　　对于这种类型方程的参数化解，Duan 的早期工作通过矩阵 $[sE - A \ \ B]$ 的 Smith 标准分解给出了方程具有完全和显式自由度的简单且完全解析无限制的参数化解[141]。基于该方程的解，得到了连续广义线性系统 $E\dot{x} = Ax + Bu$ 的广义变量反馈 $u = Kx$ 特征结构配置方法，并给出了增益矩阵和与配置的有限闭环特征值相关的特征向量的参数化形式。该方法具有以下三个优点：

(1) 对配置的有限闭环极点没有要求。

(2) 提供了更多的设计参数。

(3) 计算量小。

　　除了文献 [141] 中给出的参数化方法外，文献 [143] 给出了矩阵 F 是具有任意特征值的 Jordan 矩阵时同一方程的另一种求解方法。该方法仍使用了矩阵 $[sE - A \ \ B]$ 的 Smith 标准分解，但是给出了简单直接完全显式的参数化解。

　　文献 [281] 给出了方程的完全参数化解。该解的主要特点是矩阵 F 不需要具有任何标准形式，甚至在求解的前期可以是未知的。该结果有利于这类方程解的计算和分析，且对控制系统理论中很多分析和设计问题有重要作用。Zhou 等给出了该方程的另外一种完全参数化解[299]。首先通过 Schur 补将矩阵 F 转化成三角形式，然后使用幺模变换或奇异值分解。该结果可以很容易扩展到二阶和高阶的情况，并有利于这类方程解的计算和分析。同时，文献 [305] 将文献 [298] 中的结果进行了推广，给出了矩阵 F 是友矩阵时矩阵方程 $AX - EXF = BY$ 的封闭解。

　　Wu 和 Duan 就这个方程的解做了大量的研究工作，文献 [301] 和文献 [306] 给出了该广义 Sylvester 矩阵方程的显式解。特别是文献 [301]，给出了由 (E, A, B) 的 R-可控矩阵、广义对称算子矩阵和可观矩阵表示的解。基于该解，也给出了另外一些矩阵方程的解。该解非常有利于解决与此方程相关的分析和综合问题。文献 [47] 提出了通过 Kronecker 映射求解广义 Sylvester 矩阵方程 (4.97) 的方法。而文献 [302] 给出了矩阵 F 是友矩阵时相同广义 Sylvester 矩阵方程的显式解，该

解由 (E, A, B) 的 R-可控矩阵、广义对称算子和 Hankel 矩阵表示，同时也给出了该解的几种等价形式，得到的结果有利于解决很多相关分析和设计问题。

近年来，Duan 研究了一般形式 (1.55) 的一阶齐次 Sylvester 矩阵方程，即

$$EVF - AV = B_1WF + B_0W \tag{4.98}$$

并在文献 [307] 中基于矩阵分式右分解的推广形式，给出了一般完全参数化解。该解的主要特点是参数矩阵 F 不要求是任何标准型，甚至在求解的前期可以是未知的，而在广义特征结构配置问题中该矩阵对应于有限闭环 Jordan 矩阵。

4.8.3 二阶广义 Sylvester 矩阵方程

对于形为式 (1.68) 的二阶广义 Sylvester 矩阵方程，即

$$MVF^2 + DVF + KV = BW \tag{4.99}$$

文献 [25] (或见相应的会议版[297]) 给出了 F 是任意矩阵的情况下的显式参数化一般解。只要得到满足关系式

$$(Ms^2 + Ds + K)N(s) - BD(s) = 0$$

的 F-右互质多项式矩阵对，就可以得到该解。给出的解非常简洁，且不要求矩阵 F 是任何标准型。此外，给出了由参数矩阵 Z 表示的全部自由度，且不要求矩阵 F 是给定的，因此允许该矩阵是待定的并作为自由度的一部分使用。

对于矩阵 F 为对角阵的情形，文献 [300] 在矩阵对 (E, A, B) 可控的条件下，给出了形为式 (4.99) 的二阶广义 Sylvester 矩阵方程的完全一般显式参数化解。

近年来，文献 [42] 研究了形为式 (1.66) 的二阶广义 Sylvester 矩阵方程，即

$$MVF^2 + DVF + KV = B_2WF^2 + B_1WF + B_0W \tag{4.100}$$

首先表明这类方程与一类二阶线性系统的一般特征结构配置相关。对于这种类型广义 Sylvester 矩阵方程的解，首先通过 F-互质的概念研究其自由度，然后通过广义矩阵分式右分解得到形式简洁且封闭的完全一般参数化解。该解的主要特点是矩阵 F 不要求是任何标准型，甚至在求解前期可以是未知的。

与以上不同的是，基于二阶 Sylvester 矩阵方程的参数化解，文献 [308] 考虑了一类扰动二阶 Sylvester 矩阵方程的鲁棒解。

4.8.4 高阶广义 Sylvester 矩阵方程

对于形为式 (1.73) 的广义 Sylvester 矩阵方程，即

$$A_mVF^m + \cdots + A_1VF + A_0V = BW \tag{4.101}$$

Duan 等也给出了其完全参数化解[30,46,158,309]，特别是大会报告 [309] 中给出了这个方程及其各种特殊形式的详细求解。

文献 [158] 给出了矩阵 F 是任意矩阵时该类方程的一般参数化解。通过使用给出的一般参数化解，得到高阶线性系统的完全参数控制方法。该方法给出了比例加微分状态反馈增益和闭环特征向量矩阵的简单完全参数化表达式，并提供了全部的设计自由度。此外，特别处理了重要特殊情形，并将得到的参数化设计方法应用于两个导弹控制问题。仿真结果表明，无论是全局稳定还是系统性能，该方法都优越于传统方法。

与上述不同，文献 [30] 和文献 [46] 针对矩阵 F 是对角阵的情形，给出了该类方程的参数化解。两篇文献的不同之处在于文献 [46] 给出的方法中允许矩阵 A_m 是奇异的。基于得到的参数化解，文献 [30] 和文献 [46] 研究了输出反馈特征结构配置问题，特别地，前者重点研究了常规高阶线性系统，而后者重点研究了广义高阶线性系统。基于广义高阶 Sylvester 矩阵方程的参数化解，给出了与有限闭环特征值相关的左右闭环特征向量的参数化表达式及增益矩阵的两个简单完全参数化解。两种方法对闭环特征值都没有任何限制。

文献 [310] 和文献 [41] 研究了形为式 (1.71) 的高阶广义 Sylvester 矩阵方程，即

$$A_m V F^m + \cdots + A_1 V F + A_0 V = B_m W F^m + \cdots + B_1 W F + B_0 W \qquad (4.102)$$

文献 [310] 给出了三个完全解析参数化解，该解以表示设计自由度的参数向量的形式表达。该解不需要矩阵 F 的特征值是互异的或不同于矩阵 $A(s)$ 的特征值，并且数值上非常简单。文献 [41] 首先用 F-右互质的概念研究了自由度，然后通过广义矩阵分式右分解给出了形式简洁且封闭的完全一般参数化解。该解的主要特点是矩阵 F 不要求是任何标准型，甚至在求解的前期可以是未知的。

4.8.5 其他相关结果

除了上述结果之外，关于广义 Sylvester 矩阵方程的解，Duan 等也取得了相当多的成果。例如，文献 [311] 给出了矩阵方程 $AV - EVJ = 0$ 列满秩的解；文献 [312] 定义了广义 Sylvester 映射，并用其求解一些一般的矩阵方程。大量的工作可以分为以下两类。

1. 广义 Sylvester 矩阵方程的数值解

在给出了各种类型广义 Sylvester 矩阵方程的一般参数化解的同时，也提出了求解其中一些广义 Sylvester 矩阵方程的数值迭代算法。代表性的工作有文献 [313] 和文献 [314]。特别地，文献 [313] 提出了求解耦合矩阵方程的一种基于梯

度的迭代算法。而文献 [314] 给出了一般耦合 Sylvester 矩阵方程的加权最小二乘解。在求解广义 Sylvester 矩阵方程的迭代算法中，其中一种是有限迭代算法，关于这方面的工作可参考文献 [315]∼文献 [317]。

2. Sylvester 共轭矩阵方程

除了本书中提及的广义 Sylvester 矩阵方程，Duan 等也考虑了另一大类广义 Sylvester 矩阵方程，该方程同时含有未知矩阵及其共轭，称为 Sylvester 共轭矩阵方程。对于其中部分方程，文献 [318]∼文献 [320] 给出了参数化解和解析闭形式的解，与此同时，其他文献提出了求解这些方程的迭代算法[316,321-323]，特别地，文献 [315]、文献 [316] 和文献 [324] 还提出了有限迭代算法。

第 5 章 非齐次广义 Sylvester 矩阵方程

本章研究如下高阶非齐次广义 Sylvester 矩阵方程的参数化解:

$$\sum_{i=0}^{m} A_i V F^i = \sum_{i=0}^{m} B_i W F^i + R \tag{5.1}$$

其中,$A_i \in \mathbb{R}^{n \times q}$、$B_i \in \mathbb{R}^{n \times r}(i = 0, 1, 2, \cdots, m)$、$F \in \mathbb{C}^{p \times p}$ 和 $R \in \mathbb{C}^{n \times p}$ 是系数矩阵;$V \in \mathbb{C}^{q \times p}$ 和 $W \in \mathbb{C}^{r \times p}$ 是待求矩阵。同样,与方程相关的两个多项式矩阵为

$$\begin{cases} A(s) = \sum_{i=0}^{m} A_i s^i, & A_i \in \mathbb{R}^{n \times q} \\ B(s) = \sum_{i=0}^{m} B_i s^i, & B_i \in \mathbb{R}^{n \times r} \end{cases} \tag{5.2}$$

对于线性代数方程,一般有叠加原理成立。这当然也适用于广义 Sylvester 矩阵方程 (5.1)。

引理 5.1   若 $(V_\mathrm{p}, W_\mathrm{p})$ 是广义 Sylvester 矩阵方程 (5.1) 的一个特解,$(V_\mathrm{g}, W_\mathrm{g})$ 是相应的齐次广义 Sylvester 矩阵方程 (4.50) 的一般解,则非齐次广义 Sylvester 矩阵方程 (5.1) 的一般解 (V, W) 为

$$V = V_\mathrm{g} + V_\mathrm{p}, \quad W = W_\mathrm{g} + W_\mathrm{p} \tag{5.3}$$

证明   根据引理的假设条件,有

$$\sum_{i=0}^{m} A_i V_\mathrm{p} F^i = \sum_{i=0}^{m} B_i W_\mathrm{p} F^i + R \tag{5.4}$$

$$\sum_{i=0}^{m} A_i V_\mathrm{g} F^i = \sum_{i=0}^{m} B_i W_\mathrm{g} F^i \tag{5.5}$$

将方程 (5.4) 和方程 (5.5) 相加,可得

$$\sum_{i=0}^{m} A_i \left(V_\mathrm{p} + V_\mathrm{g}\right) F^i = \sum_{i=0}^{m} B_i \left(W_\mathrm{p} + W_\mathrm{g}\right) F^i + R$$

结论显然成立。   □

基于上述叠加原理, 本章将重点研究非齐次广义 Sylvester 矩阵方程 (5.1) 的特解.

和第 4 章一样, 本章对非齐次广义 Sylvester 矩阵方程 (5.1) 进行如下假设.

假设 5.1　$A(s)$ 和 $B(s)$ 是 (F, α)-左互质的.

这里同样会用到第 3 章中引入的如下标量:

$$\beta = q + r - \alpha$$

5.1　基于右既约分解和 Diophantine 方程的解

为得到非齐次广义 Sylvester 矩阵方程 (5.1) 的一般解, 由引理 5.1 可知, 首先要得到非齐次广义 Sylvester 矩阵方程 (5.1) 的一个特解.

5.1.1　特解

根据定理 3.9, 在 $A(s)$ 和 $B(s)$ 为 (F, α)-左互质的条件下, 存在两个多项式矩阵 $U(s) \in \mathbb{R}^{q \times \alpha}[s]$ 和 $T(s) \in \mathbb{R}^{r \times \alpha}[s]$, 满足 Diophantine 方程

$$A(s)U(s) - B(s)T(s) = C(s) \tag{5.6}$$

其中, $C(s) \in \mathbb{R}^{n \times \alpha}[s]$ 满足以下条件:

$$\mathrm{rank}\, C(s) = \alpha, \quad \forall s \in \mathrm{eig}(F) \tag{5.7}$$

若记

$$U(s) = [U_{ij}(s)]_{q \times \alpha}, \quad T(s) = [T_{ij}(s)]_{r \times \alpha}$$

并定义

$$\varphi = \max \{\deg U_{ij}(s), \deg T_{ij}(s)\}, \quad 1 \leqslant i, j \leqslant n$$

则两个多项式矩阵 $U(s)$ 和 $T(s)$ 可改写为如下形式:

$$\begin{cases} U(s) = \displaystyle\sum_{i=0}^{\varphi} u_i s^i, \quad u_i \in \mathbb{R}^{q \times \alpha} \\[2mm] T(s) = \displaystyle\sum_{i=0}^{\varphi} t_i s^i, \quad t_i \in \mathbb{R}^{r \times \alpha} \end{cases} \tag{5.8}$$

而且, 记

$$C(s) = C_0 + C_1 s + \cdots + C_\psi s^\psi \tag{5.9}$$

则本小节的主要结论可陈述如下.

定理 5.1　令 $A(s) \in \mathbb{R}^{n \times q}[s]$ 和 $B(s) \in \mathbb{R}^{n \times r}[s]\,(q + r > n)$ 由式 (5.2) 给出，且假设 5.1 成立。再令 $U(s) \in \mathbb{R}^{q \times \alpha}[s]$、$T(s) \in \mathbb{R}^{r \times \alpha}[s]$ 和 $C(s) \in \mathbb{R}^{n \times \alpha}$ 的形式为式 (5.8) 和式 (5.9)，并且满足式 (5.6) 和式 (5.7)。那么，下述结论成立。

(1) 非齐次广义 Sylvester 矩阵方程 (5.1) 关于 (V, W) 有解的充分必要条件是存在矩阵 $R' \in \mathbb{C}^{\alpha \times p}$ 满足

$$[C(s)\,R']\big|_F = C_0 R' + C_1 R' F + \cdots + C_\psi R' F^\psi = R \tag{5.10}$$

(2) 当矩阵 R' 存在时，非齐次广义 Sylvester 矩阵方程 (5.1) 的一个特解为

$$
\boxed{
\begin{aligned}
&\text{公式 } \mathrm{I}_N'' \\
&\begin{cases}
V = [U(s)\,R']\big|_F = U_0 R' + U_1 R' F + \cdots + U_\varphi R' F^\varphi \\
W = [T(s)\,R']\big|_F = T_0 R' + T_1 R' F + \cdots + T_\varphi R' F^\varphi
\end{cases}
\end{aligned}
} \tag{5.11}
$$

证明　充分性　利用式 (5.8) 中的表达式，可知

$$
\begin{aligned}
A(s)U(s) &= \sum_{i=0}^m A_i s^i \sum_{j=0}^\varphi U_j s^j = \sum_{i=0}^m \sum_{j=0}^\varphi A_i U_j s^{i+j} \\
&= \sum_{k=0}^{\varphi+m} \left(\sum_{i=0}^k A_i U_{k-i} \right) s^k \\
B(s)\,T(s) &= \sum_{i=0}^m B_i s^i \sum_{i=0}^\varphi T_i s^i = \sum_{i=0}^m \sum_{j=0}^\varphi B_i T_j s^{i+j} \\
&= \sum_{k=0}^{\varphi+m} \left(\sum_{i=0}^k B_i T_{k-i} \right) s^k
\end{aligned}
$$

其中，当 $i > m$ 时，$A_i = 0$，$B_i = 0$；当 $i > \varphi$ 时，$U_i = 0$，$T_i = 0$。

而且，由式 (5.6) 可知

$$
\begin{aligned}
A(s)U(s) - B(s)\,T(s) &= \sum_{k=0}^{\varphi+m} \left(\sum_{i=0}^k \left(A_i U_{k-i} - B_i T_{k-i} \right) \right) s^k \\
&= C_0 + C_1 s + C_2 s^2 + \cdots + C_\psi s^\psi
\end{aligned}
$$

注意到上述方程两端都是 s 的多项式，由等式两端 s 的系数相等，可得

$$\sum_{i=0}^k \left(A_i U_{k-i} - B_i T_{k-i} \right) = \begin{cases} C_k, & k = 0, 1, 2, \cdots, \psi \\ 0, & k = \psi + 1, \cdots, \psi + m \end{cases} \tag{5.12}$$

下面将利用上述关系式进一步证明，当 R' 满足式 (5.10) 时，式 (5.11) 中给出的矩阵对 V 和 W 满足广义 Sylvester 矩阵方程 (5.1)。

由式 (5.11) 可得

$$\sum_{i=0}^{m} A_i V F^i = \sum_{i=0}^{m} A_i \left(\sum_{j=0}^{\varphi} U_j R' F^j \right) F^i = \sum_{i=0}^{m} \sum_{j=0}^{\varphi} A_i U_j R' F^{i+j}$$
$$= \sum_{k=0}^{\varphi+m} \left(\sum_{i=0}^{k} A_i U_{k-i} \right) R' F^k$$

$$\sum_{i=0}^{m} B_i W F^i = \sum_{i=0}^{m} B_i \left(\sum_{j=0}^{\varphi} T_j R' F^j \right) F^i = \sum_{i=0}^{m} \sum_{j=0}^{\varphi} B_i T_j R' F^{i+j}$$
$$= \sum_{k=0}^{\varphi+m} \left(\sum_{i=0}^{k} B_i T_{k-i} \right) R' F^k$$

进一步利用式 (5.12) 和式 (5.10)，最终可得

$$\sum_{i=0}^{m} A_i V F^i - \sum_{i=0}^{m} B_i W F^i = \sum_{k=0}^{\varphi+m} \sum_{i=0}^{k} \left(A_i U_{k-i} - B_i T_{k-i} \right) R' F^k$$
$$= \sum_{k=0}^{\psi} C_k R' F^k$$
$$= R$$

这说明当 R' 满足式 (5.10) 时，式 (5.11) 中给出的矩阵对 V 和 W 满足广义 Sylvester 矩阵方程 (5.1)。

必要性 假设非齐次广义 Sylvester 矩阵方程有解 (V, W)，即存在矩阵 V 和 W 满足

$$\sum_{i=0}^{m} A_i V F^i - \sum_{i=0}^{m} B_i W F^i = R \tag{5.13}$$

记

$$\tilde{A}_i = [A_i \quad -B_i], \quad i = 0, 1, 2, \cdots, m, \quad \tilde{V} = \begin{bmatrix} V \\ W \end{bmatrix}$$

则上述方程可写为

$$\sum_{i=0}^{m} \tilde{A}_i \tilde{V} F^i = R \tag{5.14}$$

因此，存在满足方程 (5.14) 的矩阵 $\tilde{V}$。

另外，Diophantine 方程 (5.6) 可写为

$$[A(s) \quad -B(s)] \begin{bmatrix} U(s) \\ T(s) \end{bmatrix} = C(s) \tag{5.15}$$

或者写成如下更简洁的形式：

$$\tilde{A}(s)\tilde{N}(s) - \tilde{D}(s) = 0 \tag{5.16}$$

其中，

$$\tilde{A}(s) = [A(s) \quad -B(s)]$$

$$\tilde{N}(s) = \begin{bmatrix} U(s) \\ T(s) \end{bmatrix}, \quad \tilde{D}(s) = C(s)$$

现将式 (5.14) 看作关于变量 $\tilde{V}$ 和 R 的一个特殊齐次广义 Sylvester 矩阵方程。$\tilde{A}_i = [A_i \quad -B_i](i = 0, 1, 2, \cdots, m)$ 实际上是多项式矩阵 $\tilde{A}(s)$ 的系数，式 (5.16) 是与齐次广义 Sylvester 矩阵方程 (5.14) 相关的广义右既约分解。因此，由定理 4.7 可知，存在一个 R'，使得

$$R = \left[\tilde{D}(s) R' \right]\big|_F = [C(s) R']\big|_F$$

$$\begin{bmatrix} V \\ W \end{bmatrix} = \tilde{V} = \left[\tilde{N}(s) R' \right]\big|_F = \begin{bmatrix} [U(s)R']\big|_F \\ [T(s)R']\big|_F \end{bmatrix}$$

上述两个关系式分别给出了条件 (5.10) 和解 (5.11)。   □

说明 5.1　由上述定理可知，非齐次广义 Sylvester 矩阵方程的解实际上与第 4 章中给出的齐次广义 Sylvester 矩阵方程解具有相同的形式。确切地说，多项式矩阵 $U(s)$ 和 $T(s)$ 对应于 $N(s)$ 和 $D(s)$，而矩阵 R' 对应于 Z。这种巧合使得我们给出的方法高度一致，不仅各阶齐次广义 Sylvester 矩阵方程的解具有统一的一般参数化形式，而且齐次和非齐次广义 Sylvester 矩阵方程的解也具有相同的结构。

5.1.2　一般解

利用引理 5.1、定理 4.7 和定理 5.1，可以直接得到如下关于高阶非齐次广义 Sylvester 矩阵方程 (5.1) 一般解的结果。

定理 5.2　令 $A(s) \in \mathbb{R}^{n \times q}[s]$、$B(s) \in \mathbb{R}^{n \times r}[s]$ 和 $F \in \mathbb{C}^{p \times p}$ 满足假设 5.1。此外，令

(1) $U(s) \in \mathbb{R}^{q \times \alpha}[s]$、$T(s) \in \mathbb{R}^{r \times \alpha}[s]$ 和 $C(s) \in \mathbb{R}^{n \times \alpha}$ 具有式 (5.8) 和式 (5.9) 的形式，且满足式 (5.6) 和式 (5.7)；

(2) $N(s) \in \mathbb{R}^{q \times \beta}[s]$ 和 $D(s) \in \mathbb{R}^{r \times \beta}[s]$ 是具有式 (4.58) 形式的右互质多项式矩阵对，并满足广义右既约分解 (4.56)。

那么，非齐次广义 Sylvester 矩阵方程的一般完全解 (V, W) 为

$$
\boxed{
\begin{aligned}
&\text{公式 } \mathrm{I}''_{\mathrm{G}} \\[4pt]
&\begin{bmatrix} V \\ W \end{bmatrix} = \left. \left[\tilde{Q}(s) \begin{bmatrix} R' \\ Z \end{bmatrix} \right] \right|_F = \sum_{i=0}^{\tau} \tilde{Q}_i \begin{bmatrix} R' \\ Z \end{bmatrix} F^i
\end{aligned}
}
\tag{5.17}
$$

其中，R' 由式 (5.10) 确定；$Z \in \mathbb{C}^{\beta \times p}$ 是一个任意参数矩阵，表示解的自由度；$\tilde{Q}(s)$、$\tilde{Q}_i$ 和 τ 由式 (5.18) 确定：

$$
\tilde{Q}(s) = \begin{bmatrix} U(s) & N(s) \\ T(s) & D(s) \end{bmatrix} = \sum_{i=0}^{\tau} \tilde{Q}_i s^i
\tag{5.18}
$$

证明　利用引理 5.1、定理 4.7 和定理 5.1，有非齐次广义 Sylvester 矩阵方程 (5.1) 的一般解，即

$$
\begin{cases}
V = \left. [N(s) Z] \right|_F + \left. [U(s) R'] \right|_F = \displaystyle\sum_{i=0}^{\omega} N_i Z F^i + \sum_{j=0}^{\varphi} U_j R' F^j \\[12pt]
W = \left. [D(s) Z] \right|_F + \left. [T(s) \dot{R'}] \right|_F = \displaystyle\sum_{i=0}^{\omega} D_i Z F^i + \sum_{j=0}^{\varphi} T_j R' F^j
\end{cases}
\tag{5.19}
$$

基于式 (5.18)，可将式 (5.19) 整理成 (5.17) 的形式。　　　　　　　　　□

说明 5.2　由定理 5.2 可知，公式 $\mathrm{I}''_{\mathrm{G}}$ (5.17) 给出的非齐次广义 Sylvester 矩阵方程 (5.1) 的一般参数化解与第 4 章中给出的相应齐次广义 Sylvester 矩阵方程的解具有相同的形式。对应关系显然如下：

$$
\tilde{Q}(s) \longleftrightarrow \begin{bmatrix} N(s) \\ D(s) \end{bmatrix}, \quad \begin{bmatrix} R' \\ Z \end{bmatrix} \longleftrightarrow Z
$$

这个现象是自然的，其原因在于齐次广义 Sylvester 矩阵方程的一般解和非齐次广义 Sylvester 矩阵方程的特解具有相同的结构，而非齐次广义 Sylvester 矩阵方程的一般解是由叠加原理得到的。读者如果现在返回重新阅读 1.5.3 节，将有更深的领悟。

5.1.3　广义 Sylvester 矩阵方程 (1.70) 的解

显然，当非齐次广义 Sylvester 矩阵方程 (5.1) 中的矩阵 R 限定为特殊形式

$$
R = \sum_{i=0}^{\psi} H_i R^* F^i
\tag{5.20}
$$

时，非齐次广义 Sylvester 矩阵方程 (5.1) 变为广义 Sylvester 矩阵方程 (1.70)，即

$$\sum_{i=0}^{m} A_i V F^i = \sum_{i=0}^{m} B_i W F^i + \sum_{i=0}^{\psi} H_i R^* F^i \tag{5.21}$$

同时，解存在的条件 (5.10) 变为如下的新条件：

$$\sum_{i=0}^{\psi} C_i R' F^i = \sum_{i=0}^{\psi} H_i R^* F^i \tag{5.22}$$

由此及定理 5.1，立即可以得出如下关于广义 Sylvester 矩阵方程 (5.21) 解的结论。

定理 5.3　令 $A(s) \in \mathbb{R}^{n \times q}[s]$、$B(s) \in \mathbb{R}^{n \times r}[s]\,(q + r > n)$ 由式 (5.2) 给出，且假设 5.1 成立。再令 $U(s) \in \mathbb{R}^{q \times \alpha}[s]$、$T(s) \in \mathbb{R}^{r \times \alpha}[s]$ 和 $C(s) \in \mathbb{R}^{n \times \alpha}$ 具有式 (5.8) 和式 (5.9) 的形式，并且满足式 (5.6) 和式 (5.7)。那么，下述结论成立。

(1) 非齐次广义 Sylvester 矩阵方程 (5.21) 关于 (V, W) 有解的充分必要条件是存在一个满足新条件 (5.22) 的矩阵 $R' \in \mathbb{C}^{\alpha \times p}$。

(2) 当矩阵 R' 存在时，非齐次广义 Sylvester 矩阵方程 (5.1) 的一个特解由公式 I''$_N$ (5.11) 给出。

注意到，当

$$R = \sum_{i=0}^{\psi} C_i R' F^i$$

时，新条件 (5.22) 是自动成立的。由此及定理 5.1，容易得到如下推论。

推论 5.1　令 $A(s) \in \mathbb{R}^{n \times q}[s]$、$B(s) \in \mathbb{R}^{n \times r}[s]\,(q + r > n)$ 由式 (5.2) 给出，且假设 5.1 成立。再令 $U(s) \in \mathbb{R}^{q \times \alpha}[s]$、$T(s) \in \mathbb{R}^{r \times \alpha}[s]$ 和 $C(s) \in \mathbb{R}^{n \times \alpha}$ 具有式 (5.8) 和式 (5.9) 的形式，并且满足式 (5.6) 和式 (5.7)。那么，广义 Sylvester 矩阵方程

$$\sum_{i=0}^{m} A_i V F^i = \sum_{i=0}^{m} B_i W F^i + \sum_{i=0}^{\psi} C_i R' F^i \tag{5.23}$$

关于 (V, W) 总有解存在，且公式 I''$_N$ (5.11) 给出了方程的一个特解。

解存在的两个条件 (式 (5.10) 和式 (5.22)) 实际上都是常规 Sylvester 矩阵方程，关于这类方程的解将在第 8 章和第 9 章中研究，因此第 8 章和第 9 章的结果当然能应用于求解这两个方程。5.2 节将基于 Smith 标准分解来求解这些方程。

5.2　条件方程 (5.10) 的求解

由定理 5.1 易知，式 (5.10) 是非齐次广义 Sylvester 矩阵方程 (5.1) 解存在的条件。为求解非齐次广义 Sylvester 矩阵方程，首先需要得到方程 (5.10) 的解。

在式 (5.10) 两边同时取拉直运算 vec(·)，得到如下线性方程：

$$\sum_{i=1}^{\varphi} \left(\left(F^i\right)^{\mathrm{T}} \otimes C_i \right) \mathrm{vec}\left(R'\right) = \mathrm{vec}(R)$$

因此，当矩阵 F 和 R 已知时，通过求解上述线性方程容易验证条件 (5.10)。然而，当矩阵 F 和 R 未预先给定时，拉直运算也不适用。在这种情况下，可以应用第 8 章的理论求解此条件，其原因在于式 (5.10) 实际上是一个常规 Sylvester 矩阵方程。

本节将介绍解存在性条件 (5.10) 的一些等价形式，并给出其显式解。在此之前，首先给出如下预备知识。

引理 5.2　令

$$\alpha\left(s\right) = \alpha_0 + \alpha_1 s + \alpha_2 s^2 + \cdots + \alpha_q s^q \tag{5.24}$$

是 $\mathbb{C}$ 上定义的一个标量多项式。那么

$$\alpha\left(s\right) \neq 0, \quad \forall s \in \mathrm{eig}\left(F\right) \tag{5.25}$$

对一些方阵 $F \in \mathbb{C}^{p \times p}$ 成立的充分必要条件是

$$\det \alpha\left(F\right) = \det\left(\alpha_0 I + \alpha_1 F + \alpha_2 F^2 + \cdots + \alpha_q F^q\right) \neq 0$$

证明　令 J 是 F 的 Jordan 矩阵，且 X 是相应的特征向量矩阵，则

$$F = XJX^{-1}$$

因此有

$$\det \alpha\left(F\right) = \det\left(X\alpha\left(J\right)X^{-1}\right) = \det \alpha\left(J\right) = \prod_{i=1}^{w} \alpha^{p_i}\left(s_i\right)$$

因此，结论成立。　□

5.2.1　矩阵 R' 的解

令 $A(s) \in \mathbb{R}^{n \times q}\left[s\right]$ 和 $B\left(s\right) \in \mathbb{R}^{n \times r}\left[s\right]\left(q + r > n\right)$ 由式 (5.2) 给出，则在假设 5.1 下，存在两个幺模矩阵 $P\left(s\right) \in \mathbb{R}^{n \times n}\left[s\right]$ 和 $Q\left(s\right) \in \mathbb{R}^{(q+r) \times (q+r)}\left[s\right]$ 及一个对角多项式矩阵 $\Sigma\left(s\right) \in \mathbb{R}^{\alpha \times \alpha}\left[s\right]$，满足 Smith 标准分解：

$$P\left(s\right) \begin{bmatrix} A\left(s\right) & -B\left(s\right) \end{bmatrix} Q\left(s\right) = \begin{bmatrix} \Sigma\left(s\right) & 0 \\ 0 & 0 \end{bmatrix} \tag{5.26}$$

且

$$\Delta (s) = \det \Sigma (s) \neq 0, \quad \forall s \in \mathrm{eig}\,(F) \tag{5.27}$$

将幺模矩阵 $Q(s)$ 分块如下：

$$Q(s) = \begin{bmatrix} U(s) & N(s) \\ T(s) & D(s) \end{bmatrix} \tag{5.28}$$

其中，$N(s) \in \mathbb{R}^{q \times \beta}\,[s]$；$D(s) \in \mathbb{R}^{r \times \beta}\,[s]$；$U(s) \in \mathbb{R}^{q \times \alpha}\,[s]$；$T(s) \in \mathbb{R}^{r \times \alpha}\,[s]$。

因此，根据引理 3.4，多项式矩阵 $N(s)$ 和 $D(s)$ 是右互质的且满足广义右既约分解 (3.45)，多项式矩阵 $U(s)$ 和 $T(s)$ 满足 Diophantine 方程，而且

$$C(s) = P^{-1}(s) \begin{bmatrix} \Sigma (s) \\ 0 \end{bmatrix} \tag{5.29}$$

令 $\Sigma (s)$ 由 Smith 标准分解 (5.26) 给出，则在 $A(s) \in \mathbb{R}^{n \times q}\,[s]$、$B(s) \in \mathbb{R}^{n \times r}\,[s]$ 是 (F, α)-左互质的条件下，条件 (5.27) 成立。因此，由引理 5.2 可知，$\det \Delta\,(F) \neq 0$。

定理 5.4 令 $F \in \mathbb{C}^{p \times p}$，且 $A(s) \in \mathbb{R}^{n \times q}\,[s]$ 和 $B(s) \in \mathbb{R}^{n \times r}\,[s]$ 为 (F, α)-左互质并具有 Smith 标准分解 (5.26)，$C(s) \in \mathbb{R}^{n \times \alpha}$ 具有式 (5.29) 的形式，其中，$P(s)$ 和 $\Sigma (s)$ 由 Smith 标准分解 (5.26) 给出。将 $P(s)$ 分块如下：

$$P(s) = \begin{bmatrix} P_1(s) \\ P_2(s) \end{bmatrix}, \quad P_1(s) \in \mathbb{R}^{\alpha \times n}\,[s] \tag{5.30}$$

则下述结论成立。

(1) 存在满足条件 (5.10) 的矩阵 $R' \in \mathbb{C}^{n \times p}$ 的充分必要条件是

$$P_2(s) R = 0 \tag{5.31}$$

(2) 当上述条件满足时，满足条件 (5.10) 的唯一矩阵为

$$R' = \left[\mathrm{adj}\Sigma\,(s)\,P_1(s)\,R\right]\big|_F\,\Delta^{-1}\,(F) \tag{5.32}$$

证明 (1) 由于

$$\left[C(s)\,R'\right]\big|_F - R = \left[C(s)\,R'\right]\big|_F - [R]\big|_F = \left[C(s)\,R' - R\right]\big|_F$$

可将条件 (5.10) 改写为

$$\left[C(s)\,R' - R\right]\big|_F = 0$$

因此，由定理 4.1 的结论 (2) 可知，对于任意矩阵 $F \in \mathbb{C}^{p \times p}$，条件 (5.10) 成立的充分必要条件是

$$C(s) R' - R = 0, \quad \forall s \in \mathbb{C} \tag{5.33}$$

由于多项式矩阵 $C(s)$ 具有式 (5.29) 的特殊形式，方程 (5.33) 可以等价写为

$$\left[\begin{array}{c} \Sigma(s) \\ 0 \end{array} \right] R' - P(s) R = 0, \quad \forall s \in \mathbb{C}$$

可将其进一步分解成式 (5.31) 和

$$\Sigma(s) R' - P_1(s) R = 0, \quad \forall s \in \mathbb{C} \tag{5.34}$$

方程 (5.34) 显然等价于

$$R' - \Sigma^{-1}(s) P_1(s) R = 0, \quad \forall s \in \mathbb{C} \tag{5.35}$$

就此，证明了定理的结论 (1)。

(2) 利用关系

$$\Sigma^{-1}(s) = \frac{\mathrm{adj}\,\Sigma(s)}{\det \Sigma(s)} = \frac{\mathrm{adj}\,\Sigma(s)}{\Delta(s)}$$

方程 (5.35) 可改写为

$$\det \Sigma(s) R' - \mathrm{adj}\,\Sigma(s) P_1(s) R = 0, \quad \forall s \in \mathbb{C}$$

又由定理 4.1 的结论 (2) 可知，对于任意矩阵 $F \in \mathbb{C}^{p \times p}$，上述方程成立的充分必要条件是

$$\left[\det \Sigma(s) R' \right]\big|_F = \left[\mathrm{adj}\,\Sigma(s) P_1(s) R \right]\big|_F \tag{5.36}$$

注意到

$$\begin{aligned}
\left[\det \Sigma(s) R' \right]\big|_F &= R' \left[\det \Sigma(s) \right]\big|_F \\
&= \left[R' \Delta(s) \right]\big|_F \\
&= R' \Delta(F)
\end{aligned}$$

将这个关系式代入式 (5.36)，可得

$$R' \Delta(F) = \left[\mathrm{adj}\,\Sigma(s) P_1(s) R \right]\big|_F \tag{5.37}$$

而且，由引理 5.2 可知 $\Delta(F)$ 是非奇异的，因此由式 (5.37) 即得式 (5.32)。　　□

说明 5.3　　定理 5.4 实际上给出了条件方程 (5.10) 的完全解。这里矩阵 R 可以取任意特殊结构，例如，当

$$R = \sum_{i=0}^{\psi} H_i R^* F^i \tag{5.38}$$

时，只需将这个表达式代入式 (5.31) 和式 (5.32) 即可。

5.2.2　正则情形

5.2.1 节针对 $C(s)$ 具有式 (5.29) 的情形，给出了方程 (5.10) 的完全解，并且在求解前期不需要知道矩阵 F 和 R 的值。在本小节中，将考虑 $A(s)$ 和 $B(s)$ 正则这一特殊情形，即

$$\mathrm{rank} \begin{bmatrix} A(s) & B(s) \end{bmatrix} = n, \quad \exists s \in \mathbb{C}$$

在上述正则条件下，可以找到使得 $A(s)$ 和 $B(s)$ 是 F-左互质的特定矩阵 F。在本小节中，假设矩阵 F 一直都满足这一条件。

由定理 3.10 可知，当 $A(s) \in \mathbb{R}^{n \times q}[s]$ 和 $B(s) \in \mathbb{R}^{n \times r}[s]$ 为 F-左互质时，存在右互质多项式矩阵对 $U(s) \in \mathbb{R}^{q \times n}[s]$ 和 $T(s) \in \mathbb{R}^{r \times n}[s]$ 满足如下 Diophantine 方程：

$$A(s)U(s) - B(s)T(s) = \Delta(s) I_n \tag{5.39}$$

其中，$\Delta(s)$ 是标量多项式，且满足

$$\Delta(s) \neq 0, \quad \forall s \in \mathrm{eig}(F) \tag{5.40}$$

因此，有 $C(s) = \Delta(s) I_n$，且条件 (5.10) 变为

$$[\Delta(s) R']\big|_F = R \tag{5.41}$$

由于

$$[\Delta(s) R']\big|_F = [R' \Delta(s)]\big|_F = R' \Delta(F)$$

上述条件可以写为

$$R' \Delta(F) = R \tag{5.42}$$

再次应用引理 5.2 可知，在 $A(s)$ 和 $B(s)$ 为 F-左互质的条件下，或等价地，在条件 (5.40) 下，$\Delta(F)$ 非奇异，因此在这种情形下方程 (5.42) 有唯一解，即

$$R' = R \Delta^{-1}(F) \tag{5.43}$$

而当 $(A(s), B(s))$ 可控时，有 $C(s) = I_n$，所以 $\Delta(s) = 1, \Delta(F) = I$，式 (5.43) 变为

$$R' = R \tag{5.44}$$

结合上述事实与定理 5.1，即得如下结果。

定理 5.5 令 $F \in \mathbb{C}^{p \times p}$，而 $A(s) \in \mathbb{R}^{n \times q}[s]$ 和 $B(s) \in \mathbb{R}^{n \times r}[s](q + r > n)$ 由式 (5.2) 给出，且为 F-左互质。再令 $U(s) \in \mathbb{R}^{q \times \alpha}[s]$ 和 $T(s) \in \mathbb{R}^{r \times \alpha}[s]$ 具有式 (5.8) 的形式且满足 Diophantine 方程 (5.39)。那么，非齐次广义 Sylvester 矩阵方程 (5.1) 关于 (V, W) 有解，且公式 I_N'' (5.11) 给出一个特解，其中，R' 由式 (5.43) 给出。

说明 5.4 平行于说明 5.3，定理 5.5 中的矩阵 R 同样可以取任意特殊结构。当广义 Sylvester 矩阵方程为式 (5.21) 时，即

$$R = \sum_{i=0}^{\psi} H_i R^* F^i \tag{5.45}$$

且在 $A(s)$ 和 $B(s)$ 为 F-左互质的条件下，仅将 R 的表达式代入式 (5.43)，可得 R' 的解为

$$R' = \left(\sum_{i=0}^{\psi} H_i R^* F^i \right) \Delta^{-1}(F) \tag{5.46}$$

应用此表达式，可由公式 I_N'' (5.11) 给出广义 Sylvester 矩阵方程的一个特解。

5.3 基于 Smith 标准分解的解

在 5.1 节中，基于广义右既约分解和 Diophantine 方程给出了非齐次广义 Sylvester 矩阵方程的解。求解广义右既约分解问题和 Diophantine 方程的方法有很多。特别地，3.3 节通过 $[A(s)\ B(s)]$ 的 Smith 标准分解给出了一种求解方法，并且在 5.2 节中又一次使用了这种方法。

本节将基于 Smith 标准分解 (5.26) 求解非齐次广义 Sylvester 矩阵方程。在由式 (5.29) 给出的多项式矩阵 $C(s)$ 具有特殊形式时，基于 Smith 标准分解可以给出条件 (5.10) 的另一种形式，由此得到非齐次广义 Sylvester 矩阵方程另一种不同形式的解。

在研究过程中将使用下面的结论。

引理 5.3 令 $F \in \mathbb{C}^{p \times p}$，$\Delta(s)$ 是满足式 (5.40) 的标量多项式，则

$$\Delta^{-1}(F) F = F \Delta^{-1}(F) \tag{5.47}$$

且对于任意矩阵 Z 和具有适当维数的多项式矩阵 $P(s)$，式 (5.48) 成立：

$$\left[P(s)Z\Delta^{-1}(F)\right]\big|_F = \left[P(s)Z\right]\big|_F \Delta^{-1}(F) \tag{5.48}$$

证明　由于 $\Delta(F)$ 是矩阵，易见

$$F\Delta(F) = \Delta(F)F$$

而且，由给定的条件和引理 5.2 可知 $\Delta^{-1}(F)$ 存在。上述方程两端同时左乘和右乘 $\Delta^{-1}(F)$，可得关系式 (5.47)。由 F 和 $\Delta^{-1}(F)$ 的可交换性及定理 4.1 的结论 (1) 可知式 (5.48) 亦成立。 □

5.3.1　特解

利用引理 3.4、定理 5.1 和定理 5.4，并基于 Smith 标准分解，可得到如下关于非齐次广义 Sylvester 矩阵方程 (5.1) 解的结论。

定理 5.6　令 $A(s) \in \mathbb{R}^{n \times q}[s]$ 和 $B(s) \in \mathbb{R}^{n \times r}[s]\,(q+r>n)$ 由式 (5.2) 给出，$F \in \mathbb{C}^{p \times p}$，假设 5.1 成立。再令

(1) $P(s) \in \mathbb{R}^{n \times n}[s]$、$Q(s) \in \mathbb{R}^{(q+r) \times (q+r)}[s]$ 和 $\Sigma(s) \in \mathbb{R}^{\alpha \times \alpha}[s]$ 由 Smith 标准分解 (5.26) 给出；

(2) $U(s) \in \mathbb{R}^{q \times \alpha}[s]$ 和 $T(s) \in \mathbb{R}^{r \times \alpha}[s]$ 由式 (5.28) 给出；

(3) $P_1(s) \in \mathbb{R}^{\alpha \times n}[s]$ 和 $P_2(s) \in \mathbb{R}^{(n-\alpha) \times n}[s]$ 由式 (5.30) 给出。

那么，广义 Sylvester 矩阵方程 (5.1) 有解的充分必要条件是式 (5.31) 成立。在此条件下，方程的一个特解为

公式 I_N'
$$\begin{cases} V\Delta(F) = \left[\hat{U}(s)R\right]\big|_F = \hat{U}_0 R + \hat{U}_1 RF + \cdots + \hat{U}_\varphi RF^\varphi \\ W\Delta(F) = \left[\hat{T}(s)R\right]\big|_F = \hat{T}_0 R + \hat{T}_1 RF + \cdots + \hat{T}_\varphi RF^\varphi \end{cases} \tag{5.49}$$

其中，

$$\begin{bmatrix} \hat{U}(s) \\ \hat{T}(s) \end{bmatrix} = \begin{bmatrix} U(s) \\ T(s) \end{bmatrix} \mathrm{adj}\Sigma(s) P_1(s) \tag{5.50}$$

证明　根据引理 3.4，$U(s) \in \mathbb{R}^{q \times \alpha}[s]$ 和 $T(s) \in \mathbb{R}^{r \times \alpha}[s]$ 是满足 Diophantine 方程 (5.6) 的右互质多项式矩阵对，其中，$C(s) \in \mathbb{R}^{n \times \alpha}$ 由式 (5.29) 给出。因此，由定理 5.1 和定理 5.4 可知，广义 Sylvester 矩阵方程 (5.1) 有解的充分必要条件是式 (5.31) 成立，且在此条件下有如下特解：

$$\begin{cases} V = [U(s)R']\big|_F \\ W = [T(s)R']\big|_F \end{cases} \tag{5.51}$$

其中,

$$R' = \left[\mathrm{adj}\Sigma\left(s\right)P_1\left(s\right)R\right]\big|_F \Delta^{-1}\left(F\right) \tag{5.52}$$

将上述 R' 代入式 (5.51),并应用引理 5.3,进一步可知

$$V = \left[U\left(s\right)R'\right]\big|_F = \left[U\left(s\right)\left[\mathrm{adj}\Sigma\left(s\right)P_1\left(s\right)R\Delta^{-1}\left(F\right)\right]\big|_F\right]\Big|_F$$

$$= \left[U\left(s\right)\left[\mathrm{adj}\Sigma\left(s\right)P_1\left(s\right)R\right]\big|_F\right]\Big|_F \Delta^{-1}\left(F\right)$$

$$W = \left[T\left(s\right)R'\right]\big|_F = \left[T\left(s\right)\left[\mathrm{adj}\Sigma\left(s\right)P_1\left(s\right)R\Delta^{-1}\left(F\right)\right]\big|_F\right]\Big|_F$$

$$= \left[T\left(s\right)\left[\mathrm{adj}\Sigma\left(s\right)P_1\left(s\right)R\right]\big|_F\right]\Big|_F \Delta^{-1}\left(F\right)$$

最后,将定理 4.1 的结论 (3) 应用于上述两个方程,可得到解 (5.49)。□

下面的推论进一步给出了几种特殊情形下非齐次广义 Sylvester 矩阵方程 (5.1) 的解。

推论 5.2　假设定理 5.6 中的条件成立,则下述结论成立。

(1) 当 $A(s) \in \mathbb{R}^{n \times q}\left[s\right]$ 和 $B(s) \in \mathbb{R}^{n \times r}\left[s\right]$ 为 $(\cdot, \alpha)$-左互质时,广义 Sylvester 矩阵方程 (5.1) 有解的充分必要条件是式 (5.31) 成立,且在此条件下,方程的一个特解为

$$\begin{cases} V = \left[\hat{U}\left(s\right)R\right]\big|_F \\ W = \left[\hat{T}\left(s\right)R\right]\big|_F \end{cases} \tag{5.53}$$

其中, $\hat{U}\left(s\right)$ 和 $\hat{T}\left(s\right)$ 与式 (5.50) 相同。

(2) 当 $A(s) \in \mathbb{R}^{n \times q}\left[s\right]$ 和 $B(s) \in \mathbb{R}^{n \times r}\left[s\right]$ 为 F-左互质时,广义 Sylvester 矩阵方程 (5.1) 总是有解存在,且其一个特解为式 (5.49),其中,

$$\begin{bmatrix} \hat{U}\left(s\right) \\ \hat{T}\left(s\right) \end{bmatrix} = \begin{bmatrix} U\left(s\right) \\ T\left(s\right) \end{bmatrix} \mathrm{adj}\Sigma\left(s\right)P\left(s\right) \tag{5.54}$$

(3) 当 $A(s) \in \mathbb{R}^{n \times q}\left[s\right]$ 和 $B\left(s\right) \in \mathbb{R}^{n \times r}\left[s\right]$ 为左互质时,广义 Sylvester 矩阵方程 (5.1) 总是有解存在,且其一个特解为

$$\begin{cases} V = \left[U\left(s\right)P\left(s\right)R\right]\big|_F \\ W = \left[T\left(s\right)P\left(s\right)R\right]\big|_F \end{cases} \tag{5.55}$$

证明　注意以下几点。

(1) 当 $A(s) \in \mathbb{R}^{n \times q}\left[s\right]$ 和 $B\left(s\right) \in \mathbb{R}^{n \times r}\left[s\right]$ 为 $(\cdot, \alpha)$-左互质时,有 $\Sigma\left(s\right) = I_\alpha$,且在这种情况下有

$$\Delta\left(F\right) = \Delta^{-1}\left(F\right) = I_p$$

因此，解 (5.49) 简化为式 (5.53)。

(2) 当 $A(s) \in \mathbb{R}^{n \times q}[s]$ 和 $B(s) \in \mathbb{R}^{n \times r}[s]$ 为 F-左互质时，$P_2(s)$ 不存在，且 $P_1(s) = P(s)$。因此，条件 (5.31) 不再需要，且式 (5.50) 简化为式 (5.54)。

(3) 当 $A(s) \in \mathbb{R}^{n \times q}[s]$ 和 $B(s) \in \mathbb{R}^{n \times r}[s]$ 为左互质时，可得 $\Sigma(s) = I_n$，且 $P_2(s)$ 不存在，并有 $P_1(s) = P(s)$。

结合上述事实，可直接得到相应的结论。　　　　　　　　　　　　□

说明 5.5　在相同的条件下，定理 5.1 和定理 5.6 都给出了矩阵方程 (5.1) 的一般完全参数化解，最终这两个解是相互等价的。在一般假设 5.1 下，为使非齐次广义 Sylvester 矩阵方程有解，矩阵 R 必须具有特殊结构，反映在条件 (5.31) 和定理 5.1 中的矩阵 R' 上。而在定理 5.6 中，通过重新调整多项式矩阵 $U(s)$ 和 $T(s)$ 来处理这一问题。

说明 5.6　解 (5.49) 也是非常简洁的，它是关于矩阵 R 的线性显式形式，因此允许矩阵 R 是待定的。此外，注意到对矩阵 F 的唯一要求是保证 $A(s)$ 和 $B(s)$ 是 F-左互质的。因此，当其特征值不同于 $(A(s), B(s))$ 的不可控模态时，矩阵 F 可以是任意的。这个特性非常有利于处理控制系统理论中一些分析和设计问题。在实际应用中，可以优化矩阵 F 和 R，以及参数矩阵 Z，以取得更好的性能。

5.3.2　一般解

再次利用引理 5.1、定理 4.7 和定理 5.6，即有如下关于非齐次广义 Sylvester 矩阵方程 (5.1) 一般解的结果。

定理 5.7　令 $A(s) \in \mathbb{R}^{n \times q}[s]$ 和 $B(s) \in \mathbb{R}^{n \times r}[s]$ $(q + r > n)$ 由式 (5.2) 给出，$F \in \mathbb{C}^{p \times p}$，且假设 5.1 成立。再令 $P(s) \in \mathbb{R}^{n \times n}[s]$、$Q(s) \in \mathbb{R}^{(q+r) \times (q+r)}[s]$ 和 $\Sigma(s) \in \mathbb{R}^{\alpha \times \alpha}[s]$ 由 Smith 标准分解 (5.26) 给出。那么，非齐次广义 Sylvester 矩阵方程 (5.1) 有解的充分必要条件是条件 (5.31) 成立。在这种情况下，非齐次广义 Sylvester 矩阵方程 (5.1) 的一般完全解 (V, W) 为

$$\boxed{\begin{array}{l} \text{公式 I}'_{\text{G}} \\[2mm] \begin{bmatrix} V \\ W \end{bmatrix} = \left. \left[\hat{Q}(s) \begin{bmatrix} R \\ Z \end{bmatrix} \right] \right|_F \Delta^{-1}(F) \end{array}} \tag{5.56}$$

其中，$Z \in \mathbb{C}^{\beta \times p}$ 是任意参数矩阵，表示解的自由度；$\hat{Q}(s)$ 由式 (5.57) 确定：

$$\hat{Q}(s) = Q(s) \begin{bmatrix} \text{adj}\Sigma(s) P_1(s) & 0 \\ 0 & I \end{bmatrix} \tag{5.57}$$

若记

$$\hat{Q}(s) = \sum_{i=0}^{\tau} \hat{Q}_i s^i$$

则由 Sylvester 映射的定义，解 (5.56) 可表示为

$$\begin{bmatrix} V \\ W \end{bmatrix} = \sum_{i=0}^{\tau} \hat{Q}_i \begin{bmatrix} R \\ Z \end{bmatrix} F^i \Delta^{-1}(F) = \sum_{i=0}^{\tau} \hat{Q}_i \begin{bmatrix} R \\ Z \end{bmatrix} \Delta^{-1}(F) F^i \qquad (5.58)$$

注意到 $\Sigma(s)$ 是对角阵，$\mathrm{adj}\Sigma^{-1}(s)$ 和 $\Sigma^{-1}(s)$ 都很容易求解。

值得再次强调的是，为得到广义 Sylvester 矩阵方程 (5.21) 的解，仅需要用 $\sum_{i=0}^{\psi} H_i R^* F^i$ 取代矩阵 R。

5.4 可控的情形

本节中，在相应矩阵 $A(s)$ 和 $B(s)$ 为左互质，或等价地说成矩阵对 $(A(s)$, $B(s))$ 可控的条件下，进一步考虑非齐次广义 Sylvester 矩阵方程 (5.1) 的解。

事实上，5.1~5.3 节中给出的结果已经包括这种情形，然而，由于可控情形的重要性，在此条件下特别给出非齐次广义 Sylvester 矩阵方程 (5.1) 特解的表达式。

5.4.1 方程的解

由可控性定义可知，$(A(s), B(s))$ 可控的充分必要条件是

$$\mathrm{rank} \begin{bmatrix} A(s) & B(s) \end{bmatrix} = n, \quad \forall s \in \mathbb{C}$$

在这种情形下，由定理 3.11 可知存在多项式矩阵对

$$\begin{cases} U(s) = U_0 + U_1 s + \cdots + U_\varphi s^\varphi \in \mathbb{R}^{q \times n}[s] \\ T(s) = T_0 + T_1 s + \cdots + T_\varphi s^\varphi \in \mathbb{R}^{r \times n}[s] \end{cases} \qquad (5.59)$$

满足如下 Diophantine 方程：

$$A(s)U(s) - B(s)T(s) = I_n \qquad (5.60)$$

而且，由 5.2.2 节可知，在 $(A(s), B(s))$ 可控时，条件 (5.10) 可简化为

$$R' = R \qquad (5.61)$$

因此，在可控条件下将上述结果代入定理 5.6 或推论 5.2，即有如下关于非齐次广义 Sylvester 矩阵方程 (5.1) 特解的结果。

定理 5.8　　令 $A(s) \in \mathbb{R}^{n \times q}[s]$ 和 $B(s) \in \mathbb{R}^{n \times r}[s]\,(q + r > n)$ 由式 (5.2) 给定，$(A(s), B(s))$ 可控。此外，令 $U(s) \in \mathbb{R}^{q \times n}[s]$ 和 $T(s) \in \mathbb{R}^{r \times n}[s]$ 是由式 (5.59) 给出的多项式矩阵对，且满足 Diophantine 方程 (5.60)。那么，对任意 $R \in \mathbb{C}^{n \times p}$，非齐次广义 Sylvester 矩阵方程 (5.1) 总有解，且其一个特解为

$$
\boxed{
\begin{aligned}
&公式\ \mathrm{I_N}\\
&\begin{cases}
V = [U(s)\,R]\big|_F = U_0 R + U_1 RF + \cdots + U_\varphi RF^\varphi \\
W = [T(s)\,R]\big|_F = T_0 R + T_1 RF + \cdots + T_\varphi RF^\varphi
\end{cases}
\end{aligned}
}
\tag{5.62}
$$

下面考虑可控条件下非齐次广义 Sylvester 矩阵方程 (5.1) 的一般解。

由定理 3.11 可知，在 $(A(s), B(s))$ 可控的假设下，存在一个幺模多项式矩阵 $Q(s) \in \mathbb{R}^{(q+r) \times (q+r)}[s]$ 满足

$$
\begin{bmatrix} A(s) & -B(s) \end{bmatrix} Q(s) = \begin{bmatrix} I_n & 0 \end{bmatrix}
\tag{5.63}
$$

将矩阵 $Q(s)$ 分块如下：

$$
Q(s) = \begin{bmatrix} U(s) & N(s) \\ T(s) & D(s) \end{bmatrix}
$$

其中，$U(s) \in \mathbb{R}^{q \times n}[s]$；$T(s) \in \mathbb{R}^{r \times n}[s]$；$N(s) \in \mathbb{R}^{q \times \beta_0}[s]$；$D(s) \in \mathbb{R}^{r \times \beta_0}[s]$；$\beta_0 = q + r - n$。

那么，$U(s)$ 和 $T(s)$ 满足 Diophantine 方程 (5.60)，而 $N(s)$ 和 $T(s)$ 为右互质且满足广义右既约分解：

$$
A(s) N(s) - B(s) D(s) = 0
\tag{5.64}
$$

由第 4 章的结果可知，对应于广义 Sylvester 矩阵方程 (5.1) 的齐次方程的完全参数化一般解为

$$
\begin{cases}
V = [N(s)\,Z]\big|_F = N_0 Z + N_1 ZF + \cdots + N_\omega ZF^\omega \\
W = [D(s)\,Z]\big|_F = D_0 Z + D_1 ZF + \cdots + D_\omega ZF^\omega
\end{cases}
\tag{5.65}
$$

其中，$Z \in \mathbb{C}^{\beta_0 \times p}$ 是任意参数矩阵。

下面的定理结合齐次广义 Sylvester 矩阵方程的一般解 (5.65) 和非齐次广义 Sylvester 矩阵方程的特解 (5.62)，给出可控情形下非齐次广义 Sylvester 矩阵方程的一般解。

定理 5.9　　令 $A(s) \in \mathbb{R}^{n \times q}[s]$ 和 $B(s) \in \mathbb{R}^{n \times r}[s]\,(q + r > n)$ 由式 (5.2) 给定，且 $(A(s), B(s))$ 可控。此外，令 $Q(s) \in \mathbb{R}^{(q+r) \times (q+r)}[s]$ 是满足式 (5.63) 的

幺模多项式矩阵。那么，对任意 $R \in \mathbb{C}^{n \times p}$，非齐次广义 Sylvester 矩阵方程 (5.1) 有解，且其一般解为

$$
\boxed{
\begin{array}{l}
\text{公式 } \mathrm{I_G} \\[2mm]
\begin{bmatrix} V \\ W \end{bmatrix} = \left[Q\left(s\right) \begin{bmatrix} R \\ Z \end{bmatrix} \right] \Bigg|_F
\end{array}
}
\tag{5.66}
$$

其中，$Z \in \mathbb{C}^{(q+r-n) \times p}$ 是任意参数矩阵。

说明 5.7　至少在控制系统设计问题中，可控这一条件往往是可以得到满足的。因此，这种情形下的解具有非常重要的意义。另外，从上述定理 5.8 和定理 5.9 可见，在可控条件下非齐次广义 Sylvester 矩阵方程的特解和一般参数化解都具有非常简单的形式。除了这一特性外，这种参数化解在控制系统设计中还具有广泛的适用性。

在这种可控情形下，对于任意给定矩阵 R，非齐次广义 Sylvester 矩阵方程 (5.1) 都有解。因此，矩阵 R 可以根据矩阵 F 取值。一般地，假设

$$
R = f(F) \tag{5.67}
$$

其中，$f: \mathbb{R}^{p \times p} \longrightarrow \mathbb{R}^{n \times p}$ 是给定的映射。

一种特殊情况如下：

$$
R = \sum_{i=0}^{\psi} H_i R^* F^{i+\rho} \tag{5.68}
$$

其中，ρ 是整数。在矩阵 F 非奇异的条件下，ρ 也可以取负整数。

说明 5.8　由于上述事实，不能把广义 Sylvester 矩阵方程 (5.1) 看作式 (5.21) 的特殊情况，但是反过来是成立的。表达式 (5.21) 在形式上稍显复杂，但这并不意味着它是一般情形；相反，由于其复杂性表现在对矩阵 R 的约束上，所以它实际上是更为特殊的情形。正是由于这点，本章其余部分不再提及式 (5.21) 的解，仅强调广义 Sylvester 矩阵方程 (5.1) 的解。

说明 5.9　对应于说明 4.8，这里再次声明，在广泛的应用问题中，非齐次广义 Sylvester 矩阵方程 (5.1) 中的矩阵 F、V、W 和 R 可以是复数阵。显而易见，对任意的矩阵 F，一旦限制矩阵 F 和 R 是实矩阵 (但是矩阵 F 可以有复特征值)，解 V 和 W 也都是实矩阵。

5.4.2　算例

为了验证上述结果，下面考虑在第 4 章中用过的几个算例。由于在第 4 章中已给出与这些算例相关的齐次广义 Sylvester 矩阵方程的解，所以这里主要侧重研究非齐次广义 Sylvester 矩阵方程的特解。

例 5.1 考虑一个形为式 (4.21) 的齐次广义 Sylvester 矩阵方程，其具有与例 4.1 相同的如下参数：

$$E = \begin{bmatrix} 1 & 0 & 0 \\ 0 & 1 & 0 \\ 0 & 0 & 0 \end{bmatrix}, \quad A = \begin{bmatrix} 0 & 1 & 0 \\ 0 & 0 & 1 \\ 0 & 0 & -1 \end{bmatrix}, \quad B_1 = \begin{bmatrix} 0 & 0 \\ 0 & 1 \\ 0 & 0 \end{bmatrix}, \quad B_0 = \begin{bmatrix} 0 & 0 \\ 1 & 0 \\ 0 & 1 \end{bmatrix}$$

例 4.1 中已按照引理 3.4 的步骤，得到如下多项式矩阵：

$$P(s) = \begin{bmatrix} 1 & 0 & 0 \\ 0 & 1 & -s \\ 0 & 0 & 1 \end{bmatrix}, \quad Q(s) = \begin{bmatrix} 0 & 0 & 0 & 1 & 0 \\ -1 & 0 & 0 & s & 0 \\ 0 & 0 & 0 & 0 & 1 \\ -s & -1 & 0 & s^2 & -s-1 \\ 0 & 0 & -1 & 0 & 1 \end{bmatrix}$$

它们满足方程

$$P(s) \begin{bmatrix} (sE - A) & -(B_1 s + B_0) \end{bmatrix} Q(s) = \begin{bmatrix} I & 0 \end{bmatrix}$$

因此，满足 Diophantine 方程 (5.60) 的多项式矩阵 $U(s)$ 和 $T(s)$ 对为

$$U(s) = \begin{bmatrix} 0 & 0 & 0 \\ -1 & 0 & 0 \\ 0 & 0 & 0 \end{bmatrix} P(s) = \begin{bmatrix} 0 & 0 & 0 \\ -1 & 0 & 0 \\ 0 & 0 & 0 \end{bmatrix}$$

$$T(s) = \begin{bmatrix} -s & -1 & 0 \\ 0 & 0 & -1 \end{bmatrix} P(s) = \begin{bmatrix} -s & -1 & s \\ 0 & 0 & -1 \end{bmatrix}$$

从而可得 $\varphi = 1$，且

$$U_0 = \begin{bmatrix} 0 & 0 & 0 \\ -1 & 0 & 0 \\ 0 & 0 & 0 \end{bmatrix}, \quad U_1 = 0_{3 \times 3}$$

$$T_0 = \begin{bmatrix} 0 & -1 & 0 \\ 0 & 0 & -1 \end{bmatrix}, \quad T_1 = \begin{bmatrix} -1 & 0 & 1 \\ 0 & 0 & 0 \end{bmatrix}$$

根据定理 5.8，对任意矩阵 $F \in \mathbb{C}^{p \times p}$，相应的非齐次广义 Sylvester 矩阵方程的完全解析显式解能参数化为

$$\begin{cases} V_{\mathrm{p}} = U_0 R + U_1 R F \\ W_{\mathrm{p}} = T_0 R + T_1 R F \end{cases}$$

令

$$F = \begin{bmatrix} -\lambda & 1 \\ 0 & -\lambda \end{bmatrix}, \quad R = \begin{bmatrix} \gamma_{11} & \gamma_{12} \\ \gamma_{21} & \gamma_{22} \\ \lambda & -\lambda \end{bmatrix}$$

则有

$$V_{\mathrm{p}} = \begin{bmatrix} 0 & 0 \\ -\gamma_{11} & -\gamma_{12} \\ 0 & 0 \end{bmatrix}$$

$$W_{\mathrm{p}} = \begin{bmatrix} \lambda\left(\gamma_{11} - \lambda\right) - \gamma_{21} & w_{\mathrm{p}12} \\ -\lambda & \lambda \end{bmatrix}$$

其中,

$$w_{\mathrm{p}12} = \lambda - \gamma_{22} - \gamma_{11} + \lambda\left(\gamma_{12} + \lambda\right)$$

特别地,若取

$$\lambda = -1, \quad \begin{bmatrix} \gamma_{11} & \gamma_{12} \\ \gamma_{21} & \gamma_{22} \end{bmatrix} = I_2$$

则可得到非齐次广义 Sylvester 矩阵方程的一组解为

$$V_{\mathrm{p}} = \begin{bmatrix} 0 & 0 \\ 0 & -1 \\ 0 & 0 \end{bmatrix}, \quad W_{\mathrm{p}} = \begin{bmatrix} 0 & 0 \\ -1 & 1 \end{bmatrix}$$

例 5.2　考虑形为式 (5.1) 的二阶广义 Sylvester 矩阵方程,其具有与例 4.2 相同的如下参数:

$$A_2 = M = \begin{bmatrix} 1 & 0 & 0 \\ 0 & 1 & 0 \\ 0 & 0 & 0 \end{bmatrix}, \quad A_1 = D = \begin{bmatrix} 1 & 0 & 1 \\ 0 & 2 & -1 \\ 1 & -1 & 3 \end{bmatrix}, \quad A_0 = K = \begin{bmatrix} 2 & -1 & 0 \\ -1 & 1 & 2 \\ 0 & 2 & 1 \end{bmatrix}$$

$$B_2 = B_1 = 0, \quad B_0 = \begin{bmatrix} 1 & 0 \\ 0 & 0 \\ 0 & 1 \end{bmatrix}$$

对于这组参数,例 4.2 已给出相应的齐次方程的一般解。因此,这里仅需求取非齐次广义方程的特解。

例 4.2 中已经根据定理 3.7 计算出与这些参数相关的 Smith 标准分解，并得到 $\Sigma(s) = I_3$, $P(s) = -I_3$，且

$$Q(s) = \begin{bmatrix} 0 & 1 & 0 & q_2(s) & -q_3(s) \\ 0 & 0 & 0 & 1 & 0 \\ 0 & 0 & 0 & 0 & 1 \\ 1 & q_1(s) & 0 & q_1(s)q_2(s)-1 & s-q_3(s)q_1(s) \\ 0 & s & 1 & sq_2(s)-q_3(s) & -s^2+5s+1 \end{bmatrix}$$

其中，

$$\begin{cases} q_1(s) = s^2 + s + 2 \\ q_2(s) = s^2 + 2s + 1 \\ q_3(s) = s - 2 \end{cases}$$

因此，由引理 3.4 可得

$$U(s) = \begin{bmatrix} 0 & 1 & 0 \\ 0 & 0 & 0 \\ 0 & 0 & 0 \end{bmatrix} P(s) = \begin{bmatrix} 0 & -1 & 0 \\ 0 & 0 & 0 \\ 0 & 0 & 0 \end{bmatrix}$$

$$T(s) = \begin{bmatrix} 1 & (s^2+s+2) & 0 \\ 0 & s & 1 \end{bmatrix} P(s) = \begin{bmatrix} -1 & -(s^2+s+2) & 0 \\ 0 & -s & -1 \end{bmatrix}$$

故有

$$U_0 = \begin{bmatrix} 0 & -1 & 0 \\ 0 & 0 & 0 \\ 0 & 0 & 0 \end{bmatrix}, \quad T_0 = \begin{bmatrix} -1 & -2 & 0 \\ 0 & 0 & -1 \end{bmatrix} \tag{5.69}$$

$$T_1 = \begin{bmatrix} 0 & -1 & 0 \\ 0 & -1 & 0 \end{bmatrix}, \quad T_2 = \begin{bmatrix} 0 & -1 & 0 \\ 0 & 0 & 0 \end{bmatrix} \tag{5.70}$$

根据定理 5.8，对任意矩阵 $R \in \mathbb{C}^{3 \times p}$，二阶广义 Sylvester 矩阵方程具有如下参数化解：

$$\begin{cases} V = U_0 R \\ W = T_0 R + T_1 RF + T_2 RF^2 \end{cases}$$

令

$$F = \begin{bmatrix} -\lambda & 1 \\ 0 & -\lambda \end{bmatrix}, \quad R = \begin{bmatrix} r_{11} & r_{12} \\ r_{21} & r_{22} \\ r_{31} & r_{32} \end{bmatrix}$$

则有

$$V = \begin{bmatrix} -r_{21} & -r_{22} \\ 0 & 0 \\ 0 & 0 \end{bmatrix}, \quad W = \begin{bmatrix} w_{11} & w_{12} \\ w_{21} & w_{22} \end{bmatrix}$$

其中,

$$\begin{cases} w_{11} = -r_{21}\lambda^2 + r_{21}\lambda - r_{11} - 2r_{21} \\ w_{12} = 2\lambda r_{21} - r_{21} - 2r_{22} - r_{12} + \lambda r_{22} - \lambda^2 r_{22} \\ w_{21} = \lambda r_{21} - r_{31} \\ w_{22} = \lambda r_{22} - r_{32} - r_{21} \end{cases}$$

若特别取

$$r_{11} = r_{12} = r_{21} = r_{22} = 0$$

则对任意 λ, 可得一组解为

$$V = 0_{3\times2}, \quad W = -\begin{bmatrix} 0 & 0 \\ r_{31} & r_{32} \end{bmatrix}$$

此解恰好不随变量 λ 变化。

例 5.3　考虑形为式 (5.1) 的三阶广义 Sylvester 矩阵方程, 其具有与例 4.3 相同的如下参数:

$$A_0 = \begin{bmatrix} 0 & -1 & 0 \\ -1 & 1 & 2 \\ 0 & 1 & 1 \end{bmatrix}, \quad A_1 = \begin{bmatrix} 2 & 0 & 0 \\ 0 & 1 & 2 \\ 0 & 2 & 1 \end{bmatrix}$$

$$A_2 = \begin{bmatrix} 1 & 0 & 1 \\ 0 & 2 & -1 \\ 1 & -1 & 3 \end{bmatrix}, \quad A_3 = \begin{bmatrix} 1 & 0 & 0 \\ 0 & 1 & 0 \\ 0 & 0 & 0 \end{bmatrix}$$

$$B_0 = \begin{bmatrix} 1 & 0 \\ 0 & 0 \\ 0 & 1 \end{bmatrix}, \quad B_1 = B_2 = B_3 = 0$$

易证相应系统 (1.12) 是 R-可控的, 且利用引理 3.4 可知, 满足 Diophantine 方程 (5.60) 的多项式矩阵 $U(s)$ 和 $T(s)$ 为

$$U(s) = \begin{bmatrix} 0 & -1 & 0 \\ 0 & 0 & 0 \\ 0 & 0 & 0 \end{bmatrix}, \quad T(s) = -\begin{bmatrix} 1 & s^3+s^2+2s & 0 \\ 0 & s^2 & 1 \end{bmatrix}$$

由上述多项式矩阵 $U(s)$ 和 $T(s)$ 的表达式，有

$$U_0 = \begin{bmatrix} 0 & -1 & 0 \\ 0 & 0 & 0 \\ 0 & 0 & 0 \end{bmatrix}, \quad U_i = 0_{3\times 3}, \quad i = 1, 2, 3$$

$$T_0 = \begin{bmatrix} -1 & 0 & 0 \\ 0 & 0 & -1 \end{bmatrix}, \quad T_1 = \begin{bmatrix} 0 & -2 & 0 \\ 0 & 0 & 0 \end{bmatrix}$$

$$T_2 = \begin{bmatrix} 0 & -1 & 0 \\ 0 & -1 & 0 \end{bmatrix}, \quad T_3 = \begin{bmatrix} 0 & -1 & 0 \\ 0 & 0 & 0 \end{bmatrix}$$

根据定理 5.9，且利用例 4.3 中得到的相应齐次广义 Sylvester 矩阵方程一般解可知，具有任意矩阵 $F \in \mathbb{C}^{p\times p}$ 和 $R \in \mathbb{C}^{3\times p}$ 的这个三阶广义 Sylvester 矩阵方程的完全解析显式解能被参数化为

$$\begin{cases} V = \displaystyle\sum_{i=0}^{3} N_i Z F^i + U_0 R \\ W = \displaystyle\sum_{i=0}^{6} D_i Z F^i + \displaystyle\sum_{i=0}^{3} T_i R F^i \end{cases}$$

其中，$Z \in \mathbb{C}^{2\times p}$ 是任意参数矩阵。

特别地，若令

$$F = \begin{bmatrix} -1 & 1 \\ 0 & -1 \end{bmatrix}, \quad R = \begin{bmatrix} 3 & 1 \\ 0 & 5 \\ 4 & 0 \end{bmatrix} \tag{5.71}$$

且取 $Z = I_2$，则可得方程的一组解为

$$V = \begin{bmatrix} 1 & -6 \\ 1 & 0 \\ 0 & 1 \end{bmatrix}, \quad W = \begin{bmatrix} -6 & 15 \\ -5 & -1 \end{bmatrix} \tag{5.72}$$

5.5　F 为 Jordan 矩阵的情形

本节考虑矩阵 F 是如下形式的 Jordan 矩阵时，非齐次广义 Sylvester 矩阵方程 (5.1) 的特解和一般解：

$$\begin{cases} F = \text{blockdiag}\,(F_1, F_2, \cdots, F_w) \\[2mm] F_i = \begin{bmatrix} s_i & 1 & & \\ & s_i & \ddots & \\ & & \ddots & 1 \\ & & & s_i \end{bmatrix}_{p_i \times p_i} \end{cases} \tag{5.73}$$

其中，$s_i \in \mathbb{C}(i = 1, 2, \cdots, w)$ 是矩阵 F 的特征值；$p_i(i = 1, 2, \cdots, w)$ 为相应特征值 $s_i(i = 1, 2, \cdots, w)$ 的几何重数，且满足 $\sum\limits_{i=1}^{w} p_i = p$。

根据上述矩阵 F 的结构，矩阵 V、W、Z 和 R 的列，即 v_{ij}、w_{ij}、z_{ij} 和 r_{ij} 依照第 4 章中的约定 C1 构成相应的矩阵。而且，假设 5.1 可变为以下形式。

假设 5.2 $\text{rank}\,[A(s)\ \ B(s)] \leqslant \alpha,\ \forall s \in \mathbb{C},\ \text{rank}\,[A(s_i)\ \ B(s_i)] = \alpha,\ i = 1, 2, \cdots, w$。

5.5.1 基于右既约分解和 Diophantine 方程的解

利用引理 A.1 和引理 4.1，按照定理 4.8 证明的思路，易得如下结论。

引理 5.4 根据约定 C1 构造相应的矩阵，条件 (5.10) 可以表示为如下的等价形式：

$$r_{ij} = \sum_{k=0}^{j-1} \frac{1}{k!} \frac{\mathrm{d}^k}{\mathrm{d}s^k} C(s_i) r'_{i,j-k}, \quad j = 1, 2, \cdots, p_i;\ i = 1, 2, \cdots, w \tag{5.74}$$

显然，条件 (5.74) 的展开形式为

$$r_{ij} = C(s_i)r'_{ij} + \frac{1}{1!} \frac{\mathrm{d}}{\mathrm{d}s} C(s_i) r'_{i,j-1} + \cdots + \frac{1}{(j-1)!} \frac{\mathrm{d}^{j-1}}{\mathrm{d}s^{j-1}} C(s_i) r'_{i1}$$

类似于定理 4.8 的证明，利用定理 5.1、引理 A.1 和引理 4.1，下面给出 F 为 Jordan 矩阵 (5.73) 时广义 Sylvester 矩阵方程 (5.1) 的特解形式。

定理 5.10 令 $A(s) \in \mathbb{R}^{n \times q}\,[s]$、$B(s) \in \mathbb{R}^{n \times r}\,[s]$ 和 $F \in \mathbb{C}^{p \times p}$ 是形为式 (5.73) 的 Jordan 矩阵，且假设 5.2 成立。再令 $U(s) \in \mathbb{R}^{q \times n}\,[s]$ 和 $T(s) \in \mathbb{R}^{r \times n}\,[s]$ 由 Diophantine 方程 (5.6) 给出，且 $C(s)$ 满足式 (5.7)。那么，下列结论成立。

(1) 非齐次广义 Sylvester 矩阵方程 (5.1) 有解的充分必要条件是存在满足式 (5.74) 的矩阵 $R' \in \mathbb{C}^{n \times p}$。

(2) 当上述条件满足时，满足广义 Sylvester 矩阵方程 (5.1) 的矩阵 V 和 W 由式 (5.75) 给出：

公式 II_N''

$$\begin{bmatrix} v_{ij} \\ w_{ij} \end{bmatrix} = \sum_{k=0}^{j-1} \frac{1}{k!} \frac{\mathrm{d}^k}{\mathrm{d}s^k} \begin{bmatrix} U(s_i) \\ T(s_i) \end{bmatrix} r'_{i,j-k}, \quad j=1,2,\cdots,p_i; \ i=1,2,\cdots,w$$

$$(5.75)$$

其中，R' 由式 (5.74) 确定。

解 (5.75) 可以展开为

$$\begin{bmatrix} v_{ij} \\ w_{ij} \end{bmatrix} = \begin{bmatrix} U(s_i) \\ T(s_i) \end{bmatrix} r'_{ij} + \frac{1}{1!} \frac{\mathrm{d}}{\mathrm{d}s} \begin{bmatrix} U(s_i) \\ T(s_i) \end{bmatrix} r'_{i,j-1} + \cdots + \frac{1}{(j-1)!} \frac{\mathrm{d}^{j-1}}{\mathrm{d}s^{j-1}} \begin{bmatrix} U(s_i) \\ T(s_i) \end{bmatrix} r'_{i1}$$

利用引理 5.1、定理 4.8 和定理 5.10，即得如下关于非齐次广义 Sylvester 矩阵方程 (5.1) 一般解的结果。

定理 5.11 令 $A(s) \in \mathbb{R}^{n \times q}[s]$ 和 $B(s) \in \mathbb{R}^{n \times r}[s]\,(q+r>n)$ 由式 (5.2) 给出，$F \in \mathbb{C}^{p \times p}$ 是形为式 (5.73) 的 Jordan 矩阵，且假设 5.2 成立。再令

(1) $N(s) \in \mathbb{R}^{q \times \beta}[s]$ 和 $D(s) \in \mathbb{R}^{r \times \beta}[s]$ 是由式 (4.58) 给出的右互质多项式矩阵对，且满足广义右既约分解 (4.56)；

(2) $U(s) \in \mathbb{R}^{q \times \alpha}[s]$ 和 $T(s) \in \mathbb{R}^{r \times \alpha}[s]$ 由式 (5.6) 给出，其中，$C(s)$ 满足式 (5.7)。

那么，非齐次广义 Sylvester 矩阵方程 (5.1) 的一般完全参数化解 (V, W) 为

公式 II_G''

$$\begin{bmatrix} v_{ij} \\ w_{ij} \end{bmatrix} = \sum_{k=0}^{j-1} \frac{1}{k!} \frac{\mathrm{d}^k}{\mathrm{d}s^k} \begin{bmatrix} U(s_i) & N(s_i) \\ T(s_i) & D(s_i) \end{bmatrix} \begin{bmatrix} r'_{i,j-k} \\ z_{i,j-k} \end{bmatrix}, \quad j=1,2,\cdots,p_i; \ i=1,2,\cdots,w$$

$$(5.76)$$

其中，R' 由式 (5.74) 确定 (如果存在)；$z_{ij} \in \mathbb{C}^\beta (j=1,2,\cdots,p_i; \ i=1,2,\cdots,w)$ 是任意一组参数向量，并包含解的全部自由度。

解 (5.76) 可以展开为

$$\begin{bmatrix} v_{ij} \\ w_{ij} \end{bmatrix} = \begin{bmatrix} U(s_i) & N(s_i) \\ T(s_i) & D(s_i) \end{bmatrix} \begin{bmatrix} r'_{ij} \\ z_{ij} \end{bmatrix}$$

$$+ \frac{1}{1!} \frac{\mathrm{d}}{\mathrm{d}s} \begin{bmatrix} U(s_i) & N(s_i) \\ T(s_i) & D(s_i) \end{bmatrix} \begin{bmatrix} r'_{i,j-1} \\ z_{i,j-1} \end{bmatrix}$$

$$+ \cdots + \frac{1}{(j-1)!} \frac{\mathrm{d}^{j-1}}{\mathrm{d}s^{j-1}} \begin{bmatrix} U(s_i) & N(s_i) \\ T(s_i) & D(s_i) \end{bmatrix} \begin{bmatrix} r'_{i1} \\ z_{i1} \end{bmatrix}$$

5.5.2　基于 Smith 标准分解的解

相似地,利用定理 5.6、定理 5.4、引理 A.1 和引理 4.1,可以给出 F 为 Jordan 矩阵 (5.73) 时非齐次广义 Sylvester 矩阵方程 (5.1) 的一个特解如下。

定理 5.12　令 $A(s) \in \mathbb{R}^{n \times q}[s]$ 和 $B(s) \in \mathbb{R}^{n \times r}[s] (q + r > n)$ 由式 (5.2) 给出,$F \in \mathbb{C}^{p \times p}$ 是形为式 (5.73) 的 Jordan 矩阵,且假设 5.2 成立。再令

(1) $P(s) \in \mathbb{R}^{n \times n}[s]$、$Q(s) \in \mathbb{R}^{(q+r) \times (q+r)}[s]$ 和 $\Sigma(s) \in \mathbb{R}^{\alpha \times \alpha}[s]$ 由 Smith 标准分解 (5.26) 给出;

(2) $U(s) \in \mathbb{R}^{q \times \alpha}[s]$ 和 $T(s) \in \mathbb{R}^{r \times \alpha}[s]$ 由式 (5.28) 给出;

(3) $P_1(s) \in \mathbb{R}^{\alpha \times n}[s]$ 和 $P_2(s) \in \mathbb{R}^{(n-\alpha) \times n}[s]$ 由式 (5.30) 给出。

那么,广义 Sylvester 矩阵方程 (5.1) 有解的充分必要条件是式 (5.31) 成立,且在此情况下,方程的一个特解为

$$\begin{cases} V = \hat{V} \Delta^{-1}(F) \\ W = \hat{W} \Delta^{-1}(F) \end{cases} \tag{5.77}$$

$$\boxed{\begin{array}{l} \text{公式 II}'_{\mathrm{N}} \\ \begin{bmatrix} \hat{v}_{ij} \\ \hat{w}_{ij} \end{bmatrix} = \sum_{k=0}^{j-1} \frac{1}{k!} \frac{\mathrm{d}^k}{\mathrm{d}s^k} \begin{bmatrix} \hat{U}(s_i) \\ \hat{T}(s_i) \end{bmatrix} r_{i,j-k}, \quad j = 1, 2, \cdots, p_i; \ i = 1, 2, \cdots, w \end{array}} \tag{5.78}$$

其中,$\hat{U}(s)$ 和 $\hat{T}(s)$ 由式 (5.50) 给出。

下面利用引理 5.1、定理 4.8 和定理 5.12,得到如下关于非齐次矩阵方程 (5.1) 一般解的结果。

定理 5.13　令 $A(s) \in \mathbb{R}^{n \times q}[s]$ 和 $B(s) \in \mathbb{R}^{n \times r}[s] (q+r > n)$ 由式 (5.2) 给出,$F \in \mathbb{C}^{p \times p}$ 是形为式 (5.73) 的 Jordan 矩阵,且假设 5.2 成立。再令 $P(s) \in \mathbb{R}^{n \times n}[s]$、$Q(s) \in \mathbb{R}^{(q+r) \times (q+r)}[s]$ 和 $\Sigma(s) \in \mathbb{R}^{\alpha \times \alpha}[s]$ 由 Smith 标准分解 (5.26) 给出。那么,非齐次广义 Sylvester 矩阵方程 (5.1) 有解的充分必要条件是式 (5.31) 成立,且在此情况下,非齐次广义 Sylvester 矩阵方程 (5.1) 的一般完全参数化解为

$$\begin{cases} V = \hat{V} \Delta^{-1}(F) \\ W = \hat{W} \Delta^{-1}(F) \end{cases} \tag{5.79}$$

$$\boxed{\begin{array}{l} \text{公式 II}'_{\mathrm{G}} \\ \begin{bmatrix} \hat{v}_{ij} \\ \hat{w}_{ij} \end{bmatrix} = \sum_{k=0}^{j-1} \frac{1}{k!} \frac{\mathrm{d}^k}{\mathrm{d}s^k} \hat{Q}(s_i) \begin{bmatrix} r_{i,j-k} \\ z_{i,j-k} \end{bmatrix}, \quad j = 1, 2, \cdots, p_i; \ i = 1, 2, \cdots, w \end{array}} \tag{5.80}$$

其中，$\hat{Q}(s)$ 如式 (5.57) 中定义；$z_{ij} \in \mathbb{C}^{q+r-n} (j = 1, 2, \cdots, p_i;\ i = 1, 2, \cdots, w)$ 是任意一组参数向量，并包含解的全部自由度。

对应于推论 5.2，有如下结果。

推论 5.3　在定理 5.12 的条件下，有下述结论成立。

(1) 当 $A(s) \in \mathbb{R}^{n \times q}[s]$ 和 $B(s) \in \mathbb{R}^{n \times r}[s]$ 为 $(\cdot, \alpha)$-左互质时，广义 Sylvester 矩阵方程 (5.1) 有解的充分必要条件是式 (5.31) 成立，且在此情况下，方程的一个特解为

$$\begin{bmatrix} v_{ij} \\ w_{ij} \end{bmatrix} = \sum_{k=0}^{j-1} \frac{1}{k!} \frac{\mathrm{d}^k}{\mathrm{d}s^k} \begin{bmatrix} \hat{U}(s_i) \\ \hat{T}(s_i) \end{bmatrix} r_{i,j-k}, \quad j = 1, 2, \cdots, p_i;\ i = 1, 2, \cdots, w \quad (5.81)$$

其中，$\hat{U}(s)$ 和 $\hat{T}(s)$ 如式 (5.50) 中所定义。

(2) 当 $A(s) \in \mathbb{R}^{n \times q}[s]$ 和 $B(s) \in \mathbb{R}^{n \times r}[s]$ 为 F-左互质时，广义 Sylvester 矩阵方程 (5.1) 总有解，且式 (5.77) 和式 (5.78) 是其一个特解，其中，

$$\begin{bmatrix} \hat{U}(s) \\ \hat{T}(s) \end{bmatrix} = \begin{bmatrix} U(s) \\ T(s) \end{bmatrix} \mathrm{adj}\Sigma(s) P(s) \quad (5.82)$$

(3) 当 $A(s) \in \mathbb{R}^{n \times q}[s]$ 和 $B(s) \in \mathbb{R}^{n \times r}[s]$ 为左互质时，广义 Sylvester 矩阵方程 (5.1) 总有解，且式 (5.81) 是其一个特解，其中，

$$\begin{bmatrix} \hat{U}(s) \\ \hat{T}(s) \end{bmatrix} = \begin{bmatrix} U(s) \\ T(s) \end{bmatrix} P(s) \quad (5.83)$$

进一步地，对于可控情形，有如下结果。

推论 5.4　令 $A(s) \in \mathbb{R}^{n \times q}[s]$ 和 $B(s) \in \mathbb{R}^{n \times r}[s]\ (q + r > n)$ 由式 (5.2) 给出，且是左互质的，$F \in \mathbb{C}^{p \times p}$ 是形为式 (5.73) 的 Jordan 矩阵。此外，令 $Q(s) \in \mathbb{R}^{(q+r) \times (q+r)}[s]$ 是满足式 (5.63) 的幺模多项式矩阵，则下述结论成立。

(1) 对任意 $R \in \mathbb{C}^{n \times p}$，非齐次广义 Sylvester 矩阵方程 (5.1) 有解，且其一个特解为

$$\boxed{\begin{array}{l} \text{公式 II}_\text{N} \\[2mm] \begin{bmatrix} v_{ij} \\ w_{ij} \end{bmatrix} = \sum_{k=0}^{j-1} \frac{1}{k!} \frac{\mathrm{d}^k}{\mathrm{d}s^k} \begin{bmatrix} U(s_i) \\ T(s_i) \end{bmatrix} r_{i,j-k}, \quad j = 1, 2, \cdots, p_i;\ i = 1, 2, \cdots, w \end{array}}$$

$$(5.84)$$

(2) 方程的一般解为

公式 II_G

$$\begin{bmatrix} v_{ij} \\ w_{ij} \end{bmatrix} = \sum_{k=0}^{j-1} \frac{1}{k!} \frac{\mathrm{d}^k}{\mathrm{d}s^k} Q\left(s_i\right) \begin{bmatrix} r_{i,j-k} \\ z_{i,j-k} \end{bmatrix}, \quad j=1,2,\cdots,p_i;\ i=1,2,\cdots,w$$

(5.85)

其中，$z_{ij} \in \mathbb{C}^{q+r-n}(j=1,2,\cdots,p_i;\ i=1,2,\cdots,w)$ 是任意一组参数向量，且包含解的全部自由度。

假设 Jordan 矩阵 F 的第 i 个 Jordan 子块是 3 维的，即

$$J_i = \begin{bmatrix} s_i & 1 & 0 \\ 0 & s_i & 1 \\ 0 & 0 & s_i \end{bmatrix}$$

则由式 (5.84) 可给出特解 $(V,\ W)$ 中向量 $(v_{ij},\ w_{ij})\,(j=1,2,3)$ 的具体形式如下：

$$\begin{cases} \begin{bmatrix} v_{i1} \\ w_{i1} \end{bmatrix} = \begin{bmatrix} U(s_i) \\ T(s_i) \end{bmatrix} r_{i1} \\ \begin{bmatrix} v_{i2} \\ w_{i2} \end{bmatrix} = \begin{bmatrix} U(s_i) \\ T(s_i) \end{bmatrix} r_{i2} + \frac{\mathrm{d}}{\mathrm{d}s} \begin{bmatrix} U(s_i) \\ T(s_i) \end{bmatrix} r_{i1} \\ \begin{bmatrix} v_{i3} \\ w_{i3} \end{bmatrix} = \begin{bmatrix} U(s_i) \\ T(s_i) \end{bmatrix} r_{i3} + \frac{\mathrm{d}}{\mathrm{d}s} \begin{bmatrix} U(s_i) \\ T(s_i) \end{bmatrix} r_{i2} + \frac{1}{2}\frac{\mathrm{d}^2}{\mathrm{d}s^2} \begin{bmatrix} U(s_i) \\ T(s_i) \end{bmatrix} r_{i1} \end{cases}$$

(5.86)

类似地，由式 (5.85) 可给出一般解 $(V,\ W)$ 中向量 $(v_{ij},\ w_{ij})\,(j=1,2,3)$ 的具体形式如下：

$$\begin{bmatrix} v_{ij} \\ w_{ij} \end{bmatrix} = \sum_{k=0}^{j-1} \frac{1}{k!} \frac{\mathrm{d}^k}{\mathrm{d}s^k} Q\left(s_i\right) \begin{bmatrix} r_{i,j-k} \\ z_{i,j-k} \end{bmatrix}$$

$$\begin{cases} \begin{bmatrix} v_{i1} \\ w_{i1} \end{bmatrix} = Q(s_i) \begin{bmatrix} r_{i1} \\ z_{i1} \end{bmatrix} \\ \begin{bmatrix} v_{i2} \\ w_{i2} \end{bmatrix} = Q(s_i) \begin{bmatrix} r_{i2} \\ z_{i2} \end{bmatrix} + \frac{\mathrm{d}}{\mathrm{d}s} Q(s_i) \begin{bmatrix} r_{i1} \\ z_{i1} \end{bmatrix} \\ \begin{bmatrix} v_{i3} \\ w_{i3} \end{bmatrix} = Q(s_i) \begin{bmatrix} r_{i3} \\ z_{i3} \end{bmatrix} + \frac{\mathrm{d}}{\mathrm{d}s} Q(s_i) \begin{bmatrix} r_{i2} \\ z_{i2} \end{bmatrix} + \frac{1}{2}\frac{\mathrm{d}^2}{\mathrm{d}s^2} Q(s_i) \begin{bmatrix} r_{i1} \\ z_{i1} \end{bmatrix} \end{cases}$$

(5.87)

说明 5.10   上述结果给出了 F 是 Jordan 矩阵时，非齐次广义 Sylvester 矩阵方程 (5.1) 的显式特解和一般完全参数化解。值得一提的是，这里的特解和一般解与相应的齐次广义 Sylvester 矩阵方程的一般解具有相同的结构。对应关系为

$$\begin{bmatrix} N(s) \\ D(s) \end{bmatrix} \longleftrightarrow \begin{bmatrix} U(s) \\ T(s) \end{bmatrix} \longleftrightarrow Q(s)$$

$$Z \longleftrightarrow R \longleftrightarrow \begin{bmatrix} R \\ Z \end{bmatrix}$$

说明 5.11   对于一般解 (5.85)，矩阵 Z 或向量组 $z_{ij}(j = 1, 2, \cdots, p_i;\ i = 1, 2, \cdots, w)$ 表示了全部的自由度。特解和一般解都允许矩阵 R 是待定的，且允许矩阵 F 的特征值是待定的，但是要求不同于 $(A(s), B(s))$ 的不可控模态。特别地，在 $(A(s), B(s))$ 可控的情形下，矩阵 F 可以是任选的。这些自由度极有利于控制系统理论中的一些分析和设计问题。

5.5.3 算例

例 5.4   为验证本节的求解方法，考虑形为式 (5.1) 的三阶广义 Sylvester 矩阵方程，其参数与例 4.3、例 4.4 和例 5.3 均相同，具体如下：

$$A_3 = \begin{bmatrix} 1 & 0 & 0 \\ 0 & 1 & 0 \\ 0 & 0 & 0 \end{bmatrix}, \quad A_2 = \begin{bmatrix} 1 & 0 & 1 \\ 0 & 2 & -1 \\ 1 & -1 & 3 \end{bmatrix}$$

$$A_1 = \begin{bmatrix} 2 & 0 & 0 \\ 0 & 1 & 2 \\ 0 & 2 & 1 \end{bmatrix}, \quad A_0 = \begin{bmatrix} 0 & -1 & 0 \\ -1 & 1 & 2 \\ 0 & 1 & 1 \end{bmatrix}$$

$$B_3 = B_2 = B_1 = 0, \quad B = \begin{bmatrix} 1 & 0 \\ 0 & 0 \\ 0 & 1 \end{bmatrix}$$

利用引理 3.4，容易验证矩阵对 $(A(s), B(s))$ 可控，且满足广义右既约分解 (4.56) 的多项式矩阵 $N(s)$ 和 $D(s)$ 分别为

$$N(s) = \begin{bmatrix} s^3 + 2s^2 + s + 1 & -s^2 + 2s + 2 \\ 1 & 0 \\ 0 & 1 \end{bmatrix}$$

$$D(s) = \begin{bmatrix} s^6 + 3s^5 + 5s^4 + 6s^3 + 3s^2 + 2s - 1 & -s^5 + s^4 + 2s^3 + 7s^2 + 4s \\ s^5 + 2s^4 + s^3 + 2s + 1 & -s^4 + 2s^3 + 5s^2 + s + 1 \end{bmatrix}$$

满足式 (5.39) 的多项式矩阵 $U(s)$ 和 $T(s)$ 分别为

$$U(s) = \begin{bmatrix} 0 & -1 & 0 \\ 0 & 0 & 0 \\ 0 & 0 & 0 \end{bmatrix}, \quad T(s) = -\begin{bmatrix} 1 & s^3 + s^2 + 2s & 0 \\ 0 & s^2 & 1 \end{bmatrix}$$

矩阵 F 的取值和式 (5.71) 相同，即

$$F = \begin{bmatrix} -1 & 1 \\ 0 & -1 \end{bmatrix}$$

显然这是 Jordan 矩阵，因此也能利用定理 5.11 求解这个广义 Sylvester 矩阵方程。对于任意矩阵 R，其一般解如下：

$$V = \begin{bmatrix} v_{11} & v_{12} \end{bmatrix}, \quad W = \begin{bmatrix} w_{11} & w_{12} \end{bmatrix}$$

其中，

$$\begin{bmatrix} v_{11} \\ w_{11} \end{bmatrix} = \begin{bmatrix} N(-1) & U(-1) \\ D(-1) & T(-1) \end{bmatrix} \begin{bmatrix} z_{11} \\ r_{11} \end{bmatrix}$$

$$\begin{bmatrix} v_{12} \\ w_{12} \end{bmatrix} = \begin{bmatrix} N(-1) & U(-1) \\ D(-1) & T(-1) \end{bmatrix} \begin{bmatrix} z_{12} \\ r_{12} \end{bmatrix} + \frac{1}{1!}\frac{\mathrm{d}}{\mathrm{d}s} \begin{bmatrix} N(-1) & U(-1) \\ D(-1) & T(-1) \end{bmatrix} \begin{bmatrix} z_{11} \\ r_{11} \end{bmatrix}$$

由于

$$\frac{\mathrm{d}}{\mathrm{d}s}N(s) = \begin{bmatrix} 3s^2 + 4s + 1 & -2s + 2 \\ 0 & 0 \\ 0 & 0 \end{bmatrix}$$

$$\frac{\mathrm{d}}{\mathrm{d}s}D(s) = \begin{bmatrix} 6s^5 + 15s^4 + 20s^3 + 18s^2 + 6s + 2 & -5s^4 + 4s^3 + 6s^2 + 14s + 4 \\ 5s^4 + 8s^3 + 3s^2 + 2 & -4s^3 + 6s^2 + 10s + 1 \end{bmatrix}$$

$$\frac{\mathrm{d}}{\mathrm{d}s}U(s) = \begin{bmatrix} 0 & 0 & 0 \\ 0 & 0 & 0 \\ 0 & 0 & 0 \end{bmatrix}$$

$$\frac{\mathrm{d}}{\mathrm{d}s}T(s) = \begin{bmatrix} 0 & 3s^2 + 2s + 2 & 0 \\ 0 & 2s & 0 \end{bmatrix}$$

和例 5.3 一样，选取 $Z = I_2$，且

$$R = \begin{bmatrix} 3 & 1 \\ 0 & 5 \\ 4 & 0 \end{bmatrix}$$

则可得

$$\begin{bmatrix} v_{11} \\ w_{11} \end{bmatrix} = \begin{bmatrix} 1 & -1 & 0 & -1 & 0 \\ 1 & 0 & 0 & 0 & 0 \\ 0 & 1 & 0 & 0 & 0 \\ -3 & 3 & -1 & 2 & 0 \\ -1 & 2 & 0 & -1 & -1 \end{bmatrix} \begin{bmatrix} 1 \\ 0 \\ 3 \\ 0 \\ 4 \end{bmatrix} = \begin{bmatrix} 1 \\ 1 \\ 0 \\ -6 \\ -5 \end{bmatrix}$$

$$\begin{bmatrix} v_{12} \\ w_{12} \end{bmatrix} = \begin{bmatrix} 1 & -1 & 0 & -1 & 0 \\ 1 & 0 & 0 & 0 & 0 \\ 0 & 1 & 0 & 0 & 0 \\ -3 & 3 & -1 & 2 & 0 \\ -1 & 2 & 0 & -1 & -1 \end{bmatrix} \begin{bmatrix} 0 \\ 1 \\ 1 \\ 5 \\ 0 \end{bmatrix}$$

$$+ \begin{bmatrix} 0 & 4 & 0 & 0 & 0 \\ 0 & 0 & 0 & 0 & 0 \\ 0 & 0 & 0 & 0 & 0 \\ 3 & -13 & 0 & -3 & 0 \\ 2 & 1 & 0 & 2 & 0 \end{bmatrix} \begin{bmatrix} 1 \\ 0 \\ 3 \\ 0 \\ 4 \end{bmatrix} = \begin{bmatrix} -6 \\ 0 \\ 1 \\ 15 \\ -1 \end{bmatrix}$$

因此，方程有解如下：

$$V = \begin{bmatrix} 1 & -6 \\ 1 & 0 \\ 0 & 1 \end{bmatrix}, \quad W = \begin{bmatrix} -6 & 15 \\ -5 & -1 \end{bmatrix}$$

5.6 F 为对角阵的情形

虽然对角阵只是 Jordan 矩阵的一种特殊情形，但是考虑到其重要性，本节将进一步讨论当 F 为如下的对角阵时，高阶广义 Sylvester 矩阵方程 (5.1) 的特解和一般解：

$$F = \text{diag}\,(s_1, s_2, \cdots, s_p) \tag{5.88}$$

这里不要求 $s_i \in \mathbb{C}(i = 1, 2, \cdots, p)$ 互异。实际应用中常常遇到这种情况，因而 F 为对角阵的情形是非常重要的。

当 F 是对角阵时，可以根据约定 C1 分别将矩阵 V、W、Z、R 和 R' 的列记为 v_{i1}、w_{i1}、z_{i1}、r_{i1} 和 r'_{i1}；不失一般性，也可以根据约定 C2，进一步将向量 v_{i1}、w_{i1}、z_{i1}、r_{i1} 和 r'_{i1} 简化表示为 v_i、w_i、z_i、r_i 和 r'_i。同样地，在这种特殊情形下，假设 5.1 简化如下。

假设 5.3　$\operatorname{rank}[A(s)\ \ B(s)] \leqslant \alpha, \ \forall s \in \mathbb{C}, \ \operatorname{rank}[A(s_i)\ \ B(s_i)] = \alpha, \ i = 1, 2, \cdots, p$。

5.6.1　基于右既约分解和 Diophantine 方程的解

当矩阵 F 具有式 (5.88) 的形式时，解存在的条件变为

$$C(s_i)\, r'_i = r_i, \quad i = 1, 2, \cdots, p \tag{5.89}$$

只要对定理 5.10 中矩阵 F 进行简化，就可以得到广义 Sylvester 矩阵方程 (5.1) 在 F 为对角阵 (5.88) 时的特解。

定理 5.14　令 $A(s) \in \mathbb{R}^{n \times q}[s]$ 和 $B(s) \in \mathbb{R}^{n \times r}[s]$ $(q + r > n)$ 由式 (5.2) 给出，$F \in \mathbb{C}^{p \times p}$ 是形为式 (5.88) 的对角阵，且假设 5.3 成立。再令 $U(s) \in \mathbb{R}^{q \times \alpha}[s]$ 和 $T(s) \in \mathbb{R}^{r \times \alpha}[s]$ 由 Diophantine 方程 (5.6) 给出，且 $C(s)$ 满足式 (5.7)。那么，下述结论成立。

(1) 广义 Sylvester 矩阵方程 (5.1) 有解的充分必要条件是存在满足式 (5.89) 的矩阵 R'。

(2) 当上述条件满足时，广义 Sylvester 矩阵方程 (5.1) 关于矩阵 V 和 W 有解如下：

$$\boxed{\begin{array}{l} \text{公式 III}_N'' \\[2mm] \begin{bmatrix} v_i \\ w_i \end{bmatrix} = \begin{bmatrix} U(s_i) \\ T(s_i) \end{bmatrix} r'_i, \quad i = 1, 2, \cdots, p \end{array}} \tag{5.90}$$

其中，R' 由式 (5.89) 确定。

进一步利用引理 5.1、定理 4.9 和定理 5.14，即有如下关于非齐次广义 Sylvester 矩阵方程 (5.1) 一般解的结果。

定理 5.15　令 $A(s) \in \mathbb{R}^{n \times q}[s]$ 和 $B(s) \in \mathbb{R}^{n \times r}[s]$ $(q + r > n)$ 由式 (5.2) 给出，$F \in \mathbb{C}^{p \times p}$ 是形为式 (5.88) 的对角阵，且假设 5.3 成立。再令下述条件成立：

(1) $N(s) \in \mathbb{R}^{q \times \beta}[s]$ 和 $D(s) \in \mathbb{R}^{r \times \beta}[s]$ 是满足广义右既约分解 (4.56) 的右互质多项式矩阵，且具有形式 (4.58)。

(2) $U(s) \in \mathbb{R}^{q \times \alpha}[s]$ 和 $T(s) \in \mathbb{R}^{r \times \alpha}[s]$ 由式 (5.6) 给出，且 $C(s)$ 满足式 (5.7)。

那么，非齐次广义 Sylvester 矩阵方程 (5.1) 的一般完全参数化解 (V, W) 为

公式 III_G''
$$\begin{bmatrix} v_i \\ w_i \end{bmatrix} = \begin{bmatrix} U(s_i) & N(s_i) \\ T(s_i) & D(s_i) \end{bmatrix} \begin{bmatrix} r_i' \\ z_i \end{bmatrix}, \quad i = 1, 2, \cdots, p \tag{5.91}$$

其中，R' 由式 (5.89) 确定；$z_i \in \mathbb{C}^\beta (i = 1, 2, \cdots, p)$ 是任意一组参数向量，包含解的全部自由度。

将假设 5.3 加强如下。

假设 5.4 $\text{rank}\,[A(s_i)\ B(s_i)] = n,\ i = 1, 2, \cdots, p$。

此假设恰好等价于 $A(s)$ 和 $B(s)$ 是 F-左互质的。因此，在此种情形下有

$$C(s) = P(s)\Sigma(s)$$

其中，$P(s)$ 是一个幺模矩阵；$\Sigma(s)$ 是一个满足下式的对角阵：

$$\det \Sigma(s) \neq 0, \quad \forall s \in \text{eig}(F)$$

则条件方程 (5.89) 有唯一解为

$$r_i' = C^{-1}(s_i) r_i, \quad i = 1, 2, \cdots, p \tag{5.92}$$

由这一事实即可得如下推论。

推论 5.5   令 $A(s) \in \mathbb{R}^{n \times q}[s]$、$B(s) \in \mathbb{R}^{n \times r}[s]$ 和 $F \in \mathbb{C}^{p \times p}$ 是形为式 (5.88) 的对角阵，且假设 5.4 成立。再令 $U(s) \in \mathbb{R}^{q \times \alpha}[s]$ 和 $T(s) \in \mathbb{R}^{r \times \alpha}[s]$ 由式 (5.6) 给出，其中，$C(s)$ 满足式 (5.7)。那么，广义 Sylvester 矩阵方程 (5.1) 关于 V 和 W 有解，且方程有如下特解：

$$\begin{bmatrix} v_i \\ w_i \end{bmatrix} = \begin{bmatrix} U'(s_i) \\ T'(s_i) \end{bmatrix} r_i, \quad i = 1, 2, \cdots, p \tag{5.93}$$

其中，

$$\begin{bmatrix} U'(s) \\ T'(s) \end{bmatrix} = \begin{bmatrix} U(s) \\ T(s) \end{bmatrix} C^{-1}(s)$$

5.6.2 基于 Smith 标准分解的解

当 F 为对角阵 (5.88) 时，通过简化定理 5.12，可得非齐次广义 Sylvester 矩阵方程 (5.1) 的特解。

定理 5.16　令 $A(s) \in \mathbb{R}^{n \times q}[s]$ 和 $B(s) \in \mathbb{R}^{n \times r}[s]\,(q+r>n)$ 由式 (5.2) 给出，$F \in \mathbb{C}^{p \times p}$ 是形为式 (5.88) 的对角阵，且满足假设 5.3。再令下述条件成立：

(1) $P(s) \in \mathbb{R}^{n \times n}[s]$、$Q(s) \in \mathbb{R}^{(q+r) \times (q+r)}[s]$ 和 $\Sigma(s) \in \mathbb{R}^{\alpha \times \alpha}[s]$ 由 Smith 标准分解 (5.26) 给出。

(2) $U(s) \in \mathbb{R}^{q \times \alpha}[s]$ 和 $T(s) \in \mathbb{R}^{r \times \alpha}[s]$ 由式 (5.28) 给出。

(3) $P_1(s) \in \mathbb{R}^{\alpha \times n}[s]$ 和 $P_2(s) \in \mathbb{R}^{(n-\alpha) \times n}[s]$ 由式 (5.30) 给出。

那么，广义 Sylvester 矩阵方程 (5.1) 有解的充分必要条件是式 (5.31) 成立。在这种情况下，方程有如下形式的特解：

$$
\boxed{
\begin{array}{l}
公式\ \mathrm{III}'_{\mathrm{N}} \\[2mm]
\begin{bmatrix} v_i \\ w_i \end{bmatrix} = \begin{bmatrix} \overset{\circ}{U}(s_i) \\ \overset{\circ}{T}(s_i) \end{bmatrix} r_i, \quad i=1,2,\cdots,p
\end{array}}
\tag{5.94}
$$

其中，

$$
\begin{bmatrix} \overset{\circ}{U}(s_i) \\ \overset{\circ}{T}(s_i) \end{bmatrix} = \frac{1}{\Delta(s_i)} \begin{bmatrix} \hat{U}(s_i) \\ \hat{T}(s_i) \end{bmatrix}
$$
$$
= \begin{bmatrix} U(s_i) \\ T(s_i) \end{bmatrix} \Sigma^{-1}(s_i) P_1(s_i), \quad i=1,2,\cdots,p
$$

证明　根据定理 5.12，在条件 (5.31) 下，广义 Sylvester 矩阵方程有以下特解：

$$
\begin{cases} V = \hat{V}\Delta^{-1}(F) \\ W = \hat{W}\Delta^{-1}(F) \end{cases}
\tag{5.95}
$$

$$
\begin{bmatrix} \hat{v}_i \\ \hat{w}_i \end{bmatrix} = \begin{bmatrix} \hat{U}(s_i) \\ \hat{T}(s_i) \end{bmatrix} r_i, \quad i=1,2,\cdots,p
\tag{5.96}
$$

其中，$\hat{U}(s)$ 和 $\hat{T}(s)$ 由式 (5.50) 给出。注意到 F 是对角阵，有

$$
\Delta^{-1}(F) = \mathrm{diag}\left(\frac{1}{\Delta(s_1)}, \frac{1}{\Delta(s_2)}, \cdots, \frac{1}{\Delta(s_p)} \right)
$$

因此，式 (5.95) 等价于

$$
\begin{cases} v_i = \dfrac{1}{\Delta(s_i)}\hat{v}_i \\[2mm] w_i = \dfrac{1}{\Delta(s_i)}\hat{w}_i \\[1mm] i=1,2,\cdots,p \end{cases}
$$

结合式 (5.96)，可得解 (5.94)。   □

再利用引理 5.1、定理 4.9 和定理 5.16，即可得到如下关于非齐次矩阵方程 (5.1) 一般解的结果。

定理 5.17 令 $A(s) \in \mathbb{R}^{n \times q}[s]$ 和 $B(s) \in \mathbb{R}^{n \times r}[s]$ $(q + r > n)$ 由式 (5.2) 给出，$F \in \mathbb{C}^{p \times p}$ 是形为式 (5.88) 的对角阵，且假设 5.3 满足。再令 $P(s) \in \mathbb{R}^{n \times n}[s]$、$Q(s) \in \mathbb{R}^{(q+r) \times (q+r)}[s]$ 和 $\Sigma(s) \in \mathbb{R}^{\alpha \times \alpha}[s]$ 由 Smith 标准分解 (5.26) 给出。那么，非齐次广义 Sylvester 矩阵方程 (5.1) 有解的充分必要条件为式 (5.31) 满足。在此种情况下，非齐次广义 Sylvester 矩阵方程 (5.1) 的一般完全参数化解 (V, W) 为

$$
\boxed{
\begin{array}{l}
\text{公式 III}'_{\text{G}} \\[2mm]
\begin{bmatrix} v_i \\ w_i \end{bmatrix} = \frac{1}{\Delta(s_i)} \hat{Q}(s_i) \begin{bmatrix} r_i \\ z_i \end{bmatrix}, \quad i = 1, 2, \cdots, p
\end{array}
}
\tag{5.97}
$$

其中，$\hat{Q}(s)$ 如式 (5.57) 中所定义；$z_i \in \mathbb{C}^\beta (i = 1, 2, \cdots, p)$ 是任意一组参数向量，包含解的全部自由度。

对应于推论 5.3，也有如下结果。

推论 5.6 假设定理 5.16 中的条件成立，则下述结论成立。

(1) 当 $A(s) \in \mathbb{R}^{n \times q}[s]$ 和 $B(s) \in \mathbb{R}^{n \times r}[s]$ 为 $(\cdot, \alpha)$-左互质时，广义 Sylvester 矩阵方程 (5.1) 有解的充分必要条件是式 (5.31) 成立。在此情况下，方程有如下特解：

$$
\begin{bmatrix} v_i \\ w_i \end{bmatrix} = \begin{bmatrix} \hat{U}(s_i) \\ \hat{T}(s_i) \end{bmatrix} r_i, \quad i = 1, 2, \cdots, p
\tag{5.98}
$$

其中，$\hat{U}(s)$ 和 $\hat{T}(s)$ 如式 (5.50) 定义。

(2) 当 $A(s) \in \mathbb{R}^{n \times q}[s]$ 和 $B(s) \in \mathbb{R}^{n \times r}[s]$ 为 F-左互质时，广义 Sylvester 矩阵方程 (5.1) 总有解，且式 (5.94) 是方程的特解，其中，

$$
\begin{bmatrix} \mathring{U}(s_i) \\ \mathring{T}(s_i) \end{bmatrix} = \begin{bmatrix} U(s_i) \\ T(s_i) \end{bmatrix} \Sigma^{-1}(s_i) P(s_i), \quad i = 1, 2, \cdots, p
\tag{5.99}
$$

(3) 当 $A(s) \in \mathbb{R}^{n \times q}[s]$ 和 $B(s) \in \mathbb{R}^{n \times r}[s]$ 为左互质时，广义 Sylvester 矩阵方程 (5.1) 总有解，且式 (5.98) 是方程的特解，其中，

$$
\begin{bmatrix} \hat{U}(s) \\ \hat{T}(s) \end{bmatrix} = \begin{bmatrix} U(s) \\ T(s) \end{bmatrix} P(s)
\tag{5.100}
$$

对于可控情形，也有如下结果。

推论 5.7　令 $F \in \mathbb{C}^{p \times p}$ 是形为式 (5.88) 的对角阵, $A(s) \in \mathbb{R}^{n \times q}[s]$ 和 $B(s) \in \mathbb{R}^{n \times r}[s] (q + r > n)$ 由式 (5.2) 给出, 且 $(A(s), B(s))$ 可控. 此外, 令 $Q(s) \in \mathbb{R}^{(q+r) \times (q+r)}[s]$ 是满足式 (5.63) 的幺模多项式矩阵. 那么, 下述结论成立.

(1) 对于任意 $R \in \mathbb{C}^{n \times p}$, 非齐次广义 Sylvester 矩阵方程 (5.1) 有如下特解:

$$
\boxed{
\begin{aligned}
&\text{公式 III}_{\text{N}} \\
&\begin{bmatrix} v_i \\ w_i \end{bmatrix} = \begin{bmatrix} U(s_i) \\ T(s_i) \end{bmatrix} r_i, \quad i = 1, 2, \cdots, p
\end{aligned}
} \tag{5.101}
$$

(2) 广义 Sylvester 矩阵方程 (5.1) 的一般解为

$$
\boxed{
\begin{aligned}
&\text{公式 III}_{\text{G}} \\
&\begin{bmatrix} v_i \\ w_i \end{bmatrix} = Q(s_i) \begin{bmatrix} r_i \\ z_i \end{bmatrix}, \quad i = 1, 2, \cdots, p
\end{aligned}
} \tag{5.102}
$$

其中, $z_i \in \mathbb{C}^{q+r-n} (i = 1, 2, \cdots, p)$ 是任意一组向量.

说明 5.12　同样, 简单是极致的复杂, 是最好的艺术. 本节给出了 F 是对角阵情形下, 非齐次广义 Sylvester 矩阵方程 (5.1) 非常简洁的特解和一般完全参数化解. 公式 III$_{\text{N}}$ (5.101) 和 III$_{\text{G}}$ (5.102) 在形式上非常简单.

说明 5.13　对于一般解 (5.102), 全部自由度由向量组 $z_i (i = 1, 2, \cdots, p)$ 表示. 特解和一般解中矩阵 R 和 F 的特征值也可以是待定的, 且可以作为一部分自由度使用. 这些自由度极有利于控制系统中的某些分析和设计问题.

5.6.3　算例

例 5.5　再次考虑例 3.1 和例 4.6 中的空间交会系统, 当有一个推进器失效时, 其由 C-W 方程描述的模型是如下标准矩阵二阶形式:

$$
\ddot{x} + D\dot{x} + Kx = Bu
$$

其中,

$$
D = \begin{bmatrix} 0 & -2\omega & 0 \\ 2\omega & 0 & 0 \\ 0 & 0 & 0 \end{bmatrix}, \quad K = \begin{bmatrix} -3\omega^2 & 0 & 0 \\ 0 & 0 & 0 \\ 0 & 0 & \omega^2 \end{bmatrix}, \quad B = \begin{bmatrix} 1 & 0 \\ 0 & 0 \\ 0 & 1 \end{bmatrix}
$$

如例 3.1 所示, 此系统是不可控的, 且原点就是其不可控模态. 同时, 满足

Smith 标准分解 (5.26) 的矩阵是 $P(s) = I_3$ 和

$$Q(s) = \begin{bmatrix} -s & 0 & 0 & \dfrac{1}{2\omega} & 0 \\ 2\omega & 0 & 0 & 0 & 0 \\ 0 & 1 & 0 & 0 & 0 \\ -4\omega^2 s - (s^2 - 3\omega^2)s & 0 & -1 & \dfrac{1}{2\omega}(s^2 - 3\omega^2) & 0 \\ 0 & s^2 + \omega^2 & 0 & 0 & -1 \end{bmatrix}$$

$$\Sigma(s) = \begin{bmatrix} 1 & 0 & 0 \\ 0 & s & 0 \\ 0 & 0 & 1 \end{bmatrix}$$

因此，有

$$U(s) = \frac{1}{2\omega} \begin{bmatrix} 0 & 1 & 0 \\ 0 & 0 & 0 \\ 0 & 0 & 0 \end{bmatrix}$$

$$T(s) = \frac{1}{2\omega} \begin{bmatrix} -2\omega & s^2 - 3\omega^2 & 0 \\ 0 & 0 & -2\omega \end{bmatrix}$$

对于 $i = 1, 2, \cdots, p$，由式 (5.99) 可得

$$\overset{\circ}{U}(s_i) = U(s_i)\, \Sigma^{-1}(s_i) = \frac{1}{2\omega s_i} \begin{bmatrix} 0 & 1 & 0 \\ 0 & 0 & 0 \\ 0 & 0 & 0 \end{bmatrix}$$

$$\overset{\circ}{T}(s_i) = T(s_i)\, \Sigma^{-1}(s_i) = \frac{1}{2\omega s_i} \begin{bmatrix} -2\omega s_i & s_i^2 - 3\omega^2 & 0 \\ 0 & 0 & -2\omega s_i \end{bmatrix}$$

因此，如果选取

$$r_i = \begin{bmatrix} 1 \\ 0 \\ \beta_i \end{bmatrix}, \quad i = 1, 2, \cdots, p \tag{5.103}$$

则由式 (5.94) 可得到相应非齐次广义 Sylvester 矩阵方程不依赖于矩阵 F 的一组解为

$$v_i = 0, \quad w_i = -\begin{bmatrix} 1 \\ \beta_i \end{bmatrix}, \quad i = 1, 2, \cdots, p$$

5.7　F 为已知对角阵的情形

5.6 节处理了 F 是对角阵时非齐次广义 Sylvester 矩阵方程 (5.1) 的求解问题，在计算到最后一步时才具体用到矩阵 F 的特征值。在本节中，仍然研究 F 是对角阵 (5.88) 的情形，但不同于 5.6 节的是，其特征值 $s_i(i = 1, 2, \cdots, p)$ 已知。

下面要介绍的方法在 3.6 节中已首次提出，并给出了可控情形的严格证明，然后在 4.6.2 节中用于求解 F 为已知对角阵时的齐次广义 Sylvester 矩阵方程。本节继续用此方法求解 F 为已知对角阵时的非齐次广义 Sylvester 矩阵方程，不再给出严格的证明。

由 5.6 节可知，当矩阵 F 是对角阵时，可以得到非齐次广义 Sylvester 矩阵方程 (5.1) 特解和一般解的条件是找到如下多项式矩阵。

(1) $N(s) \in \mathbb{R}^{q \times \beta}[s]$ 和 $D(s) \in \mathbb{R}^{r \times \beta}[s]$ 由式 (4.58) 给出且满足式 (4.56)。

(2) $U(s) \in \mathbb{R}^{q \times \alpha}[s]$ 和 $T(s) \in \mathbb{R}^{r \times \alpha}[s]$ 由式 (5.6) 给出，其中，$C(s)$ 满足式 (5.7)，或者 $U(s) \in \mathbb{R}^{q \times n}[s]$ 和 $T(s) \in \mathbb{R}^{r \times n}[s]$ 式 (5.39) 给出，其中，$\Delta(s)$ 如式 (3.70) 中定义。

(3) $P(s) \in \mathbb{R}^{n \times n}[s]$、$Q(s) \in \mathbb{R}^{(q+r) \times (q+r)}[s]$ 和 $\Sigma(s) \in \mathbb{R}^{\alpha \times \alpha}[s]$ 由 Smith 标准分解 (4.54) 或者式 (3.64) 给出。

更重要的是，方程的解中包含了这些多项式在 $s_i(i = 1, 2, \cdots, p)$ 的值，即 $N(s_i)$、$D(s_i)$、$U(s_i)$、$T(s_i)$、$C(s_i)$、$\Delta(s_i)$、$P(s_i)$、$Q(s_i)$ 和 $\Sigma(s_i)$ $(i = 1, 2, \cdots, p)$。因此，在特征值 $s_i(i = 1, 2, \cdots, p)$ 给定的情形下，自然会提出下述问题：能否不用求解这些多项式矩阵，而是找到直接计算这些值的方法？

本节将验证上述问题的答案是肯定的，并为这一问题提供一种完美的技术手段——著名的奇异值分解方法。

5.7.1　Smith 标准分解和奇异值分解

在假设 5.1 下，或等价地，在以 F 是对角阵为前提的假设 5.3 下，由定理 3.7 可得到如下 Smith 标准分解：

$$P(s) \begin{bmatrix} A(s) & -B(s) \end{bmatrix} Q(s) = \begin{bmatrix} \Sigma(s) & 0 \\ 0 & 0 \end{bmatrix} \tag{5.104}$$

其中，$\Sigma(s) \in \mathbb{R}^{\alpha \times \alpha}[s]$ 是对角阵且满足

$$\det \Sigma(s_i) \neq 0, \quad i = 1, 2, \cdots, p \tag{5.105}$$

因此，除了 $P(s_i)$ 和 $Q(s_i)$ 的非奇异性之外，定理 5.3 中用到的值 $P(s_i)$、

$Q(s_i)$ 和 $\Sigma(s_i)$ 实际上还应该满足关系 (5.105) 和

$$P(s_i)\left[\begin{array}{cc} A(s_i) & -B(s_i) \end{array}\right]Q(s_i) = \left[\begin{array}{cc} \Sigma(s_i) & 0 \\ 0 & 0 \end{array}\right], \quad i = 1, 2, \cdots, p \qquad (5.106)$$

另外，如果对 $\left[\begin{array}{cc} A(s_i) & -B(s_i) \end{array}\right]$ 进行奇异值分解，则可得到满足下式的两个正交矩阵 P_i、Q_i 和一个非奇异对角阵 Σ_i：

$$P_i\left[\begin{array}{cc} A(s_i) & -B(s_i) \end{array}\right]Q_i = \left[\begin{array}{cc} \Sigma_i & 0 \\ 0 & 0 \end{array}\right], \quad i = 1, 2, \cdots, p \qquad (5.107)$$

比较上述两个方程，可以得到

$$\left\{\begin{array}{l} P_i = P(s_i) \\ Q_i = Q(s_i) \\ \Sigma_i = \Sigma(s_i) \\ \quad i = 1, 2, \cdots, p \end{array}\right. \qquad (5.108)$$

1. 离散化的右既约分解和 Diophantine 方程

将矩阵 Q_i 分块为

$$Q_i = \left[\begin{array}{cc} U_i & N_i \\ T_i & D_i \end{array}\right], \quad U_i \in \mathbb{R}^{q\times\alpha},\ T_i \in \mathbb{R}^{r\times\alpha} \qquad (5.109)$$

则由式 (5.107) 可得

$$\begin{array}{l} A(s_i)N_i - B(s_i)D_i = 0, \quad i = 1, 2, \cdots, p \\ A(s_i)U_i - B(s_i)T_i = C_i, \quad i = 1, 2, \cdots, p \end{array} \qquad (5.110)$$

其中，

$$C_i = P_i^{-1}\left[\begin{array}{c} \Sigma_i \\ 0 \end{array}\right], \quad i = 1, 2, \cdots, p \qquad (5.111)$$

由关系式 (5.110)，以及引理 3.4，进一步可得

$$\left\{\begin{array}{l} N_i = N(s_i),\ \ D_i = D(s_i) \\ U_i = U(s_i),\ \ T_i = T(s_i) \\ C_i = C(s_i),\ \ i = 1, 2, \cdots, p \end{array}\right. \qquad (5.112)$$

2. 条件 (5.10) 的离散化形式

根据式 (5.112)，条件 (5.10) 可替换为

$$C_i r_i' = r_i, \quad i = 1, 2, \cdots, p \tag{5.113}$$

将式 (5.111) 中 C_i 的表达式代入上述方程，可得

$$\begin{bmatrix} \Sigma_i \\ 0 \end{bmatrix} r_i' = P_i r_i, \quad i = 1, 2, \cdots, p \tag{5.114}$$

上述方程关于 R' 有解的充分必要条件是

$$\begin{bmatrix} 0 & I_{n-\alpha} \end{bmatrix} P_i r_i = 0, \quad i = 1, 2, \cdots, p \tag{5.115}$$

且在此情况下，R' 的唯一解是

$$r_i' = \Sigma_i^{-1} \begin{bmatrix} I_\alpha & 0 \end{bmatrix} P_i r_i, \quad i = 1, 2, \cdots, p \tag{5.116}$$

5.7.2　基于奇异值分解的解

有了上述推导，并利用定理 5.14，即有如下关于非齐次广义 Sylvester 矩阵方程 (5.1) 特解的结果。

定理 5.18　令 $A(s) \in \mathbb{R}^{n \times q}[s]$ 和 $B(s) \in \mathbb{R}^{n \times r}[s](q + r > n)$ 由式 (5.2) 给出，$F \in \mathbb{C}^{p \times p}$ 是形为式 (5.88) 的对角阵，且假设 5.3 成立。再令 $P_i \in \mathbb{R}^{n \times n}$、$U_i \in \mathbb{R}^{q \times \alpha}$、$T_i \in \mathbb{R}^{r \times \alpha}$ 和 $\Sigma_i \in \mathbb{R}^{\alpha \times \alpha}$ 由式 (5.107) 和式 (5.109) 给出。那么，下述结论成立。

(1) 非齐次广义 Sylvester 矩阵方程 (5.1) 有解的充分必要条件是式 (5.115) 成立。

(2) 当上述条件满足时，非齐次广义 Sylvester 矩阵方程 (5.1) 关于 V 和 W 有如下特解：

公式 III_N
$$\begin{bmatrix} v_i \\ w_i \end{bmatrix} = \begin{bmatrix} \hat{U}_i \\ \hat{T}_i \end{bmatrix} r_i, \quad i = 1, 2, \cdots, p \tag{5.117}$$

其中，

$$\begin{bmatrix} \hat{U}_i \\ \hat{T}_i \end{bmatrix} = \begin{bmatrix} U_i \\ T_i \end{bmatrix} \Sigma_i^{-1} \begin{bmatrix} I_\alpha & 0 \end{bmatrix} P_i \tag{5.118}$$

应用定理 5.17 和定理 5.18, 即有如下关于非齐次广义 Sylvester 矩阵方程 (5.1) 一般解的结果。

定理 5.19 令 $A(s) \in \mathbb{R}^{n \times q}[s]$ 和 $B(s) \in \mathbb{R}^{n \times r}[s] (q + r > n)$ 由式 (5.2) 给出, $F \in \mathbb{C}^{p \times p}$ 是形为式 (5.88) 的对角阵, 且满足假设 5.3。再令 $P_i \in \mathbb{R}^{n \times n}$、$Q_i \in \mathbb{R}^{(q+r) \times (q+r)}$ 和 $\Sigma_i \in \mathbb{R}^{\alpha \times \alpha}(i = 1, 2, \cdots, p)$ 由式 (5.107) 给出。因此, 下述结论成立。

(1) 非齐次广义 Sylvester 矩阵方程 (5.1) 有解的充分必要条件是式 (5.115) 成立。

(2) 当上述条件满足时, 非齐次广义 Sylvester 矩阵方程 (5.1) 的一般完全参数化解 (V, W) 为

$$
\boxed{
\begin{array}{l}
\text{公式 III}_{\text{G}}^* \\[4pt]
\begin{bmatrix} v_i \\ w_i \end{bmatrix} = \hat{Q}_i \begin{bmatrix} r_i \\ z_i \end{bmatrix}, \quad i = 1, 2, \cdots, p
\end{array}
}
\tag{5.119}
$$

其中,

$$
\hat{Q}_i = Q_i \begin{bmatrix} \Sigma_i^{-1} \begin{bmatrix} I_\alpha & 0 \end{bmatrix} P_i & 0 \\ 0 & I_\alpha \end{bmatrix}, \quad i = 1, 2, \cdots, p
$$

且 $z_i \in \mathbb{C}^\beta (i = 1, 2, \cdots, p)$ 是任意一组参数向量, 包含解的全部自由度。

在上述解中, 不再需要进行多项式矩阵运算, 极有利于求解。此外, 奇异值分解以其数值可靠性闻名, 且只要运行式 (5.107) 中的一组奇异值分解就可以得到方程的解, 所以该求解过程在计算方面既简单又可靠。

对应于推论 5.6, 也有如下结果。

推论 5.8 假设定理 5.18 中的条件成立, 则下述结论成立。

(1) 当 $A(s) \in \mathbb{R}^{n \times q}[s]$ 和 $B(s) \in \mathbb{R}^{n \times r}[s]$ 为 $(\cdot, \alpha)$-左互质时, 广义 Sylvester 矩阵方程 (5.1) 有解的充分必要条件是式 (5.115) 成立, 且在此种情况下, 式 (5.117) 是方程的一个特解, 其中,

$$
\begin{bmatrix} \hat{U}_i \\ \hat{T}_i \end{bmatrix} = \begin{bmatrix} U_i \\ T_i \end{bmatrix} \begin{bmatrix} I_\alpha & 0 \end{bmatrix} P_i
\tag{5.120}
$$

(2) 当 $A(s) \in \mathbb{R}^{n \times q}[s]$ 和 $B(s) \in \mathbb{R}^{n \times r}[s]$ 为 F-左互质时, 广义 Sylvester 矩阵方程 (5.1) 总有解, 且式 (5.117) 是方程的一个特解, 其中,

$$
\begin{bmatrix} \hat{U}_i \\ \hat{T}_i \end{bmatrix} = \begin{bmatrix} U_i \\ T_i \end{bmatrix} \Sigma_i^{-1} P_i
\tag{5.121}
$$

(3) 当 $A(s) \in \mathbb{R}^{n \times q}[s]$ 和 $B(s) \in \mathbb{R}^{n \times r}[s]$ 为左互质时, 广义 Sylvester 矩阵方程 (5.1) 总有解, 且式 (5.117) 是方程的一个特解, 其中,

$$\begin{bmatrix} \hat{U}_i \\ \hat{T}_i \end{bmatrix} = \begin{bmatrix} U_i \\ T_i \end{bmatrix} P_i \tag{5.122}$$

例 5.6　再次考虑例 3.1 和例 4.6 中用到的著名空间交会系统, 当一个推进器失效时, 由 C-W 方程描述的系统模型具有如下标准矩阵二阶形式:

$$\ddot{x} + D\dot{x} + Kx = Bu$$

其中,

$$D = \begin{bmatrix} 0 & -2\omega & 0 \\ 2\omega & 0 & 0 \\ 0 & 0 & 0 \end{bmatrix}, \quad K = \begin{bmatrix} -3\omega^2 & 0 & 0 \\ 0 & 0 & 0 \\ 0 & 0 & \omega^2 \end{bmatrix}, \quad B = \begin{bmatrix} 1 & 0 \\ 0 & 0 \\ 0 & 1 \end{bmatrix}$$

如例 3.1 所示, 此系统是不可控的, 且原点是其不可控模态。

下面利用推论 5.8 求解与例 5.5 中相同的非齐次广义 Sylvester 矩阵方程。假设目标以 $\omega = 7.292115 \times 10^{-5}(\text{rad/s})$ 的角速度在地球同步轨道运动。

和例 4.6 一样, 也取

$$F = \text{diag}\,(-1, -2, -3, -4, -5)$$

由式 (5.107) 和式 (5.109), 可得矩阵 $P_i \in \mathbb{R}^{3 \times 3}$、$U_i \in \mathbb{R}^{3 \times 3}$、$T_i \in \mathbb{R}^{2 \times 3}$ 和 $\Sigma_i \in \mathbb{R}^{3 \times 3}(i = 1, 2, \cdots, 5)$。而且, 根据式 (5.121), 有

$$\hat{U}_1 = \begin{bmatrix} 0.49999999 & -0.00014584 & 0 \\ 0.00007292 & 0.99999998 & 0 \\ 0 & 0 & 0.50000000 \end{bmatrix}$$

$$\hat{U}_2 = \begin{bmatrix} 0.23529412 & -0.00001823 & 0 \\ 0.00001716 & 0.25000000 & 0 \\ 0 & 0 & 0.23529412 \end{bmatrix}$$

$$\hat{U}_3 = \begin{bmatrix} 0.10975610 & -0.00000540 & 0 \\ 0.00000534 & 0.11111111 & 0 \\ 0 & 0 & 0.10975610 \end{bmatrix}$$

$$\hat{U}_4 = \begin{bmatrix} 0.06225681 & -0.00000228 & 0 \\ 0.00000227 & 0.06250000 & 0 \\ 0 & 0 & 0.06225681 \end{bmatrix}$$

$$\hat{U}_5 = \begin{bmatrix} 0.03993610 & -0.00000117 & 0 \\ 0.00000116 & 0.04000000 & 0 \\ 0 & 0 & 0.03993610 \end{bmatrix}$$

$$\hat{T}_1 = \begin{bmatrix} -0.50000000 & 0.00000000 & 0 \\ 0 & 0 & -0.50000000 \end{bmatrix}$$

$$\hat{T}_2 = \begin{bmatrix} -0.05882353 & 0.00000000 & 0 \\ 0 & 0 & -0.05882353 \end{bmatrix}$$

$$\hat{T}_3 = \begin{bmatrix} -0.01219512 & 0.00000000 & 0 \\ 0 & 0 & -0.01219512 \end{bmatrix}$$

$$\hat{T}_4 = \begin{bmatrix} -0.00389105 & 0.00000000 & 0 \\ 0 & 0 & -0.00389105 \end{bmatrix}$$

$$\hat{T}_5 = \begin{bmatrix} -0.00159744 & 0.00000000 & 0 \\ 0 & 0 & -0.00159744 \end{bmatrix}$$

利用这些矩阵, 可得方程的如下特解:

$$\begin{cases} v_i = \hat{U}_i r_i \\ w_i = \hat{T}_i r_i \\ i = 1, 2, \cdots, 5 \end{cases}$$

特别地, 若取

$$r_i = \begin{bmatrix} i-2 \\ -i+3 \\ 1 \end{bmatrix}, \quad i = 1, 2, \cdots, 5$$

则可得如下解:

$$V = \begin{bmatrix} -0.5002917 & -0.0000182 & 0.1097561 & 0.1245159 & 0.1198106 \\ 1.9999270 & 0.2500000 & 0.0000053 & -0.0624955 & -0.0799965 \\ 0.5000000 & 0.2352941 & 0.1097561 & 0.0622568 & 0.0399361 \end{bmatrix}$$

$$W = \begin{bmatrix} 0.5000000 & 0.0000000 & -0.0121951 & -0.0077821 & -0.0047923 \\ -0.5000000 & -0.0588235 & -0.0121951 & -0.0038911 & -0.0015974 \end{bmatrix}$$

由上述得到的矩阵 V 和 W, 可以验证

$$\left\| VF^2 + DVF + KV - BW - R \right\|_{\text{fro}} = 1.40125764 \times 10^{-7}$$

5.8　算　例

1.2 节曾给出一些实际算例, 又在 3.5 节中求解了相应的广义右既约分解 (3.45) 和 Diophantine 方程 (3.54)。此外, 对于 F 是对角阵的情形, 4.7 节也求解了相应的齐次广义 Sylvester 矩阵方程。

本节进一步研究 F 是对角阵的情形下这些非齐次广义 Sylvester 矩阵方程的解。方便起见, 每个算例中对角阵 F 的取值都和 4.7 节中相同。由于 4.7 节已给出了齐次广义 Sylvester 矩阵方程的一般解, 本节仅侧重研究相应的非齐次广义 Sylvester 矩阵方程的特解。

5.8.1　一阶系统

例 5.7 (多智能体运动学系统)　考虑例 1.2 中的多智能体运动学系统, 其模型是一阶系统且系数如下:

$$E = \begin{bmatrix} 8 & 0 & 0 & 0 & 0 \\ 0 & 1 & 0 & 0 & 0 \\ 0 & 0 & 10 & 0 & 0 \\ 0 & 0 & 0 & 1 & 0 \\ 0 & 0 & 0 & 0 & 12 \end{bmatrix}, \quad A = \begin{bmatrix} -0.1 & 0 & 0 & 0 & 0 \\ 1 & 0 & -1 & 0 & 0 \\ 0 & 0 & -0.1 & 0 & 0 \\ 0 & 0 & 1 & 0 & -1 \\ 0 & 0 & 0 & 0 & -0.1 \end{bmatrix}, \quad B = \begin{bmatrix} 1 & 0 & 0 \\ 0 & 0 & 0 \\ 0 & 1 & 0 \\ 0 & 0 & 0 \\ 0 & 0 & 1 \end{bmatrix}$$

和例 4.7 一样, 取

$$F = \mathrm{diag}\,(-1 \pm 2\,\mathrm{i}, -3, -3, -4)$$

且假设

$$R = I_5$$

例 3.3 中已指出此系统可控, 并给出了满足 Diophantine 方程 (3.78) 的多项式矩阵对 $U(s)$ 和 $T(s)$ 如下:

$$U(s) = \begin{bmatrix} 0 & 0 & 0 & 0 & 0 \\ 0 & 0 & 0 & 0 & 0 \\ 0 & 1 & 0 & 0 & 0 \\ 0 & 0 & 0 & 0 & 0 \\ 0 & 1 & 0 & 1 & 0 \end{bmatrix}$$

$$T(s) = \begin{bmatrix} -1 & 0 & 0 & 0 & 0 \\ 0 & 10s + 0.1 & -1 & 0 & 0 \\ 0 & 12s + 0.1 & 0 & 12s + 0.1 & -1 \end{bmatrix}$$

因此，由式 (5.101) 可得相应的非齐次广义 Sylvester 矩阵方程的一个特解为

$$
V = \begin{bmatrix}
0 & 0 & 0 & 0 & 0 \\
0 & 0 & 0 & 0 & 0 \\
0 & 1 & 0 & 0 & 0 \\
0 & 0 & 0 & 0 & 0 \\
0 & 1 & 0 & 1 & 0
\end{bmatrix}
$$

$$
W = \begin{bmatrix}
-1 & 0 & 0 & 0 & 0 \\
0 & -9.9 - 20\,\mathrm{i} & -1 & 0 & 0 \\
0 & -11.9 - 24\,\mathrm{i} & 0 & -35.9 & -1
\end{bmatrix}
$$

例 5.8 (一阶形式的受限机械系统) 考虑例 1.3 中给出的一阶形式的受限机械系统，其系数矩阵如下：

$$
E = \begin{bmatrix}
1 & 0 & 0 & 0 & 0 \\
0 & 1 & 0 & 0 & 0 \\
0 & 0 & 1 & 0 & 0 \\
0 & 0 & 0 & 1 & 0 \\
0 & 0 & 0 & 0 & 0
\end{bmatrix}, \quad
A = \begin{bmatrix}
0 & 0 & 1 & 0 & 0 \\
0 & 0 & 0 & 1 & 0 \\
-2 & 0 & -1 & -1 & 1 \\
0 & -1 & -1 & -1 & 1 \\
1 & 1 & 0 & 0 & 0
\end{bmatrix}, \quad
B = \begin{bmatrix}
0 \\
0 \\
1 \\
-1 \\
0
\end{bmatrix}
$$

和例 4.8 一样，取

$$
F = \mathrm{diag}\,(-1, -2, -3)
$$

且假设

$$
R = \begin{bmatrix}
0 & 0 & 0 \\
1 & 0 & 0 \\
0 & 1 & 0 \\
0 & 0 & 1 \\
0 & 0 & 0
\end{bmatrix}
$$

例 3.4 中已指出此系统可控，并给出了满足 Diophantine 方程 (3.78) 的多项式矩阵对 $U(s)$ 和 $T(s)$ 如下：

$$
U(s) = \frac{1}{2} \times \begin{bmatrix}
0 & 0 & 0 & 0 & 0 \\
0 & 0 & 0 & 0 & -2 \\
-2 & 0 & 0 & 0 & 0 \\
0 & -2 & 0 & 0 & -2s \\
-s-2 & -s-2 & -1 & -1 & -(s+1)^2
\end{bmatrix}
$$

$$T(s) = \frac{1}{2} \times \begin{bmatrix} -s & s & -1 & 1 & s^2 + 1 \end{bmatrix}$$

因此，由式 (5.101) 可得相应非齐次广义 Sylvester 矩阵方程的一个特解为

$$V = \begin{bmatrix} 0 & 0 & 0 \\ 0 & 0 & 0 \\ 0 & 0 & 0 \\ -1 & 0 & 0 \\ -\frac{1}{2} & -\frac{1}{2} & -\frac{1}{2} \end{bmatrix}$$

$$W = \frac{1}{2} \times \begin{bmatrix} -1 & -1 & 1 \end{bmatrix}$$

5.8.2　二阶系统

例 5.9 (二阶形式的受限机械系统)　考虑例 1.3 中的受限机械系统，此系统是有如下系数矩阵的二阶形式：

$$A_2 = \begin{bmatrix} 1 & 0 & 0 \\ 0 & 1 & 0 \\ 0 & 0 & 0 \end{bmatrix}, \quad A_1 = \begin{bmatrix} 1 & 1 & 0 \\ 1 & 1 & 0 \\ 0 & 0 & 0 \end{bmatrix}, \quad A_0 = \begin{bmatrix} 2 & 0 & -1 \\ 0 & 1 & -1 \\ 1 & 1 & 0 \end{bmatrix}, \quad B = \begin{bmatrix} 1 \\ -1 \\ 0 \end{bmatrix}$$

和例 4.9 一样，取

$$F = \mathrm{diag}\,(-1, -2, -3, -4, -5, -6)$$

且假设

$$R = \begin{bmatrix} I_3 & 0_{3\times 3} \end{bmatrix}$$

例 3.5 中已指出此系统可控，并给出了满足 Diophantine 方程 (3.78) 的多项式矩阵对 $U(s)$ 和 $T(s)$ 如下：

$$U(s) = \frac{1}{2} \times \begin{bmatrix} 0 & 0 & 0 \\ 0 & 0 & 2 \\ -1 & -1 & (s+1)^2 \end{bmatrix}$$

$$T(s) = \frac{1}{2} \times \begin{bmatrix} -1 & 1 & -s^2 - 1 \end{bmatrix}$$

因此，由式 (5.101) 可得相应的非齐次广义 Sylvester 矩阵方程的一个特解为

$$V = \frac{1}{2} \times \begin{bmatrix} 0 & 0 & 0 & 0 & 0 & 0 \\ 0 & 0 & 2 & 0 & 0 & 0 \\ -1 & -1 & 4 & 0 & 0 & 0 \end{bmatrix}$$

$$W = \frac{1}{2} \times \begin{bmatrix} -1 & 1 & -10 & 0 & 0 & 0 \end{bmatrix}$$

例 5.10 (柔性铰链机构——二阶模型情况)　例 1.4 中的柔性铰链机构模型化为有如下参数的矩阵二阶形式的系统:

$$M = 0.0004 \times \begin{bmatrix} 1 & 0 \\ 0 & 1 \end{bmatrix}, \quad D = \begin{bmatrix} 0 & 0 \\ 0 & 0.015 \end{bmatrix}$$

$$K = 0.8 \times \begin{bmatrix} 1 & -1 \\ -1 & 1 \end{bmatrix}, \quad B = \begin{bmatrix} 0 \\ 1 \end{bmatrix}$$

和例 4.10 一样, 取

$$F = \mathrm{diag}\,(-1 \pm \mathrm{i}, -1, -2)$$

且假设

$$R = \begin{bmatrix} 0 & 1 & 0 & 0 \\ -1 & 0 & 0 & 1 \end{bmatrix}$$

例 3.6 中已指出此系统可控, 并给出了满足 Diophantine 方程 (3.78) 的多项式矩阵对 $U(s)$ 和 $T(s)$ 如下:

$$U(s) = \begin{bmatrix} 0 & 0 \\ -\dfrac{5}{4} & 0 \end{bmatrix}$$

$$T(s) = \begin{bmatrix} -0.0005s^2 & -0.01875s & -1.0 & -1 \end{bmatrix}$$

因此, 由式 (5.101) 可得相应的非齐次广义 Sylvester 矩阵方程的一个特解为

$$V = \frac{5}{4} \times \begin{bmatrix} 0 & 0 & 0 & 0 \\ 0 & -1 & 0 & 0 \end{bmatrix}$$

$$W = \begin{bmatrix} 1 & -0.98125 + 0.01775\,\mathrm{i} & 0 & -1 \end{bmatrix}$$

5.8.3　高阶系统

例 5.11 (柔性铰链机构——三阶模型情况)　例 1.5 中的柔性铰链机构模型化为有如下参数的矩阵三阶形式的系统:

$$A_3 = \begin{bmatrix} 0 & 0 \\ 0 & 0.0004 \end{bmatrix}, \quad A_2 = 10^{-3} \times \begin{bmatrix} 0.4 & 0 \\ 0 & 15.38 \end{bmatrix}$$

$$A_1 = \begin{bmatrix} 0 & 0 \\ -0.8 & 0.814\,25 \end{bmatrix}, \quad A_0 = \begin{bmatrix} 0.8 & -0.8 \\ -0.76 & 0.76 \end{bmatrix}, \quad B = \begin{bmatrix} 0 \\ 1 \end{bmatrix}$$

和例 4.11 一样，取

$$F = \mathrm{diag}\,(-1, -2, -3)$$

且假设

$$R = \begin{bmatrix} 1 & 1 & 0 \\ 0 & -1 & -1 \end{bmatrix}$$

例 3.7 中已指出此系统可控，并给出了满足 Diophantine 方程 (3.78) 的多项式矩阵对 $U(s)$ 和 $T(s)$ 如下：

$$U(s) = \frac{1}{8} \times \begin{bmatrix} 0 & 0 \\ -10 & 0 \end{bmatrix}$$

$$T(s) = \frac{1}{8} \times \begin{bmatrix} -0.004s^3 & -0.1538s^2 & -8.1425s & -7.6 & -8 \end{bmatrix}$$

因此，由式 (5.101) 可得相应的非齐次广义 Sylvester 矩阵方程的一个特解为

$$V = \frac{5}{4} \times \begin{bmatrix} 0 & 0 & 0 \\ -1 & -1 & 0 \end{bmatrix}$$

$$W = \begin{bmatrix} 4.9088 \times 10^{-2} & 2.0127 & 1 \end{bmatrix}$$

5.9　注　　记

本章研究了几种类型的非齐次广义 Sylvester 矩阵方程的一般解。和第 4 章一样，这些解的主要特点是具有高度统一的完全参数化形式，即适用于本书中提及的所有不同类型的非齐次广义 Sylvester 矩阵方程。因此，本章也和第 4 章一样，并没有对所有情形的非齐次方程求解。本章研究过的情形如表 5.1 所示。读者可以自己推导其余情形的结果。

表 5.1　本章研究的非齐次广义 Sylvester 矩阵方程

情形	F 为任意矩阵	F 为 Jordan 矩阵	F 为对角阵
高阶	是	是	是
二阶	—	—	—
一阶 (广义)	—	—	—
一阶 (常规)	—	—	—

下面主要介绍作者团队成果中与本章内容相关的部分。

5.9.1　一阶非齐次广义 Sylvester 矩阵方程

众所周知，一阶非齐次广义 Sylvester 矩阵方程中最受关注的是式 (1.63)，即

$$EVF - AV = BW + R \tag{5.123}$$

此方程与广义线性系统中的一些控制设计问题有密切联系[1]。

当用任意给定的 Jordan 矩阵 J 替换矩阵 F 时，Duan 等给出了基于矩阵初等变换的满足这个广义 Sylvester 矩阵方程全部矩阵 V 和 W 的一般完全参数化解[325]；后来又改进了这个结果，基于矩阵 $[A - sE\ \ B]$ 的 Smith 标准分解给出了这个广义 Sylvester 矩阵方程的一个简单参数化解[326]，此解形式非常简洁，且不要求矩阵 J 的特征值是已知的。

对于这个广义 Sylvester 矩阵方程，文献 [327] 基于多项式矩阵的初等变换也建立了一个完全显式一般解，给出的解不包含多项式矩阵的微分且不要求矩阵 F 的特征值是已知的。当矩阵 F 的特征值给定时，矩阵对 V 和 W 的解能通过进行一系列奇异值分解得到，因此该方法具有良好的数值稳定性。文献中还通过数值算例验证了方法的有效性。

此外，Wu 等也对如下的广义 Sylvester 共轭矩阵方程提出了有限迭代算法[315]：

$$E\bar{V}F - AV = BW + R \tag{5.124}$$

当 $E = I$，即 E 为单位矩阵时，广义 Sylvester 矩阵方程 (5.123) 简化为式 (1.64)，即

$$VF - AV = BW + R \tag{5.125}$$

此方程可应用于常规线性系统的控制设计。

对于一阶广义 Sylvester 矩阵方程 (5.125)，文献 [303] 给出了一个显式参数化解，该解以矩阵对 (A, B) 的 Krylov 矩阵、对称算子和矩阵对 (Z, F) 的广义可观矩阵表示，其中，Z 是一个任意矩阵，表示解的自由度。

当 $A = I_n$ 时，方程 (5.123) 也称为非齐次 Yakubovich 矩阵方程。文献 [328] 研究了非齐次 Yakubovich 矩阵方程的解，并给出了两种求解非齐次 Yakubovich 转置矩阵方程封闭解的方法。

另外，Duan 还研究了更一般形式的广义 Sylvester 矩阵方程 (1.62)，即

$$EVF - AV = B_1WF + B_0W + R \tag{5.126}$$

并在文献 [329] 中利用 F-互质条件给出了简洁、显式、封闭的完全一般参数化解。得到的解具有以下特点。

(1) 解的形式非常简洁，不要求矩阵 F 是任何标准型。

(2) 给出了解的全部自由度, 由参数矩阵 Z 线性表示。

(3) 不要求矩阵 F 和 R 是给定的, 允许它们待定并可作为部分自由度使用。

(4) 矩阵 Z 和 R 之间是线性的, 矩阵 R 实际上表示了应用中的自由度。

5.9.2 二阶和高阶非齐次广义 Sylvester 矩阵方程

二阶非齐次广义 Sylvester 矩阵方程的最简单形式为式 (1.67), 即

$$MVF^2 + DVF + KV = BW + R \tag{5.127}$$

对于这种类型的广义 Sylvester 矩阵方程, 文献 [309] 给出了其特解和完全参数化一般解。最近, 文献 [44] 研究了形为式 (1.65) 的广义 Sylvester 矩阵方程, 即

$$MVF^2 + DVF + KV = B_2WF^2 + B_1WF + B_0W + R \tag{5.128}$$

对于高阶广义 Sylvester 矩阵方程:

$$A_mVF^m + \cdots + A_1VF + A_0V = BW + R \tag{5.129}$$

文献 [309] 最先给出了系统化理论和参数化解, 同时也研究了各种特殊情形, 包括方程 (5.127) 的求解。文献 [43] 研究了形为式 (1.69) 的高阶非齐次广义 Sylvester 矩阵方程, 即

$$A_mVF^m + \cdots + A_1VF + A_0V = B_mWF^m + \cdots + B_1WF + B_0W + R \tag{5.130}$$

文献 [43] 和文献 [44] 通过 F-互质条件建立了简洁、显式、封闭的完全一般参数化解。该解的主要特点是矩阵 F 不要求是任何标准型, 甚至可以是未知的。矩阵 R 和 F 一样, 可以设为待定的, 作为除了完全自由参数矩阵 Z 以外的自由度使用。

最后提及的是, Duan 等通过使用 Kronecker 映射[330]、Diophantine 方程的解[282] 和 Kronecker 矩阵多项式[331], 也给出了形为式 (1.70) 的广义 Sylvester 矩阵方程族的封闭解。

第 6 章　全驱动广义 Sylvester 矩阵方程

第 4 章和第 5 章给出了一般齐次以及非齐次广义 Sylvester 矩阵方程的完全参数解。本章将研究在实际应用中经常遇到的一类特殊齐次以及非齐次广义 Sylvester 矩阵方程——全驱动广义 Sylvester 矩阵方程。

6.1　全驱动系统与广义 Sylvester 矩阵方程

在引入全驱动广义 Sylvester 矩阵方程的概念之前，首先介绍全驱动系统。

6.1.1　全驱动系统

"全驱动"这一概念起源于如下形式的二阶机械系统：

$$M\ddot{x} + D\dot{x} + Kx = Bu \tag{6.1}$$

其中，M、D 和 K 分别为质量矩阵、阻尼矩阵和刚性矩阵；B 为分布系数控制矩阵；x 为系统位置向量；u 为作用于系统的力或转矩向量。在许多情况下，B 为单位矩阵，此时系统输入变量与系统状态变量数量相同，即系统有效控制通道数与系统状态变量数量相同。这类系统称为全驱动系统。更一般情形下，只要矩阵 B 为非奇异矩阵，即 $\det B \neq 0$，就称这类系统为全驱动的。

上述概念可以推广到如下形式的高阶系统：

$$A_m x^{(m)} + \cdots + A_1 \dot{x} + A_0 x = B_m u^{(m)} + \cdots + B_1 \dot{u} + B_0 u \tag{6.2}$$

其中，$x \in \mathbb{R}^q$ 和 $u \in \mathbb{R}^r$ 分别为状态向量和控制向量；$A_i \in \mathbb{R}^{n \times q}$ 和 $B_i \in \mathbb{R}^{n \times r}(i = 0, 1, 2, \cdots, m)$ 为系统的系数矩阵。与系统相关的两个多项式矩阵为

$$\begin{cases} A(s) = A_m s^m + \cdots + A_2 s^2 + A_1 s + A_0 \\ B(s) = B_m s^m + \cdots + B_2 s^2 + B_1 s + B_0 \end{cases} \tag{6.3}$$

定义 6.1　如果矩阵 $B(s) \in \mathbb{R}^{n \times n}[s]$ 是幺模矩阵，即

$$\det B(s) \neq 0, \quad \forall s \in \mathbb{C} \tag{6.4}$$

则称上述高阶系统为全驱动的。并且，如果对于 $F \in \mathbb{C}^{p \times p}$，有

$$\det B(s) \neq 0, \quad \forall s \in \text{eig}(F) \tag{6.5}$$

则称上述系统为 F-全驱动的。

显然，形为式 (6.2) 的系统为全驱动系统的充分必要条件是，其对任意矩阵 $F \in \mathbb{C}^{p \times p}$ 是 F-全驱动的。由于在条件 (6.5) 下，存在矩阵 $F \in \mathbb{C}^{p \times p}$ 满足

$$\mathrm{rank} \left[\begin{array}{cc} A(s) & B(s) \end{array} \right] = n, \quad \forall s \in \mathrm{eig}(F)$$

而在条件 (6.4) 下，有

$$\mathrm{rank} \left[\begin{array}{cc} A(s) & B(s) \end{array} \right] = n, \quad \forall s \in \mathbb{C}$$

由上述定义可得如下命题。

命题 6.1　对于系统 (6.2)，下述结论成立。

(1) 如果它对某些矩阵 $F \in \mathbb{C}^{p \times p}(p \geqslant 1)$ 是 F-全驱动的，那么它是可正则化的。

(2) 如果它是全驱动的，那么它是可控的。

进一步地，注意到条件 (6.4) 等价于

$$\mu(s) = \det B(s) = \mu$$

是非零常数，因此有

$$B^{-1}(s) = \frac{\mathrm{adj} B(s)}{\det B(s)} = \frac{1}{\mu} \mathrm{adj} B(s)$$

也是一个多项式矩阵。利用这个性质，可以得到下面的结果。

命题 6.2　任何形为式 (6.2) 的全驱动系统可以转换为如下标准全驱动系统形式：

$$A'_{\gamma} x^{(\gamma)} + \cdots + A'_1 \dot{x} + A'_0 x = u \tag{6.6}$$

证明　注意到系统 (6.2) 的频域形式为

$$A(s) x(s) = B(s) u(s)$$

其中，$x(s)$ 和 $u(s)$ 分别为 $x(t)$ 和 $u(t)$ 的拉普拉斯变换。

对上式两边同时左乘 $B^{-1}(s)$，可得

$$B^{-1}(s) A(s) x(s) = u(s) \tag{6.7}$$

由于 $B^{-1}(s)$ 是多项式矩阵，令

$$\varPhi(s) = B^{-1}(s) A(s)$$

则 $\varPhi(s)$ 也是多项式矩阵，且式 (6.7) 可转换为

$$\varPhi(s) x(s) = u(s)$$

而上式的时域模型形如式 (6.6)。　　　　　　　　　　　　　　　　□

6.1.2　全驱动广义 Sylvester 矩阵方程的定义

和高阶系统 (6.2) 相对应的齐次、非齐次广义 Sylvester 矩阵方程分别为

$$\sum_{i=0}^{m} A_i V F^i = \sum_{i=0}^{m} B_i W F^i \tag{6.8}$$

和

$$\sum_{i=0}^{m} A_i V F^i = \sum_{i=0}^{m} B_i W F^i + R \tag{6.9}$$

与定义 6.1相对应，关于上述两个广义 Sylvester 矩阵方程有如下定义。

定义 6.2　如果高阶系统 (6.2) 是全驱动的，即 $B(s) \in \mathbb{R}^{n \times n}[s]$ 是幺模矩阵，那么称广义 Sylvester 矩阵方程 (6.8) 和 (6.9) 是全驱动的。

进一步地，与命题 6.2 相对应，有如下结果。

命题6.3　方程 (6.8) 和 (6.9) 可以分别转换为如下标准全驱动广义 Sylvester 矩阵方程形式：

$$\sum_{i=0}^{\gamma} A_i' V F^i = W \tag{6.10}$$

和

$$\sum_{i=0}^{\gamma} A_i' V F^i = W + R' \tag{6.11}$$

上述全驱动特性要求系统多项式矩阵 $B(s) \in \mathbb{R}^{n \times n}[s]$ 是幺模矩阵。必须承认的是，虽然在实际应用中有很多全驱动系统，但是也存在一些系统，其多项式矩阵 $B(s)$ 是方阵而不是幺模矩阵。由于这种现象的存在，引入如下定义。

定义 6.3　如果 $B(s) \in \mathbb{R}^{n \times n}[s]$，并且满足

$$\det B(s) \neq 0, \quad \forall s \in \text{eig}(F)$$

那么，称广义 Sylvester 矩阵方程 (6.8) 和 (6.9) 对矩阵 $F \in \mathbb{C}^{p \times p}$ 是 F-全驱动的。

在控制应用中，上述定义中的矩阵 F 通常代表某些完全或部分包含闭环系统特征值的矩阵；上述定义中放宽了对矩阵 $B(s)$ 为幺模矩阵的要求，在很大程度上扩大了其应用范围。

本章的后续内容将研究全驱动或 F-全驱动广义 Sylvester 矩阵方程的解，即满足如下两个假设之一的广义 Sylvester 矩阵方程 (6.8) 和 (6.9) 的解。

假设 6.1　$B(s) \in \mathbb{R}^{n \times n}[s]$，并且对某些矩阵 F 满足 $\det B(s) \neq 0$, $\forall s \in \text{eig}(F)$。

假设 6.2　　$B(s) \in \mathbb{R}^{n \times n}[s]$，并且满足 $\det B(s) \neq 0, \forall s \in \mathbb{C}$。

说明 6.1　　高阶系统 (6.2) 中的状态向量 x 和输入向量 u 具有明确的意义，并且它们是不可交换的。然而，对于高阶广义 Sylvester 矩阵方程 (6.9)，变量 V 和 W 是未知待定的，且它们的关系是平行的。因此，当 $\det A(s) \neq 0 (\forall s \in \mathbb{C})$ 时，可以转而考虑如下全驱动广义 Sylvester 矩阵方程：

$$\sum_{i=0}^{m} B_i W F^i = \sum_{i=0}^{m} A_i V F^i - R \tag{6.12}$$

显然，全驱动广义 Sylvester 矩阵方程的结论可以应用于上述变形后的广义 Sylvester 矩阵方程。

6.1.3　算例

空间交会系统模型是一个非常典型的全驱动系统的实例。

例 6.1 (空间交会系统)　　考虑如图 6.1 所示的交会飞行系统。目标的质量中心选为交会系统的原点，x 轴正向沿地心指向飞行器中心，y 轴正向沿着目标航天器轨道的切线方向，z 轴按照坐标系的右手法则确定。记 θ 为真近点角，则坐标系旋转的轨道角速度为 $\dot{\theta}$，r_{c} 对应于该旋转坐标系的向量为

$$r = [x_{\mathrm{r}} \ \ y_{\mathrm{r}} \ \ z_{\mathrm{r}}]^{\mathrm{T}}$$

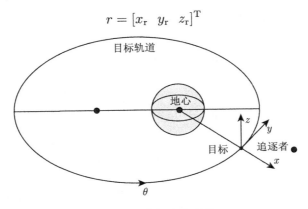

图 6.1　空间交会系统

其中，x_{r}、y_{r} 和 z_{r} 为相对的位置变量。现在的问题是如何调整推力，使得相对位置变量 x_{r}、y_{r} 和 z_{r} 趋向于零。

当追逐者和目标彼此非常接近，且目标轨迹为圆形时，动力学行为由如下 C-W 方程或 Hill 方程描述[332,333]：

$$\begin{bmatrix} \ddot{x}_{\mathrm{r}} - 2\omega \dot{y}_{\mathrm{r}} - 3\omega^2 x_{\mathrm{r}} \\ \ddot{y}_{\mathrm{r}} + 2\omega \dot{x}_{\mathrm{r}} \\ \ddot{z}_{\mathrm{r}} + \omega^2 z_{\mathrm{r}} \end{bmatrix} = u \tag{6.13}$$

其中, $\omega = \dot{\theta}$ 为追逐者的轨道角速度。

显然, 上述模型易转换为矩阵二阶模型 (6.1) 的形式, 其中, $M = B = I_3$, 并且

$$D = \begin{bmatrix} 0 & -2\omega & 0 \\ 2\omega & 0 & 0 \\ 0 & 0 & 0 \end{bmatrix}, \quad K = \begin{bmatrix} -3\omega^2 & 0 & 0 \\ 0 & 0 & 0 \\ 0 & 0 & \omega^2 \end{bmatrix} \quad (6.14)$$

这显然是一个全驱动系统。

例 6.2 (卫星姿态系统)　卫星姿态系统的动力学模型如下[16]:

$$M\ddot{q} + H\dot{q} + Gq = u \quad (6.15)$$

其中, q 和 u 分别为欧拉角向量和控制转矩向量, 即

$$q = \begin{bmatrix} \varphi \\ \theta \\ \psi \end{bmatrix}, \quad u = \begin{bmatrix} T_{cx} \\ T_{cy} \\ T_{cz} \end{bmatrix}$$

系数矩阵 M、H 和 G 分别定义如下:

$$M = \mathrm{diag}\,(I_x,\ I_y,\ I_z)$$

$$H = \omega_0(I_y - I_x - I_z) \begin{bmatrix} 0 & 0 & 1 \\ 0 & 0 & 0 \\ -1 & 0 & 0 \end{bmatrix}$$

$$G = \mathrm{diag}\,\left(4\omega_0^2(I_y - I_z),\ 3\omega_0^2(I_x - I_z),\ \omega_0^2(I_y - I_x)\right)$$

这里, I_x、I_y 和 I_z 为三通道惯性矩阵; $\omega_0 = 7.292115 \times 10^{-5}(\mathrm{rad/s})$ 为地球的旋转角速度。

这个系统显然也是一个全驱动系统。

说明 6.2　在后面的章节中将会看到, 对于满足假设 6.1 的 F-全驱动广义 Sylvester 矩阵方程, 可以无须任何计算写出其一般解。然而, 如果将一个二阶或高阶广义 Sylvester 矩阵方程转化为一阶广义 Sylvester 矩阵方程, 那么上述巨大的优势随之消失。从而, 人们自然会有这样一个疑问——这样的假设是否能够常常被满足? 其答案在于以下三个层面。

(1) 对于一阶广义 Sylvester 矩阵方程, 这个假设很少满足。

(2) 对于二阶或高阶广义 Sylvester 矩阵方程, 这个假设常常是满足的。

(3) 对于某些不满足这个假设的系统，当将它们转化为高阶系统时，就有可能满足这个假设。

整个世界在一定规律下运转，如 Newton 定律、Kirchhoff 定律等。实际上，由这些规律可直接获得二阶系统模型。那么，在分析和控制系统时，为什么没有看到足够多的此类系统呢？其原因在于一阶系统的处理技术比较成熟，大多数的这类模型在建模阶段就已转化为一阶模型。

6.2　齐次方程的正解

本节考虑满足假设 6.1 或假设 6.2 的齐次全驱动广义 Sylvester 矩阵方程 (6.8) 的解。

若假设 6.1 成立，则有

$$\mu(s) = \det B(s) \neq 0, \quad \forall s \in \mathrm{eig}(F)$$

以及广义右既约分解

$$A(s)N(s) - B(s)D(s) = 0 \tag{6.16}$$

其中，

$$\begin{cases} N(s) = \mu(s) I_q \\ D(s) = \mathrm{adj}B(s) A(s) \end{cases} \tag{6.17}$$

特别地，当假设 6.2 成立时，$B^{-1}(s)$ 是一个多项式矩阵，满足广义右既约分解 (6.16) 的多项式矩阵对 $N(s)$ 和 $D(s)$ 可选择为

$$\begin{cases} N(s) = I_q \\ D(s) = B^{-1}(s) A(s) \end{cases} \tag{6.18}$$

显然，就多项式矩阵 $N(s)$ 和 $D(s)$ 而言，广义右既约分解有无穷多个解。称上述利用 $B(s)$ 的可逆性得到的解 (6.18) 和 (6.17) 为右既约分解 (6.16) 的正解。相应地，称利用解 (6.18) 和 (6.17) 得到的齐次广义 Sylvester 矩阵方程的解为正解。

由第 4 章可知，可以通过求解满足广义右既约分解 (6.16) 的右互质多项式矩阵对 $N(s)$ 和 $D(s)$，从而得到齐次广义 Sylvester 矩阵方程 (6.8) 的一般解。但是对于全驱动广义 Sylvester 矩阵方程，即使是求解 $N(s)$ 和 $D(s)$ 这一过程也不再是必需的。

6.2.1　一般解

1. F 为任意矩阵的情形

记

$$\Psi(s) = \mathrm{adj}\,B(s)\,A(s) = \sum_{k=0}^{\omega} \Psi_k s^k, \quad \Psi_k \in \mathbb{R}^{n \times q} \tag{6.19}$$

进一步，当假设 6.2 满足时，$B^{-1}(s)\,A(s)$ 也是多项式矩阵，且可以转换为如下形式：

$$\Phi(s) = B^{-1}(s)\,A(s) = \sum_{k=0}^{\omega} \Phi_k s^k, \quad \Phi_k \in \mathbb{R}^{n \times q} \tag{6.20}$$

直接将定理 4.7 应用于齐次全驱动广义 Sylvester 矩阵方程 (6.8)，并且利用上面提到的广义右既约分解 (6.16) 的解，可以得到下面的结果。

定理 6.1　令 $A(s) \in \mathbb{R}^{n \times q}[s]$ 和 $B(s) \in \mathbb{R}^{n \times n}[s]$ 由式 (6.3) 给出，再令 $\Psi(s) \in \mathbb{R}^{n \times q}[s]$ 由式 (6.19) 给出，$\Phi(s) \in \mathbb{R}^{n \times q}[s]$ 由式 (6.20) 给出。那么，下述结论成立。

(1) 当假设 6.1 满足时，广义 Sylvester 矩阵方程 (6.8) 的解为

$$\begin{cases} V = Z\mu(F) \\ W = [\mathrm{adj}\,B(s)\,A(s)\,Z]\big|_F = \Psi_0 Z + \Psi_1 ZF + \cdots + \Psi_\omega ZF^\omega \end{cases} \tag{6.21}$$

其中，$Z \in \mathbb{C}^{q \times p}$ 为任意参数矩阵。

(2) 特别地，当假设 6.2 成立时，上述解可以写为

$$\begin{cases} V = Z \\ W = [B^{-1}(s)\,A(s)\,Z]\big|_F = \Phi_0 Z + \Phi_1 ZF + \cdots + \Phi_\omega ZF^\omega \end{cases} \tag{6.22}$$

在上述推得式 (6.21) 的过程中，用到如下关系：

$$[\mu(s)Z]\big|_F = [Z\mu(s)]\big|_F = Z\mu(F)$$

2. F 为 Jordan 矩阵的情形

在本小节中，将考虑矩阵 F 为 Jordan 矩阵 (4.63) 的情形，即

$$\begin{cases} F = \mathrm{blockdiag}(F_1, F_2, \cdots, F_w) \\ F_i = \begin{bmatrix} s_i & 1 & & \\ & s_i & \ddots & \\ & & \ddots & 1 \\ & & & s_i \end{bmatrix}_{p_i \times p_i} \end{cases} \tag{6.23}$$

其中, $s_i(i = 1, 2, \cdots, w)$ 为矩阵 F 的特征值; $p_i(i = 1, 2, \cdots, w)$ 为对应于特征值 $s_i(i = 1, 2, \cdots, w)$ 的几何重数, 并且满足

$$\sum_{i=1}^{w} p_i = p$$

矩阵 V、W、Z 的列 v_{ij}、w_{ij}、z_{ij} 根据约定 C1 定义。针对齐次全驱动 Sylvester 矩阵方程 (6.8), 应用定理 4.8, 可以得到以下结果。

定理 6.2　令 $A(s) \in \mathbb{R}^{n \times q}[s]$ 和 $B(s) \in \mathbb{R}^{n \times n}[s]$ 由式 (6.3) 给出, 且 F 是形为式 (6.23) 的 Jordan 矩阵, 则下述结论成立。

(1) 当假设 6.1 成立时, 广义 Sylvester 矩阵方程 (6.8) 的所有解为

$$\begin{cases} v_{ij} = \sum_{k=0}^{j-1} \frac{1}{k!} \frac{\mathrm{d}^k}{\mathrm{d}s^k} \mu(s_i) z_{i,j-k} \\ w_{ij} = \sum_{k=0}^{j-1} \frac{1}{k!} \frac{\mathrm{d}^k}{\mathrm{d}s^k} \mathrm{adj} B(s_i) A(s_i) z_{i,j-k} \\ j = 1, 2, \cdots, p_i; \ i = 1, 2, \cdots, w \end{cases} \tag{6.24}$$

其中, $z_{ij} \in \mathbb{C}^q (j = 1, 2, \cdots, p_i; \ i = 1, 2, \cdots, w)$ 为任意一组参数向量。

(2) 特别地, 当假设 6.2 成立时, 上述解可写为

$$\begin{cases} v_{ij} = z_{ij} \\ w_{ij} = \sum_{k=0}^{j-1} \frac{1}{k!} \frac{\mathrm{d}^k}{\mathrm{d}s^k} B^{-1}(s_i) A(s_i) z_{i,j-k} \\ j = 1, 2, \cdots, p_i; \ i = 1, 2, \cdots, w \end{cases} \tag{6.25}$$

将式 (6.24) 中的第一个方程与式 (6.21) 相比较, 可得如下关系式:

$$V = Z\mu(F) \Longleftrightarrow v_{ij} = \sum_{k=0}^{j-1} \frac{1}{k!} \frac{\mathrm{d}^k}{\mathrm{d}s^k} \mu(s_i) z_{i,j-k}, \quad j = 1, 2, \cdots, p_i; \ i = 1, 2, \cdots, w \tag{6.26}$$

3. F 为对角阵的情形

下面考虑矩阵 F 退化成形为式 (4.81) 的对角阵的情形, 即

$$F = \mathrm{diag}(s_1, s_2, \cdots, s_p) \tag{6.27}$$

其中, $s_i(i = 1, 2, \cdots, p)$ 可以不必相异; 矩阵 V、W、Z 的列 v_i、w_i、z_i 根据约定 C2 定义。进一步地, 在此情形下, 假设 6.1 变为

$$\mu(s_i) = \det B(s_i) \neq 0, \quad i = 1, 2, \cdots, p$$

针对齐次全驱动广义 Sylvester 矩阵方程 (6.8)，应用定理 4.9，可得到如下解：

$$\begin{cases} v_i = \mu\left(s_i\right) z_i' \\ w_i = \mathrm{adj} B\left(s_i\right) A\left(s_i\right) z_i' \\ \quad i = 1, 2, \cdots, p \end{cases}$$

其中，$z_i'(i = 1, 2, \cdots, p)$ 为一组参数向量。如果引入新的参数向量

$$z_i = \mu\left(s_i\right) z_i', \quad i = 1, 2, \cdots, p$$

则有

$$\begin{aligned} w_i &= \mathrm{adj} B\left(s_i\right) A\left(s_i\right) z_i' = \mathrm{adj} B\left(s_i\right) A\left(s_i\right) \frac{1}{\mu\left(s_i\right)} z_i \\ &= B^{-1}\left(s_i\right) A\left(s_i\right) z_i, \quad i = 1, 2, \cdots, p \end{aligned}$$

由上述推导可得以下结果。

定理 6.3　令 $A(s) \in \mathbb{R}^{n \times q}\left[s\right]$ 和 $B(s) \in \mathbb{R}^{n \times n}\left[s\right]$ 由式 (6.3) 给出，$F \in \mathbb{C}^{p \times p}$ 是形为式 (6.27) 的对角阵，且假设 6.1 成立。那么，广义 Sylvester 矩阵方程 (6.8) 的所有解为

$$\begin{cases} v_i = z_i \\ w_i = B^{-1}\left(s_i\right) A\left(s_i\right) z_i \\ \quad i = 1, 2, \cdots, p \end{cases}$$

其中，$z_i(i = 1, 2, \cdots, p)$ 为任意一组参数向量。

4. 标准齐次全驱动广义 Sylvester 矩阵方程

利用定理 6.1～定理 6.3，可以得到标准齐次全驱动广义 Sylvester 矩阵方程 (6.10) 的解。

定理 6.4　令 $A(s) \in \mathbb{R}^{n \times q}\left[s\right]$ 由式 (6.3) 给出，则下述结论成立。

(1) 对任意 $F \in \mathbb{C}^{p \times p}$，标准齐次全驱动广义 Sylvester 矩阵方程 (6.10) 的解为

$$\begin{cases} V = Z \\ W = \left[A\left(s\right) Z\right]\big|_F = A_0 Z + A_1 Z F + \cdots + A_m Z F^m \end{cases} \tag{6.28}$$

(2) 当 $F \in \mathbb{C}^{p \times p}$ 是形为式 (6.23) 的 Jordan 矩阵时，标准齐次全驱动广义 Sylvester 矩阵方程 (6.10) 的解为

$$\begin{cases} v_{ij} = z_{ij} \\ w_{ij} = \sum_{k=0}^{j-1} \frac{1}{k!} \frac{\mathrm{d}^k}{\mathrm{d} s^k} A\left(s_i\right) z_{i,j-k} \\ \quad j = 1, 2, \cdots, p_i; \ i = 1, 2, \cdots, w \end{cases} \tag{6.29}$$

(3) 当 $F \in \mathbb{C}^{p \times p}$ 是形为式 (6.27) 的对角阵时, 标准齐次全驱动广义 Sylvester 矩阵方程 (6.10) 的解为

$$
\begin{cases}
v_i = z_i \\
w_i = A\left(s_i\right) z_i \\
\quad i = 1, 2, \cdots, p
\end{cases}
\tag{6.30}
$$

上述所有解中的 $Z \in \mathbb{C}^{q \times p}$ 为任意参数矩阵.

说明 6.3　由标准全驱动广义 Sylvester 矩阵方程 (6.10) 的形式, 可直接得到其一般解 (6.28), 其原因在于问题的简单性. 然而, 如果一个高阶方程转化为一个增广的一阶方程, 那么这种简单性就可能会消失或者不容易被识别. 因此, 在相关应用中, 应尽可能地采用直接方法处理问题.

6.2.2　一类二阶广义 Sylvester 矩阵方程

在实际应用中, 常常会遇到一类具有如下形式的全驱动二阶线性系统:

$$
M\ddot{x} + D\dot{x} + Kx = Bu
$$

其中, M、D 和 K 分别为质量矩阵、阻尼矩阵和刚度矩阵; B 为非奇异系数矩阵; x 为系统的位置向量; u 为作用在系统上的力或转矩向量. 相应的广义 Sylvester 矩阵方程具有如下形式:

$$
MVF^2 + DVF + KV = BW
\tag{6.31}
$$

对于上述方程, 假设 6.2 变为 $\det B \neq 0$.

利用定理 6.1~定理 6.3, 即得如下结论.

推论 6.1　考虑满足条件 $\det B \neq 0$ 的二阶广义 Sylvester 矩阵方程 (6.31), 并且令

$$
\Phi\left(s\right) = B^{-1}\left(Ms^2 + Ds + K\right)
\tag{6.32}
$$

则下述结论成立.

(1) 对于任意矩阵 $F \in \mathbb{C}^{p \times p}$, 二阶广义 Sylvester 矩阵方程 (6.31) 的所有解为

$$
\begin{cases}
V = Z \\
W = B^{-1}\left(MZF^2 + DZF + KZ\right)
\end{cases}
\tag{6.33}
$$

其中, $Z \in \mathbb{C}^{q \times p}$ 为任意参数矩阵.

(2) 当 F 是形为式 (6.23) 的 Jordan 矩阵时, 二阶广义 Sylvester 矩阵方程

(6.31) 的所有解为

$$
\begin{cases}
V = Z \\
w_{i1} = \Phi\left(s_i\right) z_{i1} \\
w_{i2} = \Phi\left(s_i\right) z_{i2} + B^{-1}\left(2Ms_i + D\right) z_{i1} \\
w_{ij} = \Phi\left(s_i\right) z_{ij} + B^{-1}\left(2Ms_i + D\right) z_{i,j-1} + B^{-1}Mz_{i,j-2} \\
\quad j = 3, 4, \cdots, p_i;\ i = 1, 2, \cdots, w
\end{cases}
\tag{6.34}
$$

其中，$z_{ij} \in \mathbb{C}^q (j = 1, 2, \cdots, p_i;\ i = 1, 2, \cdots, w)$ 为任意一组参数向量。

(3) 当 F 是形为式 (6.27) 的对角阵时，二阶广义 Sylvester 矩阵方程 (6.31) 的所有解为

$$
\begin{cases}
v_i = z_i \\
w_i = B^{-1}\left(Ms_i^2 + Ds_i + K\right) z_i \\
\quad i = 1, 2, \cdots, p
\end{cases}
\tag{6.35}
$$

其中，$z_i \in \mathbb{C}^q (i = 1, 2, \cdots, p)$ 为任意一组参数向量。

6.3　齐次方程的反解

在 6.2 节中，通过选择广义右既约分解

$$
A\left(s\right) N\left(s\right) - B\left(s\right) D\left(s\right) = 0
\tag{6.36}
$$

的一对解，得到了全驱动高阶广义 Sylvester 矩阵方程 (6.8) 的一般解。

本节将继续考虑满足假设 6.1 或假设 6.2 的齐次全驱动广义 Sylvester 矩阵方程 (6.8)。通过选择广义右既约分解 (6.36) 的不同解，得到方程的另一种一般解。

需要注意的是，受被选择的 $N\left(s\right)$ 和 $D\left(s\right)$ 所约束，在本节中要求多项式矩阵 $A\left(s\right)$ 是方阵，即假设 $q = n$。

当假设 6.1 满足时，对于

$$
\begin{cases}
N\left(s\right) = \mu\left(s\right) \operatorname{adj} A\left(s\right) \\
D\left(s\right) = \pi\left(s\right) \operatorname{adj} B\left(s\right)
\end{cases}
\tag{6.37}
$$

右既约分解 (6.36) 成立，其中，

$$
\begin{cases}
\mu\left(s\right) = \det B\left(s\right) \\
\pi\left(s\right) = \det A\left(s\right)
\end{cases}
\tag{6.38}
$$

特别地，如果假设 6.2 成立，满足广义右既约分解 (6.36) 的上述多项式矩阵对可替换为

$$
\begin{cases}
N(s) = \mathrm{adj}A(s) \\
D(s) = \pi(s)B^{-1}(s)
\end{cases}
\tag{6.39}
$$

另外，如果 $A(s)$ 是幺模的，那么 $A^{-1}(s)$ 也是一个多项式矩阵。这种情形下，满足广义右既约分解 (6.36) 的多项式矩阵对可选为

$$
\begin{cases}
N(s) = A^{-1}(s) \\
D(s) = B^{-1}(s)
\end{cases}
\tag{6.40}
$$

称上述利用矩阵 $A(s)$ 可逆性的解 (6.37)、(6.39) 和 (6.40) 为反解。由上述反解 (6.37)、(6.39) 和 (6.40) 得到的齐次全驱动广义 Sylvester 矩阵方程 (6.8) 的解，也称为反解。需要注意的是，这些反解在 $A(s)$ 是方阵，即 $q=n$ 的情形下才存在。

与 6.2 节相同，这三组广义右既约分解的解可由初始方程参数直接得到，由此求解 $N(s)$ 和 $D(s)$ 的过程甚至都不需要了。

6.3.1　一般解

方便起见，本小节只用 Sylvester 映射即 $\left.[P(s)Z]\right|_F$ 给出方程的解，而不再给出其展开形式所对应的解。

1. F 为任意矩阵的情形

对全驱动广义 Sylvester 矩阵方程 (6.8) 应用定理 4.7，并利用广义右既约分解 (6.36)，可得到以下结果。

定理 6.5　令 $F \in \mathbb{C}^{p \times p}$，且 $A(s), B(s) \in \mathbb{R}^{n \times n}[s]$ 由式 (6.3) 给出，则下述结论成立。

(1) 当假设 6.1 成立时，广义 Sylvester 矩阵方程 (6.8) 的一般解为

$$
\begin{cases}
V = \left.[\mu(s)\,\mathrm{adj}A(s)Z]\right|_F \\
W = \left.[\pi(s)\,\mathrm{adj}B(s)Z]\right|_F
\end{cases}
\tag{6.41}
$$

其中，$Z \in \mathbb{C}^{n \times p}$ 为任意参数矩阵。

(2) 特别地，当假设 6.2 成立时，上述解可写为

$$
\begin{cases}
V = \left.[\mathrm{adj}A(s)Z]\right|_F \\
W = \left.[\pi(s)B^{-1}(s)Z]\right|_F
\end{cases}
\tag{6.42}
$$

(3) 如果 $A(s)$ 是幺模矩阵，则方程的解可写为

$$\begin{cases} V = [A^{-1}(s)\,Z]\big|_F \\ W = [B^{-1}(s)\,Z]\big|_F \end{cases} \tag{6.43}$$

利用 Sylvester 映射也可以直接验证上述结果。以解 (6.41) 为例，利用定理 4.1 给出的 Sylvester 映射的性质，可知

$$\begin{aligned} [A(s)V]\big|_F &= \big[A(s)\,[\mu(s)\,\mathrm{adj}A(s)\,Z]\big|_F\big]\big|_F \\ &= [A(s)\,\mu(s)\,\mathrm{adj}A(s)\,Z]\big|_F \\ &= [\pi(s)\,\mu(s)\,Z]\big|_F \end{aligned}$$

和

$$\begin{aligned} [B(s)W]\big|_F &= \big[B(s)\,[\pi(s)\,\mathrm{adj}B(s)\,Z]\big|_F\big]\big|_F \\ &= [B(s)\,\pi(s)\,\mathrm{adj}B(s)\,Z]\big|_F \\ &= [\pi(s)\,\mu(s)\,Z]\big|_F \end{aligned}$$

合并上述两个方程，可得

$$[A(s)V]\big|_F = [B(s)W]\big|_F \tag{6.44}$$

这是广义 Sylvester 矩阵方程 (6.8) 的 Sylvester 映射表示。

2. F 为 Jordan 矩阵的情形

当矩阵 F 是形为式 (6.23) 的 Jordan 矩阵时，可根据约定 C1 定义列 v_{ij}、w_{ij} 和 z_{ij}。对全驱动广义 Sylvester 矩阵方程 (6.8) 应用定理 4.8，可得到以下结果。

定理 6.6　令 $A(s)$, $B(s) \in \mathbb{R}^{n \times n}[s]$ 由式 (6.3) 给出，且 $F \in \mathbb{C}^{p \times p}$ 是形为式 (6.23) 的 Jordan 矩阵，则下述结论成立。

(1) 当假设 6.1 成立时，广义 Sylvester 矩阵方程 (6.8) 的一般解为

$$\begin{cases} v_{ij} = \sum_{k=0}^{j-1} \dfrac{1}{k!}\dfrac{\mathrm{d}^k}{\mathrm{d}s^k}(\mu(s_i)\,\mathrm{adj}A(s_i))\,z_{i,j-k} \\ w_{ij} = \sum_{k=0}^{j-1} \dfrac{1}{k!}\dfrac{\mathrm{d}^k}{\mathrm{d}s^k}(\pi(s_i)\,\mathrm{adj}B(s_i))\,z_{i,j-k} \\ j = 1,2,\cdots,p_i;\ i = 1,2,\cdots,w \end{cases} \tag{6.45}$$

其中，$z_{ij} \in \mathbb{C}^n (j=1,2,\cdots,p_i;\ i=1,2,\cdots,w)$ 为任意一组参数向量。

(2) 特别地，当假设 6.2 成立时，上述解可写为

$$\begin{cases} v_{ij} = \displaystyle\sum_{k=0}^{j-1} \frac{1}{k!} \frac{\mathrm{d}^k}{\mathrm{d}s^k} \mathrm{adj} A\left(s_i\right) z_{i,j-k} \\[4mm] w_{ij} = \displaystyle\sum_{k=0}^{j-1} \frac{1}{k!} \frac{\mathrm{d}^k}{\mathrm{d}s^k} \left(\pi\left(s_i\right) B^{-1}\left(s_i\right)\right) z_{i,j-k} \\[4mm] \quad j = 1, 2, \cdots, p_i; \ i = 1, 2, \cdots, w \end{cases} \tag{6.46}$$

(3) 如果 $A(s)$ 是幺模矩阵，那么方程的解也可写为

$$\begin{cases} v_{ij} = \displaystyle\sum_{k=0}^{j-1} \frac{1}{k!} \frac{\mathrm{d}^k}{\mathrm{d}s^k} A^{-1}\left(s_i\right) z_{i,j-k} \\[4mm] w_{ij} = \displaystyle\sum_{k=0}^{j-1} \frac{1}{k!} \frac{\mathrm{d}^k}{\mathrm{d}s^k} B^{-1}\left(s_i\right) z_{i,j-k} \\[4mm] \quad j = 1, 2, \cdots, p_i; \ i = 1, 2, \cdots, w \end{cases}$$

3. F 为对角阵的情形

进一步地，当矩阵 F 退化成形为式 (6.27) 的对角阵时，可根据约定 C2 定义列 v_i、w_i 和 z_i。对广义 Sylvester 矩阵方程 (6.8) 应用定理 4.9，可得到如下解：

$$\begin{cases} v_i = \mu\left(s_i\right) \mathrm{adj} A\left(s_i\right) z_i' \\ w_i = \pi\left(s_i\right) \mathrm{adj} B\left(s_i\right) z_i' \\ \quad i = 1, 2, \cdots, p \end{cases}$$

再用 z_i[①] 代替 $\mu\left(s_i\right) z_i'$，可得到如下结果。

定理 6.7　令 $A(s), B(s) \in \mathbb{R}^{n \times n}[s]$ 由式 (6.3) 给出，$F \in \mathbb{C}^{p \times p}$ 是形为式 (6.27) 的对角阵，并且假设 6.1 成立。那么，广义 Sylvester 矩阵方程 (6.8) 的一般解为

$$\begin{cases} v_i = \mathrm{adj} A\left(s_i\right) z_i \\ w_i = \pi\left(s_i\right) B^{-1}\left(s_i\right) z_i \\ \quad i = 1, 2, \cdots, p \end{cases}$$

其中，$Z \in \mathbb{C}^{n \times p}$ 为任意参数矩阵。另外，如果

$$\pi\left(s_i\right) = \det A\left(s_i\right) \neq 0, \quad i = 1, 2, \cdots, p$$

---

① 原书中误写为 $\mu\left(s_i\right) z_i$，特此更正。

那么上述解可写为

$$
\begin{cases}
v_i = A^{-1}\left(s_i\right) z_i \\
w_i = B^{-1}\left(s_i\right) z_i \\
\quad i = 1, 2, \cdots, p
\end{cases}
$$

6.3.2　标准齐次全驱动广义 Sylvester 矩阵方程

在某些情形下，可先将形为式 (6.8) 的高阶全驱动广义 Sylvester 矩阵方程转换成标准全驱动形式，然后求得其解。因此，有必要给出标准形式的全驱动广义 Sylvester 矩阵方程 (6.10) 的广义参数化解。

在 6.3.1 节的三个定理中，假设 $B(s) = I_n$，可得到以下结果。

定理 6.8　令 $F \in \mathbb{C}^{p \times p}$，且 $A(s) \in \mathbb{R}^{n \times n}[s]$ 由式 (6.3) 给出，则下述结论成立。

(1) 标准齐次全驱动广义 Sylvester 矩阵方程 (6.10) 的一般解为

$$
\begin{cases}
V = \left[\operatorname{adj} A\left(s\right) Z\right]\big|_F \\
W = Z \pi\left(F\right)
\end{cases}
$$

而当 $A(s)$ 是幺模矩阵时，一般解为

$$
\begin{cases}
V = \left[A^{-1}\left(s\right) Z\right]\big|_F \\
W = Z
\end{cases}
$$

其中，$Z \in \mathbb{C}^{n \times p}$ 为任意参数矩阵。

(2) 当 $F \in \mathbb{C}^{p \times p}$ 是形为式 (6.23) 的 Jordan 矩阵时，标准齐次全驱动广义 Sylvester 矩阵方程 (6.10) 的一般解为

$$
\begin{cases}
v_{ij} = \displaystyle\sum_{k=0}^{j-1} \frac{1}{k!} \frac{\mathrm{d}^k}{\mathrm{d}s^k} \operatorname{adj} A\left(s_i\right) z_{i,j-k} \\
w_{ij} = \displaystyle\sum_{k=0}^{j-1} \frac{1}{k!} \frac{\mathrm{d}^k}{\mathrm{d}s^k} \pi\left(s_i\right) z_{i,j-k} \\
\quad j = 1, 2, \cdots, p_i; \ i = 1, 2, \cdots, w
\end{cases}
$$

而当 $A(s)$ 是幺模矩阵时，一般解为

$$
\begin{cases}
w_{ij} = z_{ij} \\
v_{ij} = \displaystyle\sum_{k=0}^{j-1} \frac{1}{k!} \frac{\mathrm{d}^k}{\mathrm{d}s^k} A^{-1}\left(s_i\right) z_{i,j-k} \\
\quad j = 1, 2, \cdots, p_i; \ i = 1, 2, \cdots, w
\end{cases}
$$

其中，$z_{ij} \in \mathbb{C}^n (j = 1, 2, \cdots, p_i;\ i = 1, 2, \cdots, w)$ 为任意一组参数向量。

(3) 当 $F \in \mathbb{C}^{p \times p}$ 是形为式 (6.27) 的对角阵时，标准齐次全驱动广义 Sylvester 矩阵方程 (6.10) 的解为

$$\begin{cases} v_i = \mathrm{adj}A(s_i)\, z_i \\ w_i = \pi(s_i)\, z_i \\ \quad i = 1, 2, \cdots, p \end{cases}$$

而当 $A(s_i)(i = 1, 2, \cdots, p)$ 非奇异时，解为

$$\begin{cases} v_i = A^{-1}(s_i)\, z_i \\ w_i = z_i \\ \quad i = 1, 2, \cdots, p \end{cases}$$

其中，$z_i \in \mathbb{C}^n (i = 1, 2, \cdots, p)$ 为任意一组参数向量。

在第 9 章中，将利用定理 6.8 中的结论，给出方的标准 Sylvester 矩阵方程的解。

6.4　非齐次方程的正解

从 6.2 节和 6.3 节可以看出，齐次全驱动广义 Sylvester 矩阵方程 (6.8) 的解无须任何推导，是可以直接写出的。本节平行于 6.2 节，将研究非齐次全驱动广义 Sylvester 矩阵方程，即满足假设 6.1 或假设 6.2 的形为式 (6.9) 的非齐次广义 Sylvester 矩阵方程的解。

由于

$$\mu(s) = \det B(s) \tag{6.47}$$

则在假设 6.1 下，Diophantine 方程

$$A(s)\, U(s) - B(s)\, T(s) = \mu(s)\, I_n \tag{6.48}$$

有一对解

$$\begin{cases} U(s) = \mu(s)\, I_n \\ T(s) = \mathrm{adj}B(s)\, (A(s) - I_n) \end{cases} \tag{6.49}$$

特别地，当假设 6.2 成立时，$B^{-1}(s)$ 为一个多项式矩阵。在这种情形下，多项式矩阵对

$$\begin{cases} U(s) = I_n \\ T(s) = B^{-1}(s)\, (A(s) - I_n) \end{cases} \tag{6.50}$$

满足 Diophantine 方程

$$A(s)U(s) - B(s)T(s) = I_n \tag{6.51}$$

与 6.2 节一样，由于在求解 Diophantine 方程 (6.48) 和 (6.51) 的解 (6.49) 和 (6.50) 的过程中用到 $B(s)$ 的可逆性，所以称之为正解；而利用式 (6.49) 或式 (6.50) 得到的形为式 (6.9) 的非齐次广义 Sylvester 矩阵方程的解，称为广义 Sylvester 矩阵方程的正解。

在本节和 6.5 节中，将用到两个基本定理——定理 5.5 和定理 5.8。其中，定理 5.5 基于 Diophantine 方程 (6.48) 推出非齐次全驱动广义 Sylvester 矩阵方程 (6.9) 的解，而定理 5.8 基于 Diophantine 方程 (6.51) 也可推出其解。

6.4.1　F 为任意矩阵的情形

令

$$\Theta(s) = B^{-1}(s)(A(s) - I_n) = \sum_{k=0}^{\omega} \Theta_k s^k, \quad \Theta_k \in \mathbb{R}^{n \times n} \tag{6.52}$$

$$\Gamma(s) = \mathrm{adj}B(s)(A(s) - I_n) = \sum_{k=0}^{\omega} \Gamma_k s^k, \quad \Gamma_k \in \mathbb{R}^{n \times n} \tag{6.53}$$

并且，注意到

$$\begin{aligned}
[\mu(s)R']\big|_F &= [\mu(s)R\mu^{-1}(F)]\big|_F = [\mu(s)R]\big|_F \mu^{-1}(F) \\
&= [R\mu(s)]\big|_F \mu^{-1}(F) = R\mu(F)\mu^{-1}(F) \\
&= R
\end{aligned}$$

则基于定理 5.5 和定理 5.8，可以得到如下关于非齐次广义 Sylvester 矩阵方程 (6.9) 特解的结论。

定理 6.9　令 $A(s), B(s) \in \mathbb{R}^{n \times n}[s]$ 由式 (6.3) 给出，$F \in \mathbb{C}^{p \times p}$，再令 $\Gamma(s) \in \mathbb{R}^{n \times n}[s]$ 由式 (6.53) 给出，$\Theta(s) \in \mathbb{R}^{n \times n}[s]$ 由式 (6.52) 给出，则下述结论成立。

(1) 当假设 6.1 成立时，非齐次广义 Sylvester 矩阵方程 (6.9) 有如下特解：

$$\begin{cases}
V = R \\
W = [\mathrm{adj}B(s)(A(s) - I_n)R]\big|_F \mu^{-1}(F) \\
\quad = (\Gamma_0 R + \Gamma_1 RF + \cdots + \Gamma_\omega RF^\omega)\mu^{-1}(F)
\end{cases}$$

(2) 当假设 6.2 成立时，非齐次广义 Sylvester 矩阵方程 (6.9) 有如下特解：

$$
\begin{cases}
V = R \\
W = \left[B^{-1}(s)(A(s) - I_n) R \right]\big|_F = \Theta_0 R + \Theta_1 RF + \cdots + \Theta_\omega RF^\omega
\end{cases}
$$

说明 6.4　由本章前面几节可以看出，为了给出非齐次广义 Sylvester 矩阵方程 (6.9) 的一个特解，只需要解出满足 Diophantine 方程 (6.48) 或 (6.51) 的右互质多项式矩阵对 $U(s)$ 和 $T(s)$。而对于全驱动广义 Sylvester 矩阵方程，甚至不需要求解 $U(s)$ 和 $T(s)$ 的过程，就可以写出其特解。

定理 6.1 给出了齐次广义 Sylvester 矩阵方程 (6.8) 的所有解为

$$
\begin{cases}
V = Z\mu(F) \\
W = \left[\mathrm{adj}B(s) A(s) Z \right]\big|_F
\end{cases}
\tag{6.54}
$$

或

$$
\begin{cases}
V = Z \\
W = \left[B^{-1}(s) A(s) Z \right]\big|_F
\end{cases}
\tag{6.55}
$$

其中，$Z \in \mathbb{C}^{n \times p}$ 为任意参数矩阵。

进一步利用引理 5.1 和定理 6.9，可以得到以下关于满足假设 6.1 或假设 6.2 的广义 Sylvester 矩阵方程 (6.9) 解的结论。

定理 6.10　令 $F \in \mathbb{C}^{p \times p}$，且 $A(s), B(s) \in \mathbb{R}^{n \times n}[s]$ 由式 (6.3) 给出，则下述结论成立。

(1) 当假设 6.1 成立时，非齐次广义 Sylvester 矩阵方程 (6.9) 的所有解为

$$
\begin{cases}
V = Y \\
W = \left[\mathrm{adj}B(s)(A(s) Y - R) \right]\big|_F \mu^{-1}(F)
\end{cases}
\tag{6.56}
$$

其中，$Y \in \mathbb{C}^{n \times p}$ 为任意参数矩阵。

(2) 特别地，当假设 6.2 成立时，上述解可写为

$$
\begin{cases}
V = Y \\
W = \left[B^{-1}(s)(A(s) Y - R) \right]\big|_F
\end{cases}
\tag{6.57}
$$

证明　首先证明解 (6.57)。

由引理 5.1 和定理 6.9 可知，满足假设 6.2 的广义 Sylvester 矩阵方程 (6.9) 的一般解为

$$
\begin{cases}
V = Z + R \\
W = \left[B^{-1}(s)(A(s) - I_n) R \right]\big|_F + \left[B^{-1}(s_i) A(s_i) Z \right]\big|_F
\end{cases}
\tag{6.58}
$$

其中，$Z \in \mathbb{C}^{n \times p}$ 为任意参数矩阵。

注意到

$$
\begin{aligned}
W &= \left[B^{-1}(s)(A(s)-I_n)R\right]\big|_F + \left[B^{-1}(s)A(s)Z\right]\big|_F \\
&= \left[B^{-1}(s)(A(s)R-R+A(s)Z)\right]\big|_F \\
&= \left[B^{-1}(s)(A(s)(Z+R)-R)\right]\big|_F \\
&= \left[B^{-1}(s)(A(s)Y-R)\right]\big|_F
\end{aligned}
\tag{6.59}
$$

其中,

$$
Y = Z + R
\tag{6.60}
$$

将式 (6.59) 和式 (6.60) 代入式 (6.58),可得到式 (6.57)。

然后证明解 (6.56)。当假设 6.1 成立时,$\mu(F)$ 非奇异,进行如下的变量代换:

$$
Z' = Z\mu(F)
$$

则解 (6.54) 可写为

$$
\begin{cases}
V = Z' \\
W = \left[\mathrm{adj}B(s)A(s)Z'\mu^{-1}(F)\right]\big|_F = \left[\mathrm{adj}B(s)A(s)Z'\right]\big|_F \mu^{-1}(F)
\end{cases}
\tag{6.61}
$$

再次应用引理 5.1 和定理 6.9,可得满足假设 6.1 的广义 Sylvester 矩阵方程 (6.9) 的一般解为

$$
V = Z' + R
\tag{6.62}
$$

$$
\begin{aligned}
W &= \left[\mathrm{adj}B(s)(A(s)-I_n)R\right]\big|_F \mu^{-1}(F) + \left[\mathrm{adj}B(s)A(s)Z'\right]\big|_F \mu^{-1}(F) \\
&= \left(\left[\mathrm{adj}B(s)(A(s)-I_n)R\right]\big|_F + \left[\mathrm{adj}B(s)A(s)Z'\right]\big|_F\right)\mu^{-1}(F) \\
&= \left[\mathrm{adj}B(s)(A(s)(Z'+R)-R)\right]\big|_F \mu^{-1}(F) \\
&= \left[\mathrm{adj}B(s)(A(s)Y-R)\right]\big|_F \mu^{-1}(F)
\end{aligned}
\tag{6.63}
$$

其中,

$$
Y = Z' + R
$$

合并式 (6.62) 与式 (6.63),可得式 (6.56)。　　　　　　　　　　　　　　　　□

6.4.2　F 为 Jordan 矩阵的情形

当 F 是形为式 (6.23) 的 Jordan 矩阵时,基于定理 5.12,可以给出以下关于非齐次广义 Sylvester 矩阵方程 (6.9) 特解的结果。

定理 6.11　　令 $A(s)$, $B(s) \in \mathbb{R}^{n \times n}[s]$ 由式 (6.3) 给出，$F \in \mathbb{C}^{p \times p}$ 是形为式 (6.23) 的 Jordan 矩阵，则下述结论成立。

(1) 当假设 6.1 满足时，非齐次广义 Sylvester 矩阵方程 (6.9) 有如下特解：

$$
\begin{cases}
v_{ij} = r_{ij} = \displaystyle\sum_{k=0}^{j-1} \frac{1}{k!} \frac{\mathrm{d}^k}{\mathrm{d}s^k} \mu(s_i) r'_{i,j-k} \\[4mm]
w_{ij} = \displaystyle\sum_{k=0}^{j-1} \frac{1}{k!} \frac{\mathrm{d}^k}{\mathrm{d}s^k} \mathrm{adj} B(s_i)(A(s_i) - I_n) r'_{i,j-k} \\[4mm]
j = 1, 2, \cdots, p_i; \ i = 1, 2, \cdots, w
\end{cases}
\tag{6.64}
$$

其中，
$$
R' = R\mu^{-1}(F)
$$

(2) 当假设 6.2 满足时，非齐次广义 Sylvester 矩阵方程 (6.9) 有如下特解：

$$
\begin{cases}
v_{ij} = r_{ij} \\[3mm]
w_{ij} = \displaystyle\sum_{k=0}^{j-1} \frac{1}{k!} \frac{\mathrm{d}^k}{\mathrm{d}s^k} B^{-1}(s_i)(A(s_i) - I_n) r_{i,j-k} \\[4mm]
j = 1, 2, \cdots, p_i; \ i = 1, 2, \cdots, w
\end{cases}
\tag{6.65}
$$

由定理 6.2 可知，齐次广义 Sylvester 矩阵方程 (6.8) 的所有解为

$$
\begin{cases}
v_{ij} = \displaystyle\sum_{k=0}^{j-1} \frac{1}{k!} \frac{\mathrm{d}^k}{\mathrm{d}s^k} \mu(s_i) z_{i,j-k} \\[4mm]
w_{ij} = \displaystyle\sum_{k=0}^{j-1} \frac{1}{k!} \frac{\mathrm{d}^k}{\mathrm{d}s^k} \mathrm{adj} B(s_i) A(s_i) z_{i,j-k} \\[4mm]
j = 1, 2, \cdots, p_i; \ i = 1, 2, \cdots, w
\end{cases}
\tag{6.66}
$$

或

$$
\begin{cases}
v_{ij} = z_{ij} \\[3mm]
w_{ij} = \displaystyle\sum_{k=0}^{j-1} \frac{1}{k!} \frac{\mathrm{d}^k}{\mathrm{d}s^k} B^{-1}(s_i) A(s_i) z_{i,j-k} \\[4mm]
j = 1, 2, \cdots, p_i; \ i = 1, 2, \cdots, w
\end{cases}
\tag{6.67}
$$

其中，$Z \in \mathbb{C}^{n \times p}$ 为任意参数矩阵。

进一步应用引理 5.1 和定理 6.11，可以得到关于满足假设 6.1 或假设 6.2 的广义 Sylvester 矩阵方程 (6.9) 一般解的结果。

定理 6.12   令 $A(s), B(s) \in \mathbb{R}^{n \times n}[s]$ 由式 (6.3) 给出，$F \in \mathbb{C}^{p \times p}$ 是形为式 (6.23) 的 Jordan 矩阵，则下述结论成立。

(1) 当假设 6.1满足时，非齐次广义 Sylvester 矩阵方程 (6.9) 的所有解为

$$
\begin{cases}
v_{ij} = \displaystyle\sum_{k=0}^{j-1} \frac{1}{k!} \frac{\mathrm{d}^k}{\mathrm{d}s^k} \mu(s_i) y_{i,j-k} \\[4mm]
w_{ij} = \displaystyle\sum_{k=0}^{j-1} \frac{1}{k!} \frac{\mathrm{d}^k}{\mathrm{d}s^k} \mathrm{adj} B(s_i) \left(A(s_i) y_{i,j-k} - r'_{i,j-k} \right) \\[4mm]
j = 1, 2, \cdots, p_i; \ i = 1, 2, \cdots, w
\end{cases} \tag{6.68}
$$

其中，$R' = R\mu^{-1}(F)$；$Y \in \mathbb{C}^{n \times p}$ 为任意参数矩阵。

(2) 特别地，当假设 6.2满足时，上述解可写为

$$
\begin{cases}
v_{ij} = y_{ij} \\[2mm]
w_{ij} = \displaystyle\sum_{k=0}^{j-1} \frac{1}{k!} \frac{\mathrm{d}^k}{\mathrm{d}s^k} B^{-1}(s_i) \left(A(s_i) y_{i,j-k} - r_{i,j-k} \right) \\[4mm]
j = 1, 2, \cdots, p_i; \ i = 1, 2, \cdots, w
\end{cases} \tag{6.69}
$$

证明   首先证明式 (6.69)。

由引理 5.1 和定理 6.11 可知，满足假设 6.2 的广义 Sylvester 矩阵方程 (6.9) 的一般解为

$$
\begin{cases}
v_{ij} = z_{ij} + r_{ij} \\[2mm]
w_{ij} = \displaystyle\sum_{k=0}^{j-1} \frac{1}{k!} \frac{\mathrm{d}^k}{\mathrm{d}s^k} \left(B^{-1}(s_i)(A(s_i) - I_n) r_{i,j-k} + B^{-1}(s_i) A(s_i) z_{i,j-k} \right) \\[4mm]
j = 1, 2, \cdots, p_i; \ i = 1, 2, \cdots, w
\end{cases}
$$
$$\tag{6.70}$$

注意到

$$
\begin{aligned}
& B^{-1}(s_i)(A(s_i) - I_n) r_{i,j-k} + B^{-1}(s_i) A(s_i) z_{i,j-k} \\
&= B^{-1}(s_i)(A(s_i) r_{i,j-k} - r_{i,j-k} + A(s_i) z_{i,j-k}) \\
&= B^{-1}(s_i)(A(s_i)(z_{i,j-k} + r_{i,j-k}) - r_{i,j-k}) \\
&= B^{-1}(s_i)(A(s_i) y_{i,j-k} - r_{i,j-k})
\end{aligned} \tag{6.71}
$$

其中，

$$
y_{i,j-k} = z_{i,j-k} + r_{i,j-k}
$$

将式 (6.71) 及 $y_{ij} = z_{ij} + r_{ij}$ 代入式 (6.70)，可得解 (6.69)。

然后证明解 (6.68)。再次由引理 5.1 和定理 6.11 可知，满足假设 6.1 的广义 Sylvester 矩阵方程 (6.9) 的一般解为

$$
\begin{aligned}
v_{ij} &= \sum_{k=0}^{j-1} \frac{1}{k!} \frac{\mathrm{d}^k}{\mathrm{d}s^k} \mu\left(s_i\right) z_{i,j-k} + \sum_{k=0}^{j-1} \frac{1}{k!} \frac{\mathrm{d}^k}{\mathrm{d}s^k} \mu\left(s_i\right) r'_{i,j-k} \\
&= \sum_{k=0}^{j-1} \frac{1}{k!} \frac{\mathrm{d}^k}{\mathrm{d}s^k} \mu\left(s_i\right) \left(z_{i,j-k} + r'_{i,j-k}\right) \\
&= \sum_{k=0}^{j-1} \frac{1}{k!} \frac{\mathrm{d}^k}{\mathrm{d}s^k} \mu\left(s_i\right) y_{i,j-k}, \quad j = 1, 2, \cdots, p_i;\ i = 1, 2, \cdots, w \quad (6.72)
\end{aligned}
$$

其中，

$$
y_{i,j-k} = z_{i,j-k} + r'_{i,j-k}
$$

$$
\begin{aligned}
w_{ij} = {}&\sum_{k=0}^{j-1} \frac{1}{k!} \frac{\mathrm{d}^k}{\mathrm{d}s^k} \left(\mathrm{adj}B\left(s_i\right)\left(A\left(s_i\right) - I_n\right) r'_{i,j-k} + \mathrm{adj}B\left(s\right) A\left(s\right) z_{i,j-k}\right), \\
&j = 1, 2, \cdots, p_i;\ i = 1, 2, \cdots, w
\end{aligned}
$$

$$
(6.73)
$$

注意到

$$
\begin{aligned}
&\mathrm{adj}B\left(s_i\right)\left(A\left(s_i\right) - I_n\right) r'_{i,j-k} + \mathrm{adj}B\left(s_i\right) A\left(s_i\right) z_{i,j-k} \\
&= \mathrm{adj}B\left(s_i\right)\left(A\left(s_i\right)\left(z_{i,j-k} + r'_{i,j-k}\right) - r'_{i,j-k}\right) \\
&= \mathrm{adj}B\left(s_i\right)\left(A\left(s_i\right) y_{i,j-k} - r'_{i,j-k}\right)
\end{aligned}
$$

$$
(6.74)
$$

将式 (6.74) 代入式 (6.73)，可得

$$
w_{ij} = \sum_{k=0}^{j-1} \frac{1}{k!} \frac{\mathrm{d}^k}{\mathrm{d}s^k} \mathrm{adj}B\left(s_i\right)\left(A\left(s_i\right) y_{i,j-k} - r'_{i,j-k}\right), \quad j = 1, 2, \cdots, p_i;\ i = 1, 2, \cdots, w
$$

$$
(6.75)
$$

合并式 (6.72) 和式 (6.75)，可得式 (6.68)。 □

需要注意的是，解 (6.68) 也可改写为

$$
\begin{cases}
V = Y\mu\left(F\right) \\
w_{ij} = \sum_{k=0}^{j-1} \frac{1}{k!} \frac{\mathrm{d}^k}{\mathrm{d}s^k} \mathrm{adj}B\left(s_i\right)\left(A\left(s_i\right) y_{i,j-k} - r'_{i,j-k}\right) \\
j = 1, 2, \cdots, p_i;\ i = 1, 2, \cdots, w
\end{cases}
$$

$$
(6.76)
$$

6.4.3 F 为对角阵的情形

当 F 是形为式 (6.27) 的对角阵时，基于定理 5.16，可以给出非齐次广义 Sylvester 矩阵方程 (6.9) 的特解为

$$\begin{cases} v_i = \mu\left(s_i\right) r'_i \\ w_i = \mathrm{adj} B\left(s_i\right)\left(A\left(s_i\right) - I_n\right) r'_i \\ i = 1, 2, \cdots, p \end{cases} \tag{6.77}$$

其中，

$$R' = R\mu^{-1}\left(F\right)$$

进一步地，注意到当 F 由式 (6.27) 给出时，有

$$\mu^{-1}\left(F\right) = \mathrm{diag}\left(\frac{1}{\mu\left(s_i\right)},\ i = 1, 2, \cdots, p\right)$$

因此，有

$$r'_i = \frac{1}{\mu\left(s_i\right)} r_i, \quad i = 1, 2, \cdots, p \tag{6.78}$$

将式 (6.78) 中的关系代入式 (6.77)，可得到如下关于非齐次广义 Sylvester 矩阵方程 (6.9) 特解的结论。

定理 6.13 令 $A\left(s\right), B\left(s\right) \in \mathbb{R}^{n \times n}\left[s\right]$ 由式 (6.3) 给出，$F \in \mathbb{C}^{p \times p}$ 是形为式 (6.27) 的对角阵，且假设 6.1 成立，则非齐次广义 Sylvester 矩阵方程 (6.9) 有如下特解：

$$\begin{cases} v_i = r_i \\ w_i = B^{-1}\left(s_i\right)\left(A\left(s_i\right) - I_n\right) r_i \\ i = 1, 2, \cdots, p \end{cases} \tag{6.79}$$

由定理 6.3 可知，齐次广义 Sylvester 矩阵方程 (6.8) 的所有解为

$$\begin{cases} v_i = z_i \\ w_i = B^{-1}\left(s_i\right) A\left(s_i\right) z_i \\ i = 1, 2, \cdots, p \end{cases}$$

其中，$Z \in \mathbb{C}^{n \times p}$ 为任意参数矩阵。

进一步应用引理 5.1 和定理 6.13，并且注意到

$$B^{-1}\left(s_i\right)\left(A\left(s_i\right) - I_n\right) r_i + B^{-1}\left(s_i\right) A\left(s_i\right) z_i = B^{-1}\left(s_i\right)\left(\left(A\left(s_i\right) - I_n\right) r_i + A\left(s_i\right) z_i\right)$$
$$= B^{-1}\left(s_i\right)\left(A\left(s_i\right)\left(r_i + z_i\right) - r_i\right)$$

可以得到如下关于满足假设 6.1 或假设 6.2 的广义 Sylvester 矩阵方程 (6.9) 一般解的结论。

定理 6.14　令 $A(s)$, $B(s) \in \mathbb{R}^{n \times n}[s]$ 由式 (6.3) 给出，$F \in \mathbb{C}^{p \times p}$ 是形为式 (6.27) 的对角阵，且假设 6.1 成立，则非齐次广义 Sylvester 矩阵方程 (6.9) 的所有解为

$$\begin{cases} v_i = y_i \\ w_i = B^{-1}(s_i)\,(A(s_i)\,y_i - r_i) \\ \quad i = 1, 2, \cdots, p \end{cases} \tag{6.80}$$

其中，$y_i \in \mathbb{C}^n (i = 1, 2, \cdots, p)$ 为任意一组参数向量。

说明 6.5　对于标准全驱动广义 Sylvester 矩阵方程 (6.11) 的解，只需要在上面三个定理中去除 $B^{-1}(s)$、$\mathrm{adj}B(s)$ 和 $\mu(s)$，因为这种情形下，有

$$B^{-1}(s) = \mathrm{adj}B(s) = I_n, \quad \mu(s) = 1$$

6.4.4　一类二阶广义 Sylvester 矩阵方程

在实际应用中，常常会遇到如下一类二阶线性系统：

$$M\ddot{x} + D\dot{x} + Kx = Bu$$

其中，$M, D \in \mathbb{R}^{n \times n}$ 和 $K \in \mathbb{R}^{n \times n}$ 分别为惯性矩阵、阻尼矩阵和刚度矩阵；$B \in \mathbb{R}^{n \times n}$ 为非奇异系数矩阵；x 为系统的位置向量；u 为作用在系统上的力或扭矩向量。

相应的非齐次广义 Sylvester 矩阵方程具有如下形式：

$$MVF^2 + DVF + KV = BW + R \tag{6.81}$$

利用定理 6.10、定理 6.12 和定理 6.14，可以得到以下推论。

推论 6.2　考虑满足 $\det B \neq 0$ 的二阶广义 Sylvester 矩阵方程 (6.81)，并且记

$$\Phi(s) = B^{-1}(Ms^2 + Ds + K)$$

(1) 对于任意矩阵 $F \in \mathbb{C}^{p \times p}$，方程的一般解为

$$\begin{cases} V = Y \\ W = B^{-1}(MYF^2 + DYF + KY - R) \end{cases} \tag{6.82}$$

其中，$Y \in \mathbb{C}^{n \times p}$ 为任意参数矩阵。

(2) 当 $F \in \mathbb{C}^{p \times p}$ 是形为式 (6.23) 的 Jordan 矩阵时，方程的一般解为

$$\begin{cases} V = Z \\ w_{i1} = \Phi(s_i) y_{i,1} - r_{i,1} \\ w_{i2} = \Phi(s_i) y_{i,2} - r_{i,2} + B^{-1}(2Ms_i + D) y_{i,1} \\ w_{ij} = \Phi(s_i) y_{i,j} - r_{i,j} + B^{-1}(2Ms_i + D) y_{i,j-1} + B^{-1} M y_{i,j-2} \\ \quad j = 3, 4, \cdots, p_i; \ i = 1, 2, \cdots, w \end{cases} \tag{6.83}$$

而当 F 是形为式 (6.27) 的对角阵时, 上述解简化为

$$\begin{cases} V = Y \\ w_i = B^{-1}((s_i^2 M + s_i D + K) y_i - r_i), \quad i = 1, 2, \cdots, p \end{cases} \tag{6.84}$$

其中, $Y \in \mathbb{C}^{n \times p}$ 为任意参数矩阵.

说明 6.6 从上述内容中容易看出, 对于满足假设 6.1 或假设 6.2 的广义 Sylvester 矩阵方程, 可以不经任何计算而写出其解. 然而, 如果将二阶或高阶广义 Sylvester 矩阵方程转化为一阶方程, 这个优点将不复存在. 这一优点提示我们: 当满足假设 6.2 时, 直接在二阶或高阶的框架下求解方程是非常简单的. 对于二阶或高阶系统的这一优势, 在实际应用中应善加利用.

说明 6.7 值得注意的是, Diophantine 方程 (6.48) 或 (6.51) 的解不唯一. Diophantine 方程 (6.48) 的另一个常用解为

$$\begin{cases} U(s) = \mu(s) A^{\mathrm{T}}(s) \\ T(s) = \mathrm{adj} B(s) \left(A(s) A^{\mathrm{T}}(s) - I_n \right) \end{cases} \tag{6.85}$$

而 Diophantine 方程 (6.51) 的另一个常用解为

$$\begin{cases} U(s) = A^{\mathrm{T}}(s) \\ T(s) = B^{-1}(s) \left(A(s) A^{\mathrm{T}}(s) - I_n \right) \end{cases} \tag{6.86}$$

其中, 当假设 6.2 满足时

$$\mu(s) = \det B(s)$$

是一个常数.

6.5　非齐次方程的反解

本节将继续采用 6.3 节的方法, 通过选择不同的 $U(s)$ 和 $T(s)$, 来研究形为式 (6.9) 的非齐次全驱动广义 Sylvester 矩阵方程的解. 这里假设多项式矩阵 $A(s)$ 为方阵, 即考虑 $q = n$ 的情形.

当假设 6.1 满足时, 即

$$\mu\left(s\right) = \det B\left(s\right) \neq 0, \quad \forall s \in \mathrm{eig}(F)$$

易验证多项式矩阵对

$$\begin{cases} U\left(s\right) = \mu\left(s\right) \mathrm{adj} A\left(s\right) \\ T\left(s\right) = \left(\pi\left(s\right) - 1\right) \mathrm{adj} B\left(s\right) \end{cases} \tag{6.87}$$

满足 Diophantine 方程 (6.48), 其中,

$$\pi\left(s\right) = \det A\left(s\right)$$

特别地, 如果假设 6.2 满足, $\det B\left(s\right)$ 为常数, 且 $B^{-1}\left(s\right)$ 为多项式矩阵。在此情形下, Diophantine 方程 (6.51) 有如下解:

$$\begin{cases} U\left(s\right) = \mathrm{adj} A\left(s\right) \\ T\left(s\right) = \left(\pi\left(s\right) - 1\right) B^{-1}\left(s\right) \end{cases} \tag{6.88}$$

与 6.3 节相同, 由于在求解的过程中用到了 $A\left(s\right)$ 的可逆性, 称 Diophantine 方程 (6.48) 和 (6.51) 的解 (6.87) 和 (6.88) 为反解。同时, 也称利用式 (6.87) 或式 (6.88) 得到的形为式 (6.9) 的非齐次广义 Sylvester 矩阵方程的解为反解。

6.5.1 F 为任意矩阵的情形

基于定理 5.5 和定理 5.8, 可得到如下关于非齐次广义 Sylvester 矩阵方程 (6.9) 特解的相关结果。

定理 6.15 令 $A\left(s\right), B\left(s\right) \in \mathbb{R}^{n \times n}\left[s\right]$ 由式 (6.3) 给出, 且 $F \in \mathbb{C}^{p \times p}$, 则下述结论成立。

(1) 当假设 6.1 成立时, 非齐次广义 Sylvester 矩阵方程 (6.9) 有如下特解:

$$\begin{cases} V = \left[\mu\left(s\right) \mathrm{adj} A\left(s\right) R\right]\big|_F \mu^{-1}\left(F\right) \\ W = \left[\left(\pi\left(s\right) - 1\right) \mathrm{adj} B\left(s\right) R\right]\big|_F \mu^{-1}\left(F\right) \end{cases} \tag{6.89}$$

(2) 当假设 6.2 成立时, 非齐次广义 Sylvester 矩阵方程 (6.9) 有如下特解:

$$\begin{cases} V = \left[\mathrm{adj} A\left(s\right) R\right]\big|_F \\ W = \left[\left(\pi\left(s\right) - 1\right) B^{-1}\left(s\right) R\right]\big|_F \end{cases} \tag{6.90}$$

说明 6.8 从本章前几节中可以看出, 想要得到非齐次广义 Sylvester 矩阵方程 (6.9) 的特解, 只需要解出满足 Diophantine 方程 (6.48) 或 (6.51) 的右互质多项式矩阵 $U\left(s\right)$ 和 $T\left(s\right)$。对于 $r = n$ 且 $\det B\left(s\right) \neq 0$ 的情形, 甚至不需要求解 $U\left(s\right)$ 和 $T\left(s\right)$ 的过程, 就可以写出其特解。

进一步地,关于满足假设 6.1 或假设 6.2 的非齐次广义 Sylvester 矩阵方程 (6.9) 的一般解,有如下结果。

定理 6.16　令 $A(s), B(s) \in \mathbb{R}^{n \times n}[s]$ 由式 (6.3) 给出,且 $F \in \mathbb{C}^{p \times p}$,则下述结论成立。

(1) 当假设 6.1 成立时,非齐次广义 Sylvester 矩阵方程 (6.9) 的一般解为

$$\begin{cases} V = [\mu(s)\,\text{adj}A(s)\,Y]\big|_F\,\mu^{-1}(F) \\ W = [\text{adj}B(s)\,(\pi(s)\,Y - R)]\big|_F\,\mu^{-1}(F) \end{cases} \tag{6.91}$$

其中,$Y \in \mathbb{C}^{n \times p}$ 为任意参数矩阵。

(2) 特别地,当假设 6.2 成立时,以上的解可写为

$$\begin{cases} V = [\text{adj}A(s)\,Y]\big|_F \\ W = [B^{-1}(s)\,(\pi(s)\,Y - R)]\big|_F \end{cases} \tag{6.92}$$

证明　当假设 6.2 成立时,由定理 6.5 可知,齐次广义 Sylvester 矩阵方程 (6.8) 的所有解由下式给出:

$$\begin{cases} V = [\text{adj}A(s)\,Z]\big|_F \\ W = [\pi(s)\,B^{-1}(s)\,Z]\big|_F \end{cases}$$

其中,$Z \in \mathbb{C}^{n \times p}$ 为任意参数矩阵。

进一步利用引理 5.1 和定理 6.15,可得到满足假设 6.2 的广义 Sylvester 矩阵方程 (6.9) 的一般解为

$$V = [\text{adj}A(s)\,R]\big|_F + [\text{adj}A(s)\,Z]\big|_F = [\text{adj}A(s)\,(R+Z)]\big|_F$$

$$= [\text{adj}A(s)\,Y]\big|_F$$

$$W = [(\pi(s) - 1)\,B^{-1}(s)\,R]\big|_F + [\pi(s)\,B^{-1}(s)\,Z]\big|_F$$

$$= [B^{-1}(s)\,(\pi(s)\,R - R + \pi(s)\,Z)]\big|_F$$

$$= [B^{-1}(s)\,(\pi(s)\,(Z+R) - R)]\big|_F$$

$$= [B^{-1}(s)\,(\pi(s)\,Y - R)]\big|_F$$

其中,

$$Y = Z + R$$

由此, 式 (6.92) 得证. 下面证明式 (6.91)。

再次应用定理 6.5, 满足假设 6.1 的齐次广义 Sylvester 矩阵方程 (6.8) 的所有解由式 (6.93) 给出:

$$\begin{cases} V = [\mu\,(s)\,\mathrm{adj}A\,(s)\,Z]\big|_F \\ W = [\pi\,(s)\,\mathrm{adj}B\,(s)\,Z]\big|_F \end{cases} \tag{6.93}$$

其中, $Z \in \mathbb{C}^{n \times p}$ 为任意参数矩阵。

再利用引理 5.1 和定理 6.15, 可得满足假设 6.1 的广义 Sylvester 矩阵方程的所有解为

$$\begin{aligned} V &= [\mu\,(s)\,\mathrm{adj}A\,(s)\,R]\big|_F\,\mu^{-1}\,(F) + [\mu\,(s)\,\mathrm{adj}A\,(s)\,Z]\big|_F \\ &= [\mu\,(s)\,\mathrm{adj}A\,(s)\,R']\big|_F + [\mu\,(s)\,\mathrm{adj}A\,(s)\,Z]\big|_F \\ &= [\mu\,(s)\,\mathrm{adj}A\,(s)\,(R'+Z)]\big|_F \\ &= [\mu\,(s)\,\mathrm{adj}A\,(s)\,Y\mu^{-1}(F)]\big|_F \end{aligned} \tag{6.94}$$

$$\begin{aligned} W &= [(\pi\,(s)-1)\,\mathrm{adj}B\,(s)\,R]\big|_F\,\mu^{-1}\,(F) + [\pi\,(s)\,\mathrm{adj}B\,(s)\,Z]\big|_F \\ &= [(\pi\,(s)-1)\,\mathrm{adj}B\,(s)\,R']\big|_F + [\pi\,(s)\,\mathrm{adj}B\,(s)\,Z]\big|_F \\ &= [\mathrm{adj}B\,(s)\,((\pi\,(s)-1)\,R' + \pi\,(s)\,Z)]\big|_F \\ &= [\mathrm{adj}B\,(s)\,(\pi\,(s)\,(R'+Z) - R')]\big|_F \\ &= [\mathrm{adj}B\,(s)\,(\pi\,(s)\,Y\mu^{-1}\,(F) - R\mu^{-1}(F))]\big|_F \\ &= [\mathrm{adj}B\,(s)\,(\pi\,(s)\,Y - R)]\big|_F\,\mu^{-1}\,(F) \end{aligned} \tag{6.95}$$

其中,

$$Y = (Z + R')\,\mu\,(F)$$

合并式 (6.94) 和式 (6.95), 可得式 (6.91)。　　　　　　　　　　　　　□

6.5.2　F 为 Jordan 矩阵的情形

当 F 是形为式 (6.23) 的 Jordan 矩阵时, 基于定理 5.12, 可以给出如下关于非齐次全驱动广义 Sylvester 矩阵方程 (6.9) 特解的相关结果。

定理 6.17　令 $A(s)$, $B(s) \in \mathbb{R}^{n \times n}\,[s]$ 由式 (6.3) 给出, 且 $F \in \mathbb{C}^{p \times p}$ 是形为式 (6.23) 的 Jordan 矩阵, 则下述结论成立。

(1) 当假设 6.1 成立时，非齐次广义 Sylvester 矩阵方程 (6.9) 有如下特解：

$$
\begin{cases}
v_{ij} = \sum_{k=0}^{j-1} \dfrac{1}{k!} \dfrac{\mathrm{d}^k}{\mathrm{d}s^k} \mu(s_i) \operatorname{adj}A(s_i) r'_{i,j-k} \\
w_{ij} = \sum_{k=0}^{j-1} \dfrac{1}{k!} \dfrac{\mathrm{d}^k}{\mathrm{d}s^k} (\pi(s_i)-1) \operatorname{adj}B(s_i) r'_{i,j-k} \\
j = 1,2,\cdots,p_i; \ i = 1,2,\cdots,w
\end{cases}
\tag{6.96}
$$

其中，$R' = R\mu^{-1}(F)$。

(2) 当假设 6.2 成立时，非齐次广义 Sylvester 矩阵方程 (6.9) 有如下特解：

$$
\begin{cases}
v_{ij} = \sum_{k=0}^{j-1} \dfrac{1}{k!} \dfrac{\mathrm{d}^k}{\mathrm{d}s^k} \operatorname{adj}A(s_i) r_{i,j-k} \\
w_{ij} = \sum_{k=0}^{j-1} \dfrac{1}{k!} \dfrac{\mathrm{d}^k}{\mathrm{d}s^k} (\pi(s_i)-1) B^{-1}(s_i) r_{i,j-k} \\
j = 1,2,\cdots,p_i; \ i = 1,2,\cdots,w
\end{cases}
\tag{6.97}
$$

进一步利用引理 5.1 和定理 6.17，可以给出如下关于满足假设 6.1 或假设 6.2 的广义 Sylvester 矩阵方程 (6.9) 解的相关结果。

定理 6.18　令 $A(s), B(s) \in \mathbb{R}^{n\times n}[s]$ 由式 (6.3) 给出，且 $F \in \mathbb{C}^{p\times p}$ 是形为式 (6.23) 的 Jordan 矩阵，则下述结论成立。

(1) 当假设 6.1 成立时，非齐次广义 Sylvester 矩阵方程 (6.9) 的一般解为

$$
\begin{cases}
v_{ij} = \sum_{k=0}^{j-1} \dfrac{1}{k!} \dfrac{\mathrm{d}^k}{\mathrm{d}s^k} \mu(s_i) \operatorname{adj}A(s_i) y_{i,j-k} \\
w_{ij} = \sum_{k=0}^{j-1} \dfrac{1}{k!} \dfrac{\mathrm{d}^k}{\mathrm{d}s^k} \operatorname{adj}B(s_i) (\pi(s_i) y_{i,j-k} - r'_{i,j-k}) \\
j = 1,2,\cdots,p_i; \ i = 1,2,\cdots,w
\end{cases}
\tag{6.98}
$$

其中，$R' = R\mu^{-1}(F)$；$y_{ij} \in \mathbb{C}^n (j=1,2,\cdots,p_i; \ i=1,2,\cdots,w)$ 为任意一组参数向量。

(2) 特别地，当假设 6.2 成立时，上述解可以写为

$$\begin{cases} v_{ij} = \sum_{k=0}^{j-1} \dfrac{1}{k!} \dfrac{\mathrm{d}^k}{\mathrm{d}s^k} \mathrm{adj}A\left(s_i\right) y_{i,j-k} \\ w_{ij} = \sum_{k=0}^{j-1} \dfrac{1}{k!} \dfrac{\mathrm{d}^k}{\mathrm{d}s^k} B^{-1}\left(s_i\right)\left(\pi\left(s_i\right) y_{i,j-k} - r_{i,j-k}\right) \\ j = 1,2,\cdots,p_i; \ i = 1,2,\cdots,w \end{cases} \tag{6.99}$$

证明　由定理 6.6 可知, 当假设 6.1 成立时, 齐次广义 Sylvester 矩阵方程 (6.8) 的所有解为

$$\begin{cases} v_{ij} = \sum_{k=0}^{j-1} \dfrac{1}{k!} \dfrac{\mathrm{d}^k}{\mathrm{d}s^k} \mathrm{adj}A\left(s_i\right) z_{i,j-k} \\ w_{ij} = \sum_{k=0}^{j-1} \dfrac{1}{k!} \dfrac{\mathrm{d}^k}{\mathrm{d}s^k} \pi\left(s_i\right) B^{-1}\left(s_i\right) z_{i,j-k} \\ j = 1,2,\cdots,p_i; \ i = 1,2,\cdots,w \end{cases} \tag{6.100}$$

其中, $Z \in \mathbb{C}^{n \times p}$ 为任意参数矩阵。

因此, 应用引理 5.1 和定理 6.17, 可得到满足假设 6.2 的广义 Sylvester 矩阵方程 (6.9) 的一般解为

$$\begin{cases} v_{ij} = \sum_{k=0}^{j-1} \dfrac{1}{k!} \dfrac{\mathrm{d}^k}{\mathrm{d}s^k} \mathrm{adj}A\left(s_i\right)\left(z_{i,j-k} + r_{i,j-k}\right) \\ w_{ij} = \sum_{k=0}^{j-1} \dfrac{1}{k!} \dfrac{\mathrm{d}^k}{\mathrm{d}s^k} \left(\left(\pi\left(s_i\right)-1\right) B^{-1}\left(s_i\right) r_{i,j-k} + \pi\left(s_i\right) B^{-1}\left(s_i\right) z_{i,j-k}\right) \\ j = 1,2,\cdots,p_i; \ i = 1,2,\cdots,w \end{cases} \tag{6.101}$$

注意到

$$\begin{aligned} & \left(\pi\left(s_i\right)-1\right) B^{-1}\left(s_i\right) r_{i,j-k} + \pi\left(s_i\right) B^{-1}\left(s_i\right) z_{i,j-k} \\ &= B^{-1}\left(s_i\right)\left(\left(\pi\left(s_i\right)-1\right) r_{i,j-k} + \pi\left(s_i\right) z_{i,j-k}\right) \\ &= B^{-1}\left(s_i\right)\left(\pi\left(s_i\right)\left(z_{i,j-k}+r_{i,j-k}\right) - r_{i,j-k}\right) \\ &= B^{-1}\left(s_i\right)\left(\pi\left(s_i\right) y_{i,j-k} - r_{i,j-k}\right) \end{aligned} \tag{6.102}$$

其中,

$$y_{i,j-k} = z_{i,j-k} + r_{i,j-k} \tag{6.103}$$

将式 (6.102) 和式 (6.103) 代入式 (6.101)，可得式 (6.99)。

下面证明式 (6.98)。再次由定理 6.6 可知，满足假设 6.1 的齐次广义 Sylvester 矩阵方程 (6.8) 的所有解为

$$
\begin{cases}
v_{ij} = \sum_{k=0}^{j-1} \dfrac{1}{k!} \dfrac{\mathrm{d}^k}{\mathrm{d}s^k} \mu\left(s_i\right) \mathrm{adj} A\left(s_i\right) z_{i,j-k} \\[2mm]
w_{ij} = \sum_{k=0}^{j-1} \dfrac{1}{k!} \dfrac{\mathrm{d}^k}{\mathrm{d}s^k} \pi\left(s_i\right) \mathrm{adj} B\left(s_i\right) z_{i,j-k} \\[2mm]
j = 1,2,\cdots,p_i;\ i = 1,2,\cdots,w
\end{cases}
\tag{6.104}
$$

其中，$z_{ij} \in \mathbb{C}^n (j = 1,2,\cdots,p_i;\ i = 1,2,\cdots,w)$ 为任意一组参数向量。

因此，应用引理 5.1 和定理 6.17，可得满足假设 6.1 的广义 Sylvester 矩阵方程 (6.9) 的一般解为

$$
\begin{cases}
v_{ij} = \sum_{k=0}^{j-1} \dfrac{1}{k!} \dfrac{\mathrm{d}^k}{\mathrm{d}s^k} \mu\left(s_i\right) \mathrm{adj} A\left(s_i\right) \left(z_{i,j-k} + r'_{i,j-k}\right) \\[2mm]
w_{ij} = \sum_{k=0}^{j-1} \dfrac{1}{k!} \dfrac{\mathrm{d}^k}{\mathrm{d}s^k} \left(\left(\pi\left(s_i\right)-1\right) \mathrm{adj} B\left(s_i\right) r'_{i,j-k} + \pi\left(s_i\right) \mathrm{adj} B\left(s_i\right) z_{i,j-k}\right) \\[2mm]
j = 1,2,\cdots,p_i;\ i = 1,2,\cdots,w
\end{cases}
\tag{6.105}
$$

注意到

$$
\begin{aligned}
&\left(\pi\left(s_i\right)-1\right) \mathrm{adj} B\left(s_i\right) r'_{i,j-k} + \pi\left(s_i\right) \mathrm{adj} B\left(s_i\right) z_{i,j-k} \\
&= \mathrm{adj} B\left(s_i\right) \left(\pi\left(s_i\right) \left(z_{i,j-k} + r'_{i,j-k}\right) - r'_{i,j-k}\right) \\
&= \mathrm{adj} B\left(s_i\right) \left(\pi\left(s_i\right) y_{i,j-k} - r'_{i,j-k}\right)
\end{aligned}
$$

其中，

$$
y_{i,j-k} = z_{i,j-k} + r'_{i,j-k}
$$

将上面的两式代入式 (6.105)，可得式 (6.98)。　　　　　　　　　　□

6.5.3　F 为对角阵的情形

当 F 是形为式 (6.27) 的对角阵时，由定理 5.16 可知，满足假设 6.1 的非齐次广义 Sylvester 矩阵方程 (6.9) 的解为

$$
\begin{cases}
v_i = \mu\left(s_i\right) \mathrm{adj} A\left(s_i\right) r'_i \\
w_i = \left(\pi\left(s_i\right)-1\right) \mathrm{adj} B\left(s_i\right) r'_i \\
i = 1,2,\cdots,p
\end{cases}
\tag{6.106}
$$

另外，有

$$r'_i = \frac{1}{\mu(s_i)} r_i, \quad i = 1, 2, \cdots, p$$

将上式代入解 (6.106)，可得到以下结果。

定理 6.19　令 $A(s), B(s) \in \mathbb{R}^{n \times n}[s]$ 由式 (6.3) 定义，$F \in \mathbb{C}^{p \times p}$ 是形为式 (6.27) 的对角阵，且假设 6.1 成立，那么非齐次广义 Sylvester 矩阵方程 (6.9) 有如下特解：

$$\begin{cases} v_i = \text{adj} A(s_i) r_i \\ w_i = (\pi(s_i) - 1) B^{-1}(s_i) r_i \\ i = 1, 2, \cdots, p \end{cases} \tag{6.107}$$

由定理 6.7 可知，齐次广义 Sylvester 矩阵方程 (6.8) 的所有解为

$$\begin{cases} v_i = \text{adj} A(s_i) z_i \\ w_i = \pi(s_i) B^{-1}(s_i) z_i \\ i = 1, 2, \cdots, p \end{cases}$$

其中，$Z \in \mathbb{C}^{n \times p}$ 为任意参数矩阵。

进一步应用引理 5.1 和定理 6.19，可以得到满足假设 6.1 的广义 Sylvester 矩阵方程 (6.9) 的一般解为

$$\begin{cases} v_i = \text{adj} A(s_i)(z_i + r_i) \\ w_i = B^{-1}(s_i)(\pi(s_i)(z_i + r_i) - r_i) \\ i = 1, 2, \cdots, p \end{cases}$$

其中，$z_i \in \mathbb{C}^n (i = 1, 2, \cdots, p)$ 为任意一组参数向量。

在上述解中，令 $y_i = z_i + r_i$，可得到如下结果。

定理 6.20　令 $A(s), B(s) \in \mathbb{R}^{n \times n}[s]$ 由式 (6.3) 给出，$F \in \mathbb{C}^{p \times p}$ 是形为式 (6.27) 的对角阵，且假设 6.1 成立，那么非齐次广义 Sylvester 矩阵方程 (6.9) 的一般解为

$$\begin{cases} v_i = \text{adj} A(s_i) y_i \\ w_i = B^{-1}(s_i)(\pi(s_i) y_i - r_i) \\ i = 1, 2, \cdots, p \end{cases} \tag{6.108}$$

其中，$y_i \in \mathbb{C}^n (i = 1, 2, \cdots, p)$ 为任意一组参数向量。

6.6　算　　例

本节将用两个实例来验证本章所给出的方法。

例 6.3 (空间交会系统) 再次考虑如下由著名的 C-W 方程描述的二阶空间交会系统 (见例 6.1)：

$$\ddot{x} + D\dot{x} + Kx = u$$

$$D = \begin{bmatrix} 0 & -2\omega & 0 \\ 2\omega & 0 & 0 \\ 0 & 0 & 0 \end{bmatrix}, \quad K = \begin{bmatrix} -3\omega^2 & 0 & 0 \\ 0 & 0 & 0 \\ 0 & 0 & \omega^2 \end{bmatrix}$$

其中，ω 为追逐者的轨道角速度。

与上面系统相关联的多项式矩阵为 $B(s) = I_3$ 和

$$A(s) = Is^2 + Ds + K = \begin{bmatrix} s^2 - 3\omega^2 & -2\omega s & 0 \\ 2\omega s & s^2 & 0 \\ 0 & 0 & s^2 + \omega^2 \end{bmatrix}$$

1) 齐次方程

与上述系统相关联的齐次广义 Sylvester 矩阵方程为

$$VF^2 + DVF + KV = W$$

对于上式，可取

$$\begin{cases} N(s) = I_3 \\ D(s) = A(s) \end{cases}$$

当 $F \in \mathbb{C}^{p \times p}$ 为任意矩阵时，给出其解为

$$\begin{cases} V = Z \\ W = [A(s)Z]|_F = KZ + DZF + ZF^2 \end{cases} \tag{6.109}$$

特别地，当

$$F = \text{diag}(s_i, \ i = 1, 2, \cdots, p)$$

时，上述解可写为

$$\begin{cases} V = Z \\ w_i = A(s_i)z_i, \quad i = 1, 2, \cdots, p \end{cases} \tag{6.110}$$

若取

$$F = \begin{bmatrix} -1 & 1 & 0 \\ -1 & -1 & 0 \\ 0 & 0 & F_0 \end{bmatrix}, \quad F_0 = \text{diag}(-2, -3, -4, -5) \tag{6.111}$$

$$Z = [I_3 \ \ I_3] \tag{6.112}$$

则由式 (6.109) 可得到如下解:

$$
\begin{cases}
V = \begin{bmatrix} 1 & 0 & 0 & 1 & 0 & 0 \\ 0 & 1 & 0 & 0 & 1 & 0 \\ 0 & 0 & 1 & 0 & 0 & 1 \end{bmatrix} \\[4mm]
W = \begin{bmatrix} -\omega\,(3\omega - 2) & 2\omega - 2 & 0 & 9 - 3\omega^2 & 8\omega & 0 \\ 2 - 2\omega & 2\omega & 0 & -6\omega & 16 & 0 \\ 0 & 0 & \omega^2 + 4 & 0 & 0 & \omega^2 + 25 \end{bmatrix}
\end{cases}
$$

若选取

$$
F = \operatorname{diag}\,(-1 \pm \mathrm{i}, -2, -3, -4, -5) \tag{6.113}
$$

并且令 Z 由式 (6.112) 给定,则可由式 (6.110) 得到如下解:

$$
\begin{cases}
V = \begin{bmatrix} 1 & 0 & 0 & 1 & 0 & 0 \\ 0 & 1 & 0 & 0 & 1 & 0 \\ 0 & 0 & 1 & 0 & 0 & 1 \end{bmatrix} \\[4mm]
W = \begin{bmatrix} -3\omega^2 - 2\mathrm{i} & 2\omega\,(\mathrm{i}+1) & 0 & 9 - 3\omega^2 & 8\omega & 0 \\ 2\omega\,(\mathrm{i}-1) & 2\mathrm{i} & 0 & -6\omega & 16 & 0 \\ 0 & 0 & \omega^2 + 4 & 0 & 0 & \omega^2 + 25 \end{bmatrix}
\end{cases}
$$

2) 非齐次方程

此交会系统相对应的非齐次广义 Sylvester 矩阵方程为

$$
VF^2 + DVF + KV = W + R
$$

由式 (6.57) 可知,该广义 Sylvester 矩阵方程的一般解为

$$
\begin{cases}
V = Y \\
W = YF^2 + DYF + KY - R
\end{cases} \tag{6.114}
$$

其中,F 是任意的。

特别地,当

$$
F = \operatorname{diag}\,(s_i,\ i = 1, 2, \cdots, 6)
$$

时,解为

$$
\begin{cases}
V = Y \\
w_i = (s_i^2 I + s_i D + K)\,y_i - r_i, \quad i = 1, 2, \cdots, 6
\end{cases} \tag{6.115}
$$

在式 (6.114) 和式 (6.115) 中,$Y \in \mathbb{C}^{3 \times 6}$ 为任意参数矩阵。

再次对于式 (6.111) 和式 (6.113) 中的矩阵 F，均按式 (6.112) 选取矩阵 Z，则对应于式 (6.114) 和式 (6.115)，此非齐次方程的解分别为

$$\begin{cases} V = \begin{bmatrix} 1 & 0 & 0 & 1 & 0 & 0 \\ 0 & 1 & 0 & 0 & 1 & 0 \\ 0 & 0 & 1 & 0 & 0 & 1 \end{bmatrix} \\ W = \begin{bmatrix} -3\omega^2 + 2\omega - 1 & 2\omega - 2 & 0 & 8 - 3\omega^2 & 8\omega & 0 \\ 2 - 2\omega & 2\omega - 1 & 0 & -6\omega & 15 & 0 \\ 0 & 0 & \omega^2 + 3 & 0 & 0 & \omega^2 + 24 \end{bmatrix} \end{cases}$$

和

$$\begin{cases} V = \begin{bmatrix} 1 & 0 & 0 & 1 & 0 & 0 \\ 0 & 1 & 0 & 0 & 1 & 0 \\ 0 & 0 & 1 & 0 & 0 & 1 \end{bmatrix} \\ W = \begin{bmatrix} -3\omega^2 - 1 - 2\,\mathrm{i} & 2\omega\,(\mathrm{i}+1) & 0 & 8 - 3\omega^2 & 8\omega & 0 \\ 2\omega\,(\mathrm{i}-1) & 2\,\mathrm{i} - 1 & 0 & -6\omega & 15 & 0 \\ 0 & 0 & \omega^2 + 3 & 0 & 0 & \omega^2 + 24 \end{bmatrix} \end{cases}$$

例 6.4 (卫星姿态系统)　再次考虑卫星姿态系统动力学模型[16](见例 6.2)：

$$M\ddot{q} + H\dot{q} + Gq = u \tag{6.116}$$

其中，q 和 u 分别为欧拉角向量和控制转矩向量；

$$M = \operatorname{diag}\left(I_x,\ I_y,\ I_z\right)$$

$$H = \omega_0(I_y - I_x - I_z)\begin{bmatrix} 0 & 0 & 1 \\ 0 & 0 & 0 \\ -1 & 0 & 0 \end{bmatrix}$$

$$G = \operatorname{diag}\left(4\omega_0^2(I_y - I_z),\ 3\omega_0^2(I_x - I_z),\ \omega_0^2(I_y - I_x)\right)$$

I_x、I_y 和 I_z 为三通道惯性矩阵；$\omega_0 = 7.292115 \times 10^{-5}(\mathrm{rad/s})$ 为地球的旋转角速度。

对于上述系统，有

$$A\left(s\right) = s^2 M + sH + G$$

$$
= \begin{bmatrix}
s^2 I_x + 4\omega_0^2 I_{y,z} & 0 & -s\omega_0 I_0 \\
0 & s^2 I_y + 3\omega_0^2 I_{x,z} & 0 \\
s\omega_0 I_0 & 0 & s^2 I_z - \omega_0^2 I_{x,y}
\end{bmatrix}
$$

其中，

$$
\begin{cases}
I_0 = I_x - I_y + I_z \\
I_{a,b} = I_a - I_b, \quad a, b = x, y, z
\end{cases} \tag{6.117}
$$

1) 齐次方程

与上述卫星姿态系统相对应的齐次广义 Sylvester 矩阵方程为

$$
MVF^2 + HVF + GV = W
$$

利用推论 6.1，可得关于齐次广义 Sylvester 矩阵方程解的如下结果。

(1) 对于任意矩阵 F，上述广义 Sylvester 矩阵方程的一般解为

$$
\begin{cases}
V = Z \\
W = MZF^2 + HZF + GZ
\end{cases} \tag{6.118}
$$

(2) 当 F 为具有如下形式的 Jordan 矩阵时：

$$
F = \begin{bmatrix}
\lambda & 1 & 0 \\
0 & \lambda & 1 \\
0 & 0 & \lambda
\end{bmatrix} \tag{6.119}
$$

方程的一般解为

$$
\begin{cases}
V = Z \\
w_{11} = A(\lambda) z_{11} \\
w_{12} = A(\lambda) z_{12} + (2\lambda M + D) z_{11} \\
w_{13} = A(\lambda) z_{13} + (2\lambda M + D) z_{12} + M z_{11}
\end{cases} \tag{6.120}
$$

(3) 当 F 为具有如下形式的对角阵时：

$$
F = \mathrm{diag}(s_1, s_2, s_3) \tag{6.121}
$$

方程的一般解为

$$
\begin{cases}
V = Z \\
w_i = A(s_i) z_i, \quad i = 1, 2, 3
\end{cases} \tag{6.122}
$$

在式 (6.118)、式 (6.120) 和式 (6.122) 中，矩阵 $Z \in \mathbb{C}^{3 \times 3}$ 为任意参数矩阵。

特别地，当

$$F = \mathrm{diag}\,(-1, -2, -3) \tag{6.123}$$

时，并且在式 (6.118) 和式 (6.122) 中选取 $Z = I_3$，可得解为

$$\begin{cases} V = I_3 \\ W = \begin{bmatrix} 4I_{y,z}\omega_0^2 + I_x & 0 & 3\omega_0 I_0 \\ 0 & 4I_y + 3\omega_0^2 I_{x,z} & 0 \\ -\omega_0 I_0 & 0 & 9I_z - \omega_0^2 I_{x,y} \end{bmatrix} \end{cases} \tag{6.124}$$

其中，$I_{x,y}$、$I_{x,z}$、$I_{y,z}$ 和 I_0 如式 (6.117) 所定义。

2) 非齐次方程

与上述卫星姿态系统相对应的非齐次广义 Sylvester 矩阵方程为

$$MVF^2 + HVF + GV = W + R$$

根据定理 6.8，有如下结论。

(1) 当 $F \in \mathbb{C}^{p \times p}$ 时，上述广义 Sylvester 矩阵方程的一般解为

$$\begin{cases} V = Y \\ W = MYF^2 + HYF + GY - R \end{cases} \tag{6.125}$$

其中，$Y \in \mathbb{C}^{3 \times p}$ 为任意参数矩阵。

(2) 当 F 形为式 (6.119) 时，一般解为

$$\begin{cases} V = Y \\ w_{11} = A\,(\lambda)\,y_{11} - r_{11} \\ w_{12} = A\,(\lambda)\,y_{12} - r_{12} + (2\lambda M + D)\,y_{11} - r_{11} \\ w_{13} = A\,(\lambda)\,y_{13} - r_{13} + (2\lambda M + D)\,y_{12} - r_{12} + My_{11} - \dfrac{1}{2}r_{11} \end{cases} \tag{6.126}$$

(3) 当 F 形为式 (6.121) 时，一般解为

$$\begin{cases} V = Y \\ w_i = A\,(s_i)\,y_i - r_i, \quad i = 1, 2, 3 \end{cases} \tag{6.127}$$

在式 (6.126) 和式 (6.127) 中，$Y \in \mathbb{C}^{3 \times 3}$ 为任意参数矩阵。

特别地，当 $R = I_3$，且 F 为如下对角阵：

$$F = \mathrm{diag}\,(-1 \pm i, -2)$$

参数矩阵 Y 为 3 维单位阵时，可以验证由式 (6.125) 和式 (6.127) 都可得如下相同的结果：

$$\begin{cases} V = I_3 \\ W = \begin{bmatrix} 4\omega_0^2 I_{y,z} - 1 - 2I_x \mathrm{i} & 0 & 2\omega_0 I_0 \\ 0 & 3\omega_0^2 I_{x,z} - 1 + 2I_y \mathrm{i} & 0 \\ \omega_0 (\mathrm{i} - 1) I_0 & 0 & 4I_z - \omega_0^2 I_{x,y} - 1 \end{bmatrix} \end{cases}$$

其中 i 为虚数单位；$I_{x,y}$、$I_{x,z}$、$I_{y,z}$ 和 I_0 由式 (6.117) 定义。

6.7　注　　记

本章研究了几类齐次全驱动和非齐次广义 Sylvester 矩阵方程的一般解。和第 4 章和第 5 章一样，所给出的解均为高度统一的完全解析参数形式，并且在这几种情形下，所采用的方法一致。因此，本章并没有涵盖所有情形，表 6.1 列出了所涉及的几种情形。再次建议读者自己给出其余情形下的相关结果。

表 6.1　本章研究的全驱动广义 Sylvester 矩阵方程

情形	F 为任意矩阵	F 为 Jordan 矩阵	F 为对角阵
高阶	是	是	是
二阶	—	—	—
一阶 (广义)	—	—	—
一阶 (常规)	—	—	—

本章主要概括了 Duan 两篇会议论文[334,335] 的成果并进行了直接推广。下面将通过推导和算例帮助读者更好地理解高阶系统的参数化设计方法。

6.7.1　应用及优势

从前面的内容可以看出，对于满足假设 6.1 或假设 6.2 的二阶和高阶广义 Sylvester 矩阵方程，其一般解可不经任何计算直接写出。然而，如果将其转化为一阶方程，则上述优势将消失。

原始的二阶或高阶全驱动系统的这个优点是十分重要的——当满足假设 6.1 或假设 6.2 时，直接在二阶或高阶框架下解决控制问题非常容易。这个优点在实际应用中应该善加利用。

很多学者在解高阶广义 Sylvester 矩阵方程时，却忽略了这一优势，而是将其转化为一阶广义 Sylvester 矩阵方程。本章给出了解任意阶全驱动广义 Sylvester 矩阵方程的一个简单的、统一的方法。基于上述优点，强烈建议尽可能在高阶框架下解高阶广义 Sylvester 矩阵方程。

6.7.2 全驱动系统的特征结构配置

2.4 节考虑了高阶线性动力学系统

$$\sum_{i=0}^{m} A_i x^{(i)} = Bu \tag{6.128}$$

的广义特征结构配置，其中，$x \in \mathbb{R}^n$ 和 $u \in \mathbb{R}^r$ 分别为状态向量和控制向量；$A_i \in \mathbb{R}^{n \times n}(i = 0, 1, 2, \cdots, m)$ 为系数矩阵，并且

$$1 \leqslant \operatorname{rank} A_m = n_0 \leqslant n$$

下面在如下全驱动假设条件下，再次考虑这个问题。

假设 6.3 $r = n, \det B \neq 0$。

由 2.4 节，待解决的广义特征结构配置问题可描述如下。

问题 6.1   设动力学系统 (6.128) 满足假设 6.3。进一步令 $F \in \mathbb{R}^{p \times p}$，其中，$p = (m-1)n + n_0$。对该系统寻找一个具有如下形式的比例加微分状态反馈控制器

$$u = K_0 x + K_1 \dot{x} + \cdots + K_{m-1} x^{(m-1)}$$

以及矩阵 $V_{\mathrm{e}} \in \mathbb{R}^{mn \times p}$，满足 $\operatorname{rank} V_{\mathrm{e}} = p$，且

$$A_{\mathrm{e}} V_{\mathrm{e}} = E_{\mathrm{e}} V_{\mathrm{e}} F \tag{6.129}$$

其中

$$E_{\mathrm{e}} = \operatorname{blockdiag}\left(I_n, \cdots, I_n, A_m\right) \tag{6.130}$$

$$A_{\mathrm{e}} = \begin{bmatrix} 0 & I & \cdots & 0 \\ \vdots & \ddots & \ddots & \vdots \\ 0 & \cdots & 0 & I \\ -A_0^{\mathrm{c}} & \cdots & -A_{m-2}^{\mathrm{c}} & -A_{m-1}^{\mathrm{c}} \end{bmatrix} \tag{6.131}$$

$$A_i^{\mathrm{c}} = A_i - BK, \quad i = 0, 1, 2, \cdots, m-1 \tag{6.132}$$

由于上述要求，闭环系统的特征根恰好是矩阵 F 的特征值。

再由 2.4 节中的结果，当条件 $\operatorname{rank} A_m = n_0 = n$ 和 $p = mn$ 满足时，问题的解为

$$\begin{bmatrix} K_0 & K_1 & \cdots & K_{m-1} \end{bmatrix} = W V_{\mathrm{e}}^{-1} \tag{6.133}$$

其中，

$$V_{\mathrm{e}} = \begin{bmatrix} V \\ VF \\ \vdots \\ VF^{m-1} \end{bmatrix} \tag{6.134}$$

矩阵 V 和 W 由如下 m 阶广义 Sylvester 矩阵方程所决定:

$$\sum_{i=0}^{m} A_i V F^i = BW \tag{6.135}$$

当假设 6.3 成立时, 由定理 6.1 可知, 广义 Sylvester 矩阵方程 (6.135) 所有解的参数化形式为

$$\begin{cases} V = Z \\ W = \left[B^{-1}(s) A(s) Z \right] \big|_F \end{cases} \tag{6.136}$$

其中, $Z \in \mathbb{R}^{n \times p}$ 为任意参数矩阵。

由此, 可得到如下关于高阶线性全驱动系统特征结构配置问题的结果。

定理 6.21　在条件 rank $A_m = n$ 和 $p = mn$ 下, 问题 6.1 的所有解由式 (6.133) 和式 (6.134) 给出, 矩阵 V 和 W 由式 (6.136) 给出, 其中, $Z \in \mathbb{R}^{n \times mn}$ 为任意参数矩阵。

上述处理方法清楚地验证了全驱动系统的优势, 即不需要复杂的计算就可以得到控制器增益。但如果将高阶系统转化为一阶系统, 则上述优势将不复存在。

下面将通过空间交会控制问题进一步验证这个设计方法。

6.7.3　空间交会控制

在本小节中将应用广义特征结构配置方法, 设计由著名的 C-W 方程所描述的空间交会系统 (见例 6.1 和例 6.3)。空间交会系统是一个典型的全驱动系统, 在近几十年得到了广泛的研究[332,336-344]。

下面将会看到, 通过给出的二阶框架下的直接参数化方法可以非常简单地求解这一问题。

由例 6.1 和例 6.3 可知, 由 C-W 方程所描述的空间交会系统可写为如下二阶系统的形式:

$$\ddot{x} + D\dot{x} + Kx = u$$

$$D = \begin{bmatrix} 0 & -2\omega & 0 \\ 2\omega & 0 & 0 \\ 0 & 0 & 0 \end{bmatrix}, \quad K = \begin{bmatrix} -3\omega^2 & 0 & 0 \\ 0 & 0 & 0 \\ 0 & 0 & \omega^2 \end{bmatrix}$$

其中, ω 为追逐者的轨道角速度。

对其设计如下的比例加微分反馈控制器:

$$u = K_0 x + K_1 \dot{x} \tag{6.137}$$

注意到 $B(s) = I_3$，并且

$$A(s) = s^2 + Ds + K = \begin{bmatrix} s^2 - 3\omega^2 & -2\omega s & 0 \\ 2\omega s & s^2 & 0 \\ 0 & 0 & s^2 + \omega^2 \end{bmatrix} \qquad (6.138)$$

可以得到如下关于该空间交会控制系统的结果。

推论 6.3　令 $F \in \mathbb{R}^{6 \times 6}$ 具有期望的特征值，则将矩阵 F 特征值配置为闭环系统特征根的控制器 (6.137) 的增益矩阵 K_0 和 K_1 为

$$[K_0 \quad K_1] = [A(s)Z]\big|_F \begin{bmatrix} Z \\ ZF \end{bmatrix}^{-1} \qquad (6.139)$$

其中，$Z \in \mathbb{R}^{3 \times 6}$ 为满足

$$\det \begin{bmatrix} Z \\ ZF \end{bmatrix} \neq 0 \qquad (6.140)$$

的任意参数矩阵。

和例 6.3 中一样，选取

$$F = \begin{bmatrix} -1 & 1 & 0 \\ -1 & -1 & 0 \\ 0 & 0 & F_0 \end{bmatrix}, \quad F_0 = \text{diag}(-2, -3, -4, -5) \qquad (6.141)$$

和

$$Z = [I_3 \quad I_3] \qquad (6.142)$$

可得

$$[A(s)Z]\big|_F = \begin{bmatrix} -\omega(3\omega - 2) & 2\omega - 2 & 0 & 9 - 3\omega^2 & 8\omega & 0 \\ 2 - 2\omega & 2\omega & 0 & -6\omega & 16 & 0 \\ 0 & 0 & \omega^2 + 4 & 0 & 0 & \omega^2 + 25 \end{bmatrix}$$

$$\begin{bmatrix} Z \\ ZF \end{bmatrix} = \begin{bmatrix} 1 & 0 & 0 & 1 & 0 & 0 \\ 0 & 1 & 0 & 0 & 1 & 0 \\ 0 & 0 & 1 & 0 & 0 & 1 \\ -1 & 1 & 0 & -3 & 0 & 0 \\ -1 & -1 & 0 & 0 & -4 & 0 \\ 0 & 0 & -2 & 0 & 0 & -5 \end{bmatrix}$$

因此，由式 (6.139) 可计算出增益矩阵为

$$[K_0 \quad K_1] = \frac{1}{7} \times \begin{bmatrix} -21\omega^2 - 24 & 20 & 0 & -29 & 5 - 14\omega & 0 \\ -30 & -24 & 0 & 14\omega - 10 & -34 & 0 \\ 0 & 0 & 7\omega^2 - 70 & 0 & 0 & -49 \end{bmatrix}$$

$$(6.143)$$

对于上述的空间交会控制问题，很多研究人员采用一阶系统方法进行了研究。在上面的设计中可以看到，直接采用二阶系统参数化设计方法非常简单和便利。因此，这里再次重申，对全驱动系统进行控制时，可以直接利用高阶系统参数化方法代替一阶系统方法。进一步地，如果对于某些特定的应用，可以通过选取参数矩阵 Z 来满足系统某些特殊的要求。

在第 7 章的注记中，将该问题推广到非线性情形，即设计一个非线性反馈控制器，而闭环系统却仍是线性定常系统。

第 7 章　变系数广义 Sylvester 矩阵方程

本章将进一步研究带有时变系数的高阶广义 Sylvester 矩阵方程。需要指出的是，第 4 章和第 5 章中所研究的带有时不变参数广义 Sylvester 矩阵方程的结果，对于带有时变系数的广义 Sylvester 矩阵方程仍然成立，但系数的时变特性加大了计算满足右既约分解或 Diophantine 方程的多项式矩阵的难度和复杂性。然而，和第 6 章中的结果一样，对于变系数全驱动广义 Sylvester 矩阵方程，可立即写出上述多项式矩阵，因此可得到变系数全驱动广义 Sylvester 矩阵方程的一般解。

由于本章结果与第 4~6 章中结果的相关性，所以强烈建议读者在阅读本章前先复习一下第 4~6 章的内容。在本章中，省略了大多数的证明，感兴趣的读者可以参照前面章节中常系数广义 Sylvester 矩阵方程的相关证明。

为了便于理解带时变系数的广义 Sylvester 矩阵方程的背景，下面介绍变系数动力学系统。

7.1　变系数动力学系统

作为前面章节中所研究的高阶线性定常系统的推广，这里给出如下一类高阶准线性时变系统：

$$\sum_{i=0}^{m} A_i\left(X\left(t\right),\theta\left(t\right),t\right) x^{(i)} = \sum_{i=0}^{m} B_i\left(X\left(t\right),\theta\left(t\right),t\right) u^{(i)} \tag{7.1}$$

其中，$x \in \mathbb{R}^n$ 和 $u \in \mathbb{R}^r$ 分别为状态向量和输入向量；

$$X\left(t\right) = \begin{bmatrix} x & \dot{x} & \cdots & x^{(m-1)} \end{bmatrix}$$

$\theta\left(t\right):[0,+\infty) \to \Theta \subset \mathbb{R}^q$ 为时变参数向量；$\Theta \subset \mathbb{R}^q$ 为某个紧集。

不失一般性，假设 $\theta\left(t\right)$ 是分段连续的。对应于这个时变系统的多项式矩阵为

$$\begin{cases} A\left(X,\theta,t,s\right) = \sum_{i=0}^{m} A_i\left(X,\theta,t\right) s^i \\ B\left(X,\theta,t,s\right) = \sum_{i=0}^{m} B_i\left(X,\theta,t\right) s^i \end{cases} \tag{7.2}$$

其中，$A_i\left(X,\theta,t\right) \in \mathbb{R}^{n\times q}$、$B_i\left(X,\theta,t\right) \in \mathbb{R}^{n\times r}(i = 1,2,\cdots,m)$ 均是关于 θ 和 t 分段连续的矩阵函数。

本节将给出几个形为式 (7.1) 的准线性时变系统的具体例子。

7.1.1 一阶系统的例子

1. 非线性系统

作为一阶非线性动力学系统的例子，首先考虑高超声速飞行器的纵向动力学问题。

例 7.1 (高超声速飞行器系统——非线性情形)　考虑如下高超声速飞行器的纵向动力学系统模型[345,346]：

$$\begin{cases} \dot{V} = \dfrac{T\cos\alpha - D}{m} - \dfrac{\mu_{\mathrm{g}}\sin\gamma}{r_{\mathrm{e}}^2} \\[2mm] \dot{\gamma} = \dfrac{L + T\sin\alpha}{mV} - \dfrac{(\mu_{\mathrm{g}} - V^2 r_{\mathrm{e}})\cos\gamma}{V r_{\mathrm{e}}^2} \\[2mm] \dot{h} = V\sin\gamma \\[2mm] \dot{\alpha} = q - \dot{\gamma} \\[2mm] \dot{q} = M/I_{yy} \end{cases} \tag{7.3}$$

其中，V 为前行速度；γ 为航迹角；h 为高度；α 为攻角；q 为俯仰率；变量 m、I_{yy} 和 μ_{g} 分别为飞行器的质量、转动惯量和引力常数；L、D、T、M 和 r_{e} 分别为升力、拖曳力、推力、俯仰力矩和与地心的距离，并由式 (7.4) 给出：

$$\begin{cases} L = \dfrac{1}{2}\rho V^2 S C_{\mathrm{L}} \\[2mm] D = \dfrac{1}{2}\rho V^2 S C_{\mathrm{D}} \\[2mm] T = \dfrac{1}{2}\rho V^2 S C_{\mathrm{T}} \\[2mm] M = \dfrac{1}{2}\rho V^2 S \bar{c} C_{\mathrm{M}} \\[2mm] r_{\mathrm{e}} = h + R_{\mathrm{e}} \end{cases} \tag{7.4}$$

这里，参数 ρ、S、$\bar{c}$ 和 R_{e} 分别为空气密度、基准面、平均空气动力弦和地球半径；C_{D}、C_{L}、C_{T} 和 C_{M} 分别为升力系数、拖拽力系数、推力系数和俯仰力矩系数，且其表达式如下：

$$\begin{cases} C_{\mathrm{L}} = C_{\mathrm{LA}}(V) + C_{\mathrm{LB}}(V,\alpha)\,\alpha + C_{\mathrm{LC}}(V,\alpha)\delta_z \\ C_{\mathrm{D}} = C_{\mathrm{DA}}(V) + C_{\mathrm{DB}}(V,\alpha)\,\alpha + C_{\mathrm{DC}}(V,\alpha)\,\delta_z \\ C_{\mathrm{T}} = C_{\mathrm{TA}}(h,V) + C_{\mathrm{TB}}(h,V,\alpha)\,\alpha + C_{\mathrm{TC}}(h,V,\alpha)\,\phi \\ C_{\mathrm{M}} = C_{\mathrm{MA1}}(h,V) + C_{\mathrm{MA2}}(q,h,V)\,q + C_{\mathrm{MB}}(\alpha,h,V)\,\alpha + C_{\mathrm{MC}}(\alpha,q,h,V)\,\delta_z \end{cases} \tag{7.5}$$

δ_z 指升降舵的偏转角度；ϕ 指发动机燃料比。式 (7.5) 中的方程取决于导弹的具体型号及设计者[347,348]。

显然，式 (7.3)~式 (7.5) 是极为复杂的非线性系统。

2. 准线性时变系统

在下面的例子中，将给出由准线性系统所描述的非线性模型 (7.3)∼(7.5)。

例 7.2 (高超声速飞行器系统——准线性情形) 对于高超声速飞行器系统 (7.3)∼(7.5)，记状态向量和输入向量分别为

$$x = \begin{bmatrix} V \\ \gamma \\ h \\ \alpha \\ q \end{bmatrix}, \quad u = \begin{bmatrix} \delta_z \\ \phi \end{bmatrix}$$

则有如下结果 (证明略)。

命题 7.1   高超声速飞行器系统 (7.3)∼(7.5) 等价于如下矩阵形式:

$$\dot{x} + A(x)x + f(x) = B(x)u \tag{7.6}$$

其中，

$$A(x) = \begin{bmatrix} a_1 & 0 & 0 & a_2 & 0 \\ a_3 & 0 & 0 & a_4 & 0 \\ -\sin\gamma & 0 & 0 & 0 & 0 \\ -a_3 & 0 & 0 & -a_4 & -1 \\ a_5 & 0 & 0 & a_6 & a_7 \end{bmatrix}$$

$$\begin{cases} a_1 = -\dfrac{1}{mV}QS\left(C_{\mathrm{TA}}(h,V)\cos\alpha - C_{\mathrm{DA}}(V)\right) \\[2mm] a_2 = -\dfrac{1}{m}QS\left(C_{\mathrm{TB}}(h,V,\alpha)\cos\alpha - C_{\mathrm{DB}}(V,\alpha)\right) \\[2mm] a_3 = -\dfrac{1}{2m}\rho S\left(C_{\mathrm{LA}}(V) + C_{\mathrm{TA}}(h,V)\sin\alpha\right) - \dfrac{\cos\gamma}{r_{\mathrm{e}}} \\[2mm] a_4 = -\dfrac{1}{mV}QS\left(C_{\mathrm{LB}}(V,\alpha) + C_{\mathrm{TB}}(h,V,\alpha)\sin\alpha\right) \\[2mm] a_5 = -\dfrac{1}{2I_{yy}}\rho V S\bar{c}C_{\mathrm{MA1}}(h,V) \\[2mm] a_6 = -\dfrac{1}{I_{yy}}QS\bar{c}C_{\mathrm{MB}}(\alpha,h,V) \\[2mm] a_7 = -\dfrac{1}{I_{yy}}QS\bar{c}C_{\mathrm{MA2}}(q,h,V) \end{cases} \tag{7.7}$$

$$B\left(x\right) = \begin{bmatrix} b_1 & b_2 V \cos\alpha \\ b_3 & b_2 \sin\alpha \\ 0 & 0 \\ -b_3 & -b_2 \sin\alpha \\ b_4 & 0 \end{bmatrix}$$

$$\begin{cases} b_1 = -\dfrac{1}{m} QSC_{\mathrm{DC}}\left(V,\alpha\right) \\[2mm] b_2 = \dfrac{1}{mV} QSC_{\mathrm{TC}}\left(h,V,\alpha\right) \\[2mm] b_3 = \dfrac{1}{mV} QSC_{\mathrm{LC}}(V,\alpha) \\[2mm] b_4 = \dfrac{1}{I_{yy}} \bar{c} QSC_{\mathrm{MC}}\left(\alpha,q,h,V\right) \end{cases} \tag{7.8}$$

并且有

$$f(x) = \frac{\mu_{\mathrm{g}}}{V r_{\mathrm{e}}^2} \begin{bmatrix} V \sin\gamma \\ \cos\gamma \\ 0 \\ -\cos\gamma \\ 0 \end{bmatrix}$$

忽略掉 $f(x)$，则上述系统是一个准线性系统。

7.1.2　二阶系统的例子

根据很多自然规律，如 Newton 定律、动量定理、Euler-Lagrangian 方程等，许多系统原本就是二阶系统的形式。如果不附加一些严格的假设条件，这些系统也不能呈现线性定常形式。

1. 线性时变系统

例 7.3 (空间交会系统——T-H 方程)　考虑例 6.1 中的空间交会系统，当追逐者和目标非常接近时，相关运动方程由如下著名的 T-H 方程或 Lawden 方程[336] 给出：

$$\begin{bmatrix} \ddot{x}_{\mathrm{r}} \\ \ddot{y}_{\mathrm{r}} \\ \ddot{z}_{\mathrm{r}} \end{bmatrix} - \begin{bmatrix} 2k\dot{\theta}^{\frac{3}{2}} x_{\mathrm{r}} + 2\dot{\theta}\dot{y}_{\mathrm{r}} + \dot{\theta}^2 x_{\mathrm{r}} + \ddot{\theta} y_{\mathrm{r}} \\ -k\dot{\theta}^{\frac{3}{2}} y_{\mathrm{r}} - 2\dot{\theta}\dot{x}_{\mathrm{r}} + \dot{\theta}^2 y_{\mathrm{r}} - \ddot{\theta} x_{\mathrm{r}} \\ -k\dot{\theta}^{\frac{3}{2}} z_{\mathrm{r}} \end{bmatrix} = u \tag{7.9}$$

式 (7.9) 可转化为如下形式：

$$\ddot{x} + D(\dot{\theta})\dot{x} + K(\dot{\theta},\ddot{\theta})x = u \tag{7.10}$$

其中，θ 为真近点角，并且有

$$x = \begin{bmatrix} x_r & y_r & z_r \end{bmatrix}^T$$

$$D(\dot{\theta}) = \begin{bmatrix} 0 & -2\dot{\theta} & 0 \\ 2\dot{\theta} & 0 & 0 \\ 0 & 0 & 0 \end{bmatrix} \tag{7.11}$$

$$K(\dot{\theta}, \ddot{\theta}) = \begin{bmatrix} -2k\dot{\theta}^{\frac{3}{2}} - \dot{\theta}^2 & -\ddot{\theta} & 0 \\ \ddot{\theta} & k\dot{\theta}^{\frac{3}{2}} - \dot{\theta}^2 & 0 \\ 0 & 0 & k\dot{\theta}^{\frac{3}{2}} \end{bmatrix} \tag{7.12}$$

由于 θ 随着时间 t 变化，该系统是一个线性时变系统。它描述了同一个轨道上两个航天器的相互运动，是一个周期系统[349]，相关的多项式矩阵为 $B(\theta, t, s) = I_3$ 和

$$A(\theta, t, s) = M(\dot{\theta}, \ddot{\theta})s^2 + D(\dot{\theta}, \ddot{\theta})s + K(\dot{\theta}, \ddot{\theta})$$

$$= \begin{bmatrix} s^2 - 2k\dot{\theta}^{\frac{3}{2}} - \dot{\theta}^2 & -2\dot{\theta}s - \ddot{\theta} & 0 \\ 2\dot{\theta}s + \ddot{\theta} & s^2 + k\dot{\theta}^{\frac{3}{2}} - \dot{\theta}^2 & 0 \\ 0 & 0 & s^2 + k\dot{\theta}^{\frac{3}{2}} \end{bmatrix}$$

2. 准线性系统

例 7.4 (空间交会系统——准线性情形) 当追逐者和目标距离较远时，C-W 方程 (6.13) 或 T-H 方程 (7.9) 都不能描述两个航天器的相对运动。在一般情形下，描述两个航天器相对运动的非线性方程为[336,339,340]：

$$\begin{bmatrix} \ddot{x}_r \\ \ddot{y}_r \\ \ddot{z}_r \end{bmatrix} = \begin{bmatrix} \dot{\theta}^2 x_r + 2\dot{\theta}\dot{y}_r + \ddot{\theta}y_r - \dfrac{\mu(x_r + R)}{\Sigma(x_r, y_r, z_r)} + \dfrac{\mu}{R^2} \\ -2\dot{\theta}\dot{x}_r - \ddot{\theta}x_r + \dot{\theta}^2 y_r - \dfrac{\mu y_r}{\Sigma(x_r, y_r, z_r)} \\ -\dfrac{\mu z_r}{\Sigma(x_r, y_r, z_r)} \end{bmatrix} + u$$

其中，u 为转矩向量，并且

$$\Sigma(x_r, y_r, z_r) = \left(y_r^2 + z_r^2 + (x_r + R)^2 \right)^{\frac{3}{2}}$$

该系统可转化为如下准线性系统形式：

$$\ddot{x} + D(\dot{\theta})\dot{x} + K(x, \dot{\theta}, \ddot{\theta})x = R(x, \dot{\theta}, \ddot{\theta}) + u \tag{7.13}$$

其中,

$$x = \begin{bmatrix} x_{\mathrm{r}} & y_{\mathrm{r}} & z_{\mathrm{r}} \end{bmatrix}^{\mathrm{T}}$$

$$D(\dot\theta) = \begin{bmatrix} 0 & -2\dot\theta & 0 \\ 2\dot\theta & 0 & 0 \\ 0 & 0 & 0 \end{bmatrix} \tag{7.14}$$

$$K(x,\dot\theta,\ddot\theta) = \begin{bmatrix} \dfrac{\mu}{\Sigma(x)} - \dot\theta^2 & -\ddot\theta & 0 \\ \ddot\theta & \dfrac{\mu}{\Sigma(x)} - \dot\theta^2 & 0 \\ 0 & 0 & \dfrac{\mu}{\Sigma(x)} \end{bmatrix} \tag{7.15}$$

$$R(x,\dot\theta,\ddot\theta) = \begin{bmatrix} -\dfrac{\mu R}{\Sigma(x)} + \dfrac{\mu}{R^2} \\ 0 \\ 0 \end{bmatrix} \tag{7.16}$$

相应的两个多项式矩阵为 $B(\theta,t,s) = I_3$ 和

$$A(x,\theta,t,s) = M(\dot\theta,\ddot\theta)s^2 + D(\dot\theta,\ddot\theta)s + K(\dot\theta,\ddot\theta)$$

$$= \begin{bmatrix} s^2 + \dfrac{\mu}{\Sigma(x)} - \dot\theta^2 & -2\dot\theta s - \ddot\theta & 0 \\ 2\dot\theta s + \ddot\theta & s^2 + \dfrac{\mu}{\Sigma(x)} - \dot\theta^2 & 0 \\ 0 & 0 & s^2 + \dfrac{\mu}{\Sigma(x)} \end{bmatrix}$$

7.2　一般变系数广义 Sylvester 矩阵方程

作为齐次广义 Sylvester 矩阵方程 (6.8) 和非齐次广义 Sylvester 矩阵方程 (6.9) 的推广, 这里将介绍与高阶准线性时变系统 (7.1) 相对应的变系数齐次广义 Sylvester 矩阵方程

$$\sum_{i=0}^{m} A_i(\theta(t),t)VF^i = \sum_{i=0}^{m} B_i(\theta(t),t)WF^i \tag{7.17}$$

和变系数非齐次广义 Sylvester 矩阵方程

$$\sum_{i=0}^{m} A_i\left(\theta\left(t\right),t\right)VF^i = \sum_{i=0}^{m} B_i\left(\theta\left(t\right),t\right)WF^i + R\left(\theta\left(t\right),t\right) \tag{7.18}$$

其中，$\theta\left(t\right):\left[0,+\infty\right) \to \Theta \subset \mathbb{R}^q$ 为时变参数向量；$\Theta \subset \mathbb{R}^q$ 为紧集。

不失一般性，假设 $\theta\left(t\right)$ 为分段连续的。与上述广义 Sylvester 矩阵方程相关的多项式矩阵为

$$\begin{cases} A\left(\theta,t,s\right) = \displaystyle\sum_{i=0}^{m} A_i\left(\theta,t\right)s^i \\ B\left(\theta,t,s\right) = \displaystyle\sum_{i=0}^{m} B_i\left(\theta,t\right)s^i \end{cases} \tag{7.19}$$

其中，$A_i\left(\theta,t\right) \in \mathbb{R}^{n\times q}$ 和 $B_i\left(\theta,t\right) \in \mathbb{R}^{n\times r}$ $(i = 1, 2, \cdots, \omega)$ 是关于 θ 和 t 均分段连续的矩阵函数。

7.2.1　F-左互质

方便起见，首先介绍如下集合：

$$\Omega = \Theta \times \left[0,+\infty\right)$$

在接下来的章节中，即使没有说明，也都约定 $(\theta,t) \in \Omega$。作为第 3 章中时不变多项式矩阵 F-互质概念的简单推广，给出以下定义。

定义 7.1　令 $A\left(\theta,t,s\right) \in \mathbb{R}^{n\times q}\left[s\right]$ 和 $B\left(\theta,t,s\right) \in \mathbb{R}^{n\times r}\left[s\right]$ $(q+r > n)$ 由式 (7.19) 给出，且 $F \in \mathbb{C}^{p\times p}$ 为任意矩阵，则对于矩阵对 $A\left(\theta,t,s\right)$ 和 $B\left(\theta,t,s\right)$ 有如下定义。

(1) 如果

$$\mathrm{rank}\left[\begin{array}{cc} A\left(\theta,t,s\right) & B\left(\theta,t,s\right) \end{array}\right] \leqslant \alpha, \quad \forall\left(\theta,t\right) \in \Omega,\ s \in \mathbb{C} \tag{7.20}$$

$$\mathrm{rank}\left[\begin{array}{cc} A\left(\theta,t,s\right) & B\left(\theta,t,s\right) \end{array}\right] = \alpha, \quad \forall\left(\theta,t\right) \in \Omega,\ s \in \mathrm{eig}\left(F\right) \tag{7.21}$$

则称它们在 Ω 上 (F,α)-左互质。

(2) 如果

$$\mathrm{rank}\left[\begin{array}{cc} A\left(\theta,t,s\right) & B\left(\theta,t,s\right) \end{array}\right] = n, \quad \forall\left(\theta,t\right) \in \Omega,\ s \in \mathrm{eig}\left(F\right) \tag{7.22}$$

则称它们在 Ω 上 F-左互质。

(3) 如果对于任意 $F \in \mathbb{C}^{p\times p}(p > 0)$，它们是 (F,α)-左互质的，则称它们在 Ω 上 $(\cdot,\alpha)$-左互质。

(4) 如果对于任意 $F \in \mathbb{C}^{p\times p}(p > 0)$，它们是 F-左互质的，则称它们在 Ω 上左互质。

简单起见，这里只研究多项式矩阵 $A(\theta,t,s)$ 和 $B(\theta,t,s)$ 为 F-左互质的性质。在此条件下，存在两个幺模矩阵 $P(\theta,t,s)$ 和 $Q(\theta,t,s)$ 满足如下关系式：

$$P(\theta,t,s)\left[A(\theta,t,s)\quad -B(\theta,t,s)\right]Q(\theta,t,s) = \left[\Sigma(\theta,t,s)\quad 0\right] \tag{7.23}$$

其中，$\Sigma(\theta,t,s) \in \mathbb{R}^{n\times n}[s]$ 通常为对角阵，且满足

$$\det \Sigma(\theta,t,s) \neq 0, \quad \forall (\theta,t) \in \Omega, \ s \in \mathrm{eig}(F)$$

划分 $Q(\theta,t,s)$ 为

$$Q(\theta,t,s) = \begin{bmatrix} U(\theta,t,s) & N(\theta,t,s) \\ T(\theta,t,s) & D(\theta,t,s) \end{bmatrix}$$

其中，$U(\theta,t,s) \in \mathbb{R}^{q\times n}[s]$；$T(\theta,t,s) \in \mathbb{R}^{r\times n}[s]$；$N(\theta,t,s) \in \mathbb{R}^{q\times\beta_0}[s]$；$D(\theta,t,s) \in \mathbb{R}^{r\times\beta_0}[s]$；$\beta_0 = q+r-n$。

那么，由式 (7.23) 易得，$N(\theta,t,s)$ 和 $D(\theta,t,s)$ 满足如下广义右既约分解：

$$A(\theta,t,s)N(\theta,t,s) - B(\theta,t,s)D(\theta,t,s) = 0 \tag{7.24}$$

且 $U(\theta,t,s)$ 和 $T(\theta,t,s)$ 满足以下 Diophantine 方程：

$$A(\theta,t,s)U(\theta,t,s) - B(\theta,t,s)T(\theta,t,s) = \Delta(\theta,t,s)I \tag{7.25}$$

其中，

$$\Delta(\theta,t,s) = \det \Sigma(\theta,t,s)$$

令多项式矩阵 $N(\theta,t,s)$ 和 $D(\theta,t,s)$ 的阶数为 ω，记

$$\begin{cases} N(\theta,t,s) = \sum_{i=0}^{\omega} N_i(\theta,t)s^i, & N_i(\theta,t) \in \mathbb{R}^{q\times\beta_0} \\[2mm] D(\theta,t,s) = \sum_{i=0}^{\omega} D_i(\theta,t)s^i, & D_i(\theta,t) \in \mathbb{R}^{r\times\beta_0} \end{cases} \tag{7.26}$$

类似地，令多项式矩阵 $U(\theta,t,s)$ 和 $T(\theta,t,s)$ 的阶为 φ，记

$$\begin{cases} U(\theta,t,s) = \sum_{i=0}^{\varphi} U_i(\theta,t)s^i, & U_i(\theta,t) \in \mathbb{R}^{q\times n} \\[2mm] T(\theta,t,s) = \sum_{i=0}^{\varphi} T_i(\theta,t)s^i, & T_i(\theta,t) \in \mathbb{R}^{r\times n} \end{cases} \tag{7.27}$$

基于上面的内容，再由第 3 章中类似的结果，未加证明地给出以下结果。

定理 7.1　令 $A(\theta,t,s) \in \mathbb{R}^{n\times q}[s]$, $B(\theta,t,s) \in \mathbb{R}^{n\times r}[s]$, $F \in \mathbb{C}^{p\times p}$, 则 $A(\theta,t,s)$ 和 $B(\theta,t,s)$ 在 Ω 上 F-左互质的充分必要条件是如下两个条件之一成立。

(1) 存在多项式矩阵对 $N(\theta,t,s) \in \mathbb{R}^{q\times\beta_0}[s]$ 和 $D(\theta,t,s) \in \mathbb{R}^{r\times\beta_0}[s]$, 在 Ω 上逐点满足广义右既约分解 (7.24)。

(2) 存在多项式矩阵对 $U(\theta,t,s) \in \mathbb{R}^{q\times n}[s]$ 和 $T(\theta,t,s) \in \mathbb{R}^{r\times n}[s]$, 在 Ω 上逐点满足 Diophantine 方程 (7.25)。

7.2.2　方程的解

理论上, 第 4 章和第 5 章中的结果可以容易地推广到具有时变系数的广义 Sylvester 矩阵方程中。其原因在于这些结果的证明中只涉及代数运算。

简单起见, 本小节只研究 $A(\theta,t,s)$ 和 $B(\theta,t,s)$ 在 Ω 上 F-左互质的条件下, 具有时变系数的广义 Sylvester 矩阵方程的解。

1. 齐次广义 Sylvester 矩阵方程

关于齐次广义 Sylvester 矩阵方程 (7.17) 的解, 有以下结果 (证明略)。

定理 7.2　令 $F \in \mathbb{C}^{p\times p}$, $A(\theta,t,s)$ 和 $B(\theta,t,s)$ 在 Ω 上 F-左互质, 再令 $N(\theta,t,s)$ 和 $D(\theta,t,s)$ 是形为式 (7.26) 的右互质多项式矩阵对, 且逐点满足广义右既约分解 (7.24)。那么, 对于 $(\theta,t) \in \Omega$, 齐次广义 Sylvester 矩阵方程 (7.17) 的一般解为

$$
\boxed{
\begin{aligned}
&\text{公式 I}_\text{H}\\
&\begin{cases}
V(\theta,t) = [N(\theta,t,s)Z]\big|_F = \sum_{k=0}^{\omega} N_k(\theta,t)ZF^k \\
W(\theta,t) = [D(\theta,t,s)Z]\big|_F = \sum_{k=0}^{\omega} D_k(\theta,t)ZF^k
\end{cases}
\end{aligned}
}
\tag{7.28}
$$

其中, $Z \in \mathbb{C}^{\beta_0\times p}$ 为任意参数矩阵。

2. 非齐次广义 Sylvester 矩阵方程

应用式 (7.28) 和关于广义 Sylvester 矩阵方程解的结构的相关引理, 即引理 5.1, 可以得到关于非齐次广义 Sylvester 矩阵方程 (7.18) 解的相关结果。

定理 7.3　令 $F \in \mathbb{C}^{p\times p}$, $A(\theta,t,s)$ 和 $B(\theta,t,s)$ 为 F-左互质, $N(\theta,t,s)$ 和 $D(\theta,t,s)$ 是在 Ω 上逐点满足广义右既约分解 (7.24) 的多项式矩阵对, 再令多项式矩阵对 $U(\theta,t,s)$ 和 $T(\theta,t,s)$ 具有形式 (7.27), 且在 Ω 上逐点满足 Diophantine 方程 (7.25)。那么, 对于 $(\theta,t) \in \Omega$, 下述结论成立。

(1) 非齐次广义 Sylvester 矩阵方程 (7.18) 有如下特解:

公式 I$_N$

$$\begin{cases} V\left(\theta,t\right) = \left[U\left(\theta,t,s\right)R\left(\theta,t\right)\right]\big|_F = \sum_{k=0}^{\omega} U_k\left(\theta,t\right)R\left(\theta,t\right)F^k \\[3mm] W\left(\theta,t\right) = \left[T\left(\theta,t,s\right)R\left(\theta,t\right)\right]\big|_F = \sum_{k=0}^{\omega} T_k\left(\theta,t\right)R\left(\theta,t\right)F^k \end{cases} \tag{7.29}$$

(2) 非齐次广义 Sylvester 矩阵方程 (7.18) 的一般解为

$$\begin{cases} V\left(\theta,t\right) = \left[U\left(\theta,t,s\right)R\left(\theta,t\right)\right]\big|_F + \left[N\left(\theta,t,s\right)Z\right]\big|_F \\[3mm] W\left(\theta,t\right) = \left[T\left(\theta,t,s\right)R\left(\theta,t\right)\right]\big|_F + \left[D\left(\theta,t,s\right)Z\right]\big|_F \end{cases} \tag{7.30}$$

式 (7.30) 也可写为

$$\left[\begin{array}{c} V\left(\theta,t\right) \\ W\left(\theta,t\right) \end{array}\right] = \left[Q\left(\theta,t,s\right)\left[\begin{array}{c} R \\ Z \end{array}\right]\right]\bigg|_F = \sum_{k=0}^{\varphi} Q_k\left(\theta,t\right)\left[\begin{array}{c} R \\ Z \end{array}\right]F^k$$

其中，$Z \in \mathbb{C}^{\beta_0 \times p}$ 为任意参数矩阵，并且

$$Q\left(\theta,t,s\right) = \left[\begin{array}{cc} U\left(\theta,t,s\right) & N\left(\theta,t,s\right) \\ T\left(\theta,t,s\right) & D\left(\theta,t,s\right) \end{array}\right] = \sum_{k=0}^{\varphi} Q_k\left(\theta,t\right)s^k$$

7.2.3 算例

例 7.5 (高超声速飞行器) 考虑例 7.2 中的高超声速飞行器系统，相应的齐次广义 Sylvester 矩阵方程为

$$VF + A\left(\theta\right)V = B\left(\theta\right)W \tag{7.31}$$

其中，

$$A\left(\theta\right) = \left[\begin{array}{ccccc} a_1 & 0 & 0 & a_2 & 0 \\ a_3 & 0 & 0 & a_4 & 0 \\ -\sin\gamma & 0 & 0 & 0 & 0 \\ -a_3 & 0 & 0 & -a_4 & -1 \\ a_5 & 0 & 0 & a_6 & a_7 \end{array}\right] \tag{7.32}$$

$$B\left(\theta\right) = \left[\begin{array}{cc} b_1 & b_2 V\cos\alpha \\ b_3 & b_2\sin\alpha \\ 0 & 0 \\ -b_3 & -b_2\sin\alpha \\ b_4 & 0 \end{array}\right] \tag{7.33}$$

式中, $a_i(i = 1, 2, \cdots, 7)$ 和 $b_i(i = 1, 2, \cdots, 4)$ 分别由式 (7.7) 和式 (7.8) 定义; 参数向量 θ 由 a_i 和 b_i 组成, 即

$$\theta = \begin{bmatrix} a_1 & a_2 & \cdots & a_7 & b_1 & b_2 & b_3 & b_4 & V & \gamma \end{bmatrix}^{\mathrm{T}} \tag{7.34}$$

根据实际系统的特性, 需加上以下的假设条件。

假设 7.1 $b_2(t) b_4(t) \cos \alpha(t) \neq 0, \ \forall t \geqslant 0$。

由定理 7.2, 为了解广义 Sylvester 矩阵方程 (7.31), 主要的工作是解出满足广义右既约分解 (7.24) 的右互质多项式矩阵对 $N(\theta, t, s) \in \mathbb{R}^{5 \times 2}[s]$ 和 $D(\theta, t, s) \in \mathbb{R}^{2 \times 2}[s]$。因此, 有如下命题 (证明略)。

命题 7.2 令 $A(\theta)$ 和 $B(\theta)$ 分别由式 (7.32) 和式 (7.33) 给出, 则在假设 7.1 下, 下述结论成立。

(1) $(A(\theta), B(\theta))$ 逐点可控的充分必要条件是

$$\theta \in \Theta_{13} = \left\{ \theta \mid \theta \in \mathbb{R}^{13}, \sin \gamma \neq 0 \right\}$$

(2) 满足广义右既约分解 (7.24), 且对于 $\theta \in \Theta_{13}$ 为右互质的多项式矩阵对 $N(\theta, t, s) \in \mathbb{R}^{5 \times 2}[s]$ 和 $D(\theta, t, s) \in \mathbb{R}^{2 \times 2}[s]$ 是

$$\begin{cases} N(s) = N_0 + N_1 s + N_2 s^2 + N_3 s^3 + N_4 s^4 \\ D(s) = D_0 + D_1 s + D_2 s^2 + D_3 s^3 + D_4 s^4 \end{cases}$$

其中,

$$\begin{cases} N_k = \left[N_{ij}^{\langle k \rangle} \right]_{5 \times 2}, & i = 1, 2, \cdots, 5; \ j = 1, 2; \ k = 0, 1, 2, 3 \\ D_k = \left[D_{ij}^{\langle k \rangle} \right]_{5 \times 2}, & i = 1, 2; \ j = 1, 2; \ k = 0, 1, \cdots, 4 \end{cases}$$

$$N_{11}^{\langle 0 \rangle} = N_{41}^{\langle 0 \rangle} = N_{51}^{\langle 0 \rangle} = 0$$
$$N_{12}^{\langle 0 \rangle} = N_{42}^{\langle 0 \rangle} = N_{52}^{\langle 0 \rangle} = 0$$
$$N_{21}^{\langle 0 \rangle} = -N_{51}^{\langle 1 \rangle} = \Upsilon_2 b_4 \sin \alpha$$
$$N_{22}^{\langle 0 \rangle} = N_{52}^{\langle 1 \rangle} = \Upsilon_3 \Upsilon_2$$
$$N_{31}^{\langle 0 \rangle} = -N_{32}^{\langle 0 \rangle} = \Upsilon_1 \Upsilon_2 \sin \gamma$$
$$N_{11}^{\langle 1 \rangle} = N_{12}^{\langle 1 \rangle} = 0$$
$$N_{21}^{\langle 1 \rangle} = V \Upsilon_3 b_4 \cos \alpha$$
$$N_{22}^{\langle 1 \rangle} = \Upsilon_1 \Upsilon_3 a_7$$
$$N_{31}^{\langle 1 \rangle} = -\Upsilon_1 V b_4 \cos \alpha \sin \gamma$$

$$N_{32}^{\langle 1 \rangle} = -\Upsilon_1^2 a_7 \sin \gamma$$

$$N_{41}^{\langle 1 \rangle} = -V b_4 \left(b_4 \sin \alpha - \Upsilon_3 \right) \cos \alpha$$

$$N_{42}^{\langle 1 \rangle} = -\Upsilon_1 a_7 \left(\Upsilon_3 + b_4 \sin \alpha \right)$$

$$N_{11}^{\langle 2 \rangle} = N_{12}^{\langle 2 \rangle} = 0$$

$$N_{21}^{\langle 2 \rangle} = N_{31}^{\langle 2 \rangle} = N_{41}^{\langle 2 \rangle} = 0$$

$$N_{22}^{\langle 2 \rangle} = -\Upsilon_3 \Upsilon_1$$

$$N_{32}^{\langle 2 \rangle} = \Upsilon_1^2 \sin \gamma$$

$$N_{42}^{\langle 2 \rangle} = \Upsilon_1 \left(\Upsilon_3 + b_4 \sin \alpha \right)$$

$$N_{51}^{\langle 2 \rangle} = V b_4^2 \cos \alpha \sin \alpha$$

$$N_{52}^{\langle 2 \rangle} = \Upsilon_1 b_4 a_7 \sin \alpha$$

$$N_{11}^{\langle 3 \rangle} = N_{21}^{\langle 3 \rangle} = N_{31}^{\langle 3 \rangle} = N_{41}^{\langle 3 \rangle} = N_{51}^{\langle 3 \rangle} = 0$$

$$N_{12}^{\langle 3 \rangle} = N_{22}^{\langle 3 \rangle} = N_{32}^{\langle 3 \rangle} = N_{42}^{\langle 3 \rangle} = 0$$

$$N_{52}^{\langle 3 \rangle} = -\Upsilon_1 b_4 \sin \alpha$$

并且

$$D_{11}^{\langle 0 \rangle} = -D_{12}^{\langle 0 \rangle} = \frac{1}{b_4} \left(\Upsilon_5 a_6 - \Upsilon_2 \Upsilon_3 a_6 - \Upsilon_2 a_6 b_4 \sin \alpha \right)$$

$$D_{21}^{\langle 0 \rangle} = -D_{22}^{\langle 0 \rangle} = \frac{1}{V b_2 b_4 \cos \alpha} \left(\Upsilon_5 a_2 b_4 - \Upsilon_6 \Upsilon_2 - \Upsilon_5 b_1 a_6 \right)$$

$$D_{11}^{\langle 1 \rangle} = \frac{1}{b_4} \Upsilon_2 \left(\Upsilon_1 a_5 + a_7 \sin \alpha \right) + V a_6 \left(\Upsilon_3 + b_4 \sin \alpha \right) \cos \alpha$$

$$D_{12}^{\langle 1 \rangle} = \frac{1}{b_4} \left[\Upsilon_1 a_6 a_7 \left(\Upsilon_3 + b_4 \sin \alpha \right) - \Upsilon_2 \left(\Upsilon_1 a_5 - a_7 \Upsilon_3 \right) \right]$$

$$D_{21}^{\langle 1 \rangle} = \frac{1}{V b_2 b_4 \cos \alpha} \left(V \Upsilon_6 b_4 \cos \alpha - \Upsilon_4 \Upsilon_2 \right)$$

$$D_{22}^{\langle 1 \rangle} = \frac{1}{V b_2 b_4 \cos \alpha} \left(\Upsilon_4 \Upsilon_2 - \Upsilon_5 b_1 a_7 + \Upsilon_6 \Upsilon_1 a_7 \right)$$

$$D_{11}^{\langle 2 \rangle} = -V \Upsilon_1 a_5 \cos \alpha - \Upsilon_2 \sin \alpha - V b_4 a_7 \cos \alpha \sin \alpha$$

$$D_{12}^{\langle 2 \rangle} = \Upsilon_1 \left(a_7^2 - a_6 \right) \sin \alpha - \frac{1}{b_4} \left(\Upsilon_2 \Upsilon_3 + \Upsilon_1 \Upsilon_3 a_6 + \Upsilon_1^2 a_5 a_7 \right)$$

$$D_{21}^{\langle 2 \rangle} = \frac{1}{b_2} \left(\Upsilon_2 b_3 + \Upsilon_4 \right)$$

$$D_{22}^{\langle 2 \rangle} = \frac{1}{Vb_2b_4\cos\alpha}\left(\Upsilon_5 b_1 - \Upsilon_1\Upsilon_6 + \Upsilon_4\Upsilon_1 a_7\right) - \frac{1}{b_2}\Upsilon_2 b_3$$

$$D_{11}^{\langle 3 \rangle} = Vb_4\cos\alpha\sin\alpha$$

$$D_{12}^{\langle 3 \rangle} = \frac{1}{b_4}a_5\Upsilon_1^2 + 2\Upsilon_1 a_7\sin\alpha$$

$$D_{21}^{\langle 3 \rangle} = -\frac{1}{b_2}Vb_3b_4\cos\alpha$$

$$D_{22}^{\langle 3 \rangle} = -\frac{1}{Vb_2b_4\cos\alpha}\Upsilon_1\Upsilon_4 - \frac{1}{b_2}\Upsilon_1 a_7 b_3$$

$$D_{11}^{\langle 4 \rangle} = D_{21}^{\langle 4 \rangle} = 0$$

$$D_{12}^{\langle 4 \rangle} = -\Upsilon_1\sin\alpha$$

$$D_{22}^{\langle 4 \rangle} = \frac{1}{b_2}\Upsilon_1 b_3$$

上述表达式中的相关量定义如下:

$$\Upsilon_1 = b_1\sin\alpha - Vb_3\cos\alpha$$

$$\Upsilon_2 = b_4\left(a_2\sin\alpha - Va_4\cos\alpha\right) - \Upsilon_1 a_6$$

$$\Upsilon_3 = \frac{1}{Vb_4\cos\alpha}\Upsilon_1\left(b_4\left(a_7 - a_1\right)\sin\alpha + \Upsilon_1 a_5\right) + \Upsilon_1 a_3$$

$$\Upsilon_4 = -\Upsilon_1 a_1 b_4 + \Upsilon_1 b_1 a_5 + b_1 b_4 a_7\sin\alpha$$

$$\Upsilon_5 = \Upsilon_2\Upsilon_3 + \Upsilon_2 b_4\sin\alpha$$

$$\Upsilon_6 = a_2 b_4^2\sin\alpha + \Upsilon_3 a_2 b_4 - \Upsilon_3 b_1 a_6 - b_1 a_6 b_4\sin\alpha$$

7.3　变系数全驱动广义 Sylvester 矩阵方程

第 6 章介绍了全驱动广义 Sylvester 矩阵方程的概念,本节将把这个概念推广到变系数广义 Sylvester 矩阵方程的情形。

7.3.1　定义

定义 7.2　如果 $B\left(\theta, t, s\right) \in \mathbb{R}^{n \times n}$,且

$$\det B\left(\theta, t, s\right) \neq 0, \quad \forall\left(\theta, t\right) \in \Omega, \ s \in \mathbb{C} \tag{7.35}$$

则称相应的齐次广义 Sylvester 矩阵方程 (7.17) 和非齐次广义 Sylvester 矩阵方程 (7.18) 是全驱动的。

在很多实际应用中,不需要全驱动条件 (7.35) 成立,而是允许 $B\left(\theta, t, s\right) \in \mathbb{R}^{n \times n}$ 存在某些不重要或可避免的奇异点。由此引出如下 F-全驱动的定义。

定义 7.3　如果 $B\left(\theta,t,s\right) \in \mathbb{R}^{n \times n}$，且

$$\det B\left(\theta,t,s\right) \neq 0, \quad \forall\left(\theta,t\right) \in \Omega, \ s \in \operatorname{eig}\left(F\right) \tag{7.36}$$

则称相应的齐次方程 (7.17) 和非齐次方程 (7.18) 为变系数 F-全驱动广义 Sylvester 矩阵方程。

考虑如下两类特殊广义 Sylvester 矩阵方程：

$$\sum_{i=0}^{m} A_i\left(\theta\left(t\right),t\right) V F^i = W \tag{7.37}$$

和

$$\sum_{i=0}^{m} A_i\left(\theta\left(t\right),t\right) V F^i = W + R\left(\theta\left(t\right),t\right) \tag{7.38}$$

显然，它们分别为式 (7.17) 和式 (7.18) 的特殊形式。由于

$$B\left(\theta\left(t\right),t,s\right) = I_n$$

它们为全驱动方程。

方程 (7.37) 和方程 (7.38) 是第 6 章中标准齐次广义 Sylvester 矩阵方程 (6.10) 和非齐次广义 Sylvester 矩阵方程 (6.11) 的推广。在时不变情形下，应用拉普拉斯变换，任意的广义 Sylvester 矩阵方程可等价地转换为标准广义 Sylvester 矩阵方程，但对时变情形这种转换却无法实现。

由 7.2 节可知，在一般情形下，求解满足广义右既约分解 (7.24) 的 $N\left(\theta,t,s\right)$ 和 $D\left(\theta,t,s\right)$，以及满足 Diophantine 方程 (7.25) 的 $U\left(\theta,t,s\right)$ 和 $T\left(\theta,t,s\right)$ 都是不容易的。然而，与第 6 章中的情形相类似，对于全驱动广义 Sylvester 矩阵方程的情形，上述多项式矩阵很容易求得。因此，在本章的剩余部分将主要研究满足下面 F-全驱动假设条件的广义 Sylvester 矩阵方程 (7.17) 和 (7.18)。

假设 7.2　$B\left(\theta,t,s\right) \in \mathbb{R}^{n \times n}\left[s\right]$，且满足

$$\det B\left(\theta,t,s\right) \neq 0, \quad \forall\left(\theta,t\right) \in \Omega, \ s \in \operatorname{eig}\left(F\right)$$

在某些环境下，上述假设条件可以加强如下。

假设 7.3　$B\left(\theta,t,s\right) \in \mathbb{R}^{n \times n}\left[s\right]$，且满足

$$\det B\left(\theta,t,s\right) \neq 0, \quad \forall\left(\theta,t\right) \in \Omega, \ s \in \mathbb{C}$$

定义标量函数

$$\mu\left(\theta,t,s\right) \stackrel{\text{def}}{=} \det B\left(\theta,t,s\right) \tag{7.39}$$

则假设 7.2 等价于

$$\mu(\theta,t,s) \neq 0, \quad \forall (\theta,t) \in \Omega, \ s \in \text{eig}(F) \tag{7.40}$$

而假设 7.3 等价于

$$\mu(\theta,t,s) \neq 0, \quad \forall (\theta,t) \in \Omega, \ s \in \mathbb{C} \tag{7.41}$$

后者意味着 $\mu(\theta,t,s)$ 是非零函数，且关于 s 是不变的，即

$$\mu(\theta,t,s) = \mu(\theta,t) \neq 0, \quad \forall (\theta,t) \in \Omega \tag{7.42}$$

7.3.2 算例

再次使用例 7.3 和例 7.4 中的一般空间交会系统，这是全驱动广义 Sylvester 矩阵方程的一个典型例子。

例 7.6 考虑例 7.3 中的线性时变空间交会系统，其方程为式 (7.10)~式 (7.12)。相应的齐次广义 Sylvester 矩阵方程为

$$VF^2 + D(\dot{\theta})VF + K(\dot{\theta},\ddot{\theta})V = W \tag{7.43}$$

其中，θ 为真近点角；且有

$$D(\dot{\theta}) = \begin{bmatrix} 0 & -2\dot{\theta} & 0 \\ 2\dot{\theta} & 0 & 0 \\ 0 & 0 & 0 \end{bmatrix} \tag{7.44}$$

$$K(\dot{\theta},\ddot{\theta}) = \begin{bmatrix} -2k\dot{\theta}^{\frac{3}{2}} - \dot{\theta}^2 & -\ddot{\theta} & 0 \\ \ddot{\theta} & k\dot{\theta}^{\frac{3}{2}} - \dot{\theta}^2 & 0 \\ 0 & 0 & k\dot{\theta}^{\frac{3}{2}} \end{bmatrix} \tag{7.45}$$

显然，上述广义 Sylvester 矩阵方程是全驱动的，其中，相关的多项式矩阵为 $B(\theta,t,s) = I_3$，以及

$$\begin{aligned} A(\theta,t,s) &= M(\dot{\theta},\ddot{\theta})s^2 + D(\dot{\theta},\ddot{\theta})s + K(\dot{\theta},\ddot{\theta}) \\ &= \begin{bmatrix} s^2 - 2k\dot{\theta}^{\frac{3}{2}} - \dot{\theta}^2 & -2\dot{\theta}s - \ddot{\theta} & 0 \\ 2\dot{\theta}s + \ddot{\theta} & s^2 + k\dot{\theta}^{\frac{3}{2}} - \dot{\theta}^2 & 0 \\ 0 & 0 & s^2 + k\dot{\theta}^{\frac{3}{2}} \end{bmatrix} \end{aligned}$$

例 7.7 (空间交会系统——非线性情形) 考虑例 7.4 中的非线性空间交会系统。相应的齐次广义 Sylvester 矩阵方程为

$$VF^2 + D(\dot{\theta})VF + K(x,\dot{\theta},\ddot{\theta})V = W \tag{7.46}$$

其中，

$$D(\dot{\theta}) = \begin{bmatrix} 0 & -2\dot{\theta} & 0 \\ 2\dot{\theta} & 0 & 0 \\ 0 & 0 & 0 \end{bmatrix} \tag{7.47}$$

$$K(x,\dot{\theta},\ddot{\theta}) = \begin{bmatrix} \dfrac{\mu}{\Sigma(x)} - \dot{\theta}^2 & -\ddot{\theta} & 0 \\ \ddot{\theta} & \dfrac{\mu}{\Sigma(x)} - \dot{\theta}^2 & 0 \\ 0 & 0 & \dfrac{\mu}{\Sigma(x)} \end{bmatrix} \tag{7.48}$$

由于 $B(\theta,t,s) = I_3$，所以这是一个全驱动广义 Sylvester 矩阵方程。相应的多项式矩阵 $A(x,\theta,t,s)$ 为

$$A(x,\theta,t,s) = M(\dot{\theta},\ddot{\theta})s^2 + D(\dot{\theta},\ddot{\theta})s + K(\dot{\theta},\ddot{\theta})$$

$$= \begin{bmatrix} s^2 + \dfrac{\mu}{\Sigma(x)} - \dot{\theta}^2 & -2\dot{\theta}s - \ddot{\theta} & 0 \\ 2\dot{\theta}s + \ddot{\theta} & s^2 + \dfrac{\mu}{\Sigma(x)} - \dot{\theta}^2 & 0 \\ 0 & 0 & s^2 + \dfrac{\mu}{\Sigma(x)} \end{bmatrix}$$

下面将着重研究全驱动广义 Sylvester 矩阵方程的解。由于其结果与第 6 章的结果是平行的，这里不再加以证明。

7.4　变系数齐次全驱动广义 Sylvester 矩阵方程

7.4.1　方程的正解

在假设 7.2 下，可直接得到满足广义右既约分解 (7.24) 的正解 $N(\theta,t,s)$ 和 $D(\theta,t,s)$ 为

$$\begin{cases} N(\theta,t,s) = \mu(\theta,t,s)I_q \\ D(\theta,t,s) = \mathrm{adj}B(\theta,t,s)A(\theta,t,s) \end{cases} \tag{7.49}$$

其中，$\mu(\theta,t,s)$ 由式 (7.39) 定义，且满足式 (7.40)。

特别地，当假设 7.3 成立时，$\mu(\theta,t,s)$ 满足式 (7.42)，并且关于 s 是不变的，那么 $B^{-1}(\theta,t,s)$ 关于 s 也是多项式矩阵。这种情形下，可以直接给出满足广义右既约分解 (7.24) 的一对正解 $N(\theta,t,s)$ 和 $D(\theta,t,s)$ 如下：

$$\begin{cases} N(\theta,t,s) = I_q \\ D(\theta,t,s) = B^{-1}(\theta,t,s)A(\theta,t,s) \end{cases} \tag{7.50}$$

1. F 为任意矩阵的情形

应用定理 4.7 的简单推广形式, 可以得到在假设 7.3 下关于广义 Sylvester 矩阵方程 (7.17) 解的如下结果, 此结果也是定理 6.1 的直接推广。

定理 7.4　令 $A(\theta, t, s) \in \mathbb{R}^{n \times q}[s]$ 和 $B(\theta, t, s) \in \mathbb{R}^{n \times n}[s]$ 由式 (7.19) 给出, 且 $F \in \mathbb{C}^{p \times p}$, 则下列结论成立。

(1) 当假设 7.2 成立时, 齐次广义 Sylvester 矩阵方程 (7.17) 的所有解为

$$\begin{cases} V(\theta, t) = \left. [\mu(\theta, t, s) Z] \right|_F \\ W(\theta, t) = \left. [\mathrm{adj} B(\theta, t, s) A(\theta, t, s) Z] \right|_F \end{cases} \tag{7.51}$$

其中, $Z \in \mathbb{C}^{q \times p}$ 为任意参数矩阵。

(2) 当假设 7.3 成立时, 上述解可写为

$$\begin{cases} V(\theta, t) = Z \\ W(\theta, t) = \left. [B^{-1}(\theta, t, s) A(\theta, t, s) Z] \right|_F \end{cases} \tag{7.52}$$

2. F 为 Jordan 矩阵的情形

当矩阵 F 是形为式 (6.23) 的 Jordan 矩阵时, 根据约定 C1 定义矩阵 V、W 和 Z 的列 v_{ij}、w_{ij} 和 z_{ij}。针对此情形, 应用定理 4.8 的简单推广形式, 可得到定理 6.2 的如下直接推广。

定理 7.5　令 $A(\theta, t, s) \in \mathbb{R}^{n \times q}[s]$ 和 $B(\theta, t, s) \in \mathbb{R}^{n \times n}[s]$ 由式 (7.19) 给出, 且 $F \in \mathbb{C}^{p \times p}$ 是形为式 (6.23) 的 Jordan 矩阵, 则下述结论成立。

(1) 当假设 7.2 成立时, 广义 Sylvester 矩阵方程 (7.17) 的所有解为

$$\begin{cases} v_{ij}(\theta, t) = \displaystyle\sum_{k=0}^{j-1} \frac{1}{k!} \frac{\partial^k}{\partial s^k} \mu(\theta, t, s_i) z_{i,j-k} \\ w_{ij}(\theta, t) = \displaystyle\sum_{k=0}^{j-1} \frac{1}{k!} \frac{\partial^k}{\partial s^k} \mathrm{adj} B(\theta, t, s_i) A(\theta, t, s_i) z_{i,j-k} \\ j = 1, 2, \cdots, p_i; \ i = 1, 2, \cdots, w \end{cases} \tag{7.53}$$

其中, $Z \in \mathbb{C}^{q \times p}$ 为任意参数矩阵。

(2) 特别地, 当假设 7.3 成立时, 上面的解可写为

$$\begin{cases} V(\theta, t) = Z \\ w_{ij}(\theta, t) = \displaystyle\sum_{k=0}^{j-1} \frac{1}{k!} \frac{\partial^k}{\partial s^k} B^{-1}(\theta, t, s_i) A(\theta, t, s_i) z_{i,j-k} \\ j = 1, 2, \cdots, p_i; \ i = 1, 2, \cdots, w \end{cases} \tag{7.54}$$

3. F 为对角阵的情形

进一步地, 当矩阵 F 退化成形为式 (6.27) 的对角阵时, 按约定 C2 定义矩阵 V、W 和 Z 的列 v_i、w_i 和 z_i。针对这种特殊情形, 应用定理 4.9 的简单推广形式, 可得到定理 6.3 的如下直接推广。

定理 7.6　令 $A(\theta,t,s) \in \mathbb{R}^{n \times q}[s]$ 和 $B(\theta,t,s) \in \mathbb{R}^{n \times n}[s]$ 由式 (7.19) 给出, $F \in \mathbb{C}^{p \times p}$ 是形为式 (6.27) 的对角阵, 且假设 7.2 成立, 则广义 Sylvester 矩阵方程 (7.17) 的所有解为

$$\begin{cases} v_i(\theta,t) = z_i \\ w_i(\theta,t) = B^{-1}(\theta,t,s_i) A(\theta,t,s_i) z_i \\ \quad i = 1, 2, \cdots, p \end{cases} \tag{7.55}$$

其中, $z_i \in \mathbb{C}^q (i = 1, 2, \cdots, p)$ 为任意一组参数向量。

说明 7.1　在上述三个定理中, 取 $B(\theta,t,s) = B(\theta,t,s_i) = I_n$, 即可给出此特殊情形下的齐次全驱动广义 Sylvester 矩阵方程 (7.37) 的一般解。

7.4.2　方程的反解

本小节主要研究 $A(\theta,t,s)$ 为方阵, 即 $q = n$ 时, 变系数齐次全驱动广义 Sylvester 矩阵方程 (7.37) 的反解。

在假设 7.2 下, 广义右既约分解 (7.24) 的一对反解 $N(\theta,t,s)$ 和 $D(\theta,t,s)$ 可直接写为

$$\begin{cases} N(\theta,t,s) = \mu(\theta,t,s) \, \mathrm{adj} A(\theta,t,s) \\ D(\theta,t,s) = \pi(\theta,t,s) \, \mathrm{adj} B(\theta,t,s) \end{cases} \tag{7.56}$$

其中, $\mu(\theta,t,s)$ 由式 (7.39) 定义; 并且

$$\pi(\theta,t,s) = \det A(\theta,t,s) \tag{7.57}$$

特别地, 当假设 7.3 成立时, $B^{-1}(\theta,t,s)$ 是关于 s 的多项式矩阵, 则广义右既约分解 (7.24) 的一对反解 $N(\theta,t,s)$ 和 $D(\theta,t,s)$ 为

$$\begin{cases} N(\theta,t,s) = \mathrm{adj} A(\theta,t,s) \\ D(\theta,t,s) = \pi(\theta,t,s) B^{-1}(\theta,t,s) \end{cases} \tag{7.58}$$

此外, 如果 $A(\theta,t,s)$ 是幺模矩阵, 那么 $A^{-1}(\theta,t,s)$ 也是关于 s 的多项式矩阵。在此情形下, 满足广义右既约分解 (7.24) 的多项式矩阵对为

$$\begin{cases} N(\theta,t,s) = A^{-1}(\theta,t,s) \\ D(\theta,t,s) = B^{-1}(\theta,t,s) \end{cases} \tag{7.59}$$

1. F 为任意矩阵的情形

应用定理 4.7 的简单推广形式，在假设 7.3 下，易得广义 Sylvester 矩阵方程 (7.17) 解的相关结果，该结果为定理 6.5 的自然推广。

定理 7.7   令 $A(\theta,t,s)$, $B(\theta,t,s) \in \mathbb{R}^{n \times n}[s]$ 由式 (7.19) 给出，且 $F \in \mathbb{C}^{p \times p}$，则下述结论成立。

(1) 当假设 7.2 成立时，全驱动广义 Sylvester 矩阵方程 (7.17) 的所有解为

$$
\begin{cases}
V(\theta,t) = [\mu(\theta,t,s)\,\text{adj}A(\theta,t,s)\,Z]\big|_F \\
W(\theta,t) = [\pi(\theta,t,s)\,\text{adj}B(\theta,t,s)\,Z]\big|_F
\end{cases}
\tag{7.60}
$$

其中，$Z \in \mathbb{C}^{n \times p}$ 为任意参数矩阵。

(2) 特别地，当假设 7.3 成立时，上述解可写为

$$
\begin{cases}
V(\theta,t) = [\text{adj}A(\theta,t,s)\,Z]\big|_F \\
W(\theta,t) = [\pi(\theta,t,s)\,B^{-1}(\theta,t,s)\,Z]\big|_F
\end{cases}
\tag{7.61}
$$

(3) 当 $A(s)$ 为幺模矩阵时，上述解可写为

$$
\begin{cases}
V(\theta,t) = [A^{-1}(\theta,t,s)\,Z]\big|_F \\
W(\theta,t) = [B^{-1}(\theta,t,s)\,Z]\big|_F
\end{cases}
\tag{7.62}
$$

2. F 为 Jordan 矩阵的情形

当 F 是形为式 (6.23) 的 Jordan 矩阵时，矩阵 V、W 和 Z 的列 v_{ij}、w_{ij} 和 z_{ij} 按约定 C1 定义。在此情形下，应用定理 4.8 的简单推广形式，可以得到定理 6.6 的如下自然推广。

定理 7.8   令 $A(\theta,t,s)$, $B(\theta,t,s) \in \mathbb{R}^{n \times n}[s]$ 由式 (7.19) 给出，$F \in \mathbb{C}^{p \times p}$ 是形为式 (6.23) 的 Jordan 矩阵，则下述结论成立。

(1) 当假设 7.2 成立时，全驱动广义 Sylvester 矩阵方程 (7.17) 的所有解为

$$
\begin{cases}
v_{ij}(\theta,t) = \sum_{k=0}^{j-1}\frac{1}{k!}\frac{\partial^k}{\partial s^k}\mu(\theta,t,s_i)\,\text{adj}A(\theta,t,s_i)\,z_{i,j-k} \\
w_{ij}(\theta,t) = \sum_{k=0}^{j-1}\frac{1}{k!}\frac{\partial^k}{\partial s^k}\pi(\theta,t,s_i)\,\text{adj}B(\theta,t,s_i)\,z_{i,j-k} \\
j = 1,2,\cdots,p_i;\ i = 1,2,\cdots,w
\end{cases}
\tag{7.63}
$$

其中，$Z \in \mathbb{C}^{n \times p}$ 为任意参数矩阵。

(2) 特别地，当假设 7.3 成立时，上述解可写为

$$
\begin{cases}
v_{ij}(\theta,t) = \sum_{k=0}^{j-1} \dfrac{1}{k!} \dfrac{\partial^k}{\partial s^k} \mathrm{adj} A(\theta,t,s_i) z_{i,j-k} \\[2mm]
w_{ij}(\theta,t) = \sum_{k=0}^{j-1} \dfrac{1}{k!} \dfrac{\partial^k}{\partial s^k} \pi(\theta,t,s_i) B^{-1}(\theta,t,s_i) z_{i,j-k} \\[2mm]
j = 1,2,\cdots,p_i;\ i = 1,2,\cdots,w
\end{cases}
\tag{7.64}
$$

(3) 当 $A(s)$ 为幺模矩阵时，上述解可写为

$$
\begin{cases}
v_{ij}(\theta,t) = \sum_{k=0}^{j-1} \dfrac{1}{k!} \dfrac{\partial^k}{\partial s^k} A^{-1}(\theta,t,s_i) z_{i,j-k} \\[2mm]
w_{ij}(\theta,t) = \sum_{k=0}^{j-1} \dfrac{1}{k!} \dfrac{\partial^k}{\partial s^k} B^{-1}(\theta,t,s_i) z_{i,j-k} \\[2mm]
j = 1,2,\cdots,p_i;\ i = 1,2,\cdots,w
\end{cases}
\tag{7.65}
$$

3. F 为对角阵的情形

当矩阵 F 是形为式 (6.27) 的对角阵时，矩阵 V、W 和 Z 的列 v_i、w_i 和 z_i 按约定 C2 定义。针对全驱动广义 Sylvester 矩阵方程 (7.17)，应用定理 4.9，可得到定理 6.7 的如下自然推广。

定理 7.9　令 $A(\theta,t,s), B(\theta,t,s) \in \mathbb{R}^{n\times n}[s]$ 由式 (7.19) 给出，$F \in \mathbb{C}^{p\times p}$ 是形为式 (6.27) 的对角阵，且假设 7.3 成立，则下述结论成立。

(1) 广义 Sylvester 矩阵方程 (7.17) 的一般解为

$$
\begin{cases}
v_i(\theta,t) = \mathrm{adj} A(\theta,t,s_i) z_i \\
w_i(\theta,t) = \pi(\theta,t,s_i) B^{-1}(\theta,t,s_i) z_i \\
i = 1,2,\cdots,p
\end{cases}
\tag{7.66}
$$

其中，$Z \in \mathbb{C}^{n\times p}$ 为任意参数矩阵。

(2) 当 $A(s)$ 为幺模矩阵时，上述解可写为

$$
\begin{cases}
v_i(\theta,t) = A^{-1}(\theta,t,s_i) z_i \\
w_i(\theta,t) = B^{-1}(\theta,t,s_i) z_i \\
i = 1,2,\cdots,p
\end{cases}
\tag{7.67}
$$

在上述定理 7.7~定理 7.9 中，若设 $B(s) = I_n$，则可得到关于此特殊情形下全驱动高阶广义 Sylvester 矩阵方程 (7.37) 解的如下结果。实际上，该结果是定理 6.8 的自然推广。

定理 7.10　令 $A(\theta, t, s) \in \mathbb{R}^{n \times n}[s]$ 由式 (7.19) 给出，且 $B(\theta, t, s) = I_n$，则下述结论成立。

(1) 当 $F \in \mathbb{C}^{p \times p}$ 时，全驱动广义 Sylvester 矩阵方程 (7.37) 的一般解为

$$\begin{cases} V(\theta, t) = \left[\mathrm{adj}A(\theta, t, s)\, Z\right]\big|_F \\ W(\theta, t) = \left[\pi(\theta, t, s)\, Z\right]\big|_F = Z\pi(\theta, t, F) \end{cases} \tag{7.68}$$

当 $A(s)$ 为幺模矩阵时，一般解为

$$\begin{cases} V(\theta, t) = \left[A^{-1}(\theta, t, s)\, Z\right]\big|_F \\ W(\theta, t) = Z \end{cases} \tag{7.69}$$

其中，$Z \in \mathbb{C}^{n \times p}$ 为任意参数矩阵。

(2) 当 $F \in \mathbb{C}^{p \times p}$ 是形为式 (6.23) 的 Jordan 矩阵时，全驱动广义 Sylvester 矩阵方程 (7.37) 的一般解为

$$\begin{cases} v_{ij}(\theta, t) = \displaystyle\sum_{k=0}^{j-1} \frac{1}{k!} \frac{\partial^k}{\partial s^k} \mathrm{adj}A(\theta, t, s_i)\, z_{i,j-k} \\ w_{ij}(\theta, t) = \displaystyle\sum_{k=0}^{j-1} \frac{1}{k!} \frac{\partial^k}{\partial s^k} \pi(\theta, t, s_i)\, z_{i,j-k} \\ \qquad j = 1, 2, \cdots, p_i; \ i = 1, 2, \cdots, w \end{cases} \tag{7.70}$$

当 $A(s)$ 为幺模矩阵时，一般解为

$$\begin{cases} v_{ij}(\theta, t) = \displaystyle\sum_{k=0}^{j-1} \frac{1}{k!} \frac{\partial^k}{\partial s^k} A^{-1}(\theta, t, s_i)\, z_{i,j-k} \\ w_{ij}(\theta, t) = z_{ij} \\ \qquad j = 1, 2, \cdots, p_i; \ i = 1, 2, \cdots, w \end{cases} \tag{7.71}$$

其中，$z_{ij} \in \mathbb{C}^n (j = 1, 2, \cdots, p_i; \ i = 1, 2, \cdots, w)$ 为任意一组参数向量。

(3) 当 $F \in \mathbb{C}^{p \times p}$ 是形为式 (6.27) 的对角阵时，全驱动广义 Sylvester 矩阵方程 (7.37) 的一般解为

$$\begin{cases} v_i(\theta, t) = \mathrm{adj}A(\theta, t, s_i)\, z_i \\ w_i(\theta, t) = \pi(\theta, t, s_i)\, z_i \\ \qquad i = 1, 2, \cdots, p \end{cases} \tag{7.72}$$

当 $A(s)$ 为幺模矩阵时，一般解为

$$
\begin{cases}
v_i(\theta, t) = A^{-1}(\theta, t, s_i) z_i \\
w_i(\theta, t) = z_i \\
\quad i = 1, 2, \cdots, p
\end{cases}
\tag{7.73}
$$

其中，$z_i \in \mathbb{C}^n (i = 1, 2, \cdots, p)$ 为任意一组参数向量。

7.5　变系数非齐次全驱动广义 Sylvester 矩阵方程

本节将研究具有时变系数的非齐次全驱动广义 Sylvester 矩阵方程，这里只给出 $q = n$ 情形下的相关结果。

7.5.1　方程的正解

当假设 7.2 满足时，易验证 Diophantine 方程

$$
A(\theta, t, s) U(\theta, t, s) - B(\theta, t, s) T(\theta, t, s) = \mu(\theta, t, s) I_n
\tag{7.74}
$$

的一对正解 $U(\theta, t, s)$ 和 $T(\theta, t, s)$ 为

$$
\begin{cases}
U(\theta, t, s) = \mu(\theta, t, s) I_n \\
T(\theta, t, s) = \mathrm{adj} B(\theta, t, s) (A(\theta, t, s) - I)
\end{cases}
\tag{7.75}
$$

其中，$\mu(\theta, t, s)$ 由式 (7.39) 给出。

特别地，当假设 7.3 满足时，$\mu(\theta, t, s)$ 非零且关于 s 是不变的，由此 $B^{-1}(\theta, t, s)$ 为多项式矩阵。在这种情形下，易验证 Diophantine 方程 (7.74) 的一对正解 $U(\theta, t, s)$ 和 $T(\theta, t, s)$ 为

$$
\begin{cases}
U(\theta, t, s) = I_n \\
T(\theta, t, s) = B^{-1}(\theta, t, s) (A(\theta, t, s) - I)
\end{cases}
\tag{7.76}
$$

1. F 为任意矩阵的情形

将定理 5.6 推广到参数时变情形，易得如下满足假设 7.2 或假设 7.3 时非齐次全驱动广义 Sylvester 矩阵方程 (7.18) 解的相关结果，此结果也为定理 6.9 和定理 6.10 的推广。

定理 7.11　令 $A(\theta, t, s), B(\theta, t, s) \in \mathbb{R}^{n \times n}[s]$ 由式 (7.19) 给出，且 $F \in \mathbb{C}^{p \times p}$，则下述结论成立。

(1) 在假设 7.2 下，广义 Sylvester 矩阵方程 (7.18) 的所有解为

$$
\begin{cases}
V(\theta, t) = Y \\
W(\theta, t) = [\mathrm{adj} B(\theta, t, s) (A(\theta, t, s) Y - R(\theta, t))]\big|_F \, \mu^{-1}(\theta, t, F)
\end{cases}
\tag{7.77}
$$

其中，$Y \in \mathbb{C}^{n \times p}$ 为任意参数矩阵。

选择 $Y = R(\theta, t)$，可得如下特解：

$$\begin{cases} V(\theta, t) = R \\ W(\theta, t) = [\mathrm{adj} B(\theta, t, s)(A(\theta, t, s) - I) R(\theta, t)]|_F \, \mu^{-1}(\theta, t, F) \end{cases} \tag{7.78}$$

(2) 在假设 7.3 下，广义 Sylvester 矩阵方程 (7.18) 的所有解为

$$\begin{cases} V(\theta, t) = Y \\ W(\theta, t) = [B^{-1}(\theta, t, s)(A(\theta, t, s) Y - R(\theta, t))]|_F \end{cases} \tag{7.79}$$

其中，$Y \in \mathbb{C}^{n \times p}$ 为任意参数矩阵。

选择 $Y = R(\theta, t)$，可得如下特解：

$$\begin{cases} V(\theta, t) = R \\ W(\theta, t) = [B^{-1}(\theta, t, s)(A(\theta, t, s) - I) R(\theta, t)]|_F \end{cases} \tag{7.80}$$

2. F 为 Jordan 矩阵的情形

当 F 是形为式 (6.23) 的 Jordan 矩阵时，可得如下满足假设 7.2 或假设 7.3 的非齐次广义 Sylvester 矩阵方程 (7.18) 解的相关结果，此结果也是定理 6.17 和定理 6.18 的推广。

定理 7.12   令 $A(\theta, t, s)$, $B(\theta, t, s) \in \mathbb{R}^{n \times n}[s]$ 由式 (7.19) 给出，且 $F \in \mathbb{C}^{p \times p}$ 是形为式 (6.23) 的 Jordan 矩阵，则下述结论成立。

(1) 当假设 7.2 成立时，非齐次全驱动广义 Sylvester 矩阵方程 (7.18) 的所有解为

$$\begin{cases} v_{ij}(\theta, t) = \sum_{k=0}^{j-1} \dfrac{1}{k!} \dfrac{\partial^k}{\partial s^k} \mu(\theta, t, s_i) y_{i, j-k} \\ w_{ij}(\theta, t) = \sum_{k=0}^{j-1} \dfrac{1}{k!} \dfrac{\partial^k}{\partial s^k} \mathrm{adj} B(\theta, t, s_i) (A(\theta, t, s_i) y_{i, j-k} - r'_{i, j-k}) \\ \quad j = 1, 2, \cdots, p_i; \ i = 1, 2, \cdots, w \end{cases} \tag{7.81}$$

其中，$Y \in \mathbb{C}^{n \times p}$ 为任意参数矩阵，且

$$R'(\theta, t) = R(\theta, t) (\mu^{-1}\theta, t, F)$$

设 $Y = R'(\theta, t)$，可得特解为

$$
\begin{cases}
V(\theta, t) = \displaystyle\sum_{k=0}^{j-1} \frac{1}{k!} \frac{\partial^k}{\partial s^k} \mu(\theta, t, s_i) r'_{i,j-k}(\theta, t) \\[4mm]
w_{ij}(\theta, t) = \displaystyle\sum_{k=0}^{j-1} \frac{1}{k!} \frac{\partial^k}{\partial s^k} \mathrm{adj} B(\theta, t, s_i)(A(\theta, t, s_i) - I) r'_{i,j-k}(\theta, t) \\[4mm]
\quad j = 1, 2, \cdots, p_i; \ i = 1, 2, \cdots, w
\end{cases}
\tag{7.82}
$$

(2) 特别地，当假设 7.3 成立时，非齐次全驱动广义 Sylvester 矩阵方程 (7.18) 的所有解为

$$
\begin{cases}
v_{ij}(\theta, t) = y_{ij} \\[2mm]
w_{ij}(\theta, t) = \displaystyle\sum_{k=0}^{j-1} \frac{1}{k!} \frac{\partial^k}{\partial s^k} B^{-1}(\theta, t, s_i)(A(\theta, t, s_i) y_{i,j-k} - r_{i,j-k}(\theta, t)) \\[4mm]
\quad j = 1, 2, \cdots, p_i; \ i = 1, 2, \cdots, w
\end{cases}
\tag{7.83}
$$

其中，$Y \in \mathbb{C}^{n \times p}$ 为任意参数矩阵。设 $Y = R(\theta, t)$，可得特解为

$$
\begin{cases}
v_{ij}(\theta, t) = r_{ij}(\theta, t) \\[2mm]
w_{ij}(\theta, t) = \displaystyle\sum_{k=0}^{j-1} \frac{1}{k!} \frac{\partial^k}{\partial s^k} B^{-1}(\theta, t, s_i)(A(\theta, t, s_i) - I) r_{i,j-k}(\theta, t) \\[4mm]
\quad j = 1, 2, \cdots, p_i; \ i = 1, 2, \cdots, w
\end{cases}
\tag{7.84}
$$

3. F 为对角阵的情形

当矩阵 $F \in \mathbb{C}^{p \times p}$ 是形为式 (6.27) 的对角阵时，在假设 7.2 下，可以得到如下关于非齐次广义 Sylvester 矩阵方程 (7.18) 解的结果。此结论是定理 6.13 和定理 6.14 的推广形式。

定理 7.13　令 $A(\theta, t, s)$, $B(\theta, t, s) \in \mathbb{R}^{n \times n}[s]$ 由式 (7.19) 给出，$F \in \mathbb{C}^{p \times p}$ 是形为式 (6.27) 的对角阵，且假设 7.2 成立，则下述结论成立。

(1) 全驱动广义 Sylvester 矩阵方程 (7.18) 的所有解为

$$
\begin{cases}
v_i(\theta, t) = y_i \\[1mm]
w_i(\theta, t) = B^{-1}(\theta, t, s_i)(A(\theta, t, s_i) y_i - r_i(\theta, t)) \\[1mm]
\quad i = 1, 2, \cdots, p
\end{cases}
\tag{7.85}
$$

其中，$y_i \in \mathbb{C}^{n \times p}(i = 1, 2, \cdots, p)$ 为任意一组参数向量。

(2) 当选取 $y_i = r_i(\theta,t)(i=1,2,\cdots,p)$ 时，非齐次全驱动广义 Sylvester 矩阵方程 (7.18) 的一个特解为

$$
\begin{cases}
v_i(\theta,t) = r_i(\theta,t) \\
w_i(\theta,t) = B^{-1}(\theta,t,s_i)(A(\theta,t,s_i)-I)r_i(\theta,t) \\
\quad i = 1,2,\cdots,p
\end{cases}
\tag{7.86}
$$

7.5.2 方程的反解

在假设 7.2 下，可直接得到满足 Diophantine 方程 (7.74) 的一个多项式矩阵对 $U(\theta,t,s)$ 和 $T(\theta,t,s)$ 为

$$
\begin{cases}
U(\theta,t,s) = \mu(\theta,t,s)\,\mathrm{adj}A(\theta,t,s) \\
T(\theta,t,s) = (\pi(\theta,t,s)-1)\,\mathrm{adj}B(\theta,t,s)
\end{cases}
\tag{7.87}
$$

其中，$\mu(\theta,t,s)$ 由式 (7.39) 给出。

特别地，在假设 7.3 下，$\mu(\theta,t,s)$ 为非零函数且关于 s 是不变的，由此可知 $B^{-1}(\theta,t,s)$ 也是一个多项式矩阵。在此种情形下，可直接得到满足 Diophantine 方程 (7.74) 的多项式矩阵对 $U(\theta,t,s)$ 和 $T(\theta,t,s)$ 为

$$
\begin{cases}
U(\theta,t,s) = \mathrm{adj}A(\theta,t,s) \\
T(\theta,t,s) = (\pi(\theta,t,s)-1)B^{-1}(\theta,t,s)
\end{cases}
\tag{7.88}
$$

其中，$\pi(\theta,t,s)$ 由式 (7.57) 给出。

和 6.5 节一样，由于利用了 $A(s)$ 可逆的性质，上面的解 (7.87) 和解 (7.88) 为反解，所以也称基于式 (7.87) 或式 (7.88) 而得到的变系数非齐次全驱动广义 Sylvester 矩阵方程的解为反解。

1. F 为任意矩阵的情形

当 F 为任意矩阵时，将定理 5.6 推广到参数时变的情形，可得在假设 7.2 或假设 7.3 下关于非齐次全驱动广义 Sylvester 矩阵方程 (7.18) 解的相关结果，该结果为定理 6.15 和定理 6.16 的推广。

定理 7.14 令 $A(\theta,t,s)$，$B(\theta,t,s) \in \mathbb{R}^{n\times n}[s]$ 由式 (7.19) 给出，且 $F \in \mathbb{C}^{p\times p}$，则下述结论成立。

(1) 当假设 7.2 成立时，非齐次全驱动广义 Sylvester 矩阵方程 (7.18) 的所有解为

$$
\begin{cases}
V(\theta,t) = \left[\mu(\theta,t,s)\,\mathrm{adj}A(\theta,t,s)\,Y\right]\big|_F\,\mu^{-1}(\theta,t,F) \\
W(\theta,t) = \left[\mathrm{adj}B(\theta,t,s)\,(\pi(\theta,t,s)\,Y - R)\right]\big|_F\,\mu^{-1}(\theta,t,F)
\end{cases}
\tag{7.89}
$$

其中，$Y \in \mathbb{C}^{n \times p}$ 为任意参数矩阵。

当选取 $Y = R(\theta, t)$ 时，可得一个特解为

$$
\begin{cases}
V(\theta, t) = \left[\mu(\theta, t, s) \operatorname{adj} A(\theta, t, s) R\right]\big|_F \mu^{-1}(\theta, t, F) \\
W(\theta, t) = \left[(\pi(\theta, t, s) - 1) \operatorname{adj} B(\theta, t, s) R\right]\big|_F \mu^{-1}(\theta, t, F)
\end{cases}
\tag{7.90}
$$

(2) 特别地，当假设 7.3 成立时，非齐次全驱动广义 Sylvester 矩阵方程 (7.18) 的所有解为

$$
\begin{cases}
V(\theta, t) = \left[\operatorname{adj} A(\theta, t, s) Y\right]\big|_F \\
W(\theta, t) = \left[B^{-1}(\theta, t, s)(\pi(\theta, t, s) Y - R)\right]\big|_F
\end{cases}
\tag{7.91}
$$

其中，$Y \in \mathbb{C}^{n \times p}$ 为任意参数矩阵。

当选取 $Y = R(\theta, t)$ 时，可得一个特解为

$$
\begin{cases}
V(\theta, t) = \left[\operatorname{adj} A(\theta, t, s) R\right]\big|_F \\
W(\theta, t) = \left[(\pi(\theta, t, s) - 1) B^{-1}(\theta, t, s) R\right]\big|_F
\end{cases}
\tag{7.92}
$$

2. F 为 Jordan 矩阵的情形

当 F 是形为式 (6.23) 的 Jordan 矩阵时，在假设 7.2 或假设 7.3 下，利用定理 5.10 的参数时变推广形式，可得关于非齐次广义 Sylvester 矩阵方程 (7.18) 解的相关结果，该结果为定理 6.17 和定理 6.18 的推广。

定理 7.15　令 $A(\theta, t, s), B(\theta, t, s) \in \mathbb{R}^{n \times n}[s]$ 由式 (7.19) 给出，且 $F \in \mathbb{C}^{p \times p}$ 为 Jordan 矩阵，则下述结论成立。

(1) 当假设 7.2 成立时，非齐次全驱动广义 Sylvester 矩阵方程 (7.18) 的所有解为

$$
\begin{cases}
v_{ij}(\theta, t) = \displaystyle\sum_{k=0}^{j-1} \frac{1}{k!} \frac{\partial^k}{\partial s^k} \mu(\theta, t, s_i) \operatorname{adj} A(\theta, t, s_i) y_{i,j-k} \\
w_{ij}(\theta, t) = \displaystyle\sum_{k=0}^{j-1} \frac{1}{k!} \frac{\partial^k}{\partial s^k} \operatorname{adj} B(\theta, t, s_i)\left(\pi(\theta, t, s_i) y_{i,j-k} - r'_{i,j-k}\right) \\
j = 1, 2, \cdots, p_i; \ i = 1, 2, \cdots, w
\end{cases}
\tag{7.93}
$$

其中，$Y \in \mathbb{C}^{n \times p}$ 为任意参数矩阵。

当选取 $Y = R'(\theta, t)$ 时，可得一个特解为

$$
\begin{cases}
v_{ij}(\theta, t) = \sum_{k=0}^{j-1} \dfrac{1}{k!} \dfrac{\partial^k}{\partial s^k} \mu(\theta, t, s_i) \operatorname{adj} A(\theta, t, s_i) r'_{i,j-k} \\[3mm]
w_{ij}(\theta, t) = \sum_{k=0}^{j-1} \dfrac{1}{k!} \dfrac{\partial^k}{\partial s^k} (\pi(\theta, t, s_i) - 1) \operatorname{adj} B(\theta, t, s_i) r'_{i,j-k} \\[3mm]
j = 1, 2, \cdots, p_i; \ i = 1, 2, \cdots, w
\end{cases}
\tag{7.94}
$$

(2) 特别地，当假设 7.3 成立时，非齐次全驱动广义 Sylvester 矩阵方程 (7.18) 的所有解为

$$
\begin{cases}
v_{ij}(\theta, t) = \sum_{k=0}^{j-1} \dfrac{1}{k!} \dfrac{\partial^k}{\partial s^k} \operatorname{adj} A(\theta, t, s_i) y_{i,j-k} \\[3mm]
w_{ij}(\theta, t) = \sum_{k=0}^{j-1} \dfrac{1}{k!} \dfrac{\partial^k}{\partial s^k} B^{-1}(\theta, t, s_i) (\pi(\theta, t, s_i) y_{i,j-k} - r_{i,j-k}) \\[3mm]
j = 1, 2, \cdots, p_i; \ i = 1, 2, \cdots, w
\end{cases}
\tag{7.95}
$$

其中，$Y \in \mathbb{C}^{n \times p}$ 为任意参数矩阵。

当选取 $Y = R(\theta, t)$ 时，可得一个特解为

$$
\begin{cases}
v_{ij}(\theta, t) = \sum_{k=0}^{j-1} \dfrac{1}{k!} \dfrac{\partial^k}{\partial s^k} \operatorname{adj} A(\theta, t, s_i) r_{i,j-k} \\[3mm]
w_{ij}(\theta, t) = \sum_{k=0}^{j-1} \dfrac{1}{k!} \dfrac{\partial^k}{\partial s^k} (\pi(\theta, t, s_i) - 1) B^{-1}(\theta, t, s_i) r_{i,j-k} \\[3mm]
j = 1, 2, \cdots, p_i; \ i = 1, 2, \cdots, w
\end{cases}
\tag{7.96}
$$

3. F 为对角阵的情形

当 $F \in \mathbb{C}^{p \times p}$ 是形为式 (6.27) 的对角阵时，在假设 7.2 下，可得如下关于非齐次全驱动广义 Sylvester 矩阵方程 (7.18) 解的相关结果。该结果为定理 6.19 和定理 6.20 的推广。

定理 7.16　令 $A(\theta, t, s) \in \mathbb{R}^{n \times n}[s]$ 和 $B(\theta, t, s) \in \mathbb{R}^{n \times n}[s]$ 由式 (7.19) 给出，$F \in \mathbb{C}^{p \times p}$ 是形为式 (6.27) 的对角阵，且假设 7.2 成立，则下述结论成立。

(1) 非齐次全驱动广义 Sylvester 矩阵方程 (7.18) 的所有解为

$$\begin{cases} v_i\left(\theta,t\right)=\mathrm{adj}A\left(\theta,t,s_i\right)y_i \\ w_i\left(\theta,t\right)=B^{-1}\left(\theta,t,s_i\right)\left(\pi\left(\theta,t,s_i\right)y_i-r_i\right) \\ \quad i=1,2,\cdots,p \end{cases} \tag{7.97}$$

其中, $Y\in\mathbb{C}^{n\times p}$ 为任意参数矩阵。

(2) 选取 $Y=R\left(\theta,t\right)$, 得到非齐次全驱动广义 Sylvester 矩阵方程 (7.18) 的一个特解为

$$\begin{cases} v_i\left(\theta,t\right)=\mathrm{adj}A\left(\theta,t,s_i\right)r_i \\ w_i\left(\theta,t\right)=\left(\pi\left(\theta,t,s_i\right)-1\right)B^{-1}\left(\theta,t,s_i\right)r_i \\ \quad i=1,2,\cdots,p \end{cases} \tag{7.98}$$

7.6　算　　例

7.6.1　空间交会系统

例 7.8 (线性时变情形)　再次考虑例 7.3 中由式 (7.10)~式 (7.12) 给出的时变空间交会系统。系统相关的两个多项式矩阵为

$$\begin{cases} A(\theta,t,s)=I_3s^2+D(\dot\theta,\ddot\theta)s+K(\dot\theta,\ddot\theta) \\ \quad=\begin{bmatrix} s^2-2k\dot\theta^{\frac{3}{2}}-\dot\theta^2 & -2\dot\theta s-\ddot\theta & 0 \\ 2\dot\theta s+\ddot\theta & s^2+k\dot\theta^{\frac{3}{2}}-\dot\theta^2 & 0 \\ 0 & 0 & s^2+k\dot\theta^{\frac{3}{2}} \end{bmatrix} \\ B(\theta,t,s)=I_3 \end{cases}$$

由于 $B(\theta,t,s)=I_3$, 对于

$$\begin{cases} N(\theta,t,s)=I_3 \\ D(\theta,t,s)=A(\theta,t,s) \end{cases}$$

右既约分解

$$A(\theta,t,s)N(\theta,t,s)-B(\theta,t,s)D(\theta,t,s)=0$$

显然成立。因此, 有

$$\begin{cases} V\left(\theta,t\right)=Z \\ W\left(\theta,t\right)=[A(\theta,t,s)Z]\,|_F=K(\dot\theta,\ddot\theta)Z+D(\dot\theta,\ddot\theta)ZF+ZF^2 \end{cases} \tag{7.99}$$

令

$$\begin{cases} F = \begin{bmatrix} -1 & 1 & 0 \\ -1 & -1 & 0 \\ 0 & 0 & F_0 \end{bmatrix}, & F_0 = \mathrm{diag}\,(-2,-3,-4,-5) \\ Z = [I_3 \quad I_3] \end{cases}$$

(7.100)

那么，有

$$V(\theta,t) = \begin{bmatrix} 1 & 0 & 0 & 1 & 0 & 0 \\ 0 & 1 & 0 & 0 & 1 & 0 \\ 0 & 0 & 1 & 0 & 0 & 1 \end{bmatrix}$$

$$W(\theta,t) = \begin{bmatrix} 2\dot\theta - 2k\dot\theta^{\frac{3}{2}} - \dot\theta^2 & 2\dot\theta - \ddot\theta - 2 & 0 \\ \ddot\theta - 2\dot\theta + 2 & 2\dot\theta\beta + k\dot\theta^{\frac{3}{2}} - \dot\theta^2 & 0 \\ 0 & 0 & k\dot\theta^{\frac{3}{2}} + 4 \end{bmatrix}$$

$$\begin{bmatrix} 9 - \dot\theta^2 - 2k\dot\theta^{\frac{3}{2}} & 8\dot\theta - \ddot\theta & 0 \\ \ddot\theta - 6\dot\theta & k\dot\theta^{\frac{3}{2}} - \dot\theta^2 + 16 & 0 \\ 0 & 0 & k\dot\theta^{\frac{3}{2}} + 25 \end{bmatrix}$$

再令

$$\begin{cases} F = \mathrm{diag}\,(-1 \pm \mathrm{i}, -2, -3, -4, -5) \\ Z = [I_3 \quad I_3] \end{cases}$$

(7.101)

那么，有

$$V(\theta,t) = \begin{bmatrix} 1 & 0 & 0 & 1 & 0 & 0 \\ 0 & 1 & 0 & 0 & 1 & 0 \\ 0 & 0 & 1 & 0 & 0 & 1 \end{bmatrix}$$

$$W(\theta,t) = \begin{bmatrix} -2\mathrm{i} - 2k\dot\theta^{\frac{3}{2}} - \dot\theta^2 & 2\dot\theta(1+\mathrm{i}) - \ddot\theta & 0 \\ 2\dot\theta(-1+\mathrm{i}) + \ddot\theta & 2\mathrm{i} + k\dot\theta^{\frac{3}{2}} - \dot\theta^2 & 0 \\ 0 & 0 & 4 + k\dot\theta^{\frac{3}{2}} \end{bmatrix}$$

$$\begin{bmatrix} 9 - 2k\dot\theta^{\frac{3}{2}} - \dot\theta^2 & 8\dot\theta - \ddot\theta & 0 \\ -6\dot\theta + \ddot\theta & 16 + k\dot\theta^{\frac{3}{2}} - \dot\theta^2 & 0 \\ 0 & 0 & 25 + k\dot\theta^{\frac{3}{2}} \end{bmatrix}$$

例 7.9 (准线性情形)　考虑例 7.4 中的非线性空间交会系统。二阶准线性动力学模型由式 (7.13) 和式 (7.14) 给出，系统相关的两个多项式矩阵为

$$
\begin{cases}
A(\theta,t,s) = I_3 s^2 + D(\dot\theta,\ddot\theta)s + K(x,\dot\theta,\ddot\theta) \\[2mm]
\quad = \begin{bmatrix}
s^2 + \dfrac{\mu}{\Sigma(x)} - \dot\theta^2 & -2\dot\theta s - \ddot\theta & 0 \\[4mm]
2\dot\theta s + \ddot\theta & s^2 + \dfrac{\mu}{\Sigma(x)} - \dot\theta^2 & 0 \\[4mm]
0 & 0 & s^2 + \dfrac{\mu}{\Sigma(x)}
\end{bmatrix} \\[14mm]
B(\theta,t,s) = I_3
\end{cases}
$$

由于 $B(\theta,t,s)=I_3$，对于

$$
\begin{cases}
N(\theta,t,s) = I_3 \\
D(x,\theta,t,s) = A(x,\theta,t,s)
\end{cases}
$$

广义右既约分解

$$
A(\theta,t,s)N(\theta,t,s) - B(\theta,t,s)D(\theta,t,s) = 0
$$

成立。因此，有

$$
\begin{cases}
V(\theta,t) = Z \\
W(\theta,t) = [A(x,\theta,t,s)Z]|_F = K(x,\dot\theta,\ddot\theta)Z + D(\dot\theta,\ddot\theta)ZF + ZF^2
\end{cases}
$$

如果按式 (7.100) 选取 F 和 Z，则有

$$
V_{\mathrm{e}}(\theta,t) = \begin{bmatrix}
1 & 0 & 0 & 1 & 0 & 0 \\
0 & 1 & 0 & 0 & 1 & 0 \\
0 & 0 & 1 & 0 & 0 & 1
\end{bmatrix}
$$

$$
W(\theta,t) = \begin{bmatrix}
-\dot\theta^2 + 2\dot\theta + \dfrac{\mu}{\Sigma(x)} & 2\dot\theta - \ddot\theta - 2 & 0 \\[4mm]
\ddot\theta - 2\dot\theta + 2 & -\dot\theta^2 + 2\dot\theta + \dfrac{\mu}{\Sigma(x)} & 0 \\[4mm]
0 & 0 & \dfrac{\mu}{\Sigma(x)} + 4
\end{bmatrix}
$$

$$
\begin{bmatrix}
-\dot\theta^2 + \dfrac{\mu}{\Sigma(x)} + 9 & 8\dot\theta - \ddot\theta & 0 \\[4mm]
\ddot\theta - 6\dot\theta & -\dot\theta^2 + \dfrac{\mu}{\Sigma(x)} + 16 & 0 \\[4mm]
0 & 0 & \dfrac{\mu}{\Sigma(x)} + 25
\end{bmatrix}
$$

如果按式 (7.101) 选取 F 和 Z，则有

$$V_e(\theta, t) = \begin{bmatrix} 1 & 0 & 0 & 1 & 0 & 0 \\ 0 & 1 & 0 & 0 & 1 & 0 \\ 0 & 0 & 1 & 0 & 0 & 1 \end{bmatrix}$$

$$W(\theta, t) = \begin{bmatrix} -2\mathrm{i} + \dfrac{\mu}{\Sigma(x)} - \dot\theta^2 & 2\dot\theta(1+\mathrm{i}) - \ddot\theta & 0 \\ 2\dot\theta(-1+\mathrm{i}) + \ddot\theta & 2\mathrm{i} + \dfrac{\mu}{\Sigma(x)} - \dot\theta^2 & 0 \\ 0 & 0 & 4 + \dfrac{\mu}{\Sigma(x)} \end{bmatrix}$$

$$\begin{bmatrix} 9 + \dfrac{\mu}{\Sigma(x)} - \dot\theta^2 & 8\dot\theta - \ddot\theta & 0 \\ -6\dot\theta + \ddot\theta & 16 + \dfrac{\mu}{\Sigma(x)} - \dot\theta^2 & 0 \\ 0 & 0 & 25 + \dfrac{\mu}{\Sigma(x)} \end{bmatrix}$$

7.6.2　机器人系统

考虑如下一类机器人系统：

$$H(q)\ddot{q} + C(q,\dot{q})\dot{q} = u \tag{7.102}$$

其中，$H(q) > 0$ 为惯性矩阵；$C(q,\dot{q})\dot{q}$ 为阻尼项；u 为控制转矩。

例 7.10　与机器人系统 (7.102) 相对应的齐次广义 Sylvester 矩阵方程为

$$H(q)VF^2 + C(q,\dot{q})VF = W$$

注意到 $B(s) = I$，且假设 7.3 成立。由 7.4 节中的定理，可得该广义 Sylvester 矩阵方程的一般解为

$$\begin{cases} V(q,\dot{q}) = Z \\ W(q,\dot{q}) = C(q,\dot{q})ZF + H(q)ZF^2 \end{cases} \tag{7.103}$$

其中，Z 为任意参数矩阵。

进一步地，当矩阵 F 是形为式 (6.23) 的 Jordan 矩阵时，该广义 Sylvester 矩阵方程的一般解为

$$
\begin{cases}
V\left(q,\dot{q}\right) = Z \\
w_{i1}\left(q,\dot{q}\right) = \varPhi_2\left(s_i\right) z_{i,1} \\
w_{i2}\left(q,\dot{q}\right) = \varPhi_2\left(s_i\right) z_{i,2} + \varPhi_1\left(s_i\right) z_{i,1} \\
w_{ij}\left(q,\dot{q}\right) = \varPhi_2\left(s_i\right) z_{i,j} + \varPhi_1\left(s_i\right) z_{i,j-1} + H\left(q\right) z_{i,j-2} \\
\quad j = 3,4,\cdots,p_i;\ \ i = 1,2,\cdots,w
\end{cases}
\tag{7.104}
$$

其中,

$$
\varPhi_2\left(s\right) = H\left(q\right) s^2 + C\left(q,\dot{q}\right) s, \quad \varPhi_1\left(s\right) = 2H\left(q\right) s + C\left(q,\dot{q}\right)
$$

当 F 是形为式 (6.27) 的对角阵时, 式 (7.104) 变为

$$
\begin{cases}
V\left(q,\dot{q}\right) = Z \\
w_i\left(q,\dot{q}\right) = \left(H\left(q\right) s_i^2 + C\left(q,\dot{q}\right) s_i\right) z_i, \quad i = 1,2,\cdots,p
\end{cases}
$$

其中, Z 为任意参数矩阵。

例 7.11   与机器人系统 (7.102) 相对应的非齐次广义 Sylvester 矩阵方程为

$$
H\left(q\right) V F^2 + C\left(q,\dot{q}\right) V F = W + R
$$

注意到 $B\left(s\right) = I$, 假设 7.3 成立。由定理 7.11, 该广义 Sylvester 矩阵方程的一般解为

$$
\begin{cases}
V\left(q,\dot{q}\right) = Y \\
W\left(q,\dot{q}\right) = H\left(q\right) Y F^2 + C\left(q,\dot{q}\right) Y F - R
\end{cases}
\tag{7.105}
$$

当 F 是形为式 (6.23) 的 Jordan 矩阵时, 由定理 7.12, 一般解为

$$
\begin{cases}
V\left(q,\dot{q}\right) = Y \\
w_{i1}\left(q,\dot{q}\right) = \varPhi_2\left(s_i\right) y_{i,1} - r_{i,1} \\
w_{i2}\left(q,\dot{q}\right) = \varPhi_2\left(s_i\right) y_{i,2} + \varPhi_1\left(s_i\right) y_{i,1} - r_{i,2} \\
w_{ij}\left(q,\dot{q}\right) = \varPhi_2\left(s_i\right) y_{i,j} + \varPhi_1\left(s_i\right) y_{i,j-1} + H\left(q\right) y_{i,j-2} - r_{i,j} \\
\quad j = 3,4,\cdots,p_i;\ i = 1,2,\cdots,w
\end{cases}
\tag{7.106}
$$

当 F 是形为式 (6.27) 的对角阵时, 上述结果变为

$$
\begin{cases}
V\left(q,\dot{q}\right) = Y \\
w_i\left(q,\dot{q}\right) = \left(H\left(q\right) s_i^2 + C\left(q,\dot{q}\right) s_i\right) y_i - r_i, \quad i = 1,2,\cdots,p
\end{cases}
$$

其中, Y 为任意参数矩阵。

7.7　注　　记

7.7.1　进一步的分析

现实世界的本质在于其时变性和非线性。没有绝对定常或线性的事物。对动力学系统而言，绝大多数是非线性及时变的，只有在一定的环境及近似条件下，才有线性定常的动力学系统。事实上，在处理非线性时变系统的控制问题时，会遇到变系数广义 Sylvester 矩阵方程。

本章证实了常系数广义 Sylvester 矩阵方程的许多结果对于变系数情形仍然成立，并且研究了几类齐次以及非齐次广义 Sylvester 矩阵方程的一般解，着重给出了全驱动变系数广义 Sylvester 矩阵方程的一般解。由于结果具有相似性，本章并没有给出所有类型方程的解。表 7.1 列出了本章中所研究的几种情形。建议读者自己推导，给出其他情形下的相应结果。

在本书中几个地方都出现过空间交会问题，但只有本章研究的非线性空间交会问题才是实际工程中所要研究的问题模型 (见例 7.4 和例 7.9)。

表 7.1　本章所涉及的变系数广义 Sylvester 矩阵方程

情形	F 为任意矩阵	F 为 Jordan 矩阵	F 为对角阵
高阶	是	是	是
二阶	是	—	—
一阶 (广义)	—	—	—
一阶 (常规)	—	—	—

由于很难保证闭环系统的稳定性，所以非线性和 (或) 时变系统控制问题的研究非常具有挑战性。应用直接参数化方法，可以很好地解决针对非线性空间交会的全驱动高阶准线性系统的控制问题。

上述处理方法是对 6.7.3 节中由 C-W 方程描述的线性定常交会问题处理方法的直接推广。

7.7.2　空间交会控制——一般情形

考虑由非线性矩阵二阶模型 (7.13)~(7.16) 描述的非线性全驱动二阶空间交会系统，容易看出，模型 (7.13)~(7.16) 中的参数 $\theta(t)$ 及其 1 阶和 2 阶导数，均为周期连续变量，因此是一致有界的。

1. 问题的提出

为了控制由式 (7.13)~式 (7.16) 描述的非线性系统，设计如下由两部分构成的控制器：

$$u = u_{\mathrm{c}} + u_{\mathrm{f}} \tag{7.107}$$

其中，u_c 用来补偿系统模型中的 $\xi(x)$ 项，即

$$u_c = \xi(x) = \begin{bmatrix} \dfrac{\mu R}{\Sigma(x)} - \dfrac{\mu}{R^2} \\ 0 \\ 0 \end{bmatrix} \tag{7.108}$$

而 u_f 为以下比例加微分状态反馈控制器：

$$u_f = K_0(\theta, x, \dot{x})x + K_1(\theta, x, \dot{x})\dot{x} + v$$
$$= [K_0(\theta, x, \dot{x}) \quad K_1(\theta, x, \dot{x})]\begin{bmatrix} x \\ \dot{x} \end{bmatrix} + v \tag{7.109}$$

式中，$K_0(\theta, x, \dot{x})$, $K_1(\theta, x, \dot{x}) \in \mathbb{R}^{3\times 3}$ 为待定的反馈增益，它们关于 x 和 $\dot{x}$ 分段连续；v 是外部信号。

将上述控制器作用到全驱动系统 (7.13)~(7.16) 上，可得闭环系统为

$$\ddot{x} + A_1^c(\theta, x, \dot{x})\dot{x} + A_0^c(\theta, x, \dot{x})x = v \tag{7.110}$$

或

$$\dot{X} = A_c(\theta, x, \dot{x})X + B_c v \tag{7.111}$$

其中，

$$X = \begin{bmatrix} x \\ \dot{x} \end{bmatrix}$$

$$A_c(\theta, x, \dot{x}) = \begin{bmatrix} 0 & I_n \\ -A_0^c(\theta, x, \dot{x}) & -A_1^c(\theta, x, \dot{x}) \end{bmatrix} \tag{7.112}$$

$$B_c(x) = \begin{bmatrix} 0 \\ I_3 \end{bmatrix} \tag{7.113}$$

$$\begin{cases} A_0^c(\theta, x, \dot{x}) = K(x, \dot{\theta}, \ddot{\theta}) - K_0(\theta, x, \dot{x}) \\ A_1^c(\theta, x, \dot{x}) = D(\dot{\theta}) - K_1(\theta, x, \dot{x}) \end{cases} \tag{7.114}$$

控制问题的目标是使 $A_c(\theta, x, \dot{x})$ 与任意给定的同维定常矩阵相似。

问题 7.1 给定交会系统模型 (7.13)~(7.16) 以及一个任意矩阵 $F \in \mathbb{R}^{6\times 6}$，寻找一个定常非奇异矩阵 $V_e \in \mathbb{R}^{6\times 6}$ 和增益矩阵 $K_0(\theta, x, \dot{x})$, $K_1(\theta, x, \dot{x}) \in \mathbb{R}^{3\times 3}$，使得

$$V_e^{-1} A_c(\theta, x, \dot{x}) V_e = F \tag{7.115}$$

上述问题使得闭环系统矩阵

$$A_{\mathrm{c}}\left(\theta, x, \dot{x}\right) = V_{\mathrm{e}} F V_{\mathrm{e}}^{-1} \tag{7.116}$$

是定常的，且与 F 具有相同的特征值。

2. 直接参数化方法

将式 (7.115) 变形为

$$A_{\mathrm{c}}\left(\theta, x, \dot{x}\right) V_{\mathrm{e}} = V_{\mathrm{e}} F \tag{7.117}$$

并记

$$V_{\mathrm{e}} = \left[\begin{array}{c} V \\ V' \end{array}\right] \tag{7.118}$$

由式 (7.112) 给出的 $A_{\mathrm{c}}\left(\theta, x, \dot{x}\right)$ 的表达式，可将式 (7.117) 转换为

$$V' = VF \tag{7.119}$$

$$A_0^{\mathrm{c}}\left(\theta, x, \dot{x}\right) V + A_1^{\mathrm{c}}\left(\theta, x, \dot{x}\right) V' + V'F = 0 \tag{7.120}$$

将式 (7.119) 代入式 (7.120)，并利用式 (7.114)，可得

$$K(x, \dot{\theta}, \ddot{\theta})V + D(\dot{\theta})VF + VF^2 = W \tag{7.121}$$

其中，

$$W = K_0\left(\theta, x, \dot{x}\right) V + K_1\left(\theta, x, \dot{x}\right) VF \tag{7.122}$$

显然，式 (7.121) 表示一个具有时变系数的二阶全驱动广义 Sylvester 矩阵方程。

定义集合

$$\mathbb{F} = \left\{ F \mid F \in \mathbb{R}^{6\times6},\ \exists Z \in \mathbb{R}^{3\times6},\ \mathrm{s.t.}\ \det\left[\begin{array}{c} Z \\ ZF \end{array}\right] \neq 0 \right\}$$

则基于上述推导以及本章中所给出的具有时变系数全驱动广义 Sylvester 矩阵方程解的相关结果，可以得到如下关于问题 7.1 的相关结果。

定理 7.17　问题 7.1 有解的充分必要条件是 $F \in \mathbb{F}$。在此情形下，问题 7.1 的所有解可参数化为[①]

$$V_{\mathrm{e}} = V(Z, F) = \left[\begin{array}{c} Z \\ ZF \end{array}\right] \tag{7.123}$$

---

① 原书中将此节后面的 V_{e} 误写为 V，特此更正。

$$[K_0\,(x,\dot{x}) \qquad K_1\,(x,\dot{x})] = (K(x,\dot{\theta},\ddot{\theta})V + D(\dot{\theta})VF + VF^2)V^{-1}\,(Z,F) \qquad (7.124)$$

其中, $Z \in \mathbb{R}^{3\times 6}$ 为满足

$$\det \begin{bmatrix} Z \\ ZF \end{bmatrix} \neq 0 \qquad (7.125)$$

的任意参数矩阵。

基于定理 7.17, 可以给出针对空间交会系统 (7.13)~(7.16) 的直接参数化控制器设计步骤。

(1) 定义矩阵 F 的结构。

通常情况下, 矩阵 F 的结构为 Jordan 矩阵或对角阵。为了使其是 Hurwitz 矩阵, 要求矩阵的特征值位于复平面的左半平面, 即

$$\lambda_i\,(F) \in \mathbb{C}^-, \quad i = 1, 2, \cdots, 6 \qquad (7.126)$$

在某些情形下, 该矩阵可直接选取为一个特殊的 Hurwitz 矩阵。

(2) 建立优化问题。

根据系统的要求, 建立指标

$$J = J\,(F, Z)$$

该指标为一个关于设计参数 F 和 Z 的标量函数, 由此建立如下优化问题:

$$\min J\,(F, Z)$$
$$\text{s.t.} \quad (7.125), (7.126) \qquad (7.127)$$

根据特定问题, 可能有其他的附加限制条件施加到优化问题中。同样, 在许多实际问题中, 约束 (7.125) 是可以忽略的, 因为对于几乎任意的矩阵 Z, 这个约束都是可以满足的。

(3) 参数寻优。

利用某些合适的优化算法, 通过求解优化问题 (7.127), 寻找最优 (或次优) 参数 F 和 Z。

(4) 计算控制器增益。

根据式 (7.123) 和式 (7.124) 给出的反馈增益的参数化表达式, 计算控制器增益。在某些情况下, 闭环系统特征向量矩阵 V_e 可能需要通过表达式 (7.123) 得到, 并且闭环系统矩阵由 $A_c = V_e F V_e^{-1}$ 获得。

3. 算例

下面将按照前面的步骤, 具体设计空间交会系统的控制器。

(1) 不失一般性，取

$$F = \text{blockdiag}\left(\begin{bmatrix} -1 & 1 \\ -1 & -1 \end{bmatrix}, -3, -4, -5, -6 \right)$$

其特征值构成的集合为

$$\text{eig}(F) = \{-1 \pm \mathrm{i}, -3, -4, -5, -6\}$$

相应地，有

$$J_1 = \begin{bmatrix} -1 & 1 & 0 \\ -1 & -1 & 0 \\ 0 & 0 & -3 \end{bmatrix}, \quad J_2 = \begin{bmatrix} -4 & 0 & 0 \\ 0 & -5 & 0 \\ 0 & 0 & -6 \end{bmatrix}$$

(2) 由于篇幅所限，这里不考虑参数 Z 的优化。

(3) 简单起见，直接选取

$$Z = \begin{bmatrix} I_3 & I_3 \end{bmatrix}$$

易得

$$V_{\mathrm{e}} = \begin{bmatrix} I_3 & I_3 \\ J_1 & J_2 \end{bmatrix} = \begin{bmatrix} 1 & 0 & 0 & 1 & 0 & 0 \\ 0 & 1 & 0 & 0 & 1 & 0 \\ 0 & 0 & 1 & 0 & 0 & 1 \\ -1 & 1 & 0 & -4 & 0 & 0 \\ -1 & -1 & 0 & 0 & -5 & 0 \\ 0 & 0 & -3 & 0 & 0 & -6 \end{bmatrix}$$

是非奇异矩阵，即满足约束 (7.125)，并且

$$V_{\mathrm{e}}^{-1} = \frac{1}{39} \times \begin{bmatrix} 48 & -15 & 0 & 12 & -3 & 0 \\ 12 & 45 & 0 & 3 & 9 & 0 \\ 0 & 0 & 78 & 0 & 0 & 13 \\ -9 & 15 & 0 & -12 & 3 & 0 \\ -12 & -6 & 0 & -3 & -9 & 0 \\ 0 & 0 & -39 & 0 & 0 & -13 \end{bmatrix}$$

(4) 注意到

$$ZFV_{\mathrm{e}}^{-1} = \begin{bmatrix} 0_{3 \times 3} & I_3 \end{bmatrix}$$

$$ZF^2V_{\mathrm{e}}^{-1} = \frac{1}{39} \times \begin{bmatrix} -168 & 150 & 0 & -198 & 30 & 0 \\ -204 & -180 & 0 & -51 & -231 & 0 \\ 0 & 0 & -702 & 0 & 0 & -351 \end{bmatrix}$$

以及

$$D(\dot{\theta})ZFV_{\mathrm{e}}^{-1} = \begin{bmatrix} 0_{3\times3} & D(\dot{\theta}) \end{bmatrix}$$

$$K(\dot{\theta}, \ddot{\theta}, x)ZV_{\mathrm{e}}^{-1} = \begin{bmatrix} K(\dot{\theta}, \ddot{\theta}, x) & 0_{3\times3} \end{bmatrix}$$

由于

$$[K_0(x, \dot{x}) \quad K_1(x, \dot{x})] = ZF^2V_{\mathrm{e}}^{-1} + D(\dot{\theta})ZFV_{\mathrm{e}}^{-1} + K(\dot{\theta}, \ddot{\theta}, x)ZV_{\mathrm{e}}^{-1}$$

则可得增益矩阵为

$$K_0(x, \dot{x}) = \frac{1}{39} \times \begin{bmatrix} -168 & 150 & 0 \\ -204 & -180 & 0 \\ 0 & 0 & -702 \end{bmatrix} + K(\dot{\theta}, \ddot{\theta}, x) \tag{7.128}$$

$$K_1(x, \dot{x}) = \frac{1}{39} \times \begin{bmatrix} -198 & 30 & 0 \\ -51 & -231 & 0 \\ 0 & 0 & -351 \end{bmatrix} + D(\dot{\theta}) \tag{7.129}$$

因此，该系统的控制器为

$$u = \frac{1}{39} \times \begin{bmatrix} \left(39\left(\dfrac{\mu}{\Sigma(x)} - \dot{\theta}^2 \right) - 168 \right) x_{\mathrm{r}} + (150 - 39\ddot{\theta})y_{\mathrm{r}} \\ (39\ddot{\theta} - 204)x_{\mathrm{r}} + \left(39\left(\dfrac{\mu}{\Sigma(x)} - \dot{\theta}^2 \right) - 180 \right) y_{\mathrm{r}} \\ \left(39\dfrac{\mu}{\Sigma(x)} - 702 \right) z_{\mathrm{r}} \end{bmatrix}$$

$$+ \frac{1}{39} \times \begin{bmatrix} -198\dot{x}_{\mathrm{r}} + (30 - 78\dot{\theta})\dot{y}_{\mathrm{r}} \\ (78\dot{\theta} - 51)\dot{x}_{\mathrm{r}} - 231\dot{y}_{\mathrm{r}} \\ 0 - 351\dot{z}_{\mathrm{r}} \end{bmatrix} + \begin{bmatrix} \dfrac{\mu R}{\Sigma(x)} - \dfrac{\mu}{R^2} \\ 0 \\ 0 \end{bmatrix} + v \tag{7.130}$$

应用上述控制器，可得闭环系统为

$$\dot{x} = A_{\mathrm{c}}x + B_{\mathrm{c}}v$$

其中,

$$A_c = \frac{1}{39} \times \begin{bmatrix} 0 & 0 & 0 & 39 & 0 & 0 \\ 0 & 0 & 0 & 0 & 39 & 0 \\ 0 & 0 & 0 & 0 & 0 & 39 \\ -168 & 150 & 0 & -198 & 30 & 0 \\ -204 & -180 & 0 & -51 & -231 & 0 \\ 0 & 0 & -702 & 0 & 0 & -351 \end{bmatrix}$$

$$B_c = \begin{bmatrix} 0_{3\times 3} \\ I_3 \end{bmatrix}$$

说明 7.2　由于控制策略的限制,空间交会模型常常简化为 C-W 方程或 T-H 方程,这一定会对所提设计问题的应用产生影响。上述针对空间交会控制所建立的直接参数化方法具有一般性,可直接应用于未经简化的非线性模型。

说明 7.3　与很多已有结果不同,上述方法基于准线性二阶矩阵模型,对空间交会控制问题进行了研究。可以看到,对于此模型,存在一个简单的比例加微分状态反馈参数化控制器。特别需要强调的是,上述控制器作用后的闭环系统是具有期望特征值的线性定常系统。

说明 7.4　关于上述空间交会问题更详尽的处理方法,请参阅文献 [340]。非线性空间交会控制的直接参数化方法已被作者推广到全驱动二阶准线性系统[350,351] 和全驱动高阶准线性系统[352,353] 情形,所给出的直接参数化设计方法已应用到非协作交会控制[354]、卫星姿态控制[355] 以及导弹导航和控制[356,357] 中。

第 8 章　非方的常规 Sylvester 矩阵方程

第 4~7 章主要关注了广义 Sylvester 矩阵方程的参数化解，从本章开始将进一步研究常规 Sylvester 矩阵方程 (1.74)~(1.78) 的参数化解。

在后面的研究中会发现，本章研究的非方常规 Sylvester 矩阵方程实际上是广义 Sylvester 矩阵方程的另一种表示形式。第 9 章将关注方的常规 Sylvester 矩阵方程。

8.1　常规 Sylvester 矩阵方程和广义 Sylvester 矩阵方程

8.1.1　常规 Sylvester 矩阵方程的定义及分类

本章研究广义高阶常规 Sylvester 矩阵方程的解，即研究齐次常规 Sylvester 矩阵方程

$$A_m V F^m + \cdots + A_1 V F + A_0 V = 0 \tag{8.1}$$

和非齐次常规 Sylvester 矩阵方程

$$A_m V F^m + \cdots + A_1 V F + A_0 V = R \tag{8.2}$$

其中，$A_i \in \mathbb{R}^{n \times q}(i = 0, 1, 2, \cdots, m)$、$F \in \mathbb{C}^{p \times p}$ 和 $R \in \mathbb{C}^{n \times p}$ 是系数矩阵；$V \in \mathbb{C}^{q \times p}$ 是待求的矩阵。

和前面章节类似，与此方程相关的多项式矩阵具有如下形式：

$$A(s) = A_m s^m + \cdots + A_1 s + A_0, \quad A_i \in \mathbb{R}^{n \times q} \tag{8.3}$$

由于多项式矩阵 $A(s)$ 可以是非方的，通常将这类方程称为非方常规 Sylvester 矩阵方程。当 $q = n$ 时，称其为方的常规 Sylvester 矩阵方程，这类方程将在第 9 章中研究。进一步地，称式 (8.1) 为齐次常规 Sylvester 矩阵方程，而当 $R \neq 0$ 时，称式 (8.2) 为非齐次常规 Sylvester 矩阵方程。

如果矩阵 R 具有如下的特殊形式：

$$R = C_\psi R^* F^\psi + \cdots + C_1 R^* F + C_0 R^* \tag{8.4}$$

其中，$C_i \in \mathbb{R}^{n \times d}(i = 0, 1, 2, \cdots, \psi)$ 和 $R^* \in \mathbb{C}^{d \times p}$ 是给定的矩阵。那么，非齐次常规 Sylvester 矩阵方程 (8.2) 转化为

$$A_m V F^m + \cdots + A_1 V F + A_0 V = C_\psi R^* F^\psi + \cdots + C_1 R^* F + C_0 R^* \tag{8.5}$$

非齐次常规 Sylvester 矩阵方程 (8.2) 的一些重要特殊形式包括二阶非齐次常规 Sylvester 矩阵方程

$$MVF^2 + DVF + KV = R \tag{8.6}$$

以及一阶非齐次常规 Sylvester 矩阵方程

$$EVF - AV = R \tag{8.7}$$

和

$$VF - AV = R \tag{8.8}$$

与广义 Sylvester 矩阵方程类似，由于 $V = 0$ 满足齐次常规 Sylvester 矩阵方程 (8.1)，所以方程 (8.1) 必然有解，而通常非齐次常规 Sylvester 矩阵方程 (8.2) 只有在满足一些条件时才有解。

和第 5 章一样，常规 Sylvester 矩阵方程 (8.5) 是方程 (8.2) 的特殊情形 (说明 5.8)，因此本章只研究常规 Sylvester 矩阵方程 (8.2) 的解。为了得到常规 Sylvester 矩阵方程 (8.5) 的解，只需将常规 Sylvester 矩阵方程 (8.2) 解中的矩阵 R 替换为方程 (8.4) 的形式即可。

例 8.1 再次考虑例 3.1、例 4.6 和例 5.5 中的空间交会系统，假定系统的推进器 u_2 失效，则系统的 C-W 方程具有如下的标准矩阵二阶系统形式：

$$\ddot{x} + D\dot{x} + Kx = Bu$$

其中，

$$D = \begin{bmatrix} 0 & -2\omega & 0 \\ 2\omega & 0 & 0 \\ 0 & 0 & 0 \end{bmatrix}, \quad K = \begin{bmatrix} -3\omega^2 & 0 & 0 \\ 0 & 0 & 0 \\ 0 & 0 & \omega^2 \end{bmatrix}, \quad B = \begin{bmatrix} 1 & 0 \\ 0 & 0 \\ 0 & 1 \end{bmatrix}$$

例 3.1 已经证实此系统不可控，原点是它的一个不可控模态。

令

$$A_2 = [I_3 \quad 0_{3\times2}]$$

$$A_1 = \begin{bmatrix} 0 & -2\omega & 0 & 0 & 0 \\ 2\omega & 0 & 0 & 0 & 0 \\ 0 & 0 & 0 & 0 & 0 \end{bmatrix}$$

$$A_0 = \begin{bmatrix} -3\omega^2 & 0 & 0 & -1 & 0 \\ 0 & 0 & 0 & 0 & 0 \\ 0 & 0 & \omega^2 & 0 & -1 \end{bmatrix}$$

则对应于此系统的常规 Sylvester 矩阵方程为

$$A_2 V F^2 + A_1 V F + A_0 V = R \tag{8.9}$$

8.1.2 由广义 Sylvester 矩阵方程获得常规 Sylvester 矩阵方程

有多种方法可以获得常规 Sylvester 矩阵方程的一般形式 (8.2)。具体地说，从非齐次广义 Sylvester 矩阵方程出发，有以下三种方法。

(1) 在非齐次广义 Sylvester 矩阵方程 (5.1) 中，令 $B(s) = 0_{n \times r}$。

(2) 在非齐次全驱动广义 Sylvester 矩阵方程 (6.9) 中，令 $B(s) = I$，$R = 0$，且固定矩阵 W。

(3) 在非齐次标准全驱动广义 Sylvester 矩阵方程 (6.11) 中，令 $R = 0$，且固定矩阵 W。

从齐次广义 Sylvester 矩阵方程出发，也有三种方法可以得到常规 Sylvester 矩阵方程的一般形式。

(1) 在齐次广义 Sylvester 矩阵方程 (4.50) 中，令 $r = n$，$B(s) = I_n$，且固定矩阵 W。

(2) 在齐次全驱动广义 Sylvester 矩阵方程 (6.8) 中，令 $B(s) = I_n$，且固定矩阵 W。

(3) 在齐次标准全驱动广义 Sylvester 矩阵方程 (6.10) 中，固定矩阵 W。

上述方法的关系如图 8.1 所示。

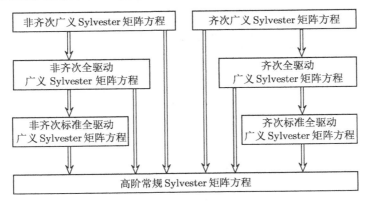

图 8.1 得到常规 Sylvester 矩阵方程的方法

对应于上述六种获得常规 Sylvester 矩阵方程 (8.2) 的方法，也可从相应的六种解中得到其一般解，但其中最直接的方法是最后一种，即利用齐次标准全驱动广义 Sylvester 矩阵方程 (6.10)。事实上，定理 6.4 和定理 6.8 既给出了求齐次标准全驱动广义 Sylvester 矩阵方程 (6.10) 一般解的方法，也提供了求取各种常规 Sylvester 矩阵方程一般解的途径。

8.1.3　将广义 Sylvester 矩阵方程转化为常规 Sylvester 矩阵方程

在 8.1.2 节中研究了由广义 Sylvester 矩阵方程获得常规 Sylvester 矩阵方程的方法，在本小节中将进一步说明也可以将广义 Sylvester 矩阵方程的一般形式转化为常规 Sylvester 矩阵方程的形式。

将非齐次广义 Sylvester 矩阵方程的一般形式 (5.1) 改写为

$$\sum_{i=0}^{m}\left((A_iV-B_iW)F^i\right)=R$$

令

$$A_i'=\begin{bmatrix}A_i & -B_i\end{bmatrix},\quad V'=\begin{bmatrix}V\\W\end{bmatrix}$$

则可以将广义 Sylvester 矩阵方程转化为如下的常规 Sylvester 矩阵方程：

$$\sum_{i=0}^{m}A_i'V'F^i=R$$

此过程说明任何具有形式 (5.1) 的广义 Sylvester 矩阵方程都可以等价地转化为非方常规 Sylvester 矩阵方程。

考虑广义 Sylvester 矩阵方程的更一般形式：

$$\sum_{i=0}^{m}\sum_{j=1}^{p}A_{ij}V_jF^i=\sum_{i=0}^{m}\sum_{j=1}^{q}B_{ij}W_jF^i+R \tag{8.10}$$

令

$$A_i=\begin{bmatrix}A_{i1} & A_{i2} & \cdots & A_{ip}\end{bmatrix}$$

$$B_i=\begin{bmatrix}B_{i1} & B_{i2} & \cdots & B_{iq}\end{bmatrix}$$

$$V=\begin{bmatrix}V_1\\V_2\\\vdots\\V_p\end{bmatrix},\quad W=\begin{bmatrix}W_1\\W_2\\\vdots\\W_q\end{bmatrix}$$

可以将其转化为广义 Sylvester 矩阵方程 (5.1) 的形式，因此可以进一步转化为常规 Sylvester 矩阵方程 (8.2) 的形式。

然而，这种转换只有在允许将方的广义 Sylvester 矩阵方程和方的常规 Sylvester 矩阵方程推广到非方的矩阵方程时才可行。

8.1.4　假设条件

本章将研究常规 Sylvester 矩阵方程 (8.1) 和 (8.2) 的解，考虑到最一般的情形，对方程提出如下假设。

假设 8.1　$A(s)$ 在 eig (F) 上取得秩 α。

上述假设意味着

$$\begin{cases} \text{rank}A(s) \leqslant \alpha \leqslant q, & \forall s \in \mathbb{C} \\ \text{rank}A(s) = \alpha, & \forall s \in \text{eig}(F) \end{cases} \tag{8.11}$$

或者其等价条件

$$\max_{\lambda \in \mathbb{C}}\{\text{rank}A(\lambda)\} = \text{rank}A(s) = \alpha \leqslant q, \quad \forall s \in \text{eig}(F) \tag{8.12}$$

由定义 3.8 可知，如果

$$\text{rank}A(\lambda) < \max_{s \in \mathbb{C}}\{\text{rank}A(s)\} \leqslant \min\{n, q\} \tag{8.13}$$

则称 $\lambda \in \mathbb{C}$ 为 $A(s)$ 的本征零点。利用此定义，可以给出假设 8.1 的另一种解释方法。

命题 8.1　令 $A(s) \in \mathbb{R}^{n \times q}[s]$ 由式 (8.3) 给出，且 $F \in \mathbb{C}^{p \times p}$，则 $A(s)$ 在 eig (F) 上取得秩 α 的充分必要条件是 F 的特征值和 $A(s)$ 的本征零点相异。

证明　必要性　假设 $A(s)$ 在 eig (F) 上取得秩 α，则式 (8.11) 成立，令 $\lambda \in \text{eig}(F)$，必有

$$\text{rank}A(\lambda) = \alpha$$

因此根据本征零点的定义可知 λ 不是 $A(s)$ 的本征零点。

充分性　假设 $\lambda \in \text{eig}(F)$，且 λ 不是 $A(s)$ 的本征零点，则由定义可知

$$\text{rank}A(\lambda) \geqslant \alpha \tag{8.14}$$

注意到假设

$$\alpha = \max_{\lambda \in \mathbb{C}}\{\text{rank}A(\lambda)\}$$

则式 (8.14) 等价于

$$\text{rank}A(\lambda) = \alpha \tag{8.15}$$

这意味着 $A(s)$ 在 eig (F) 上取得秩 α。　　　　□

由于常规 Sylvester 矩阵方程 (8.2) 和式 (8.6)~式 (8.8) 都是线性的，可以利用 Kronecker 积求这些方程的解。事实上，如果对式 (8.2) 两端都采取拉直运算 vec(·)，并且利用式 (A.23)，可得

$$\left(\sum_{i=0}^{m}\left(F^{\text{T}}\right)^i \otimes A_i\right)\text{vec}(V) = \text{vec}(R)$$

显然，这是关于 $\mathrm{vec}(V)$ 的线性方程，所以通过此方程很容易求出常规 Sylvester 矩阵方程 (8.2) 的解。

然而，上述方法在应用时存在一个很大的缺点：当矩阵 F 和 (或) R 未知时，这个方法是无效的。而在很多实际应用中，这两个矩阵往往是不确定的，这时需要将它们作为未知参数来参与优化，从而使其成为问题自由度的一部分。

本章的目的是在假设 8.1 的条件下，利用第 4~6 章的结果求取非方常规 Sylvester 矩阵方程的显式解析解，其中也包括矩阵 F 和 R 未知的情形。

8.2　F 为任意矩阵的情形

从本节开始，将基于 $A(s)$ 的 Smith 标准分解并在假设 8.1 的条件下研究非方常规 Sylvester 矩阵方程 (8.1) 和 (8.2) 的解。

8.2.1　$A(s)$ 的 Smith 标准分解

令 $A(s) \in \mathbb{R}^{n \times q}[s]$，则在假设 8.1 的条件下存在两个幺模矩阵 $P(s) \in \mathbb{R}^{n \times n}[s]$、$Q(s) \in \mathbb{R}^{q \times q}[s]$ 和对角多项式矩阵 $\Sigma(s) \in \mathbb{R}^{\alpha \times \alpha}[s]$，满足

$$P(s)A(s)Q(s) = \begin{bmatrix} \Sigma(s) & 0 \\ 0 & 0 \end{bmatrix} \tag{8.16}$$

和

$$\Delta(s) = \det \Sigma(s) \neq 0, \quad \forall s \in \mathrm{eig}(F) \tag{8.17}$$

对幺模矩阵 $P(s)$ 进行如下划分：

$$P(s) = \begin{bmatrix} P_1(s) \\ P_2(s) \end{bmatrix}, \quad P_1(s) \in \mathbb{R}^{\alpha \times n}[s] \tag{8.18}$$

相应地将 $Q(s)$ 划分为

$$Q(s) = \begin{bmatrix} U(s) & N(s) \end{bmatrix} \tag{8.19}$$

其中，$U(s) \in \mathbb{R}^{q \times \alpha}[s]$，$N(s) \in \mathbb{R}^{q \times \beta}[s]$，且

$$\beta = q - \alpha$$

根据 Smith 标准分解 (8.16) 可知，多项式矩阵 $N(s)$ 满足

$$A(s)N(s) = 0 \tag{8.20}$$

而多项式矩阵 $U(s)$ 满足

$$A(s)U(s) = C(s) \tag{8.21}$$

其中，$C(s) \in \mathbb{R}^{n \times \alpha}[s]$ 表示为

$$C(s) = P^{-1}(s) \begin{bmatrix} \Sigma(s) \\ 0 \end{bmatrix} \tag{8.22}$$

如果记

$$U(s) = [U_{ij}(s)]_{q \times \alpha}, \quad N(s) = [N_{ij}(s)]_{q \times \beta}$$

并令

$$\varphi = \max \{\deg(U_{ij}(s)), \ i = 1, 2, \cdots, q, \ j = 1, 2, \cdots, \alpha\}$$

$$\omega = \max \{\deg(N_{ij}(s)), \ i = 1, 2, \cdots, q, \ j = 1, 2, \cdots, \beta\}$$

则 $U(s)$ 和 $N(s)$ 可以分别写为

$$U(s) = \sum_{i=0}^{\varphi} U_i s^i, \quad U_i \in \mathbb{R}^{q \times \alpha} \tag{8.23}$$

$$N(s) = \sum_{i=0}^{\omega} N_i s^i, \quad N_i \in \mathbb{R}^{q \times \beta} \tag{8.24}$$

8.2.2 齐次常规 Sylvester 矩阵方程

下面的结论通过上述多项式矩阵 $N(s)$ 给出齐次非方常规 Sylvester 矩阵方程 (8.1) 的一般解。

定理 8.1 令 $A(s) \in \mathbb{R}^{n \times q}[s]$ 和 $F \in \mathbb{C}^{p \times p}$ 满足假设 8.1，且 $N(s) \in \mathbb{R}^{q \times \beta}[s]$ 由式 (8.19) 给出，而 $Q(s) \in \mathbb{R}^{q \times q}[s]$ 满足 Smith 标准分解 (8.16) 和 (8.17)，则下述结论成立。

(1) 当 $\beta > 0$ 时，m 阶常规 Sylvester 矩阵方程 (8.1) 中 $V \in \mathbb{C}^{q \times p}$ 的一般完全解由

$$V = [N(s)Z]\big|_F = N_0 Z + N_1 Z F + \cdots + N_\omega Z F^\omega \tag{8.25}$$

给出，其中，$Z \in \mathbb{C}^{\beta \times p}$ 是任意矩阵并包含问题中的全部自由度。

(2) 当 $\beta = 0$ 时，m 阶常规 Sylvester 矩阵方程 (8.1) 有唯一解 $V = 0$。

证明 注意到下述事实。

(1) m 阶齐次常规 Sylvester 矩阵方程 (8.1) 是齐次广义 Sylvester 矩阵方程 (4.50) 的一个特殊形式，即 $B(s) = 0$ 的情形。

(2) 当 $B(s) = 0$ 时，广义右既约分解 (4.56) 变为方程 (8.20)。

(3) 由式 (8.19) 定义的多项式矩阵 $N(s) \in \mathbb{R}^{q \times \beta}[s]$ 满足方程 (8.20)。

因此，将定理 4.7 应用到方程 (8.1)，并将其视为广义 Sylvester 矩阵方程的特例，可以得到 m 阶常规 Sylvester 矩阵方程 (8.1) 的一般完全解 (8.25)。结论 (1) 证明完毕。

当 $\beta = 0$ 时，$\alpha = q$，这意味着 $A(s)$ 是幺模矩阵，所以 m 阶常规 Sylvester 矩阵方程 (8.1) 具有唯一解 $V = 0$。　　　　　　　　　　　　　　　　　□

说明 8.1　　上述定理给出的解 (8.25) 简洁优雅，并允许矩阵 F 未知，此特点给控制系统理论中的分析与设计问题带来了巨大的便利和优势。在具体应用中，可以让矩阵 F 和参数矩阵 Z 一同参与优化，以使系统具有更好的特性。

8.2.3　非齐次常规 Sylvester 矩阵方程

1. 方程的特解

下面的结论基于 $A(s)$ 的 Smith 标准分解给出了非齐次非方常规 Sylvester 矩阵方程 (8.2) 的解。

定理 8.2　　令 $A(s) \in \mathbb{R}^{n \times q}[s]$ 和 $F \in \mathbb{C}^{p \times p}$ 满足假设 8.1，并且有

(1) $P(s) \in \mathbb{R}^{n \times n}[s]$、$Q(s) \in \mathbb{R}^{q \times q}[s]$ 和 $\Sigma(s) \in \mathbb{R}^{\alpha \times \alpha}[s]$ 由 Smith 标准分解 (8.16) 和 (8.17) 给出；

(2) $P_1(s) \in \mathbb{R}^{\alpha \times n}[s]$ 和 $P_2(s) \in \mathbb{R}^{(n-\alpha) \times n}[s]$ 由式 (8.18) 给出；

(3) $U(s) \in \mathbb{R}^{q \times \alpha}[s]$ 和 $N(s) \in \mathbb{R}^{q \times \beta}[s]$ 由式 (8.19) 给出。

那么，常规 Sylvester 矩阵方程 (8.2) 有解的充分必要条件是

$$P_2(s) R = 0, \quad \forall s \in \mathbb{C} \tag{8.26}$$

在此条件成立时

$$V = [U(s) \operatorname{adj} \Sigma(s) P_1(s) R]\big|_F \Delta^{-1}(F) \tag{8.27}$$

是方程的特解。

证明　　注意到下述事实。

(1) m 阶非齐次常规 Sylvester 矩阵方程 (8.2) 是非齐次广义 Sylvester 矩阵方程 (5.1) 的一个特殊形式，即 $B(s) = 0$ 的情形。

(2) 当 $B(s) = 0$ 时，Diophantine 方程 (5.6) 变为方程 (8.21)。

(3) 由式 (8.19) 定义的多项式矩阵 $U(s) \in \mathbb{R}^{q \times \beta}[s]$ 满足方程 (8.21)，其中，$C(s)$ 由式 (8.22) 给出。

因此，将定理 5.1 应用到方程 (8.2)，并将其视为广义 Sylvester 矩阵方程的特例，可以得到 m 阶常规 Sylvester 矩阵方程 (8.1) 解的存在性条件 (8.26) 和特解 (8.27)。　　　　　　　　　　　　　　　　　　　　　□

由于 $\Sigma(s)$ 是对角多项式矩阵，很容易求出 $\operatorname{adj}\Sigma(s)$ 和 $\det\Sigma(s)$。

下面的推论进一步研究几种特殊情况下常规 Sylvester 矩阵方程 (8.2) 的特解。

推论 8.1　　在定理 8.2 的条件下，下述结论成立。

(1) 当 $A(s) \in \mathbb{R}^{n \times q}[s]$ 在 $\mathbb{C}$ 上取得秩 α 时，常规 Sylvester 矩阵方程 (8.2) 有解的充分必要条件是方程 (8.26) 成立，并且

$$V = [U(s) P_1(s) R]|_F \tag{8.28}$$

是方程的一个特解。

(2) 当 $A(s) \in \mathbb{R}^{n \times q}[s]$ 在 $\mathrm{eig}(F)$ 上取得秩 n 时，常规 Sylvester 矩阵方程 (8.2) 的解总是存在的，并且

$$V = [U(s) \mathrm{adj} \Sigma(s) P(s) R]|_F \tag{8.29}$$

是方程的一个特解。

(3) 当 $A(s) \in \mathbb{R}^{n \times q}[s]$ 在 $\mathbb{C}$ 上取得秩 n 时，常规 Sylvester 矩阵方程 (8.2) 的解总是存在的，并且

$$V = [U(s) P(s) R]\big|_F \tag{8.30}$$

是方程的一个特解。

2. 方程的一般解

利用引理 5.1、定理 8.1 和定理 8.2，可以得到下述关于非齐次非方常规 Sylvester 矩阵方程 (8.2) 一般解的结论。

定理 8.3　　在定理 8.2 的条件下，常规 Sylvester 矩阵方程 (8.2) 的一般解为

$$V = [U(s) \mathrm{adj} \Sigma(s) P_1(s) R + N(s) Z]\big|_F \, \Delta^{-1}(F) \tag{8.31}$$

其中，$Z \in \mathbb{C}^{\beta \times p}$ 是任意参数矩阵，并且包含问题中的全部自由度。

另外，解 (8.31) 也可以通过幺模矩阵 $Q(s)$ 表示如下：

$$V = Q(s) \begin{bmatrix} \mathrm{adj} \Sigma(s) P_1(s) \\ & I \end{bmatrix} \begin{bmatrix} R \\ Z \end{bmatrix} \bigg|_F \, \Delta^{-1}(F)$$

说明 8.2　　上述定理为矩阵方程 (8.2) 提供了一个非常漂亮的解，此解关于矩阵 R 是线性的，并且是显式形式，因此矩阵 R 可以未知。进一步来说，对矩阵 F 的此解唯一的条件是要保证 $A(s)$ 在 F 上取得秩 α，即其特征值互异于 $A(s)$ 的本征零点。此解的这一特点为控制系统理论中的某些分析与设计问题提供了巨大的便利和优势，在应用中矩阵 F、R 和参数矩阵 Z 一样，都可以参与优化以确保系统具有更好的特性。

8.3　　F 为 Jordan 矩阵的情形

本节研究当 F 为如下的 Jordan 矩阵时，常规 Sylvester 矩阵方程 (8.1) 和 (8.2) 的完全参数化解：

$$\left\{ \begin{array}{l} F = \mathrm{blockdiag}\,(F_1, F_2, \cdots, F_w) \\[2mm] F_i = \begin{bmatrix} s_i & 1 & & \\ & s_i & \ddots & \\ & & \ddots & 1 \\ & & & s_i \end{bmatrix}_{p_i \times p_i} \end{array} \right. \tag{8.32}$$

其中，$s_i(i = 1, 2, \cdots, w)$ 是矩阵 F 的特征值；$p_i(i = 1, 2, \cdots, w)$ 是对应于特征值 $s_i(i = 1, 2, \cdots, w)$ 的几何重数，满足

$$\sum_{i=1}^{w} p_i = p$$

依据上面矩阵 F 的结构，按照约定 C1 定义矩阵 V、Z 和 R 的列，即 v_{ij}、z_{ij} 和 r_{ij}，而假设 8.1 改变如下。

假设 8.2　　$\mathrm{rank}A(s) \leqslant \alpha$, $\forall s \in \mathbb{C}$, $\mathrm{rank}A(s_i) = \alpha$, $i = 1, 2, \cdots, w$, 即

$$\max_{s \in \mathbb{C}}\{\mathrm{rank}A(s)\} = \mathrm{rank}A(s_i) = \alpha, \quad i = 1, 2, \cdots, w$$

8.3.1　齐次常规 Sylvester 矩阵方程

下面的定理给出了 F 是形为式 (8.32) 的 Jordan 矩阵时齐次常规 Sylvester 矩阵方程 (8.1) 的一般解。

定理 8.4　　令 $A(s) \in \mathbb{R}^{n \times q}\,[s]$ 和 $F \in \mathbb{C}^{p \times p}$ 是由式 (8.32) 定义的 Jordan 矩阵，假设 8.2 成立，且 $N(s) \in \mathbb{R}^{q \times \beta}\,[s]$ 由式 (8.19) 给出，$Q(s) \in \mathbb{R}^{q \times q}\,[s]$ 满足 Smith 标准分解 (8.16) 和 (8.17)，则下述结论成立。

(1) 当 $\beta > 0$ 时，齐次常规 Sylvester 矩阵方程 (8.1) 的一般完全解是

$$v_{ij} = \sum_{k=0}^{j-1} \frac{1}{k!} \frac{\mathrm{d}^k}{\mathrm{d}s^k} N(s_i)\, z_{i,j-k}, \quad j = 1, 2, \cdots, p_i;\ i = 1, 2, \cdots, w \tag{8.33}$$

其中，$z_{ij} \in \mathbb{C}^{\beta}(j = 1, 2, \cdots, p_i; i = 1, 2, \cdots, w)$ 是任意一组参数向量。

(2) 当 $\beta = 0$ 时，齐次常规 Sylvester 矩阵方程 (8.1) 有唯一零解。

证明　　注意到如下事实。

(1) m 阶齐次常规 Sylvester 矩阵方程 (8.1) 是 $B\left(s\right)=0$ 时齐次广义 Sylvester 矩阵方程 (4.50) 的特例。

(2) 当 $B\left(s\right)=0$ 时，广义右既约分解 (4.56) 变为方程 (8.20)。

(3) 由式 (8.19) 定义的多项式矩阵 $N\left(s\right)\in\mathbb{R}^{q\times\beta}\left[s\right]$ 满足方程 (8.20)。

因此，当矩阵 $F\in\mathbb{C}^{p\times p}$ 为 Jordan 矩阵 (8.32) 时，将方程 (8.1) 看作广义 Sylvester 矩阵方程，并应用定理 4.8，可得 m 阶常规 Sylvester 矩阵方程 (8.1) 的一般完全解 (8.33)。

结论 (2) 显然成立。　　　　　　　　　　　　　　　　　　　　　□

8.3.2　非齐次常规 Sylvester 矩阵方程

下面的结论给出了 F 是形为式 (8.32) 的 Jordan 矩阵时非齐次常规 Sylvester 矩阵方程 (8.2) 的一个特解。

定理 8.5　令 $A\left(s\right)\in\mathbb{R}^{n\times q}\left[s\right]$ 和 $F\in\mathbb{C}^{p\times p}$ 是由式 (8.32) 定义的 Jordan 矩阵，假设 8.2 成立，且有

(1) $P\left(s\right)\in\mathbb{R}^{n\times n}\left[s\right]$、$Q\left(s\right)\in\mathbb{R}^{q\times q}\left[s\right]$ 和 $\Sigma\left(s\right)\in\mathbb{R}^{\alpha\times\alpha}\left[s\right]$ 由 Smith 标准分解 (8.16) 和 (8.17) 给出；

(2) $P_1\left(s\right)\in\mathbb{R}^{\alpha\times n}\left[s\right]$ 和 $P_2\left(s\right)\in\mathbb{R}^{(n-\alpha)\times n}\left[s\right]$ 由式 (8.18) 给出；

(3) $U\left(s\right)\in\mathbb{R}^{q\times\alpha}\left[s\right]$ 由式 (8.19) 给出。

那么，常规 Sylvester 矩阵方程 (8.2) 有解的充分必要条件是式 (8.26) 成立，此时

$$\begin{cases}V=\hat{V}\Delta^{-1}\left(F\right)\\\hat{v}_{ij}=\sum_{k=0}^{j-1}\frac{1}{k!}\frac{\mathrm{d}^k}{\mathrm{d}s^k}\hat{U}\left(s_i\right)r_{i,j-k},\quad j=1,2,\cdots,p_i;\ i=1,2,\cdots,w\end{cases}\tag{8.34}$$

是方程 (8.2) 的解，其中

$$\hat{U}\left(s\right)=U\left(s_i\right)\mathrm{adj}\Sigma\left(s_i\right)P_1\left(s_i\right)\tag{8.35}$$

证明　注意到如下事实。

(1) m 阶非齐次常规 Sylvester 矩阵方程 (8.2) 是 $B\left(s\right)=0$ 时广义 Sylvester 矩阵方程 (5.1) 的特例。

(2) 当 $B\left(s\right)=0$ 时，Diophantine 方程 (5.6) 变为式 (8.21)。

(3) 由式 (8.19) 定义的多项式矩阵 $U\left(s\right)\in\mathbb{R}^{q\times\beta}\left[s\right]$ 满足方程 (8.21)，其中，$C\left(s\right)$ 由式 (8.22) 给出。

因此，当矩阵 $F\in\mathbb{C}^{p\times p}$ 为 Jordan 矩阵 (8.32) 时，将 m 阶常规 Sylvester 矩阵方程 (8.2) 看作非齐次广义 Sylvester 矩阵方程的特例，对其应用定理 5.12，可以得到方程 (8.2) 有解的条件 (8.26)，且其特解为式 (8.34)。　　　　□

对应于推论 5.2，可以得到下述结果。

推论 8.2　　假设定理 8.5 中的条件成立，则下列结论成立。

(1) 当 $A(s) \in \mathbb{R}^{n \times q}[s]$ 在 $\mathbb{C}$ 上取得秩 α 时，常规 Sylvester 矩阵方程 (8.2) 有解的充分必要条件是式 (8.26) 成立。此时

$$v_{ij} = \sum_{k=0}^{j-1} \frac{1}{k!} \frac{\mathrm{d}^k}{\mathrm{d}s^k} \hat{U}(s_i) r_{i,j-k}, \quad j = 1, 2, \cdots, p_i; \ i = 1, 2, \cdots, w \tag{8.36}$$

是方程的一个特解，其中，$\hat{U}(s)$ 由式 (8.35) 定义。

(2) 当 $A(s) \in \mathbb{R}^{n \times q}[s]$ 在 $\mathrm{eig}(F)$ 上取得秩 n 时，常规 Sylvester 矩阵方程 (8.2) 一定有解，式 (8.34) 是方程的一个特解，其中，

$$\hat{U}(s) = U(s) \, \mathrm{adj} \Sigma(s) \, P(s) \tag{8.37}$$

(3) 当 $A(s) \in \mathbb{R}^{n \times q}[s]$ 在 $\mathbb{C}$ 上取得秩 n 时，常规 Sylvester 矩阵方程 (8.2) 一定有解，式 (8.36) 是方程的一个特解，其中，

$$\hat{U}(s) = U(s) P(s) \tag{8.38}$$

说明 8.3　　上述定理给出了 F 为 Jordan 矩阵时方程 (8.2) 的一个解，方程解的全部自由度蕴含于向量组 $z_{ij}(j = 1, 2, \cdots, p_i; \ i = 1, 2, \cdots, w)$ 中。在此解中，矩阵 R 可以是未知的。同样，矩阵 F 的特征值也可以是未知的，但要求其异于 $A(s)$ 的本征零点。特别地，当 $A(s)$ 列满秩时，F 可以为任意矩阵。上述自由度为控制系统理论中的分析与设计问题带来很大的便利和优势。

8.4　　F 为对角阵的情形

在很多应用中，常规 Sylvester 矩阵方程 (8.2) 中的矩阵 F 都是对角阵，即

$$F = \mathrm{diag}(s_1, s_2, \cdots, s_p) \tag{8.39}$$

其中，$s_i(i = 1, 2, \cdots, p)$ 不必互异。

正是由于在实际应用中这种情况经常发生，所以研究方程 (8.2) 的解也是很重要的。本节将就 F 为对角阵的特殊情形，研究常规 Sylvester 矩阵方程 (8.2) 的一般完全参数化解。

当 F 为对角阵 (8.39) 时，矩阵 V、Z、R 和 R' 的列 v_{i1}、z_{i1}、r_{i1} 和 r'_{i1} 可以按照约定 C1 定义，不失一般性，也可以将 v_{i1}、z_{i1}、r_{i1}、r'_{i1} 分别简化为 v_i、z_i、r_i 和 r'_i，并且假设 8.1 变化如下。

假设 8.3　　$\mathrm{rank} A(s) \leqslant \alpha, \ \forall s \in \mathbb{C}, \ \mathrm{rank} A(s_i) = \alpha, \ i = 1, 2, \cdots, p$，即

$$\max_{s \in \mathbb{C}} \{\mathrm{rank} A(s)\} = \mathrm{rank} A(s_i) = \alpha, \quad i = 1, 2, \cdots, p$$

8.4.1 齐次常规 Sylvester 矩阵方程

当 F 为对角阵 (8.39) 时，关于齐次常规 Sylvester 矩阵方程 (8.1) 的一般解，有如下结论成立。

定理 8.6 令 $A(s) \in \mathbb{R}^{n \times q}[s]$ 和 $F \in \mathbb{C}^{p \times p}$ 是由式 (8.39) 给出的对角阵，假设 8.3 成立，$N(s) \in \mathbb{R}^{q \times \beta}[s]$ 由式 (8.24) 给出，且满足式 (8.20)，则下述结论成立。

(1) 当 $\beta > 0$ 时，常规 Sylvester 矩阵方程 (8.1) 的一般完全参数化解 V 由

$$v_i = N(s_i) z_i, \quad i = 1, 2, \cdots, p \tag{8.40}$$

给出，其中，$z_i \in \mathbb{C}^{\beta}(i = 1, 2, \cdots, p)$ 是任意一组参数向量，且包括解中的所有自由度。

(2) 当 $\beta = 0$ 时，常规 Sylvester 矩阵方程 (8.1) 有唯一零解。

证明 注意下述事实。

(1) m 阶齐次常规 Sylvester 矩阵方程 (8.1) 是 $B(s) = 0$ 时齐次广义 Sylvester 矩阵方程 (4.50) 的特殊形式。

(2) 当 $B(s) = 0$ 时，右既约分解 (4.56) 变为方程 (8.20)。

(3) 由式 (8.19) 给出的多项式矩阵 $N(s) \in \mathbb{R}^{q \times \beta}[s]$ 满足方程 (8.20)。

因此，当矩阵 $F \in \mathbb{C}^{p \times p}$ 为对角阵 (8.39) 时，将方程 (8.1) 看作广义 Sylvester 矩阵方程的特例，对其应用定理 4.9，可得 m 阶常规 Sylvester 矩阵方程 (8.1) 的一般完全参数化解 (8.40)。

结论 (2) 显然成立。 □

注意到对角阵也是 Jordan 矩阵，简单地在定理 8.4 中用式 (8.39) 定义的对角阵 F 替换 Jordan 矩阵 F，同样可以得到 F 为对角阵 (8.39) 时常规 Sylvester 矩阵方程 (8.1) 的一般解 (8.40)。

说明 8.4 当 F 为对角阵时，上述定理给出的矩阵方程 (8.1) 的解既整齐又简单，方程解的自由度由一组向量 $z_i(i = 1, 2, \cdots, p)$ 表示。在此解中，矩阵 F 的特征值可以未知，但必须异于 $A(s)$ 的本征零点。这些自由度给控制系统理论中的分析与设计问题带来很大的便利和优势。

8.4.2 非齐次常规 Sylvester 矩阵方程

当 F 为对角阵 (8.39) 时，简化定理 5.12 可以得到常规 Sylvester 矩阵方程 (8.2) 的一个特解。

定理 8.7 令 $A(s) \in \mathbb{R}^{n \times q}[s]$ 和 $F \in \mathbb{C}^{p \times p}$ 是由式 (8.39) 给出的对角阵，假设 8.3 成立，且有

(1) $P(s) \in \mathbb{R}^{n \times n}[s]$、$Q(s) \in \mathbb{R}^{q \times q}[s]$ 和 $\Sigma(s) \in \mathbb{R}^{\alpha \times \alpha}[s]$ 由 Smith 标准分解 (8.16) 和 (8.17) 给出;

(2) $P_1(s) \in \mathbb{R}^{\alpha \times n}[s]$ 和 $P_2(s) \in \mathbb{R}^{(n-\alpha) \times n}[s]$ 由式 (8.18) 给出;

(3) $U(s) \in \mathbb{R}^{q \times \alpha}[s]$ 由式 (8.19) 给出。

那么, 常规 Sylvester 矩阵方程 (8.2) 有解的充分必要条件是式 (8.26) 成立。此时, 由

$$v_i = U(s_i) \Sigma^{-1}(s_i) P_1(s_i) r_i, \quad i = 1, 2, \cdots, p \tag{8.41}$$

定义的矩阵 V 是方程 (8.2) 的一个特解。

证明　注意到下述事实。

(1) m 阶非齐次常规 Sylvester 矩阵方程 (8.2) 是 $B(s) = 0$ 时广义 Sylvester 矩阵方程 (5.1) 的特例。

(2) 当 $B(s) = 0$ 时, Diophantine 方程 (5.6) 变为方程 (8.21)。

(3) 由式 (8.19) 定义的多项式矩阵 $U(s) \in \mathbb{R}^{q \times \beta}[s]$ 满足方程 (8.21), 其中, $C(s)$ 由式 (8.22) 给出。

因此, 当矩阵 $F \in \mathbb{C}^{p \times p}$ 为对角阵 (8.32) 时, 将 m 阶常规 Sylvester 矩阵方程 (8.2) 看作非齐次广义 Sylvester 矩阵方程的特例, 对其应用定理 5.16, 可以得到方程 (8.2) 有解的条件 (8.26), 且其特解为式 (8.41)。　　　　　□

在定理 8.5 中, 将矩阵 F 替换为对角阵 (8.39), 同样也可以得到上述结论。

平行于推论 5.3, 有如下结论成立。

推论 8.3　假设定理 8.7 中的条件成立, 则下述结论成立。

(1) 当 $A(s) \in \mathbb{R}^{n \times q}[s]$ 在 $\mathbb{C}$ 上取得秩 α 时, 常规 Sylvester 矩阵方程 (8.2) 有解的充分必要条件是式 (8.26) 成立。此时

$$v_i = U(s_i) P_1(s_i) r_i, \quad i = 1, 2, \cdots, p \tag{8.42}$$

是方程的一个特解。

(2) 当 $A(s) \in \mathbb{R}^{n \times q}[s]$ 在 $\text{eig}(F)$ 上取得秩 n 时, 常规 Sylvester 矩阵方程 (8.2) 总是有解, 即

$$v_i = U(s_i) \Sigma^{-1}(s_i) P(s_i) r_i, \quad i = 1, 2, \cdots, p \tag{8.43}$$

是方程的一个特解。

(3) 当 $A(s) \in \mathbb{R}^{n \times q}[s]$ 在 $\mathbb{C}$ 上取得秩 n 时, 常规 Sylvester 矩阵方程 (8.2) 总是有解, 即

$$v_i = U(s_i) P(s_i) r_i, \quad i = 1, 2, \cdots, p \tag{8.44}$$

是方程的一个特解。

说明 8.5　　上述结论再次表明，当 F 为对角阵时，非齐次广义 Sylvester 矩阵方程 (8.2) 的一般完全参数化解既整齐又简单，而其全部自由度也是由向量组 $z_i(i = 1, 2, \cdots, p)$ 表示的。在此解中，矩阵 R 可以未知，矩阵 F 的特征值也可以未知，但必须异于 $A(s)$ 的本征零点。

8.4.3　算例

例 8.2　　考虑例 8.1 中的常规 Sylvester 矩阵方程

$$A_2 V F^2 + A_1 V F + A_0 V = R$$

其中，

$$A_2 = [I_3 \quad 0_{3 \times 2}]$$

$$A_1 = \begin{bmatrix} 0 & -2\omega & 0 & 0 & 0 \\ 2\omega & 0 & 0 & 0 & 0 \\ 0 & 0 & 0 & 0 & 0 \end{bmatrix}$$

$$A_0 = \begin{bmatrix} -3\omega^2 & 0 & 0 & -1 & 0 \\ 0 & 0 & 0 & 0 & 0 \\ 0 & 0 & \omega^2 & 0 & -1 \end{bmatrix}$$

因此，与此常规 Sylvester 矩阵方程相关的多项式矩阵是

$$A(s) = \begin{bmatrix} s^2 - 3\omega^2 & -2\omega s & 0 & -1 & 0 \\ 2\omega s & s^2 & 0 & 0 & 0 \\ 0 & 0 & s^2 + \omega^2 & 0 & -1 \end{bmatrix}$$

满足 Smith 标准分解 (8.16) 的多项式矩阵为 $P(s) = I_3$，且

$$Q(s) = \begin{bmatrix} 0 & \dfrac{1}{2\omega} & 0 & -s & 0 \\ 0 & 0 & 0 & 2\omega & 0 \\ 0 & 0 & 0 & 0 & 1 \\ -1 & \dfrac{1}{2\omega}\left(s^2 - 3\omega^2\right) & 0 & -s\left(s^2 + \omega^2\right) & 0 \\ 0 & 0 & -1 & 0 & s^2 + \omega^2 \end{bmatrix}$$

和

$$\Sigma(s) = \begin{bmatrix} 1 & 0 & 0 \\ 0 & s & 0 \\ 0 & 0 & 1 \end{bmatrix}$$

由上式中 $\Sigma(s)$ 的表达式可知

$$\text{rank}A(s) = 3, \quad \forall s \neq 0$$

也就是说，选择矩阵 F 时，只要求其没有零特征值即可。同时，由上面的多项式矩阵 $Q(s)$ 可得

$$N(s) = \begin{bmatrix} -s & 0 \\ 2\omega & 0 \\ 0 & 1 \\ -s(s^2 + \omega^2) & 0 \\ 0 & s^2 + \omega^2 \end{bmatrix}$$

$$U(s) = \frac{1}{2\omega} \begin{bmatrix} 0 & 1 & 0 \\ 0 & 0 & 0 \\ 0 & 0 & 0 \\ -2\omega & s^2 - 3\omega^2 & 0 \\ 0 & 0 & -2\omega \end{bmatrix}$$

记

$$z_i = \begin{bmatrix} \alpha_i \\ \beta_i \end{bmatrix}, \quad i = 1, 2, \cdots, p$$

则由定理 8.6 可知，齐次常规 Sylvester 矩阵方程的一般解是

$$v_i = N(s_i) z_i = \begin{bmatrix} -\alpha_i s_i \\ 2\alpha_i \omega \\ \beta_i \\ -s_i \alpha_i (s_i^2 + \omega^2) \\ \beta_i (s_i^2 + \omega^2) \end{bmatrix}, \quad i = 1, 2, \cdots, p$$

同时，令

$$r_i = \begin{bmatrix} 0 \\ \gamma_i \\ -1 \end{bmatrix}, \quad i = 1, 2, \cdots, p$$

由定理 8.7 可知，非齐次常规 Sylvester 矩阵方程的特解是

$$v_i = U(s_i)\,\Sigma^{-1}(s_i)\,r_i$$

$$= \frac{1}{2\omega s_i} \begin{bmatrix} 0 & 1 & 0 \\ 0 & 0 & 0 \\ 0 & 0 & 0 \\ -2\omega s_i & s_i^2 - 3\omega^2 & 0 \\ 0 & 0 & -2\omega s_i \end{bmatrix} \begin{bmatrix} 0 \\ \gamma_i \\ 1 \end{bmatrix}$$

$$= \frac{1}{2\omega s_i} \begin{bmatrix} \gamma_i \\ 0 \\ 0 \\ \gamma_i(s_i^2 - 3\omega^2) \\ -2\omega s_i \end{bmatrix}, \quad i = 1, 2, \cdots, p$$

8.5　$A(s)$ 在 $\mathbb{C}$ 上取得秩 n 的情形

本节将研究满足下述假设的非方常规 Sylvester 矩阵方程。

假设 8.4　多项式矩阵 $A(s)$ 在 $\mathbb{C}$ 上取得秩 n，即 rank $A(s) = n$, $\forall s \in \mathbb{C}$。

此种特殊情况对应于 5.4 节中可控情形下的广义 Sylvester 矩阵方程。

假设 8.4 成立时，Smith 标准分解 (8.16) 化简为

$$P(s)A(s)Q'(s) = \begin{bmatrix} I_n & 0 \end{bmatrix} \tag{8.45}$$

即 $\Sigma(s) = I_n$, $\Delta(s) = 1$，且幺模矩阵 $P(s)$ 可取为单位阵，其原因在于，如果 $P(s)$ 不是单位阵，可以选取

$$Q(s) = Q'(s) \begin{bmatrix} P(s) & 0 \\ 0 & I_{q-n} \end{bmatrix}$$

则对于构造的 $Q(s)$，有

$$A(s)Q(s) = \begin{bmatrix} I_n & 0 \end{bmatrix} \tag{8.46}$$

因此，分别满足方程 (8.20) 和 (8.21) 的多项式矩阵 $U(s) \in \mathbb{R}^{q \times n}[s]$ 和 $N(s) \in \mathbb{R}^{q \times (q-n)}[s]$ 都由如下划分得到：

$$Q(s) = [U(s) \quad N(s)] \tag{8.47}$$

进一步地，当式 (8.46) 成立时，$P_1(s) = P(s) = I$，而 $P_2(s)$ 不存在，所以条件 (8.26) 必然成立。也就是说，此时非齐次常规 Sylvester 矩阵方程 (8.2) 总是有解。

在 8.2～8.4 节的基础上，本节仅给出相关结论，而不再提供证明过程。

8.5.1　齐次常规 Sylvester 矩阵方程

关于假设 8.4 下 m 阶齐次常规 Sylvester 矩阵方程 (8.1) 的一般解，有下面的结论成立。

定理 8.8　令 $A(s) \in \mathbb{R}^{n \times q}[s]$ $(q > n)$，$F \in \mathbb{C}^{p \times p}$，假设 8.4 成立，而且 $N(s) \in \mathbb{R}^{q \times (q-n)}[s]$ 由式 (8.47) 给出，其中，$Q(s) \in \mathbb{R}^{q \times q}[s]$ 是满足式 (8.46) 的幺模矩阵，则下述结论成立。

(1) 当 $F \in \mathbb{C}^{p \times p}$ 为任意矩阵时，m 阶齐次常规 Sylvester 矩阵方程 (8.1) 中 $V \in \mathbb{C}^{q \times p}$ 的一般完全参数化解为

$$V = [N(s)Z]\big|_F = N_0 Z + N_1 Z F + \cdots + N_\omega Z F^\omega \tag{8.48}$$

其中，$Z \in \mathbb{C}^{(q-n) \times p}$ 是任意矩阵，且包含方程的全部自由度。

(2) 当 $F \in \mathbb{C}^{p \times p}$ 是形为式 (8.32) 的 Jordan 矩阵时，m 阶齐次常规 Sylvester 矩阵方程 (8.1) 中 $V \in \mathbb{C}^{q \times p}$ 的一般完全参数化解为

$$v_{ij} = \sum_{k=0}^{j-1} \frac{1}{k!} \frac{\mathrm{d}^k}{\mathrm{d}s^k} N(s_i) z_{i,j-k}, \quad j = 1, 2, \cdots, p_i;\ i = 1, 2, \cdots, w \tag{8.49}$$

其中，$z_{ij} \in \mathbb{C}^{q-n}(j = 1, 2, \cdots, p_i;\ i = 1, 2, \cdots, w)$ 是任意一组参数向量。

(3) 当 $F \in \mathbb{C}^{p \times p}$ 是形为式 (8.39) 的对角阵时，m 阶齐次常规 Sylvester 矩阵方程 (8.1) 中 $V \in \mathbb{C}^{q \times p}$ 的一般完全参数化解为

$$v_i = N(s_i) z_i, \quad i = 1, 2, \cdots, p \tag{8.50}$$

其中，$z_i \in \mathbb{C}^{q-n}(i = 1, 2, \cdots, p)$ 是任意一组参数向量。

8.5.2　非齐次常规 Sylvester 矩阵方程

在假设 8.4 下，关于 m 阶非齐次常规 Sylvester 矩阵方程 (8.2) 的解，有下述结论成立。

定理 8.9　令 $A(s) \in \mathbb{R}^{n \times q}[s]$ $(q > n)$，$F \in \mathbb{C}^{p \times p}$，假设 8.4 成立，则非齐次常规 Sylvester 矩阵方程 (8.2) 必定有解。进一步地，令 $Q(s) \in \mathbb{R}^{q \times q}[s]$ 是由式 (8.46) 给出的幺模矩阵，$U(s) \in \mathbb{R}^{q \times n}[s]$ 和 $N(s) \in \mathbb{R}^{q \times (q-n)}[s]$ 由式 (8.47) 给出，则下述结论成立。

(1) 当 $F \in \mathbb{C}^{p \times p}$ 是任意矩阵时，m 阶非齐次常规 Sylvester 矩阵方程 (8.2) 中 $V \in \mathbb{C}^{q \times p}$ 的一个特解是

$$V = [U(s)R]\big|_F \tag{8.51}$$

(2) 当 $F \in \mathbb{C}^{p \times p}$ 是形为式 (8.32) 的 Jordan 矩阵时, m 阶非齐次常规 Sylvester 矩阵方程 (8.2) 中 $V \in \mathbb{C}^{q \times p}$ 的一个特解是

$$v_{ij} = \sum_{k=0}^{j-1} \frac{1}{k!} \frac{\mathrm{d}^k}{\mathrm{d}s^k} U(s_i) r_{i,j-k}, \quad j = 1, 2, \cdots, p_i; \ i = 1, 2, \cdots, w \quad (8.52)$$

(3) 当 $F \in \mathbb{C}^{p \times p}$ 是形为式 (8.39) 的对角阵时, m 阶非齐次常规 Sylvester 矩阵方程 (8.2) 中 $V \in \mathbb{C}^{q \times p}$ 的一个特解是

$$v_i = U(s_i) r_i, \quad i = 1, 2, \cdots, p \quad (8.53)$$

有了定理 8.8 和定理 8.9 后, 读者可以自行写出 m 阶非齐次常规 Sylvester 矩阵方程 (8.2) 的一般解。

8.5.3　算例

例 8.3　考虑曾在例 6.2 和 6.6 节中研究过的相应于卫星姿态系统的常规 Sylvester 矩阵方程[16]

$$A_2 V F^2 + A_1 V F + A_0 V = R \quad (8.54)$$

其中,

$$A_2 = [M \quad 0_{3 \times 3}]$$
$$A_1 = [H \quad 0_{3 \times 3}]$$
$$A_0 = [G \quad -I_3]$$

而

$$M = \mathrm{diag}\,(I_x, \ I_y, \ I_z)$$

$$H = \omega_0 (I_y - I_x - I_z) \begin{bmatrix} 0 & 0 & 1 \\ 0 & 0 & 0 \\ -1 & 0 & 0 \end{bmatrix}$$

$$G = \mathrm{diag}\,\left(4\omega_0^2 (I_y - I_z), \ 3\omega_0^2 (I_x - I_z), \ \omega_0^2 (I_y - I_x)\right)$$

式中, I_x、I_y 和 I_z 分别是三个通道的惯性矩阵; $\omega_0 = 7.292115 \times 10^{-5} (\mathrm{rad/s})$ 是地球旋转角速度。

与此常规 Sylvester 矩阵方程相关的多项式矩阵是

$$A(s) = [\Phi(s) \quad -I_3]$$

其中,

$$\Phi(s) = \begin{bmatrix} s^2 I_x + 4\omega_0^2 I_{y,z} & 0 & -s\omega_0 I_0 \\ 0 & s^2 I_y + 3\omega_0^2 I_{x,z} & 0 \\ s\omega_0 I_0 & 0 & s^2 I_z - \omega_0^2 I_{x,y} \end{bmatrix}$$

而

$$\begin{cases} I_0 = I_x - I_y + I_z \\ I_{a,b} = I_a - I_b, \quad a,b = x,y,z \end{cases} \tag{8.55}$$

对 $A(s)$ 进行 Smith 标准分解,容易得到满足式 (8.46) 的多项式矩阵,即

$$Q(s) = \begin{bmatrix} 0 & I_3 \\ -I_3 & \Phi(s) \end{bmatrix}$$

因此,有

$$U(s) = \begin{bmatrix} 0 \\ -I_3 \end{bmatrix}, \quad N(s) = \begin{bmatrix} I_3 \\ \Phi(s) \end{bmatrix}$$

1. 齐次常规 Sylvester 矩阵方程的解

根据定理 8.8,下列关于本例考虑的齐次常规 Sylvester 矩阵方程解的结论成立。

(1) 对于任意矩阵 F,常规 Sylvester 矩阵方程的一般解为

$$V = \left. \left[\begin{bmatrix} I_3 \\ \Phi(s) \end{bmatrix} Z \right] \right|_F = \begin{bmatrix} Z \\ [\Phi(s) Z]\big|_F \end{bmatrix} \tag{8.56}$$

(2) 当 F 是具有形式

$$F = \begin{bmatrix} \lambda & 1 \\ 0 & \lambda \end{bmatrix} \tag{8.57}$$

的 Jordan 矩阵时,方程的一般解为

$$\begin{aligned} v_{11} &= N(\lambda) z_{11} = \begin{bmatrix} z_{11} \\ \Phi(\lambda) z_{11} \end{bmatrix} \\ v_{12} &= N(\lambda) z_{12} + \begin{bmatrix} 0 \\ 2\lambda M + D \end{bmatrix} z_{11} = \begin{bmatrix} z_{12} \\ \Phi(\lambda) z_{12} + (2\lambda M + D) z_{11} \end{bmatrix} \end{aligned} \tag{8.58}$$

(3) 当 F 为如下的对角阵时:

$$F = \mathrm{diag}(s_1, s_2) \tag{8.59}$$

方程的一般解为

$$v_i = N\left(s_i\right)z_i = \left[\begin{array}{c} z_i \\ \Phi\left(s_i\right)z_i \end{array}\right], \quad i = 1,2 \tag{8.60}$$

在式 (8.56)、式 (8.58) 和式 (8.60) 中，矩阵 $Z \in \mathbb{C}^{3\times 2}$ 均是任意参数矩阵。特别地，当

$$F = \operatorname{diag}\left(-1 \pm \mathrm{i}\right)$$

$$Z = \left[\begin{array}{cc} 1 & 0 \\ 0 & 1 \\ 0 & 0 \end{array}\right]$$

时 (i 为虚数单位)，可以验证，由式 (8.56) 和式 (8.60) 都可以得到如下相同的结果：

$$V = \left[\begin{array}{cc} 1 & 0 \\ 0 & 1 \\ 0 & 0 \\ 4\omega_0^2 I_{y,z} - 1 - 2I_x\mathrm{i} & 0 \\ 0 & 3\omega_0^2 I_{x,z} - 1 + 2I_y\mathrm{i} \\ \omega_0\left(\mathrm{i}-1\right)I_0 & 0 \end{array}\right]$$

其中，$I_{x,y}$、$I_{x,z}$、$I_{y,z}$ 和 I_0 由式 (8.55) 定义。

2. 非齐次常规 Sylvester 矩阵方程的解

根据定理 8.9，关于本例中非齐次常规 Sylvester 矩阵方程 (8.54) 的解，有如下结论成立。

(1) 当 $F \in \mathbb{C}^{p\times p}$ 时，广义 Sylvester 矩阵方程的特解是

$$V = \left[\left[\begin{array}{c} 0 \\ -I_3 \end{array}\right]R\right]\Bigg|_F = \left[\begin{array}{c} 0 \\ -R \end{array}\right] \tag{8.61}$$

(2) 当 F 是形为式 (8.57) 的 Jordan 矩阵时，方程的特解为

$$\left\{\begin{array}{l} v_{11} = \left[\begin{array}{c} 0 \\ -I_3 \end{array}\right]r_{11} = \left[\begin{array}{c} 0 \\ -r_{11} \end{array}\right] \\ v_{12} = \left[\begin{array}{c} 0 \\ -I_3 \end{array}\right]r_{1,2} = \left[\begin{array}{c} 0 \\ -r_{1,2} \end{array}\right] \end{array}\right. \tag{8.62}$$

(3) 当 F 是形为式 (8.59) 的对角阵时, 方程的特解是

$$v_i = U(s_i) r_i = \begin{bmatrix} 0 \\ -r_i \end{bmatrix}, \quad i = 1, 2 \tag{8.63}$$

从上面的三种情形可以看出, 常规 Sylvester 矩阵方程 (8.54) 存在特解

$$V = \begin{bmatrix} 0 \\ -R \end{bmatrix}$$

而此特解与矩阵 F 无关。

8.6 F 为已知对角阵的情形

8.4 节考虑了 F 为对角阵时常规 Sylvester 矩阵方程 (8.2) 的解, 而在给出方程解之前, 不必具体知道矩阵 F 的特征值。本节继续考虑 F 为对角阵 (8.39) 时方程 (8.2) 的解, 但不同的是, 矩阵 F 的特征值 $s_i(i = 1, 2, \cdots, p)$ 均是已知的。

由 8.4 节易知, 当 F 为对角阵, 且假设 8.3 成立时, 一旦得到如下的多项式矩阵, 就可以写出常规 Sylvester 矩阵方程 (8.1) 和 (8.2) 的解。

(1) $A(s) \in \mathbb{R}^{n \times q}[s]$ 满足假设 8.3。

(2) $P(s) \in \mathbb{R}^{n \times n}[s]$、$Q(s) \in \mathbb{R}^{q \times q}[s]$ 和 $\Sigma(s) \in \mathbb{R}^{n \times n}[s]$ 由 Smith 标准分解 (8.16) 和 (8.17) 给出。

(3) $P_1(s) \in \mathbb{R}^{\alpha \times n}[s]$ 和 $P_2(s) \in \mathbb{R}^{(n-\alpha) \times n}[s]$ 由式 (8.18) 给出。

(4) $N(s) \in \mathbb{R}^{q \times \beta}[s]$ 和 $U(s) \in \mathbb{R}^{q \times \alpha}[s]$ 由式 (8.19) 给出。

更重要的是, 通过观察可知, 方程的解最终用到了多项式矩阵在矩阵 F 的特征值 $s_i(i = 1, 2, \cdots, p)$ 处的取值, 即 $N(s_i)$、$U(s_i)$、$C(s_i)$、$\Delta(s_i)$、$P(s_i)$、$Q(s_i)$ 和 $\Sigma(s_i)$, $i = 1, 2, \cdots, p$。因此, 在特征值 $s_i(i = 1, 2, \cdots, p)$ 已知时, 自然会提出如下问题: 是否不用计算多项式矩阵, 而找到直接计算这些值的方法?

本节将对上述问题给予肯定的回答, 并应用著名的奇异值分解完成这一任务。3.6 节第一次用到此方法时, 就可控情形给出了严格的证明, 然后 4.6.2 节和 5.7 节中分别用这种方法给出了 F 为已知对角阵时齐次和非齐次广义 Sylvester 矩阵方程的解。本节将不加证明地给出相关结果。

8.6.1   Smith 标准分解和奇异值分解

当 F 为对角阵且假设 8.3 成立时, Smith 标准分解和奇异值分解比较如下:

Smith标准分解   奇异值分解

$$\begin{cases} P(s)A(s)Q(s) = \begin{bmatrix} \Sigma(s) & 0 \\ 0 & 0 \end{bmatrix} \\ \Sigma(s) \in \mathbb{R}^{\alpha\times\alpha}[s] \\ \det\Sigma(s_i) \neq 0 \end{cases} \rightleftharpoons \begin{cases} P_i A(s_i)Q_i = \begin{bmatrix} \Sigma_i & 0 \\ 0 & 0 \end{bmatrix} \\ \Sigma_i \in \mathbb{R}^{\alpha\times\alpha} \\ \det\Sigma_i \neq 0 \end{cases}$$

$$\begin{cases} Q(s) = \begin{bmatrix} U(s) & N(s) \end{bmatrix} \\ U(s) \in \mathbb{R}^{q\times\alpha}[s],\ N(s) \in \mathbb{R}^{q\times\beta}[s] \end{cases} \rightleftharpoons \begin{cases} Q_i = \begin{bmatrix} U_i & N_i \end{bmatrix} \\ U_i \in \mathbb{R}^{q\times\alpha},\ N_i \in \mathbb{R}^{q\times\beta} \end{cases}$$

$$A(s)N(s) = 0 \quad \rightleftharpoons \quad A(s_i)N_i = 0 \tag{8.64}$$

$$\begin{cases} A(s)U(s) = C(s) \\ C(s) = P^{-1}(s)\begin{bmatrix} \Sigma(s) \\ 0 \end{bmatrix} \end{cases} \rightleftharpoons \begin{cases} A(s_i)U_i = C_i \\ C_i = P_i^{-1}\begin{bmatrix} \Sigma_i \\ 0 \end{bmatrix} \end{cases}$$

$$i = 1, 2, \cdots, p \qquad\qquad\qquad i = 1, 2, \cdots, p$$

比较后可知

$$\begin{cases} P_i = P(s_i) \\ Q_i = Q(s_i) \\ \Sigma_i = \Sigma(s_i) \\ U_i = U(s_i) \\ N_i = N(s_i) \\ i = 1, 2, \cdots, p \end{cases} \tag{8.65}$$

8.6.2 非方常规 Sylvester 矩阵方程的解

利用上述推导, 并根据定理 8.6, 可以得到如下关于齐次常规 Sylvester 矩阵方程 (8.1) 一般完全解的结论。

定理 8.10 令 $A(s) \in \mathbb{R}^{n\times q}[s]$ 和 $F \in \mathbb{C}^{p\times p}$ 是由式 (8.39) 给出的对角阵, 假设 8.3 成立, 且 $N_i \in \mathbb{R}^{q\times\beta}(i = 1, 2, \cdots, p)$ 由式 (8.64) 中右侧的公式定义, 则下述结论成立。

(1) 当 $\beta > 0$ 时, 常规 Sylvester 矩阵方程 (8.1) 中 V 的一般解为

$$\begin{cases} V = \begin{bmatrix} v_1 & v_2 & \cdots & v_p \end{bmatrix} \\ v_i = N_i z_i, \quad i = 1, 2, \cdots, p \end{cases} \tag{8.66}$$

其中, $z_i \in \mathbb{C}^{\beta}(i = 1, 2, \cdots, p)$ 是任意一组参数向量, 并且包含了方程解的全部自由度。

(2) 当 $\beta = 0$ 时，齐次常规 Sylvester 矩阵方程 (8.1) 有唯一零解。

再次应用前面的准备工作和定理 8.7，可以得到如下关于非齐次常规 Sylvester 矩阵方程 (8.2) 特解的结论。

定理 8.11　令 $A(s) \in \mathbb{R}^{n \times q}[s]$ 和 $F \in \mathbb{C}^{p \times p}$ 是由式 (8.39) 给出的对角阵，假设 8.3 成立，且 $P_i \in \mathbb{R}^{n \times n}$、$U_i \in \mathbb{R}^{q \times \alpha}$ 和 $\Sigma_i \in \mathbb{R}^{n \times \alpha}$ 由式 (8.64) 右侧的奇异值分解给出，则下述结论成立。

(1) 常规 Sylvester 矩阵方程 (8.2) 有解的充分必要条件是

$$\begin{bmatrix} 0 & I_{n-\alpha} \end{bmatrix} P_i R = 0, \quad i = 1, 2, \cdots, p \tag{8.67}$$

(2) 上述条件满足时，由式 (8.68) 给出的矩阵 V

$$\begin{cases} V = \begin{bmatrix} v_1 & v_2 & \cdots & v_p \end{bmatrix} \\ v_i = U_i \Sigma_i^{-1} \begin{bmatrix} I_\alpha & 0 \end{bmatrix} P_i r_i, \quad i = 1, 2, \cdots, p \end{cases} \tag{8.68}$$

满足常规 Sylvester 矩阵方程 (8.2)。

在上面的解中没有了多项式矩阵的运算，显然在计算上更为方便。由于奇异值分解具有良好的数值稳定性，而上述解在一系列奇异值分解后很容易计算出来，所以计算此解的过程非常简单，并且具有很好的数值可靠性。

平行于推论 5.6，可得如下结论。

推论 8.4　在定理 8.11 的条件下，下述结论成立。

(1) 当 $A(s) \in \mathbb{R}^{n \times q}[s]$ 在 $\mathbb{C}$ 上取得秩 α 时，常规 Sylvester 矩阵方程 (8.2) 有解的充分必要条件是式 (8.67) 成立。此时，方程的一个特解是

$$v_i = U_i \begin{bmatrix} I_\alpha & 0 \end{bmatrix} P_i r_i, \quad i = 1, 2, \cdots, p \tag{8.69}$$

(2) 当 $A(s) \in \mathbb{R}^{n \times q}[s]$ 在 $\mathrm{eig}\,(F)$ 上取得秩 n 时，常规 Sylvester 矩阵方程 (8.2) 总是有解，且方程的一个特解是

$$v_i = U_i \Sigma_i^{-1} P_i r_i, \quad i = 1, 2, \cdots, p \tag{8.70}$$

(3) 当 $A(s) \in \mathbb{R}^{n \times q}[s]$ 在 $\mathbb{C}$ 上取得秩 n 时，常规 Sylvester 矩阵方程 (8.2) 总是有解，且方程的一个特解是

$$v_i = U_i P_i r_i, \quad i = 1, 2, \cdots, p \tag{8.71}$$

8.6.3　算例

例 8.4　再次考虑推进器失效的空间交会系统 (见例 3.1、例 4.6、例 5.5 和例 5.6)，系统的 C-W 方程模型具有如下的标准矩阵二阶系统形式：

$$\ddot{x} + D\dot{x} + Kx = Bu$$

其中,

$$D = \begin{bmatrix} 0 & -2\omega & 0 \\ 2\omega & 0 & 0 \\ 0 & 0 & 0 \end{bmatrix}, \quad K = \begin{bmatrix} -3\omega^2 & 0 & 0 \\ 0 & 0 & 0 \\ 0 & 0 & \omega^2 \end{bmatrix}, \quad B = \begin{bmatrix} 1 & 0 \\ 0 & 0 \\ 0 & 1 \end{bmatrix}$$

对应于此系统的常规 Sylvester 矩阵方程是

$$A_2 V F^2 + A_1 V F + A_0 V = R$$

其中,

$$A_2 = [I \ \ 0_{3\times 2}], \quad A_1 = [D \ \ 0_{3\times 2}], \quad A_0 = [K \ \ B]$$

因此, 有

$$A(s) = \begin{bmatrix} s^2 - 3\omega^2 & -2\omega s & 0 & -1 & 0 \\ 2\omega s & s^2 & 0 & 0 & 0 \\ 0 & 0 & s^2 + \omega^2 & 0 & -1 \end{bmatrix}$$

在下面的讨论中,假设目标在地球同步轨道上运动, $\omega = 7.292115 \times 10^{-5} (\text{rad/s})$, 选择

$$F = \text{diag}\,(-1, -2, -3, -4, -5)$$

则对 $A(s_i)\,(i = 1, 2, \cdots, 5)$ 进行奇异值分解后可得 P_i、Q_i 和 $\Sigma_i(i = 1, 2, \cdots, 5)$, 进而计算出

$$N_1 = \begin{bmatrix} 0.707106775546493 & 0 \\ 0.000103126078491 & 0 \\ 0 & 0.707106779306529 \\ 0.707106779306530 & 0 \\ 0 & 0.707106783066566 \end{bmatrix}$$

$$N_2 = \begin{bmatrix} 0.242535624694947 & 0 \\ 0.000017685976669 & 0 \\ 0 & 0.242535624732878 \\ 0.970142500069468 & 0 \\ 0 & 0.970142500221196 \end{bmatrix}$$

$$N_3 = \begin{bmatrix} 0.110431526008804 & 0 \\ 0.000005368529249 & 0 \\ 0 & 0.110431526010396 \\ 0.993883734666458 & 0 \\ 0 & 0.993883734680780 \end{bmatrix}$$

$$N_4 = \begin{bmatrix} 0.062378286134369 & 0 \\ 0.000002274348180 & 0 \\ 0 & 0.062378286134530 \\ 0.998052578481598 & 0 \\ 0 & 0.998052578484179 \end{bmatrix}$$

$$N_5 = \begin{bmatrix} 0.039968038340357 & 0 \\ 0.000001165806128 & 0 \\ 0 & 0.039968038340384 \\ 0.999200958721450 & 0 \\ 0 & 0.999200958722129 \end{bmatrix}$$

和矩阵 $U_i' = U_i \Sigma_i^{-1} P_i (i = 1, 2, \cdots, 5)$ 如下：

$$U_1' = \begin{bmatrix} 0.49999999 & -0.00014584 & 0 \\ 0.00007292 & 0.99999998 & 0 \\ 0 & 0 & 0.50000000 \\ -0.50000000 & 0.00000000 & 0 \\ 0 & 0 & -0.50000000 \end{bmatrix}$$

$$U_2' = \begin{bmatrix} 0.23529412 & -0.00001823 & 0 \\ 0.00001716 & 0.25000000 & 0 \\ 0 & 0 & 0.23529412 \\ -0.05882353 & 0.00000000 & 0 \\ 0 & 0 & -0.05882353 \end{bmatrix}$$

$$U_3' = \begin{bmatrix} 0.10975610 & -0.00000540 & 0 \\ 0.00000534 & 0.11111111 & 0 \\ 0 & 0 & 0.10975610 \\ -0.01219512 & 0.00000000 & 0 \\ 0 & 0 & -0.01219512 \end{bmatrix}$$

$$U_4' = \begin{bmatrix} 0.06225681 & -0.00000228 & 0 \\ 0.00000227 & 0.06250000 & 0 \\ 0 & 0 & 0.06225681 \\ -0.00389105 & 0.00000000 & 0 \\ 0 & 0 & -0.00389105 \end{bmatrix}$$

$$U_5' = \begin{bmatrix} 0.03993610 & -0.00000117 & 0 \\ 0.00000116 & 0.04000000 & 0 \\ 0 & 0 & 0.03993610 \\ -0.00159744 & 0.00000000 & 0 \\ 0 & 0 & -0.00159744 \end{bmatrix}$$

得到 $N_i(i = 1, 2, \cdots, 5)$ 后, 可以利用

$$v_i = N_i z_i, \quad i = 1, 2, \cdots, 5$$

计算齐次常规 Sylvester 矩阵方程的一般解。特别地, 如果取

$$z_i = \begin{bmatrix} 1 \\ 1 \end{bmatrix}, \quad i = 1, 2, \cdots, 5$$

可得方程的解为

$$V = \begin{bmatrix} 0.70710678 & 0.24253562 & 0.11043153 & 0.06237827 & 0.03996804 \\ 0.00010313 & 0.00001769 & 0.00000537 & 0.00000227 & 0.00000117 \\ 0.70710678 & 0.24253562 & 0.11043153 & 0.06237829 & 0.03996804 \\ 0.70710678 & 0.97014250 & 0.99388373 & 0.99805258 & 0.99920096 \\ 0.70710678 & 0.97014250 & 0.99388373 & 0.99805258 & 0.99920096 \end{bmatrix}$$

对于上面的解 V, 可以验证

$$\left\| A_2 V F^2 + A_1 V F + A_0 V \right\|_{\text{fro}} = 3.0758 \times 10^{-7}$$

而从上述矩阵 $U_i'(i = 1, 2, \cdots, 5)$ 出发, 非齐次常规 Sylvester 矩阵方程的一个特解表示为

$$v_i = U_i' r_i, \quad i = 1, 2, \cdots, 5$$

特别地, 若选取

$$r_i = \begin{bmatrix} i - 2 \\ -i + 3 \\ 1 \end{bmatrix}, \quad i = 1, 2, \cdots, 5$$

可得如下解:

$$V = \begin{bmatrix} -0.50029168 & -0.00001823 & 0.10975610 & 0.12451590 & 0.11981064 \\ 1.99992704 & 0.25000000 & 0.00000534 & -0.06249546 & -0.07999651 \\ 0.50000000 & 0.23529412 & 0.10975610 & 0.06225681 & 0.03993610 \\ 0.50000000 & 0.00000000 & -0.01219512 & -0.00778210 & -0.00479233 \\ -0.50000000 & -0.05882353 & -0.01219512 & -0.00389105 & -0.00159744 \end{bmatrix}$$

对于矩阵 V, 可以验证

$$\|A_2VF^2 + A_1VF + A_0V - R\|_{\text{fro}} = 1.40125764 \times 10^{-7}$$

8.7　注　记

8.7.1　注释

本章提出了几种非方常规 Sylvester 矩阵方程, 并讨论了它们的一般解。和前面一样, 本章只考虑了几种典型的非方常规 Sylvester 矩阵方程, 具体如表 8.1 所示。建议读者自己完成其余类型方程, 特别是变系数的非方常规 Sylvester 矩阵方程解的推导。

对于本章的结论, 读者可以参考文献 [39] 和文献 [40]。

表 8.1　本章研究的非方常规 Sylvester 矩阵方程

情形	F 为任意矩阵	F 为 Jordan 矩阵	F 为对角阵
高阶	是	是	是
二阶	—	—	—
一阶 (广义)	—	—	—
一阶 (常规)	—	—	—
变系数	—	—	—

大多数读者可能只是简单地认为常规 Sylvester 矩阵方程是广义 Sylvester 矩阵方程的特例, 但反之则不然。然而, 在 8.1 节就已指出, 某些非方常规 Sylvester 矩阵方程却是广义 Sylvester 矩阵方程的另一种形式。下面将说明可以将多个广义 Sylvester 矩阵方程组合为常规 Sylvester 矩阵方程。

8.7.2　广义 Sylvester 矩阵方程组

在应用中经常会用到常规 Sylvester 矩阵方程组。从第 2 章可知以下两个事实。

(1) 在解决模型参考控制问题时, 需要寻找一对满足如下广义 Sylvester 矩阵方程组的矩阵 G 和 H [148,358]:

$$\begin{cases} AG + BH = GA_{\text{m}} \\ CG + DH = C_{\text{m}} \end{cases} \tag{8.72}$$

(2) 在解决干扰抑制问题时, 需要寻找一对满足如下广义 Sylvester 矩阵方程组的矩阵 V 和 W:

$$\begin{cases} AV + BW = VF - E_{\text{w}} \\ C_{\text{r}}V + D_{\text{ru}}W = -D_{\text{ru}} \end{cases} \tag{8.73}$$

一般而言，考虑如下的两个一阶广义 Sylvester 矩阵方程组：

$$\begin{cases} A_{11}X + A_{12}Y = E_{11}XF + E_{12}YF + R \\ A_{21}X + A_{22}Y = E_{21}XF + E_{22}YF + L \end{cases} \tag{8.74}$$

其中，$A_{11}, E_{11} \in \mathbb{R}^{n_1 \times n_1}$；$A_{22}, E_{22} \in \mathbb{R}^{n_2 \times n_2}$；$A_{12}, E_{12} \in \mathbb{R}^{n_1 \times n_2}$；$A_{21}, E_{21} \in \mathbb{R}^{n_2 \times n_1}$；$R \in \mathbb{R}^{n_1 \times p}$；$L \in \mathbb{R}^{n_2 \times p}$；$F \in \mathbb{C}^{p \times p}$；$X$ 和 Y 是待求的矩阵。

下面的命题给出了一个有趣的现象[359]。

命题 8.2　令

$$V = \begin{bmatrix} X \\ Y \end{bmatrix} \tag{8.75}$$

则广义 Sylvester 矩阵方程组 (8.74) 可以等价地转化为如下的常规 Sylvester 矩阵方程：

$$EVF - AV = W \tag{8.76}$$

其中，

$$A = \begin{bmatrix} A_{11} & A_{12} \\ A_{21} & A_{22} \end{bmatrix}, \quad E = \begin{bmatrix} E_{11} & E_{12} \\ E_{21} & E_{22} \end{bmatrix}, \quad W = -\begin{bmatrix} R \\ L \end{bmatrix} \tag{8.77}$$

正是由于这一有趣的事实，在应用中如果涉及广义 Sylvester 矩阵方程组，则可以考虑求解增广的常规 Sylvester 矩阵方程，而不是直接求解多个广义 Sylvester 矩阵方程。同样，上述结论也可以推广到高阶的情形。

第 9 章　方的常规 Sylvester 矩阵方程

本章研究方的常规 Sylvester 矩阵方程。具体地说，就是基于前面广义 Sylvester 矩阵方程解的研究结果，研究方的常规 Sylvester 矩阵方程 (1.74)~(1.78) 以及 Lyapunov 矩阵方程 (1.79) 和 (1.81) 的解析解。

再次考虑如下的高阶常规 Sylvester 矩阵方程：

$$A_m V F^m + \cdots + A_1 V F + A_0 V = W \tag{9.1}$$

其相关的多项式矩阵为

$$A(s) = A_m s^m + \cdots + A_1 s + A_0 \tag{9.2}$$

与第 8 章不同的是，此处 $A_i \in \mathbb{R}^{n \times n} (i = 0, 1, 2, \cdots, m)$ 和 $F \in \mathbb{C}^{p \times p}$ 均是方的系数矩阵。另一处与第 4~7 章不同的是，式中 $W \in \mathbb{C}^{n \times p}$ 不再是未知矩阵，唯一需求解的矩阵是 $V \in \mathbb{C}^{n \times p}$。

矩阵 W 与矩阵 V 无关，但其有可能与矩阵 F 相关。一般地，可以假设

$$W = f(F) \tag{9.3}$$

其中，$f : \mathbb{R}^{p \times p} \longrightarrow \mathbb{R}^{n \times p}$ 是给定的映射。特别是当

$$W = \sum_{i=0}^{\psi} H_i W^* F^i \tag{9.4}$$

时，常规 Sylvester 矩阵方程 (9.1) 变为如下形式：

$$A_m V F^m + \cdots + A_1 V F + A_0 V = H_\psi W^* F^\psi + \cdots + H_1 W^* F + H_0 W^* \tag{9.5}$$

其中，$H_i \in \mathbb{R}^{n \times d} (i = 0, 1, 2, \cdots, \psi)$ 和 $W^* \in \mathbb{C}^{d \times p}$ 均是给定的矩阵。

有多种方法可以求得常规 Sylvester 矩阵方程 (9.1) 的一般解。第 8 章中非方常规 Sylvester 矩阵方程的结论可以直接用来求解方的常规 Sylvester 矩阵方程，但更直接的方法还是利用标准全驱动广义 Sylvester 矩阵方程 (6.10) 的相关结论。利用后一种方法，可以很自然地得到关于常规 Sylvester 矩阵方程解的存在性和唯一性条件。因此，本章将利用第 6 章，而不是第 8 章中的结论来求解方的常规 Sylvester 矩阵方程。实际上，关于齐次全驱动广义 Sylvester 矩阵方程 (6.10) 一般解的结论，即定理 6.4 和定理 6.8，就是求取各种常规 Sylvester 矩阵方程一般解的现成工具。

9.1　F 为任意矩阵的情形

本节将研究 $F \in \mathbb{C}^{p \times p}$ 为任意矩阵时, m 阶方的常规 Sylvester 矩阵方程 (9.1) 的解。

9.1.1　方程的解

基于定理 6.8, 可以得到如下关于 m 阶方的常规 Sylvester 矩阵方程 (9.1) 解的结论。

定理 9.1　令 $A(s) \in \mathbb{R}^{n \times n}[s]$ 由式 (9.2) 给出, $W \in \mathbb{C}^{n \times p}$, $F \in \mathbb{C}^{p \times p}$, 并记

$$\pi(s) = \det A(s)$$

则下述结论成立。

(1) m 阶常规 Sylvester 矩阵方程 (9.1) 关于矩阵 V 有解的充分必要条件是

$$\operatorname{rank} \begin{bmatrix} \pi(F) \\ W \end{bmatrix} = \operatorname{rank}\pi(F) \tag{9.6}$$

此时, 存在矩阵 Z 满足

$$W = Z\pi(F) \tag{9.7}$$

并且常规 Sylvester 矩阵方程 (9.1) 的解为

$$V = \left[\operatorname{adj}A(s)Z\right]\big|_F \tag{9.8}$$

(2) m 阶常规 Sylvester 矩阵方程 (9.1) 关于矩阵 V 有唯一解的充分必要条件是 $\det A(s)$ 的零点互异于矩阵 F 的特征值, 即

$$\{s \mid \det A(s) = 0\} \cap \operatorname{eig}(F) = \varnothing \tag{9.9}$$

或者等价地表示为

$$\det \pi(F) \neq 0 \tag{9.10}$$

当条件 (9.10) 满足时, m 阶常规 Sylvester 矩阵方程 (9.1) 的唯一解是

$$V = \left[\operatorname{adj}A(s)W\pi^{-1}(F)\right]\Big|_F \tag{9.11}$$

证明　(1) 把 W 看作未知矩阵, 且把 m 阶常规 Sylvester 矩阵方程 (9.1) 看作 $B(s) = I$ 时的标准齐次全驱动广义 Sylvester 矩阵方程, 则根据定理 6.8 中的结论 (1), 可得标准全驱动广义 Sylvester 矩阵方程 (9.1) 的一般解如下:

$$\begin{cases} V = \left[\operatorname{adj}A(s)Z\right]\big|_F \\ W = Z\pi(F) \end{cases}$$

由此，对于确定的 W，常规 Sylvester 矩阵方程 (9.1) 有解的充分必要条件是方程 (9.7) 关于 Z 有解。所以，依据线性方程组理论，结论 (1) 成立。

(2) 由上面的思想可知，常规 Sylvester 矩阵方程 (9.1) 有唯一解的充分必要条件是方程 (9.7) 关于 Z 具有唯一解，而方程 (9.7) 关于 Z 有唯一解的充分必要条件是式 (9.10) 成立，进一步地，由引理 5.2 可知，式 (9.10) 成立的充分必要条件是

$$\pi(s) \neq 0, \quad \forall s \in \text{eig}(F)$$

由 $\pi(s)$ 的定义可知，上述条件等价于

$$\det A(s) \neq 0, \quad \forall s \in \text{eig}(F)$$

这意味着矩阵 F 的所有特征值均不是 $\det A(s)$ 的零点，因此式 (9.10) 成立的充分必要条件是 $\det A(s)$ 的零点互异于矩阵 F 的特征值。

当条件 (9.10) 满足时，由式 (9.7) 可知，由

$$Z = W\pi^{-1}(F) \tag{9.12}$$

给出的 Z 是唯一的，将式 (9.12) 代入式 (9.8)，可得 m 阶常规 Sylvester 矩阵方程 (9.1) 的解 (9.11)。　　　　　　　　　　　　　　　□

说明 9.1　为了求得广义 Sylvester 矩阵方程 (9.5) 的解，只需用式 (9.4) 的形式替换定理 9.1 中的矩阵 W。本章还将多次用到这种方法，后面不再一一提及。

下面的结论是定理 9.1 的推论，其讨论了一种特殊的常规 Sylvester 矩阵方程的解。

推论 9.1　令 $A(s) \in \mathbb{R}^{n \times n}[s]$ 由式 (9.2) 给出，$W \in \mathbb{C}^{n \times p}$，$F \in \mathbb{C}^{p \times p}$，则下述结论成立。

(1) 当 $A(s)$ 非正则时，m 阶常规 Sylvester 矩阵方程 (9.1) 有解的充分必要条件是 $W = 0$。此时，方程的全部解由式 (9.8) 给出，其中，$Z \in \mathbb{C}^{n \times p}$ 是任意参数矩阵。

(2) 当 $A(s)$ 正则，且在 $\text{eig}(F)$ 上取得秩 n 时，m 阶常规 Sylvester 矩阵方程 (9.1) 在 $W = 0$ 时有唯一解 $V = 0$。

(3) 当 $A(s)$ 是幺模矩阵时，m 阶常规 Sylvester 矩阵方程 (9.1) 有唯一解：

$$V = \left[A^{-1}(s)W\right]\Big|_F \tag{9.13}$$

证明　(1) 当 $A(s)$ 非正则时，有

$$\pi(s) = \det A(s) = 0, \quad \forall s \in \mathbb{C}$$

充分必要条件 (9.6) 退化为 $W = 0$。同时，对任意矩阵 Z，式 (9.7) 成立。所以，m 阶常规 Sylvester 矩阵方程 (9.1) 的所有解由式 (9.8) 给出，其中，Z 是任意参数矩阵。

(2) 当 $A(s)$ 正则，且在 $\mathrm{eig}(F)$ 上取得秩 n 时，$\pi(s) = \det A(s) \neq 0$，则 $\pi(s)$ 是非零常数，有

$$\pi(s) = \det A(s) \neq 0, \quad \forall s \in \mathrm{eig}(F)$$

所以有

$$\det \pi(F) \neq 0$$

结论 (2) 显然成立。

(3) 当 $A(s)$ 是幺模矩阵时，$\pi(s) = \det A(s) \neq 0$，则 $\pi(s)$ 是非零常数，令

$$\pi \overset{\mathrm{def}}{=} \det \pi(s) \neq 0, \quad \forall s \in \mathbb{C}$$

则有

$$\pi(F) = \pi I$$

$$\det \pi(F) = \pi^n \neq 0$$

因此，条件 (9.10) 成立。根据定理 9.1，方程有唯一解。

此时，根据式 (9.11)，方程的唯一解是

$$V = \left[\mathrm{adj} A(s) W (\pi I)^{-1} \right]\Big|_F = \left[\frac{1}{\pi} \mathrm{adj} A(s) W \right]\Big|_F = \left[A^{-1}(s) W \right]\Big|_F$$

即结论 (3) 成立。 □

9.1.2 特殊情形

在定理 9.1 中，如果将一般多项式矩阵 $A(s)$ 分别替换为

$$A_1(s) = sE - A$$

和

$$A_2(s) = Ms^2 + Ds + K$$

则可以得到一阶常规 Sylvester 矩阵方程 (1.77)，即

$$EVF - AV = W \tag{9.14}$$

和二阶常规 Sylvester 矩阵方程 (1.76)，即

$$MVF^2 + DVF + KV = W \tag{9.15}$$

的解。

鉴于一阶情形的重要性, 下面将讨论一阶常规 Sylvester 矩阵方程 (9.14) 的解。将定理 9.1 应用于此方程, 可得如下结论。

定理 9.2　令 $E, A \in \mathbb{R}^{n \times n}$, $W \in \mathbb{C}^{n \times p}$, $F \in \mathbb{C}^{p \times p}$, 并记

$$\pi_{e,a}(s) = \det(sE - A)$$

则下述结论成立。

(1) 一阶常规 Sylvester 矩阵方程 (9.14) 关于矩阵 V 有解的充分必要条件是

$$\mathrm{rank} \begin{bmatrix} \pi_{e,a}(F) \\ W \end{bmatrix} = \mathrm{rank}\, \pi_{e,a}(F)$$

此时, 存在矩阵 Z 使得

$$W = Z\pi_{e,a}(F) \tag{9.16}$$

且一阶常规 Sylvester 矩阵方程 (9.14) 的解是

$$V = [\mathrm{adj}(sE - A) Z]\big|_F \tag{9.17}$$

(2) 一阶常规 Sylvester 矩阵方程 (9.14) 关于矩阵 V 有唯一解的充分必要条件是相关矩阵对 (E, A) 的有限特征值不同于矩阵 F 的特征值, 即

$$\{s \mid \det(sE - A) = 0\} \cap \mathrm{eig}(F) = \varnothing \tag{9.18}$$

或者等价地写为

$$\det \pi_{e,a}(F) \neq 0 \tag{9.19}$$

当条件 (9.19) 满足时, 一阶常规 Sylvester 矩阵方程 (9.14) 的唯一解为

$$V = \left[\mathrm{adj}(sE - A) W \pi_{e,a}^{-1}(F)\right]\Big|_F \tag{9.20}$$

若 $sE - A$ 是幺模矩阵, $\pi_{e,a}(s)$ 是非零常数, 则方程的唯一解退化为

$$V = \left[(sE - A)^{-1} W\right]\Big|_F \tag{9.21}$$

说明 9.2　在定理 9.2 中, 如果假定矩阵 E 为单位阵, 那么可以得到常规 Sylvester 矩阵方程 (1.78), 即

$$VF + AV = W \tag{9.22}$$

的解。显然, 式 (9.22) 就是著名的 Sylvester 矩阵方程, 有时也称为广义连续 Lyapunov 方程。在这种情况下, 定理 9.2 结论 (2) 中的存在性和唯一性条件变为矩阵 A 和 F 没有相同的特征值。

9.1.3　Lyapunov 方程

根据定理 9.2，并设 $E = I$, $A = -F^{\mathrm{T}}$，可以得到关于连续 Lyapunov 方程 (1.79)，即

$$VF + F^{\mathrm{T}}V = W \tag{9.23}$$

解的结论。

推论 9.2　设 $F \in \mathbb{C}^{n \times n}$, $W \in \mathbb{C}^{n \times n}$，并令

$$\pi_f(s) = \det\left(sI + F^{\mathrm{T}}\right)$$

则有下述结论成立。

(1) 连续 Lyapunov 方程 (9.23) 关于矩阵 V 有解的充分必要条件是

$$\mathrm{rank}\begin{bmatrix} \pi_f(F) \\ W \end{bmatrix} = \mathrm{rank}\,\pi_f(F)$$

此时，存在矩阵 Z 使得

$$W = Z\pi_f(F) \tag{9.24}$$

且连续 Lyapunov 方程 (9.23) 的解为

$$V = \left[\mathrm{adj}\left(sI + F^{\mathrm{T}}\right)Z\right]\big|_F \tag{9.25}$$

(2) 连续 Lyapunov 方程 (9.23) 关于矩阵 V 有唯一解的充分必要条件是矩阵 F 没有虚轴上的特征值，即

$$\det\pi_f(F) \neq 0$$

当此条件满足时，方程的唯一解是

$$V = \left[\mathrm{adj}\left(sI + F^{\mathrm{T}}\right)W\pi_f^{-1}(F)\right]\Big|_F \tag{9.26}$$

再次在定理 9.2 中假设 $A = I$，容易得到下面关于广义离散 Lyapunov 方程或 Kalman-Yakubovich 方程 (1.80)，即

$$EVF - V = W \tag{9.27}$$

解的结论。

推论 9.3　令 $E \in \mathbb{R}^{n \times n}$, $W \in \mathbb{C}^{n \times p}$, $F \in \mathbb{C}^{p \times p}$，并记

$$\pi_e(s) = \det\left(sE - I\right)$$

则下述结论成立。

(1) 广义离散 Lyapunov 方程 (9.27) 关于矩阵 V 有解的充分必要条件是

$$\mathrm{rank} \begin{bmatrix} \pi_e(F) \\ W \end{bmatrix} = \mathrm{rank}\,\pi_e(F)$$

此时，存在矩阵 Z 使得

$$W = Z\pi_e(F) \tag{9.28}$$

且广义离散 Lyapunov 方程 (9.27) 的解为

$$V = [\mathrm{adj}\,(sE - I)\,Z]\big|_F \tag{9.29}$$

(2) 广义离散 Lyapunov 方程 (9.27) 关于矩阵 V 有唯一解的充分必要条件是

$$\lambda(E)\,\lambda(F) \neq 1 \tag{9.30}$$

当此条件满足时，广义离散 Lyapunov 方程 (9.27) 的唯一解为

$$V = \left[\mathrm{adj}\,(sE - I)\,W\pi_e^{-1}(F)\right]\Big|_F \tag{9.31}$$

若 $sE - I$ 为幺模矩阵，此解退化为

$$V = \left[(sE - I)^{-1}\,W\right]\Big|_F \tag{9.32}$$

证明　下面只就条件 (9.30) 给出证明，其余部分均直接包含在定理 9.2 的结论中。

根据定理 9.2，方程存在唯一解的条件为

$$\mathbb{E} \overset{\mathrm{def}}{=} \{s \mid \det(sE - I) = 0\} \cap \mathrm{eig}(F) = \varnothing \tag{9.33}$$

注意到

$$\begin{aligned}
\mathbb{E} &\overset{\mathrm{def}}{=} \{s \mid \det(sE - I) = 0\} \cap \mathrm{eig}(F) \\
&= \{s \mid \det(sE - I) = 0,\ s \in \mathrm{eig}(F)\} \\
&= \{\beta \mid \det(E - \beta I) = 0,\ \tfrac{1}{\beta} \in \mathrm{eig}(F)\} \\
&= \{\beta \mid \det(\beta I - E) = 0,\ \tfrac{1}{\beta} \in \mathrm{eig}(F)\} \\
&= \{\beta \mid \det(\beta I - E) = 0,\ \beta\lambda(F) = 1\}
\end{aligned}$$

有

$$\mathbb{E} = \varnothing \iff \lambda(E)\,\lambda(F) \neq 1$$

所以，方程存在唯一解的条件为式 (9.30)。　　　　　　　　　　　　□

在上面推论 9.3 中，假设 $E = F^{\mathrm{T}}$，可得关于离散 Lyapunov 方程或 Stein 方程 (1.81)，即

$$F^{\mathrm{T}}VF - V = W \tag{9.34}$$

解的结论。此方程关于矩阵 V 存在唯一解的条件是

$$\lambda\left(F^{\mathrm{T}}\right)\lambda(F) \neq 1 \tag{9.35}$$

式 (9.35) 也可写为

$$\lambda^{-1} \notin \mathrm{eig}(F), \quad \forall \lambda \in \mathrm{eig}(F) \tag{9.36}$$

9.2　F 为 Jordan 矩阵的情形

本节将讨论矩阵 F 为如下 Jordan 矩阵时常规 Sylvester 矩阵方程的解：

$$F = \mathrm{blockdiag}\left(F_1, F_2, \cdots, F_w\right), \quad F_i = \begin{bmatrix} s_i & 1 & & \\ & s_i & \ddots & \\ & & \ddots & 1 \\ & & & s_i \end{bmatrix}_{p_i \times p_i} \tag{9.37}$$

其中，$s_i(i = 1, 2, \cdots, w)$ 是矩阵 F 的特征值；$p_i(i = 1, 2, \cdots, w)$ 分别是对应于特征值 $s_i(i = 1, 2, \cdots, w)$ 的几何重数，且满足 $\sum\limits_{i=1}^{w} p_i = p$。

9.2.1　一般解

根据定理 6.8 的结论 (2)，可以得到 m 阶常规 Sylvester 矩阵方程 (9.1) 的解，其中将再次用到记号

$$\pi(s) = \det A(s)$$

定理 9.3　令 $A(s) \in \mathbb{R}^{n \times n}[s]$ 由式 (9.2) 给出，$W \in \mathbb{C}^{n \times p}$，且 $F \in \mathbb{C}^{p \times p}$ 为 Jordan 矩阵 (9.37)，则下述结论成立。

(1) m 阶常规 Sylvester 矩阵方程 (9.1) 关于矩阵 V 有唯一解的充分必要条件是 $s_i(i = 1, 2, \cdots, w)$ 不是 $A(s)$ 的零点，即

$$\pi(s_i) = \det A(s_i) \neq 0, \quad i = 1, 2, \cdots, w \tag{9.38}$$

(2) 当条件 (9.38) 满足时，m 阶常规 Sylvester 矩阵方程 (9.1) 的唯一解具有如下迭代形式：

$$v_{ij} = A^{-1}(s_i)\left(w_{ij} - \sum_{k=1}^{j-1} \frac{1}{k!}\frac{\mathrm{d}^k}{\mathrm{d}s^k}A(s_i)v_{i,j-k}\right), \quad j = 1, 2, \cdots, p_i;\ i = 1, 2, \cdots, w \tag{9.39}$$

或者写成

$$v_{ij} = \sum_{k=0}^{j-1} \frac{1}{k!} \frac{\mathrm{d}^k}{\mathrm{d}s^k} \mathrm{adj} A\left(s_i\right) z_{i,j-k}, \quad j=1,2,\cdots,p_i;\ i=1,2,\cdots,w \tag{9.40}$$

其中，Z 由

$$z_{ij} = \frac{1}{\pi\left(s_i\right)} \left(w_{ij} - \sum_{k=1}^{j-1} \frac{1}{k!} \frac{\mathrm{d}^k}{\mathrm{d}s^k} \pi\left(s_i\right) z_{i,j-k} \right), \quad j=1,2,\cdots,p_i;\ i=1,2,\cdots,w$$

$$\tag{9.41}$$

迭代给出。

　　证明　(1) 如果将 W 看作未知矩阵，将 m 阶常规 Sylvester 矩阵方程 (9.1) 看作 $B(s)=I$ 时的标准齐次全驱动广义 Sylvester 矩阵方程，则由定理 6.8 的结论 (2) 可知，标准全驱动广义 Sylvester 矩阵方程 (9.1) 的一般解为

$$\begin{cases} v_{ij} = \displaystyle\sum_{k=0}^{j-1} \frac{1}{k!} \frac{\mathrm{d}^k}{\mathrm{d}s^k} \mathrm{adj} A\left(s_i\right) z_{i,j-k} \\[4mm] w_{ij} = \displaystyle\sum_{k=0}^{j-1} \frac{1}{k!} \frac{\mathrm{d}^k}{\mathrm{d}s^k} \pi\left(s_i\right) z_{i,j-k} \\[4mm] \quad j=1,2,\cdots,p_i;\ i=1,2,\cdots,w \end{cases}$$

　　因此，对于固定的矩阵 W，常规 Sylvester 矩阵方程 (9.1) 有解的充分必要条件是

$$w_{ij} = \sum_{k=0}^{j-1} \frac{1}{k!} \frac{\mathrm{d}^k}{\mathrm{d}s^k} \pi\left(s_i\right) z_{i,j-k}, \quad j=1,2,\cdots,p_i;\ i=1,2,\cdots,w \tag{9.42}$$

关于矩阵 Z 有解，将方程 (9.42) 改写为

$$w_{ij} = \pi\left(s_i\right) z_{ij} + \sum_{k=1}^{j-1} \frac{1}{k!} \frac{\mathrm{d}^k}{\mathrm{d}s^k} \pi\left(s_i\right) z_{i,j-k}, \quad j=1,2,\cdots,p_i;\ i=1,2,\cdots,w$$

$$\tag{9.43}$$

并将方程右侧的第二项移到左侧，可得

$$\pi\left(s_i\right) z_{ij} = w_{ij} - \sum_{k=1}^{j-1} \frac{1}{k!} \frac{\mathrm{d}^k}{\mathrm{d}s^k} \pi\left(s_i\right) z_{i,j-k}, \quad j=1,2,\cdots,p_i;\ i=1,2,\cdots,w$$

$$\tag{9.44}$$

从中容易看出，方程 (9.42) 关于 Z 有解的充分必要条件是式 (9.38) 成立。

(2) 由结论 (1) 的证明可知, 常规 Sylvester 矩阵方程的解由式 (9.40) 给出, 其中, 矩阵 Z 由式 (9.44) 确定。在条件 (9.38) 满足时, 从关系式 (9.44) 可以立刻得出迭代公式 (9.41)。

下面将证明方程的解是式 (9.39)。再次将 W 看作未知矩阵, 且将 m 阶常规 Sylvester 矩阵方程 (9.1) 看作标准齐次全驱动广义 Sylvester 矩阵方程, 由定理 6.4 可知, 标准全驱动广义 Sylvester 矩阵方程 (9.1) 的一般解是

$$\begin{cases} V = Z \\ w_{ij} = \sum_{k=0}^{j-1} \dfrac{1}{k!} \dfrac{\mathrm{d}^k}{\mathrm{d}s^k} A(s_i) z_{i,j-k}, \quad j = 1, 2, \cdots, p_i; \ i = 1, 2, \cdots, w \end{cases} \tag{9.45}$$

因此, 当 W 固定时, 矩阵 V 由

$$w_{ij} = \sum_{k=0}^{j-1} \frac{1}{k!} \frac{\mathrm{d}^k}{\mathrm{d}s^k} A(s_i) v_{i,j-k}, \quad j = 1, 2, \cdots, p_i; \ i = 1, 2, \cdots, w \tag{9.46}$$

确定, 将方程 (9.46) 改写为

$$w_{ij} = A(s_i) v_{ij} + \sum_{k=1}^{j-1} \frac{1}{k!} \frac{\mathrm{d}^k}{\mathrm{d}s^k} A(s_i) v_{i,j-k}, \quad j = 1, 2, \cdots, p_i; \ i = 1, 2, \cdots, w \tag{9.47}$$

容易得到方程的解 (9.39)。   □

假设第 i 个 Jordan 块是 3 维的, 即

$$J_i = \begin{bmatrix} s_i & 1 & 0 \\ 0 & s_i & 1 \\ 0 & 0 & s_i \end{bmatrix}$$

由式 (9.39) 可知, 计算向量 $v_{ij}(j = 1, 2, 3)$ 的迭代公式是

$$\begin{cases} v_{i1} = A^{-1}(s_i) w_{i1} \\ v_{i2} = A^{-1}(s_i) \left(w_{i2} - \dfrac{\mathrm{d}}{\mathrm{d}s} A(s_i) v_{i1} \right) \\ v_{i3} = A^{-1}(s_i) \left(w_{i3} - \dfrac{\mathrm{d}}{\mathrm{d}s} A(s_i) v_{i2} - \dfrac{1}{2} \dfrac{\mathrm{d}^2}{\mathrm{d}s^2} A(s_i) v_{i1} \right) \end{cases} \tag{9.48}$$

当 $A(s) \in \mathbb{R}^{n \times n}[s]$ 由式 (9.2) 定义, 且为幺模矩阵时, 条件 (9.38) 成立。由这一事实和上述结论, 对应于推论 9.1, 可以得到下述结果。

推论 9.4　　假设由式 (9.2) 定义的 $A(s) \in \mathbb{R}^{n \times n}[s]$ 是幺模矩阵，$W \in \mathbb{C}^{n \times p}$ 和 $F \in \mathbb{C}^{p \times p}$ 为 Jordan 矩阵 (9.37)。那么，m 阶常规 Sylvester 矩阵方程 (9.1) 有唯一解，且此解为

$$v_{ij} = \sum_{k=0}^{j-1} \frac{1}{k!} \frac{\mathrm{d}^k}{\mathrm{d}s^k} A^{-1}(s_i) w_{i,j-k}, \quad j = 1, 2, \cdots, p_i; \ i = 1, 2, \cdots, w$$

证明　　当 $A(s)$ 是幺模矩阵时，有

$$\pi(s) = \det A(s) = \pi$$

是非零常数，因此条件 (9.38) 成立。

当此条件成立时，由式 (9.41) 可知

$$\begin{aligned}
z_{ij} &= \frac{1}{\pi} \left(w_{ij} - \sum_{k=1}^{j-1} \frac{1}{k!} \left(\frac{\mathrm{d}^k}{\mathrm{d}s^k} \pi \right) z_{i,j-k} \right) \\
&= \frac{1}{\pi} w_{ij}, \quad j = 1, 2, \cdots, p_i; \ i = 1, 2, \cdots, w
\end{aligned} \tag{9.49}$$

将式 (9.49) 代入式 (9.40)，可得

$$\begin{aligned}
v_{ij} &= \sum_{k=0}^{j-1} \frac{1}{k!} \frac{\mathrm{d}^k}{\mathrm{d}s^k} \mathrm{adj} A(s_i) \frac{1}{\pi} w_{i,j-k} \\
&= \sum_{k=0}^{j-1} \frac{1}{k!} \frac{\mathrm{d}^k}{\mathrm{d}s^k} \mathrm{adj} A^{-1}(s_i) w_{i,j-k}, \quad j = 1, 2, \cdots, p_i; \ i = 1, 2, \cdots, w
\end{aligned} \tag{9.50}$$

即式 (9.49) 成立。　　　　　　　　　　　　　　　　　　　　　　　　　　　　　　　□

9.2.2　特殊情形

将定理 9.3 中的一般多项式矩阵 $A(s)$ 分别替换为

$$A_1(s) = sE - A$$

和

$$A_2(s) = Ms^2 + Ds + K$$

即可求得一阶常规 Sylvester 矩阵方程 (1.77)(即式 (9.14)) 和二阶常规 Sylvester 矩阵方程 (1.76) (即式 (9.15)) 的解。

1. 一阶常规 Sylvester 矩阵方程

由于一阶情形的特殊重要性,下面给出 F 为 Jordan 矩阵时一阶常规 Sylvester 矩阵方程 (9.14) 的解。在此又一次用到下面的记号:

$$\pi_{e,a}(s) = \det(sE - A)$$

定理 9.4　令 $E, A \in \mathbb{R}^{n \times n}$, $W \in \mathbb{C}^{n \times p}$, 且 $F \in \mathbb{C}^{p \times p}$ 为 Jordan 矩阵 (9.37),则下述结论成立。

(1) 一阶常规 Sylvester 矩阵方程 (9.14) 关于矩阵 V 有唯一解的充分必要条件是 $s_i(i = 1, 2, \cdots, w)$ 不是矩阵对 (E, A) 的有限特征值,即

$$\pi_{e,a}(s_i) = \det(s_i E - A) \neq 0, \quad i = 1, 2, \cdots, w \tag{9.51}$$

(2) 当条件 (9.51) 满足时,一阶常规 Sylvester 矩阵方程 (9.14) 的唯一解由

$$\begin{cases} v_{i1} = (s_i E - A)^{-1} w_{i1} \\ v_{ij} = (s_i E - A)^{-1} (w_{ij} - E v_{i,j-1}) \\ \quad j = 2, 3, \cdots, p_i; \ i = 1, 2, \cdots, w \end{cases} \tag{9.52}$$

迭代给出,或者由

$$v_{ij} = \sum_{k=0}^{j-1} \frac{1}{k!} \frac{\mathrm{d}^k}{\mathrm{d}s^k} \mathrm{adj}\,(s_i E - A)\, z_{i,j-k}, \quad j = 1, 2, \cdots, p_i; \ i = 1, 2, \cdots, w$$

给出,其中,Z 的迭代公式为

$$z_{ij} = \frac{1}{\pi_{e,a}(s_i)} \left(w_{ij} - \sum_{k=1}^{j-1} \frac{1}{k!} \frac{\mathrm{d}^k}{\mathrm{d}s^k} \pi_{e,a}(s_i)\, z_{i,j-k} \right), \quad j = 1, 2, \cdots, p_i; \ i = 1, 2, \cdots, w \tag{9.53}$$

由推论 9.4 可以得到如下关于一阶常规 Sylvester 矩阵方程 (9.14) 的结论。

推论 9.5　如果 $sE - A$ 是幺模矩阵,则一阶常规 Sylvester 矩阵方程 (9.14) 有唯一解:

$$v_{ij} = \sum_{k=0}^{j-1} \frac{1}{k!} \frac{\mathrm{d}^k}{\mathrm{d}s^k} (s_i E - A)^{-1} w_{i,j-k}, \quad j = 1, 2, \cdots, p_i; \ i = 1, 2, \cdots, w \tag{9.54}$$

2. Lyapunov 方程

基于定理 9.4,并假设 $E = I$, $A = -F^\mathrm{T}$,容易得到如下关于连续 Lyapunov 方程 (9.23) 解的结论,其中再次用到记号

$$\pi_f(s) = \det(sI + F^\mathrm{T})$$

推论 9.6　　令 $W \in \mathbb{C}^{n \times p}$, 且 $F \in \mathbb{C}^{p \times p}$ 为 Jordan 矩阵 (9.37), 则下述结论成立。

(1) 连续 Lyapunov 方程 (9.23) 关于矩阵 V 有唯一解的充分必要条件是矩阵 F 的所有特征值均不是 $\pi_f(s)$ 的零点, 即

$$\pi_f(s_i) = \det(s_i I + F) \neq 0, \quad i = 1, 2, \cdots, w \tag{9.55}$$

(2) 当条件 (9.55) 满足时, 连续 Lyapunov 方程 (9.23) 的唯一解由

$$\begin{cases} v_{i1} = \left(s_i I + F^{\mathrm{T}}\right)^{-1} w_{i1} \\ v_{ij} = \left(s_i I + F^{\mathrm{T}}\right)^{-1} \left(w_{ij} - v_{i,j-1}\right) \\ \quad j = 2, 3, \cdots, p_i; \ i = 1, 2, \cdots, w \end{cases} \tag{9.56}$$

迭代确定, 或者由

$$v_{ij} = \sum_{k=0}^{j-1} \frac{1}{k!} \frac{\mathrm{d}^k}{\mathrm{d}s^k} \mathrm{adj}\left(s_i I + F^{\mathrm{T}}\right) z_{i,j-k}, \quad j = 1, 2, \cdots, p_i; \ i = 1, 2, \cdots, w$$

给出, 其中, Z 由

$$z_{ij} = \frac{1}{\pi_f(s_i)} \left(w_{ij} - \sum_{k=1}^{j-1} \frac{1}{k!} \frac{\mathrm{d}^k}{\mathrm{d}s^k} \pi_f(s_i) z_{i,j-k} \right), \quad j = 1, 2, \cdots, p_i; \ i = 1, 2, \cdots, w \tag{9.57}$$

迭代得到。

令 $A = I$, 应用定理 9.4 和记号

$$\pi_e(s) = \det(sE - I)$$

可得到如下 F 为 Jordan 矩阵时广义离散 Lyapunov 方程 (9.27) 解的结论。

推论 9.7　　令 $E \in \mathbb{R}^{n \times n}$, $W \in \mathbb{C}^{n \times p}$, 且 $F \in \mathbb{C}^{p \times p}$ 为 Jordan 矩阵 (9.37), 则下述结论成立。

(1) 广义离散 Lyapunov 方程 (9.27) 关于矩阵 V 有唯一解的充分必要条件是

$$\pi_e(s_i) = \det(s_i E - I) \neq 0, \quad i = 1, 2, \cdots, w \tag{9.58}$$

或者, 等价地写为

$$\lambda_j(E) s_i \neq 1, \quad i = 1, 2, \cdots, w; \ j = 1, 2, \cdots, n$$

(2) 当条件 (9.58) 满足时, 广义离散 Lyapunov 方程 (9.27) 的唯一解由

$$
\left\{
\begin{array}{l}
v_{i1} = (s_i E - I)^{-1} w_{i1} \\
v_{ij} = (s_i E - I)^{-1} (w_{ij} - E v_{i,j-1}) \\
\quad j = 2, 3, \cdots, p_i; \ i = 1, 2, \cdots, w
\end{array}
\right.
\tag{9.59}
$$

迭代确定, 或者由

$$
v_{ij} = \sum_{k=0}^{j-1} \frac{1}{k!} \frac{\mathrm{d}^k}{\mathrm{d}s^k} \mathrm{adj}\,(s_i E - I) z_{i,j-k}, \quad j = 1, 2, \cdots, p_i; \ i = 1, 2, \cdots, w
$$

给出, 其中, Z 的迭代公式为

$$
z_{ij} = \frac{1}{\pi_e(s_i)} \left(w_{ij} - \sum_{k=1}^{j-1} \frac{1}{k!} \frac{\mathrm{d}^k}{\mathrm{d}s^k} \pi_e(s_i) z_{i,j-k} \right), \quad j = 1, 2, \cdots, p_i; \ i = 1, 2, \cdots, w
\tag{9.60}
$$

容易验证, 当 $sE - I$ 是幺模矩阵时, 条件 (9.58) 必然成立. 此时, 广义离散 Lyapunov 方程 (9.27) 的唯一解是

$$
v_{ij} = \sum_{k=0}^{j-1} \frac{1}{k!} \frac{\mathrm{d}^k}{\mathrm{d}s^k} (s_i E - I)^{-1} w_{i,j-k}, \quad j = 1, 2, \cdots, p_i; \ i = 1, 2, \cdots, w
\tag{9.61}
$$

9.3　F 为对角阵的情形

本节将讨论 F 为对角阵

$$
F = \mathrm{diag}\,(s_1, s_2, \cdots, s_p)
\tag{9.62}
$$

时常规 Sylvester 矩阵方程的解, 其中, $s_i(i = 1, 2, \cdots, p)$ 是一组自共轭的复数, 且不必互异.

9.3.1　一般解

根据定理 6.8 的结论 (3), 或者直接简化定理 9.3 的结果, 都可以得出如下关于 m 阶常规 Sylvester 矩阵方程 (9.1) 解的结论.

定理 9.5　令 $A(s) \in \mathbb{R}^{n \times n}[s]$ 由式 (9.2) 定义, $W \in \mathbb{C}^{n \times p}$, 且 F 为对角阵 (9.62), 则下述结论成立.

(1) m 阶常规 Sylvester 矩阵方程 (9.1) 关于矩阵 V 有唯一解的充分必要条件是 $s_i(i = 1, 2, \cdots, p)$ 都不是 $A(s)$ 的零点, 即

$$
\det A(s_i) \neq 0, \quad i = 1, 2, \cdots, p
\tag{9.63}
$$

(2) 当条件 (9.63) 满足时，m 阶常规 Sylvester 矩阵方程 (9.1) 的唯一解是

$$v_i = A^{-1}(s_i)w_i, \quad i = 1, 2, \cdots, p \tag{9.64}$$

证明　此结果是定理 9.3 的特例。容易看出方程解的存在性条件和唯一性条件相同，当矩阵 F 为对角阵 (9.62) 时，有 $p_i = 1$, $i = 1, 2, \cdots, p$，因此 v_{ij} 中的下标 j 可以省略，并且解 (9.39) 简化为式 (9.64)，而解 (9.40) 简化为

$$v_i = \frac{1}{\pi(s_i)}\text{adj}A(s_i)w_i, \quad i = 1, 2, \cdots, p$$

上式恰好就是解 (9.64)。　　　　　　　　　　　　　　　　　　　　　　□

9.3.2　一阶常规 Sylvester 矩阵方程和 Lyapunov 方程

在定理 9.5 中，只需将广义多项式矩阵 $A(s)$ 分别替换为

$$A_1(s) = sE - A$$

和

$$A_2(s) = Ms^2 + Ds + K$$

就可以获得一阶常规 Sylvester 矩阵方程 (9.14) 和二阶常规 Sylvester 矩阵方程 (9.15) 的解。

1. 一阶常规 Sylvester 矩阵方程

鉴于一阶情形的特殊重要性，下面给出一阶常规 Sylvester 矩阵方程 (9.14) 的解。

定理 9.6　令 $E, A \in \mathbb{R}^{n \times n}$, $W \in \mathbb{C}^{n \times p}$，且 F 为对角阵 (9.62)，则下述结论成立。

(1) 一阶常规 Sylvester 矩阵方程 (9.14) 关于矩阵 V 有唯一解的充分必要条件是 $s_i(i = 1, 2, \cdots, p)$ 不是矩阵对 (E, A) 的有限特征值，即

$$\det(s_iE - A) \neq 0, \quad i = 1, 2, \cdots, p \tag{9.65}$$

(2) 当条件 (9.65) 满足时，一阶常规 Sylvester 矩阵方程 (9.14) 的唯一解为

$$v_i = -(s_iE - A)^{-1}w_i, \quad i = 1, 2, \cdots, p \tag{9.66}$$

2. Lyapunov 方程

在本小节中，将分别用 v_{ij} 和 w_{ij} 表示矩阵 V 和 W 的第 i 列、第 j 行元素。要注意的是，这种记法和约定 C1 有所不同。

根据定理 9.6，并假定 $E = -I$, $A = F^{\text{T}}$，容易得到如下关于连续 Lyapunov 方程 (9.23) 解的结论。

推论 9.8　令 $W \in \mathbb{C}^{n \times p}$, 且 F 为对角阵 (9.62), 则下述结论成立。

(1) 连续 Lyapunov 方程 (9.23) 关于矩阵 V 有唯一解的充分必要条件是

$$s_i + s_j \neq 0, \quad i, j = 1, 2, \cdots, p \tag{9.67}$$

(2) 当条件 (9.67) 满足时, 连续 Lyapunov 方程 (9.23) 的唯一解是

$$v_{ij} = \frac{w_{ij}}{s_i + s_j}, \quad i, j = 1, 2, \cdots, p \tag{9.68}$$

证明　(1) 根据定理 9.6 的结论 (1), 并在条件 (9.65) 中假设 $E = -I$, $A = F^{\mathrm{T}}$, 可得

$$\pi_{\mathrm{c}}(s_i) = -\det\left(s_i I + F^{\mathrm{T}}\right) \neq 0, \quad i = 1, 2, \cdots, p \tag{9.69}$$

进一步考虑 F 的对称性, 容易看出

$$\begin{aligned}
\pi_{\mathrm{c}}(s_i) &= -\det\left(\operatorname{diag}\left(s_i + s_1, s_i + s_2, \cdots, s_i + s_p\right)\right) \\
&= \prod_{j=1}^{p} (s_i + s_j) \neq 0, \quad i = 1, 2, \cdots, p
\end{aligned} \tag{9.70}$$

式 (9.70) 显然等价于式 (9.67)。

(2) 根据定理 9.6 的结论 (2), 并假设 $E = -I$, $A = F^{\mathrm{T}}$, 可知连续 Lyapunov 方程 (9.23) 的唯一解为

$$v_i = (s_i I + F)^{-1} w_i, \quad i = 1, 2, \cdots, p \tag{9.71}$$

式 (9.70) 可以改写为

$$\begin{bmatrix} v_{i1} \\ v_{i2} \\ \vdots \\ v_{ip} \end{bmatrix} = \begin{bmatrix} (s_i + s_1)^{-1} w_{i1} \\ (s_i + s_2)^{-1} w_{i2} \\ \vdots \\ (s_i + s_p)^{-1} w_{ip} \end{bmatrix}, \quad i = 1, 2, \cdots, p$$

从中可以得出式 (9.68)。　　　　　　　　　　　　　　　　　　　　　　$\square$

再次应用定理 9.6, 并假设 $E = F^{\mathrm{T}}$, $A = I$, 容易得到下面关于离散 Lyapunov 方程 (1.81), 即

$$V - F^{\mathrm{T}} V F = W \tag{9.72}$$

解的结论。

推论 9.9　令 $W \in \mathbb{C}^{n \times p}$, 且 F 为对角阵 (9.62), 则下述结论成立。

(1) 离散 Lyapunov 方程 (9.72) 关于矩阵 V 有唯一解的充分必要条件是

$$s_i s_j \neq 1, \quad i, j = 1, 2, \cdots, p \tag{9.73}$$

(2) 当条件 (9.73) 满足时, 离散 Lyapunov 方程 (9.72) 的唯一解是

$$v_{ij} = \frac{w_{ij}}{1 - s_i s_j}, \quad i, j = 1, 2, \cdots, p \tag{9.74}$$

证明　(1) 根据定理 9.6, 并在条件 (9.65) 中设 $E = F^{\mathrm{T}}$, $A = I$, 则有

$$\pi_{\mathrm{d}}(s_i) = \det(s_i F - I) \neq 0, \quad i = 1, 2, \cdots, p \tag{9.75}$$

进一步注意 F 为对角阵, 容易看出条件 (9.75) 等价于

$$\pi_{\mathrm{d}}(s_i) = \det(\mathrm{diag}(s_i s_1 - 1, s_i s_2 - 1, \cdots, s_i s_p - 1))$$
$$= \prod_{j=1}^{p}(s_i s_j - 1) \neq 0, \quad i = 1, 2, \cdots, p$$

而此式等价于式 (9.73)。

(2) 再次应用定理 9.6, 并假设 $E = F^{\mathrm{T}}$, $A = I$, 可得一阶常规 Sylvester 矩阵方程 (1.81) 的唯一解, 即

$$v_i = -(s_i F - I)^{-1} w_i, \quad i = 1, 2, \cdots, p \tag{9.76}$$

由于 F 是对角阵, 上述关系可以写为

$$\begin{bmatrix} v_{i1} \\ v_{i2} \\ \vdots \\ v_{ip} \end{bmatrix} = \begin{bmatrix} (1 - s_i s_1)^{-1} w_{i1} \\ (1 - s_i s_2)^{-1} w_{i2} \\ \vdots \\ (1 - s_i s_p)^{-1} w_{ip} \end{bmatrix}, \quad i = 1, 2, \cdots, p$$

对比上述方程的两边可以得出式 (9.74)。　　　　　　　　　　　　　　□

说明 9.3　容易看出, 当 F 为对角阵时, 基于给定矩阵 W 和 F 的对角元素, 可以写出连续 Lyapunov 方程 (9.23) 和离散 Lyapunov 方程 (9.72) 的解。当矩阵 F 为非退化矩阵, 而非对角阵时, 应该先将矩阵 F 相似变换为对角情形。

9.4　算例——受限机械系统

本节将通过一个例子来验证本章的一些结论，此例来于受限机械系统，并且在 1.2 节中用到过。

例 9.1 (二阶受限机械系统)　再次考虑例 1.3 和例 4.9 中用到的受限机械系统，在例 1.3 中建立了此系统的矩阵二阶模型，其系数矩阵为

$$A_2 = \begin{bmatrix} 1 & 0 & 0 \\ 0 & 1 & 0 \\ 0 & 0 & 0 \end{bmatrix}, \quad A_1 = \begin{bmatrix} 1 & 1 & 0 \\ 1 & 1 & 0 \\ 0 & 0 & 0 \end{bmatrix}, \quad A_0 = \begin{bmatrix} 2 & 0 & -1 \\ 0 & 1 & -1 \\ 1 & 1 & 0 \end{bmatrix}, \quad B = \begin{bmatrix} 1 \\ -1 \\ 0 \end{bmatrix}$$

相应的常规 Sylvester 矩阵方程为

$$A_2 V F^2 + A_1 V F + A_0 V = I_3 \tag{9.77}$$

对应于此方程有

$$A(s) = A_2 s^2 + A_1 s + A_0 = \begin{bmatrix} s^2 + s + 2 & s & -1 \\ s & s^2 + s + 1 & -1 \\ 1 & 1 & 0 \end{bmatrix}$$

因此，有

$$\pi(s) = \det \begin{bmatrix} s^2 + s + 2 & s & -1 \\ s & s^2 + s + 1 & -1 \\ 1 & 1 & 0 \end{bmatrix} = 2s^2 + 3$$

对于任意没有特征值 $\pm\sqrt{1.5}\mathrm{i}$ 的矩阵 F，此方程对任意的 W 均有唯一解。

下面考虑在矩阵 F 的三种不同情形下方程的解。

情形 1　F 为任意矩阵。

在这种情形下，选择矩阵 F 为

$$F = \begin{bmatrix} -1 & 1 & 0 \\ -1 & -1 & 0 \\ 0 & 0 & -1 \end{bmatrix}$$

则其特征值为 -1 和 $-1 \pm \mathrm{i}$。

此时，由于

$$\mathrm{adj}A(s) = \begin{bmatrix} 1 & -1 & s^2 + 1 \\ -1 & 1 & s^2 + 2 \\ -s^2 - 1 & -s^2 - 2 & s^4 + 2s^3 + 3s^2 + 3s + 2 \end{bmatrix}$$

$$= G_4 s^4 + G_3 s^3 + G_2 s^2 + G_1 s + G_0$$

其中,

$$G_4 = \begin{bmatrix} 0 & 0 & 0 \\ 0 & 0 & 0 \\ 0 & 0 & 1 \end{bmatrix}, \quad G_3 = \begin{bmatrix} 0 & 0 & 0 \\ 0 & 0 & 0 \\ 0 & 0 & 2 \end{bmatrix}, \quad G_2 = \begin{bmatrix} 0 & 0 & 1 \\ 0 & 0 & 1 \\ -1 & -1 & 3 \end{bmatrix}$$

$$G_1 = \begin{bmatrix} 0 & 0 & 0 \\ 0 & 0 & 0 \\ 0 & 0 & 3 \end{bmatrix}, \quad G_0 = \begin{bmatrix} 1 & -1 & 1 \\ -1 & 1 & 2 \\ -1 & -2 & 2 \end{bmatrix}$$

$$\pi(F) = 2F^2 + 3I = \begin{bmatrix} 3 & -4 & 0 \\ 4 & 3 & 0 \\ 0 & 0 & 5 \end{bmatrix}, \quad \pi^{-1}(F) = \frac{1}{25} \times \begin{bmatrix} 3 & 4 & 0 \\ -4 & 3 & 0 \\ 0 & 0 & 5 \end{bmatrix}$$

则根据式 (9.11), 可得常规 Sylvester 矩阵方程的解如下:

$$V = \left[\mathrm{adj} A(s) W \pi^{-1}(F) \right] \Big|_F$$
$$= G_0 \pi^{-1}(F) + G_1 \pi^{-1}(F) F + \cdots + G_4 \pi^{-1}(F) F^4$$
$$= \frac{1}{25} \times \begin{bmatrix} 7 & 1 & 10 \\ -7 & -1 & 15 \\ -9 & -12 & 5 \end{bmatrix}$$

情形 2 F 为 Jordan 矩阵。

此时, 选择矩阵 F 为如下的 Jordan 块:

$$F = \begin{bmatrix} -1 & 1 & 0 \\ 0 & -1 & 1 \\ 0 & 0 & -1 \end{bmatrix}$$

则可以依据式 (9.39) 给出方程的解。注意到

$$\frac{\mathrm{d}}{\mathrm{d}s} A(-1) = \begin{bmatrix} 2s+1 & 1 & 0 \\ 1 & 2s+1 & 0 \\ 0 & 0 & 0 \end{bmatrix}_{s=-1} = \begin{bmatrix} -1 & 1 & 0 \\ 1 & -1 & 0 \\ 0 & 0 & 0 \end{bmatrix}$$

$$\frac{\mathrm{d}^2}{\mathrm{d}s^2} A(-1) = \begin{bmatrix} 2 & 0 & 0 \\ 0 & 2 & 0 \\ 0 & 0 & 0 \end{bmatrix}, \quad A^{-1}(-1) = \frac{1}{5} \times \begin{bmatrix} 1 & -1 & 2 \\ -1 & 1 & 3 \\ -2 & -3 & 1 \end{bmatrix}$$

则有

$$v_{11} = A^{-1}(-1)w_{11} = \frac{1}{5} \times \begin{bmatrix} 1 \\ -1 \\ -2 \end{bmatrix} \tag{9.78}$$

$$v_{12} = A^{-1}(-1)\left(w_{12} - \frac{\mathrm{d}}{\mathrm{d}s}A(s_1)v_{11}\right) = \frac{1}{25} \times \begin{bmatrix} -1 \\ 1 \\ -13 \end{bmatrix} \tag{9.79}$$

$$v_{13} = A^{-1}(-1)\left(w_{13} - \frac{\mathrm{d}}{\mathrm{d}s}A(s_1)v_{12} - \frac{1}{2}\frac{\mathrm{d}^2}{\mathrm{d}s^2}A(s_1)v_{11}\right)$$

$$= \frac{1}{125} \times \begin{bmatrix} 36 \\ 89 \\ 18 \end{bmatrix} \tag{9.80}$$

因此，常规 Sylvester 矩阵方程的解是

$$V = \frac{1}{125} \times \begin{bmatrix} 25 & -5 & 36 \\ -25 & 5 & 89 \\ -50 & -65 & 18 \end{bmatrix}$$

情形 3 F 为对角阵。

此时，选择 F 为如下的对角阵：

$$F = \mathrm{diag}(-1, -2, -3)$$

则可由式 (9.64) 给出方程的解。由于

$$A^{-1}(-1) = \frac{1}{5} \times \begin{bmatrix} 1 & -1 & 2 \\ -1 & 1 & 3 \\ -2 & -3 & 1 \end{bmatrix}$$

$$A^{-1}(-2) = \frac{1}{11} \times \begin{bmatrix} 1 & -1 & 5 \\ -1 & 1 & 6 \\ -5 & -6 & 8 \end{bmatrix}$$

$$A^{-1}(-3) = \frac{1}{21} \times \begin{bmatrix} 1 & -1 & 10 \\ -1 & 1 & 11 \\ -10 & -11 & 47 \end{bmatrix}$$

则有

$$v_1 = A^{-1}(-1)\, w_1 = \frac{1}{5} \times \begin{bmatrix} 1 \\ -1 \\ -2 \end{bmatrix}$$

$$v_2 = A^{-1}(-2)\, w_2 = \frac{1}{11} \times \begin{bmatrix} -1 \\ 1 \\ -6 \end{bmatrix}$$

$$v_3 = A^{-1}(-3)\, w_3 = \frac{1}{21} \times \begin{bmatrix} 10 \\ 11 \\ 47 \end{bmatrix}$$

由此可以给出常规 Sylvester 矩阵方程的解如下：

$$V = \frac{1}{1155} \times \begin{bmatrix} 231 & -105 & 550 \\ -231 & 105 & 605 \\ -462 & -630 & 2585 \end{bmatrix}$$

9.5　变系数常规 Sylvester 矩阵方程

本节将简要介绍具有时变系数的常规 Sylvester 矩阵方程

$$\sum_{i=0}^{m} A_i(\theta, t)\, V(\theta, t)\, F^i = W(\theta, t) \tag{9.81}$$

其中，$\theta(t): [0, +\infty) \to \Omega \subset \mathbb{R}^q$ 是时变参数向量；$\Omega \subset \mathbb{R}^q$ 是紧集。

不失一般性，假定 $\theta(t)$ 是分段连续的。与此方程相关的多项式矩阵为

$$A(\theta, t, s) = A_m(\theta, t)\, s^m + \cdots + A_1(\theta, t)\, s + A_0(\theta, t) \tag{9.82}$$

其中，$A_i(\theta, t) \in \mathbb{R}^{n \times n} (i = 0, 1, 2, \cdots, m)$、$W(\theta, t) \in \mathbb{C}^{n \times p}$ 和 $F \in \mathbb{C}^{p \times p}$ 均是系数矩阵。

值得说明的是，前面讨论的具有常系数的常规 Sylvester 矩阵方程的结论都可以自然推广到变系数常规 Sylvester 矩阵方程的情形。本节只讨论与一般常规 Sylvester 矩阵方程 (9.81) 相关的结论，而忽略所有其他特殊情况。所有结论的证明均未给出，读者可以参考 9.1～9.3 节中有关常系数情形的证明。

9.5.1　F 为任意矩阵的情形

当 $F \in \mathbb{C}^{p \times p}$ 为任意矩阵时，根据定理 7.10，可得如下关于变系数常规 Sylvester 矩阵方程 (9.81) 解的结论。

定理 9.7　令 $A(\theta, t) \in \mathbb{R}^{n \times n}[s]$ 由式 (9.82) 给出，$W(\theta, t) \in \mathbb{C}^{n \times p}$，$F \in \mathbb{C}^{p \times p}$，并记

$$\pi(\theta, t, s) = \det A(\theta, t, s)$$

则下述结论成立。

(1) m 阶常规 Sylvester 矩阵方程 (9.81) 关于矩阵 V 有解的充分必要条件是

$$\mathrm{rank} \begin{bmatrix} \pi(\theta, t, F) \\ W(\theta, t) \end{bmatrix} = \mathrm{rank} \pi(\theta, t, F), \quad \forall \theta \in \Omega, \ t \in [0, +\infty)$$

当上述条件满足时，存在矩阵 $Z(\theta, t)$，使得

$$W(\theta, t) = Z(\theta, t) \pi(\theta, t, F)$$

且常规 Sylvester 矩阵方程 (9.81) 的解为

$$V(\theta, t) = [\mathrm{adj} A(\theta, t, s) Z(\theta, t)]\big|_F$$

(2) m 阶常规 Sylvester 矩阵方程 (9.81) 关于矩阵 V 有唯一解的充分必要条件是 $\det A(\theta, t, s)$ 的零点不是矩阵 F 的特征值，即

$$\{s \mid \det A(\theta, t, s) = 0\} \cap \mathrm{eig}(F) = \varnothing, \quad \forall \theta \in \Omega, \ t \in [0, +\infty)$$

或者等价地写为

$$\det \pi(\theta, t, F) \neq 0, \quad \forall \theta \in \Omega, \ t \in [0, +\infty) \tag{9.83}$$

当条件 (9.83) 满足时，m 阶常规 Sylvester 矩阵方程 (9.81) 的唯一解为

$$V(\theta, t) = \left[\mathrm{adj} A(\theta, t, s) W(\theta, t) \pi^{-1}(\theta, t, F)\right]\Big|_F$$

容易看出，如果 $A(\theta, t, s)$ 是幺模矩阵，即

$$\det A(\theta, t, s) \neq 0, \quad \forall \theta \in \Omega, \ t \in [0, +\infty), \ s \in \mathbb{C}$$

则条件 (9.83) 成立，此时 m 阶常规 Sylvester 矩阵方程 (9.81) 的唯一解是

$$V(\theta, t) = \left[A^{-1}(\theta, t, s) W(\theta, t)\right]\Big|_F$$

9.5.2 F 为 Jordan 矩阵的情形

当 $F \in \mathbb{C}^{p \times p}$ 为 Jordan 矩阵 (9.37) 时，基于定理 7.10 的结论 (2)，可得如下关于 m 阶常规 Sylvester 矩阵方程 (9.81) 解的结论。

定理 9.8 令 $A(\theta, t, s) \in \mathbb{R}^{n \times n}[s]$ 由式 (9.82) 给出，$W(\theta, t) \in \mathbb{C}^{n \times p}$，$F \in \mathbb{C}^{p \times p}$ 为 Jordan 矩阵 (9.37)，并记

$$\pi(\theta, t, s) = \det A(\theta, t, s)$$

则下述结论成立。

(1) m 阶常规 Sylvester 矩阵方程 (9.81) 关于矩阵 V 有唯一解的充分必要条件是 $s_i (i = 1, 2, \cdots, w)$ 均不是 $A(\theta, t, s)$ 的零点，即

$$\pi(\theta, t, s_i) = \det A(\theta, t, s_i) \neq 0, \quad i = 1, 2, \cdots, w \tag{9.84}$$

(2) 当条件 (9.84) 满足时，m 阶常规 Sylvester 矩阵方程 (9.81) 的唯一解由

$$v_{ij}(\theta, t) = A^{-1}(\theta, t, s_i) \left(w_{ij}(\theta, t) - \sum_{k=1}^{j-1} \frac{1}{k!} \frac{\partial^k}{\partial s^k} A(\theta, t, s_i) v_{i,j-k} \right),$$
$$j = 1, 2, \cdots, p_i; \ i = 1, 2, \cdots, w \tag{9.85}$$

迭代给出，或者由

$$v_{ij}(\theta, t) = \sum_{k=0}^{j-1} \frac{1}{k!} \frac{\partial^k}{\partial s^k} \mathrm{adj} A(\theta, t, s_i) z_{i,j-k}, \quad j = 1, 2, \cdots, p_i; \ i = 1, 2, \cdots, w$$
$$\tag{9.86}$$

给出，其中，Z 的迭代公式为

$$z_{ij} = \frac{1}{\pi(\theta, t, s_i)} \left(w_{ij}(\theta, t) - \sum_{k=1}^{j-1} \frac{1}{k!} \frac{\partial^k}{\partial s^k} \pi(\theta, t, s_i) z_{i,j-k} \right),$$
$$j = 1, 2, \cdots, p_i; \ i = 1, 2, \cdots, w$$

如果 $A(\theta, t, s)$ 是幺模矩阵，即

$$\det A(\theta, t, s) \neq 0, \quad \forall \theta \in \Omega, \ t \in [0, +\infty), \ s \in \mathbb{C}$$

则容易验证条件 (9.84) 成立，且此时 m 阶常规 Sylvester 矩阵方程 (9.81) 的唯一解为

$$v_{ij}(\theta, t) = \sum_{k=0}^{j-1} \frac{1}{k!} \frac{\partial^k}{\partial s^k} A^{-1}(\theta, t, s_i) w_{i,j-k}, \quad j = 1, 2, \cdots, p_i; \ i = 1, 2, \cdots, w$$

$$\tag{9.87}$$

9.5.3　F 为对角阵的情形

当矩阵 F 为对角阵 (9.62) 时，基于定理 7.10 的结论 (3)，或者直接简化定理 9.8 的结果，都可以得到如下关于 m 阶常规 Sylvester 矩阵方程 (9.81) 解的结论。

定理 9.9　令 $A(\theta, t, s) \in \mathbb{R}^{n \times n}[s]$ 由式 (9.82) 给出，$W(\theta, t) \in \mathbb{C}^{n \times p}$，且 $F \in \mathbb{C}^{p \times p}$ 为对角阵 (9.62)，则下述结论成立。

(1) m 阶常规 Sylvester 矩阵方程 (9.81) 关于矩阵 V 有唯一解的充分必要条件是 $s_i(i = 1, 2, \cdots, p)$ 均不是 $A(\theta, t, s)$ 的零点，即

$$\det A(\theta, t, s_i) \neq 0, \quad i = 1, 2, \cdots, p \tag{9.88}$$

(2) 当条件 (9.88) 满足时，m 阶常规 Sylvester 矩阵方程 (9.81) 的唯一解是

$$v_i = A^{-1}(\theta, t, s_i) w_i, \quad i = 1, 2, \cdots, p$$

例 9.2 (空间交会系统——T-H 方程)　再次考虑例 7.3 中的时变空间交会问题，相关的运动方程就是著名的 T-H 方程，可以描述为如下形式的二阶系统形式：

$$\ddot{x} + D(\dot{\theta})\dot{x} + K(\dot{\theta}, \ddot{\theta})x = u \tag{9.89}$$

其中，

$$x = \begin{bmatrix} x_{\mathrm{r}} & y_{\mathrm{r}} & z_{\mathrm{r}} \end{bmatrix}^{\mathrm{T}}$$

$$D(\dot{\theta}) = \begin{bmatrix} 0 & -2\dot{\theta} & 0 \\ 2\dot{\theta} & 0 & 0 \\ 0 & 0 & 0 \end{bmatrix} \tag{9.90}$$

$$K(\dot{\theta}, \ddot{\theta}) = \begin{bmatrix} -2k\dot{\theta}^{\frac{3}{2}} - \dot{\theta}^2 & -\ddot{\theta} & 0 \\ \ddot{\theta} & k\dot{\theta}^{\frac{3}{2}} - \dot{\theta}^2 & 0 \\ 0 & 0 & k\dot{\theta}^{\frac{3}{2}} \end{bmatrix} \tag{9.91}$$

θ 代表真近点角。

相应的常规 Sylvester 矩阵方程为

$$VF^2 + D(\dot{\theta}, \ddot{\theta})VF + K(\dot{\theta}, \ddot{\theta})KV = W$$

其中，矩阵 F 和 W 分别取为

$$F = \begin{bmatrix} -1 & 0 & 0 \\ 0 & -2 & 0 \\ 0 & 0 & -3 \end{bmatrix}, \quad W = \begin{bmatrix} 0 & 0 & 1 \\ 0 & 1 & 0 \\ 1 & 0 & 0 \end{bmatrix}$$

若记

$$\theta_1 = \dot{\theta}, \quad \theta_2 = \ddot{\theta}$$

则有

$$A(\theta_1, \theta_2, s) = M(\dot{\theta}, \ddot{\theta})s^2 + D(\dot{\theta}, \ddot{\theta})s + K(\dot{\theta}, \ddot{\theta})$$

$$= \begin{bmatrix} s^2 - 2k\theta_1^{\frac{3}{2}} - \theta_1^2 & -2\theta_1 s - \theta_2 & 0 \\ 2\theta_1 s + \theta_2 & s^2 + k\theta_1^{\frac{3}{2}} - \theta_1^2 & 0 \\ 0 & 0 & s^2 + k\theta_1^{\frac{3}{2}} \end{bmatrix}$$

进而可以计算出

$$A^{-1}(\theta_1, \theta_2, s) = \frac{1}{\Delta(\theta_1, \theta_2, s)} \begin{bmatrix} k\theta_1^{\frac{3}{2}} - \theta_1^2 + s^2 & \theta_2 + 2s\theta_1 & 0 \\ -\theta_2 - 2s\theta_1 & s^2 - 2k\theta_1^{\frac{3}{2}} - \theta_1^2 & 0 \\ 0 & 0 & \frac{\Delta(s)}{k\theta_1^{\frac{3}{2}} + s^2} \end{bmatrix} \tag{9.92}$$

其中,

$$\Delta(\theta_1, \theta_2, s) = \det \begin{bmatrix} s^2 - 2k\theta_1^{\frac{3}{2}} - \theta_1^2 & -2\theta_1 s - \theta_2 \\ 2\theta_1 s + \theta_2 & s^2 + k\theta_1^{\frac{3}{2}} - \theta_1^2 \end{bmatrix}$$

$$= 2s^2\theta_1^2 - 2k^2\theta_1^3 + \theta_2^2 + \theta_1^4 + k\theta_1^{\frac{7}{2}} + s^4 - ks^2\theta_1^{\frac{3}{2}} + 4s\theta_1\theta_2$$

由于

$$\Delta(\theta_1, \theta_2, -1) = 2\theta_1^2 - 2k^2\theta_1^3 + \theta_2^2 + \theta_1^4 - 4\theta_1\theta_2 - k\theta_1^{\frac{3}{2}} + k\theta_1^{\frac{7}{2}} + 1$$

$$\Delta(\theta_1, \theta_2, -2) = 8\theta_1^2 - 2k^2\theta_1^3 + \theta_2^2 + \theta_1^4 - 8\theta_1\theta_2 - 4k\theta_1^{\frac{3}{2}} + k\theta_1^{\frac{7}{2}} + 16$$

$$\Delta(\theta_1, \theta_2, -3) = 18\theta_1^2 - 2k^2\theta_1^3 + \theta_2^2 + \theta_1^4 - 12\theta_1\theta_2 - 9k\theta_1^{\frac{3}{2}} + k\theta_1^{\frac{7}{2}} + 81$$

通常都是非零的, 所以常规 Sylvester 矩阵方程有唯一解, 且此唯一解为

$$v_i = A^{-1}(\theta_1, \theta_2, s_i)w_i, \quad i = 1, 2, 3$$

由式 (9.92), 并把 s_i 和 $w_i(i = 1, 2, 3)$ 的值代入上式, 可得常规 Sylvester 矩阵方程的解如下:

$$V = \begin{bmatrix} 0 & \dfrac{\theta_2 - 4\theta_1}{\Delta(\theta_1, \theta_2, -2)} & \dfrac{k\theta_1^{\frac{3}{2}} - \theta_1^2 + 9}{\Delta(\theta_1, \theta_2, -3)} \\[3mm] 0 & \dfrac{4 - 2k\theta_1^{\frac{3}{2}} - \theta_1^2}{\Delta(\theta_1, \theta_2, -2)} & \dfrac{6\theta_1 - \theta_2}{\Delta(\theta_1, \theta_2, -3)} \\[3mm] \dfrac{1}{k\theta_1^{\frac{3}{2}} + 1} & 0 & 0 \end{bmatrix}$$

9.6　注　　记

本章给出了方的常规 Sylvester 矩阵方程的封闭解析解。在常规 Sylvester 矩阵方程的众多种类中，本章研究了其中的几种，具体可见表 9.1。读者可以自行给出其他方程的解。

表 9.1　本章研究的方的常规 Sylvester 矩阵方程

类别	F 为任意矩阵	F 为 Jordan 矩阵	F 为对角阵
高阶	是	是	是
二阶	—	—	—
一阶 (广义)	是	是	是
一阶 (常规)	—	—	—
Lyapunov (连续)	是	是	是
Lyapunov (离散)	是	是	是

9.6.1　结果评述

和广义 Sylvester 矩阵方程一样，本书给出的各种常规 Sylvester 矩阵方程及其特例的解均是高度统一的。显然，方程解的存在性条件和解本身都依赖于函数

$$\pi(s) = \det A(s)$$

当多项式矩阵 $A(s)$ 被选为表 9.2 (其中 K-Y 方程代表 Kalman-Yakubovich 方程) 所列的各种情形时，可以得到相应的常规 Sylvester 矩阵方程的解 (表 9.3)。

不同于广义 Sylvester 矩阵方程和非方常规 Sylvester 矩阵方程的是，判断方的常规 Sylvester 矩阵方程是否存在唯一解是很重要的。对于所有方的常规 Sylvester 矩阵方程来说，有唯一解的条件可以统一为

$$\det \pi(F) \neq 0$$

具体来说，这一条件可以用条件 (9.9) 代替。对于特殊类型的常规 Sylvester 矩阵方程，表 9.2 列出了条件 (9.9) 的相应简化形式。

表 9.2　　特征多项式矩阵

方程	公式	特征多项式矩阵
高阶常规 Sylvester 矩阵方程	(1.74) / (9.1)	$A(s)$
二阶常规 Sylvester 矩阵方程	(1.76) / (9.15)	$Ms^2 + Ds + K$
一阶常规 Sylvester 矩阵方程	(1.77) / (9.14)	$sE - A$
一阶常规 Sylvester 矩阵方程	(1.78) / (9.22)	$sI + A$
Lyapunov 方程	(1.79) / (9.23)	$sI + F^{\mathrm{T}}$
K-Y 方程	(1.80) / (9.27)	$sE - I$
Stein 方程	(1.81) / (9.34)	$sF^{\mathrm{T}} - I$

表 9.3　　方程解的存在性和唯一性条件

方程	公式	存在性和唯一性条件
高阶常规 Sylvester 矩阵方程	(1.74) / (9.1)	$\{s\,|\,\det A(s) = 0\} \cap \mathrm{eig}(F) = \varnothing$
二阶常规 Sylvester 矩阵方程	(1.76) / (9.15)	$\{s\,|\,\det(Ms^2 + Ds + K) = 0\} \cap \mathrm{eig}(F) = \varnothing$
一阶常规 Sylvester 矩阵方程	(1.77) / (9.14)	$\{s\,|\,\det(sE - A) = 0\} \cap \mathrm{eig}(F) = \varnothing$
一阶常规 Sylvester 矩阵方程	(1.78) / (9.22)	$\{s\,|\,\det(sI + A) = 0\} \cap \mathrm{eig}(F) = \varnothing$
Lyapunov 方程	(1.79) / (9.23)	$\mathrm{eig}(-F) \cap \mathrm{eig}(F) = \varnothing$
K-Y 方程	(1.80) / (9.27)	$\lambda(E)\lambda(F) \neq 1$
Stein 方程	(1.81) / (9.34)	$\lambda^{-1} \notin \mathrm{eig}(F),\ \forall \lambda \in \mathrm{eig}(F)$

本章给出的所有解均是简单封闭解析的，特别是 F 为对角阵时，各种常规 Sylvester 矩阵方程的解更加简单整齐。更重要的是，所有的解都是显式的且关于矩阵 W 是线性的。正是由于这一特性，矩阵 W 可以未知，并在一些分析和设计问题中可以作为设计参数的一部分。此外，这种线性关系为一些应用提供了很大的便利性，特别是涉及优化时。

显然，本章所提出的解都与对应方程特征多项式矩阵的行列式和伴随矩阵有关。特别指出的是，对于所有一阶情形，可以利用 Leverrier 算法来求解行列式和伴随矩阵。

作为本小节的结束，最后指出的是，本章所有结果都可以通过第 5 章关于非齐次广义 Sylvester 矩阵方程的结果推导出来。

9.6.2　研究现状

在关于方的常规 Sylvester 矩阵方程解的成果中，第一个要指出的就是文献 [309]，这是一个最基础的结果，对广义 Sylvester 矩阵方程和方的常规 Sylvester 矩阵方程的解进行了系统性的讨论。

1. 常规 Sylvester 矩阵方程

对常规 Sylvester 矩阵方程, 除了几篇文章 (如文献 [309]) 之外, 大部分都集中于一阶方程 (1.77) 和 (1.78) 的研究, 只有很少部分考虑到二阶方程 (1.76) 或 (9.15) 和高阶方程 (1.74) 或 (9.1)。

众所周知, 常规 Sylvester 矩阵方程 (1.77) 和 (1.78) 的一个重要方面就是应用于线性广义和常规系统的稳定性分析和特征值配置上[360,361]。也有一些数值算法用于求方程 (1.77) 和 (1.78) 的解, 如文献 [360] 和文献 [362]。

方程 (1.77) 是常规 Sylvester 矩阵方程 (1.78) 的更一般形式, 但却没有像方程 (1.78) 那样被广泛关注。Lewis 等在广义系统分析中用到了此方程, 并且利用 QZ 算法提出了广义 Bartels/Stewart 算法来求方程的解[360]。Beitia 等分析了矩阵方程 (1.77) 的拓扑特性[363], 此方程分块与非方矩阵相似, 而此等价变换中的矩阵就是方程的解; 还提出了相似的局部判据, 从而确定了与系数矩阵及方程解空间相关的映射的连续点。另外, Ramadan 等提出了计算分块 Sylvester 矩阵方程数值解的 Hessenberg 方法[364], 其中用到了将矩阵 A 通过正交变换化为上三角 Hessenberg 矩阵的技术。

Ding 等提出了几种解类 Sylvester 矩阵方程的迭代算法[365-367]。特别地, 文献 [367] 通过最小化一些判别函数提出了解 Sylvester 和 Lyapunov 矩阵方程的基于梯度的迭代算法; 文献 [366] 利用递阶辨识原理提出了解广义 Sylvester 矩阵方程

$$AXB + CXD = F \tag{9.93}$$

的基于梯段和最小二乘的迭代算法; 而文献 [365] 推广了 Jacobi 迭代法并利用递阶辨识原理提出了解包含 Sylvester 和 Lyapunov 方程在内的线性矩阵方程组的基于梯度的迭代算法。而且, 他们还研究了耦合 Sylvester 矩阵方程的解, 例如, 文献 [368] 利用对称正定矩阵特征值的特性提出了解耦合 Sylvester 矩阵方程的迭代算法族; 文献 [369] 利用递阶辨识原理并引入分块矩阵内积提出了解耦合 Sylvester 矩阵方程的一般迭代算法族, 其中包含了著名的 Jacobi 迭代算法和 Gauss-Seidel 迭代算法作为其方法的特例; 而文献 [370] 推广了著名的 Jacobi 迭代算法和 Gauss-Seidel 迭代算法, 提出了一大类迭代算法, 从这类算法中可以发展出解决耦合 Sylvester 矩阵方程的迭代算法。

关于显式解, 最著名的可能就是文献 [360] 给出的方程 (1.78) 的积分形式的唯一解; 对于常规 Sylvester 矩阵方程 (1.78), 文献 [371] 就矩阵 A 和 F 均为 Jordan 矩阵的情形提出了有限二重矩阵级数形式的显式解; 而文献 [372] 对此方程给出了另一形式的一般解: $V = YX^{-1}$, 其中矩阵 Y 和 X 的列是与矩阵 F 的特征值相关的某些合成矩阵的特征向量。对此方程的最新结果可以参阅文献 [373]～文献 [376]。另外, 文献 [377] 就矩阵 F 为 Jordan 矩阵的情形, 给出了方程 (1.77) 和 (1.78) 新的解析解。

对于高阶常规 Sylvester 矩阵方程 (1.74), Lin 提出了隐式重启全局完全正交方法 (full orthogonalization method, FOM) 和广义最小留数方法 (generalized minimum residual method, GMRES), 并且证明解矩阵方程的全局 GMRES 和全局 FOM 方法等价于解线性方程组的相应方法[378]。

Dehghan 和 Hajarian 在这方面也做了大量的工作, 他们提出了迭代算法求多类广义 Kalman-Yakubovich 方程的对称和 (或) 反身解, 其中包括简单单变量情形[379-382]、耦合单变量情形[383-386]、简单多变量情形[387] 和耦合多变量情形[388-395]。

2. Lyapunov 矩阵方程

前面提到的 Lyapunov 矩阵方程 (1.79) 和 (1.81) 自 20 世纪 60 年代起就引起了研究人员的广泛关注, 并取得了大量的研究成果。对于这些方程更具体的讨论, 读者可以参考文献 [396]。

从第 1 章可以看到, Lyapunov 矩阵方程 (1.79) 和 (1.81) 实际上是常规 Sylvester 矩阵方程 (1.77) 的特殊形式, 也是 Sylvester 矩阵方程中最简单的。

目前已有很多数值算法, 如文献 [397]~文献 [400] 中介绍的, 用来求解连续 Lyapunov 矩阵方程 (1.79) 和离散 Lyapunov 矩阵方程 (1.81)。特别地, Duan 等提出了求解离散 Markov 跳跃线性系统中的耦合 Lyapunov 方程的有限迭代算法[401] 和求解 Stein 矩阵方程的类 Smith 迭代算法[402]。

关于 Lyapunov 方程的显式解, 最著名的结论有两个, 一个是 Brockett 提出的求解方程 (1.79) 唯一解的积分形式算法[403]; 另一个是 Young 提出的求解方程 (1.81) 唯一解的矩阵平方形式算法[404]。对于连续 Lyapunov 矩阵方程 (1.79), Ziedan 也提出了由 n 个矩阵的和构成的显式解[405], 其中每一个加数矩阵都是矩阵 F、W 和相关 Schwarz 公式元素的函数; Mori 等给出了方程 (1.79) 的显式解[406], 此解涉及矩阵对 (F, G) 的可控性矩阵, 而 G 是半正定矩阵 W 的平方根矩阵。对于离散 Lyapunov 矩阵方程 (1.81), 文献 [407] 和文献 [408] 都考虑了矩阵 F 为友矩阵且

$$W = \mathrm{diag}\,(0, \cdots, 0, 1) \tag{9.94}$$

的情形, 证明了方程的解是对应于矩阵 F 特征多项式的 Schur-Cohn 矩阵的逆; 而文献 [404] 考虑了矩阵 F 为友矩阵且 W 为方程 (9.94) 时的显式解, 并基于此解给出了一般情形时方程的求解方法。另外, Duan 等提出了矩阵 F 为 Jordan 矩阵时方程 (1.79) 和 (1.81) 的新的解析解[409]。

最后指出的是, Duan 等给出了类 Lyapunov 共轭矩阵方程的解[410-412]。具体地说, 文献 [410] 给出了矩阵方程

$$XF - AX = C$$

和

$$XF - A\bar{X} = C$$

的解；文献 [411] 提出了非齐次 Yakubovich 共轭矩阵方程的松散型解；而文献
[412] 将上述结果推广到了方程

$$X - AXF = C$$

和

$$X - A\bar{X}F = C$$

类似于上述结果，Song 等研究了 Kalman-Yakubovich 转置方程[413]

$$X - AX^TB = C$$

和 Sylvester 共轭矩阵方程[414]

$$AX - \bar{X}B = C$$

的显式解。另外，文献 [415] 推广了共轭梯度方法的思想，从而提出了耦合 Sylvester
转置矩阵方程的有限迭代方法。

附录 A 定理的证明

A.1 定理 3.6 的证明

A.1.1 预备引理

证明定理 3.6 时, 需要用到如下引理。

引理 A.1 假设 λ 是一个标量, 令

$$
E = \begin{bmatrix} 0 & 1 & & \\ & 0 & \ddots & \\ & & \ddots & 1 \\ & & & 0 \end{bmatrix}_{q \times q} = \begin{bmatrix} 0 & I_{q-1} \\ 0 & 0 \end{bmatrix}_{q \times q}
$$

且

$$
J = \lambda I_q + E
$$

则下述结论成立。

(1) 矩阵 E 是指数为 q 的幂零矩阵, 且有

$$
E^k = \begin{bmatrix} 0 & I_{q-k} \\ 0 & 0 \end{bmatrix}, \quad k = 1, 2, \cdots, q-1 \tag{A.1}
$$

(2) 矩阵 J 是维数为 q 的 Jordan 块, 且有

$$
J^k = \sum_{j=0}^{k} \lambda^{k-j} C_k^j E^j \tag{A.2a}
$$

$$
= \lambda^k I_q + \lambda^{k-1} C_k^1 E^1 + \cdots + \lambda C_k^k E^k \tag{A.2b}
$$

证明 (1) 用符号 e_i 表示第 i 个元素为 1, 其他元素均为 0 的 q 维向量, 则容易验证

$$
e_i^{\mathrm{T}} E = e_{i+1}^{\mathrm{T}}
$$

利用上述关系可知

$$\begin{cases} e_i^{\mathrm{T}} E^2 = e_{i+1}^{\mathrm{T}} E = e_{i+2}^{\mathrm{T}} \\ e_i^{\mathrm{T}} E^3 = e_{i+2}^{\mathrm{T}} E = e_{i+3}^{\mathrm{T}} \\ \quad\vdots \\ e_i^{\mathrm{T}} E^{q-i} = e_{q-1}^{\mathrm{T}} E = e_q^{\mathrm{T}} \\ e_i^{\mathrm{T}} E^k = 0, \quad k > q-i \end{cases} \tag{A.3}$$

进一步注意到

$$E = \begin{bmatrix} e_2^{\mathrm{T}} \\ e_3^{\mathrm{T}} \\ \vdots \\ e_q^{\mathrm{T}} \\ 0_{1\times q} \end{bmatrix}, \quad \begin{bmatrix} 0 & I_{q-k} \\ 0 & 0 \end{bmatrix}_{q\times q} = \begin{bmatrix} e_{k+1}^{\mathrm{T}} \\ e_{k+2}^{\mathrm{T}} \\ \vdots \\ e_q^{\mathrm{T}} \\ 0_{k\times q} \end{bmatrix}$$

利用式 (A.3) 可得

$$E^k = EE^{k-1} = \begin{bmatrix} e_2^{\mathrm{T}} E^{k-1} \\ e_3^{\mathrm{T}} E^{k-1} \\ \vdots \\ e_q^{\mathrm{T}} E^{k-1} \\ 0_{1\times q} \end{bmatrix} = \begin{bmatrix} e_{k+1}^{\mathrm{T}} \\ e_{k+2}^{\mathrm{T}} \\ \vdots \\ e_q^{\mathrm{T}} \\ 0_{k\times q} \end{bmatrix} = \begin{bmatrix} 0 & I_{q-k} \\ 0 & 0 \end{bmatrix}_{q\times q} \tag{A.4}$$

因此，第一个结论成立。

(2) 由二项式定理可知

$$J^k = (\lambda I_q + E)^k = \sum_{j=0}^{k} C_k^{k-j} (\lambda I_q)^j E^{k-j}$$

由此，可以得出式 (A.2a)。 □

A.1.2 定理证明

利用引理 A.1，可以给出定理 3.6 的证明。

假设 F 的 Jordan 矩阵如下：

$$\begin{cases} J = \text{blockdiag}(J_1, J_2, \cdots, J_w) \\ J_i = \begin{bmatrix} s_i & 1 & & \\ & s_i & \ddots & \\ & & \ddots & 1 \\ & & & s_i \end{bmatrix}_{p_i\times p_i} \end{cases}$$

其中，$s_i(i = 1, 2, \cdots, w)$ 显然是矩阵 F 的特征值 (这些特征值不必互异)。

假设矩阵 F 的相应特征向量矩阵为 P，则有

$$F = PJP^{-1} \tag{A.5}$$

将方程 (A.5) 代入式 (3.40) 的左边，可得

$$\sum_{i=0}^{\omega} \left(F^i \otimes \begin{bmatrix} N_i \\ D_i \end{bmatrix} \right) = \sum_{i=0}^{\omega} \left(\left(PJP^{-1}\right)^i \otimes \begin{bmatrix} N_i \\ D_i \end{bmatrix} \right)$$

$$= (P \otimes I_{n+m}) \sum_{i=0}^{\omega} \left(J^i \otimes \begin{bmatrix} N_i \\ D_i \end{bmatrix} \right) \left(P^{-1} \otimes I_r \right)$$

由 $P \otimes I_{n+r}$ 和 $P^{-1} \otimes I_r$ 都是非奇异的，可知

$$\mathrm{rank} \left[\sum_{i=0}^{\omega} F^i \otimes \begin{bmatrix} N_i \\ D_i \end{bmatrix} \right] = \mathrm{rank} \sum_{i=0}^{\omega} \left(J^i \otimes \begin{bmatrix} N_i \\ D_i \end{bmatrix} \right)$$

$$= \sum_{j=1}^{w} \mathrm{rank} \left[\sum_{i=0}^{\omega} J_j^i \otimes \begin{bmatrix} N_i \\ D_i \end{bmatrix} \right] \tag{A.6}$$

定义幂零矩阵

$$E_j = \begin{bmatrix} 0 & I_{p_j - 1} \\ 0 & 0 \end{bmatrix}_{p_j \times p_j}, \quad j = 1, 2, \cdots, w$$

则有

$$J_j = s_j I_{p_j} + E_j, \quad j = 1, 2, \cdots, w$$

由引理 A.1 可以推出

$$E_j^l = \begin{bmatrix} 0 & I_{p_j - l} \\ 0 & 0 \end{bmatrix} \tag{A.7}$$

$$J_j^i = s_j^i I_{p_j} + s_j^{i-1} C_i^1 E_j^1 + \cdots + s_j^0 C_i^i E_j^i \tag{A.8}$$

利用上述关系，可得

$$\sum_{i=0}^{\omega} \left(J_j^i \otimes \begin{bmatrix} N_i \\ D_i \end{bmatrix} \right) = \sum_{i=0}^{\omega} (s_j^i I_{p_j} + s_j^{i-1} C_i^1 E_j^1 + \cdots + s_j^0 C_i^i E_j^i) \otimes \begin{bmatrix} N_i \\ D_i \end{bmatrix}$$

$$= \sum_{i=0}^{\omega} \left(s_j^i I_{p_j} C_i^0 \otimes \begin{bmatrix} N_i \\ D_i \end{bmatrix} \right) + \sum_{i=0}^{\omega-1} \left(s_j^i E_j^1 C_{i+1}^1 \otimes \begin{bmatrix} N_{i+1} \\ D_{i+1} \end{bmatrix} \right)$$

$$+ \cdots + \sum_{i=0}^{1} \left(s_j^i E_j^{\omega-1} C_{i+\omega-1}^{\omega-1} \otimes \left[\begin{array}{c} N_{i+\omega-1} \\ D_{i+\omega-1} \end{array} \right] \right)$$

$$+ \sum_{i=0}^{0} \left(s_j^i E_j^{\omega} C_{i+\omega}^{\omega} \otimes \left[\begin{array}{c} N_{i+\omega} \\ D_{i+\omega} \end{array} \right] \right)$$

如果记

$$\theta_j^{\omega-k} = \sum_{i=0}^{k} \left(s_j^i C_{i+\omega-k}^{\omega-k} \left[\begin{array}{c} N_{i+\omega-k} \\ D_{i+\omega-k} \end{array} \right] \right), \quad k = 0, 1, 2, \cdots, \omega \qquad (A.9)$$

则上述关系可以简化为

$$\sum_{i=0}^{\omega} \left(J_j^i \otimes \left[\begin{array}{c} N_i \\ D_i \end{array} \right] \right) = I_{p_j} \otimes \theta_j^0 + \cdots + E_j^{\omega} \otimes \theta_j^{\omega}$$

$$= \left[\begin{array}{ccccccc} \theta_j^0 & \theta_j^1 & \cdots & \theta_j^{\omega} & 0 & \cdots & 0 \\ & \theta_j^0 & \theta_j^1 & \ddots & \ddots & \ddots & \vdots \\ & & \theta_j^0 & \ddots & \ddots & \ddots & 0 \\ & & & \ddots & \ddots & \ddots & \theta_j^{\omega} \\ & & & & \theta_j^0 & \theta_j^1 & \vdots \\ & & & & & \theta_j^0 & \theta_j^1 \\ & & & & & & \theta_j^0 \end{array} \right] \qquad (A.10)$$

由此可知

$$\text{rank} \sum_{i=0}^{\omega} \left(J_j^i \otimes \left[\begin{array}{c} N_i \\ D_i \end{array} \right] \right) = p_j \text{rank} \theta_j^0 \qquad (A.11)$$

由式 (A.9) 和式 (3.39) 可得

$$\theta_j^0 = \sum_{i=0}^{k} s_j^i \left[\begin{array}{c} N_i \\ D_i \end{array} \right] = \left[\begin{array}{c} N(s_j) \\ D(s_j) \end{array} \right]$$

因此，由上述关系和式 (A.11) 可知

$$\text{rank} \left[\begin{array}{c} N(s_j) \\ D(s_j) \end{array} \right] = \alpha \qquad (A.12)$$

成立的充分必要条件是

$$\text{rank} \sum_{i=0}^{\omega} \left(J_j^i \otimes \left[\begin{array}{c} N_i \\ D_i \end{array} \right] \right) = \alpha p_j$$

进而，利用式 (A.6) 可知上式等价于

$$\text{rank}\left[\sum_{i=0}^{\omega} F^i \otimes \begin{bmatrix} N_i \\ D_i \end{bmatrix}\right] = \sum_{j=1}^{w} \alpha p_j = \alpha p$$

因此，式 (A.12) 对所有的 $s_j(j = 1, 2, \cdots, w)$ 都成立的充分必要条件是式 (3.40) 成立，而 $s_j(j = 1, 2, \cdots, w)$ 是矩阵 F 的特征值，结论显然成立。

A.2　定理 3.13 的证明

为证定理 3.13，需要先证明以下几个预备引理。

A.2.1　预备引理

首先，由可控性条件 (3.85) 可得如下结论。

引理 A.2　假设 $A(s) \in \mathbb{R}^{n \times q}[s]$ 和 $B(s) \in \mathbb{R}^{n \times r}[s]$ 是满足可控性条件 (3.85) 的两个多项式矩阵，对于任意一组 $s_i \in \mathbb{C}(i = 1, 2, \cdots, N)$，$[A(s_i) \quad -B(s_i)]$ 的奇异值分解为式 (3.92)，则

$$\det \Sigma_i = \sigma_{i1}\sigma_{i2}\cdots\sigma_{in} = \text{常数}, \quad i = 1, 2, \cdots, N \tag{A.13}$$

证明　定义

$$Z(s) = [A(s) \quad B(s)] \begin{bmatrix} A^{\mathrm{T}}(s) \\ B^{\mathrm{T}}(s) \end{bmatrix}$$

则由可控性条件 (3.85) 可知

$$\det Z(s) \neq 0, \quad \forall s \in \mathbb{C}$$

因此，$Z(s)$ 是幺模矩阵，且存在非零常数 C 使得

$$\det Z(s) = C \neq 0, \quad \forall s \in \mathbb{C} \tag{A.14}$$

另外，由奇异值的定义可知 $\sigma_{i1}^2, \sigma_{i2}^2, \cdots, \sigma_{in}^2$ 是 $Z(s_i)$ 的特征值，因此有[①]

$$\det Z(s) = \sigma_{i1}^2 \sigma_{i2}^2 \cdots \sigma_{in}^2$$

结合上式和式 (A.14) 可以推出式 (A.13)。　　　　□

然后不加证明地给出如下两个结论，这两个结果在定理的证明中都起到了重要的作用。

---

① 原书中误写为 $\sigma_{i1}, \sigma_{i2}, \cdots, \sigma_{in}$，特此更正。

引理 A.3 假设 $X(s) \in \mathbb{R}^{q \times r}[s]$ 是阶数为 n 的实系数多项式矩阵，如果对于一个足够大的 N，有式 (A.15) 成立：

$$X(s_i) = 0, \quad i = 1, 2, \cdots, N \tag{A.15}$$

其中，$s_i(i = 1, 2, \cdots, N)$ 是一组互异的复数，则

$$X(s) = 0, \quad \forall s \in \mathbb{C}$$

引理 A.4 假设 $X(s) \in \mathbb{R}^{r \times r}[s]$ 是阶数为 n 的实系数多项式矩阵，如果对于整数 $N \geqslant nr$，有式 (A.16) 成立：

$$\det X(s_i) = C, \quad i = 1, 2, \cdots, N \tag{A.16}$$

其中，$s_i(i = 1, 2, \cdots, N)$ 是一组互异的复数，则

$$\det X(s) = C, \quad \forall s \in \mathbb{C}$$

A.2.2 定理证明

首先证明多项式矩阵 $P(s)$ 和 $Q(s)$ 满足关系式 (3.86)。

对于得到的多项式矩阵 $P(s)$ 和 $Q(s)$，式 (3.95) 成立，则有

$$P(s_i)\left[\begin{array}{cc} A(s_i) & -B(s_i) \end{array}\right]Q(s_i) = \Sigma_i^{-1}U_i\left[\begin{array}{cc} A(s_i) & -B(s_i) \end{array}\right]V_i, \quad i = 1, 2, \cdots, N \tag{A.17}$$

令

$$R(s) = P(s)\left[\begin{array}{cc} A(s) & -B(s) \end{array}\right]Q(s) - [I_n \quad 0]$$

则有

$$\begin{aligned}
R(s_i) &= P(s_i)\left[\begin{array}{cc} A(s_i) & -B(s_i) \end{array}\right]Q(s_i) - [I_n \quad 0] \\
&= \Sigma_i^{-1}U_i\left[\begin{array}{cc} A(s_i) & -B(s_i) \end{array}\right]V_i - [I_n \quad 0] \\
&= 0, \quad i = 1, 2, \cdots, N
\end{aligned}$$

因此，由引理 A.3 可知，当 N 足够大时，上式蕴含着 $R(s) = 0$，从中可得方程 (3.86)。另外，容易看出，定理 3.12 的结论 (2) 保证了 $P(s)$ 和 $Q(s)$ 的唯一性。

然后证明 $Q(s)$ 是幺模矩阵。

再次利用

$$Q(s_i) = V_i, \quad i = 1, 2, \cdots, N$$

由式 (3.104) 可得

$$\det Q\left(s_i\right) = \det V_i = 1, \quad i = 1, 2, \cdots, N$$

因此, 由引理 A.4 可知, 当 N 足够大时有

$$\det Q\left(s\right) = 1, \quad \forall s \in \mathbb{C}$$

最后证明 $P\left(s\right)$ 也是幺模矩阵。

由于

$$P\left(s_i\right) = \Sigma_i U_i, \quad i = 1, 2, \cdots, N$$

由式 (3.104) 可得

$$\det P\left(s_i\right) = \det \Sigma_i, \quad i = 1, 2, \cdots, N$$

由引理 A.2 可得

$$\det P\left(s_i\right) = \det \dot{\Sigma}_i = C, \quad i = 1, 2, \cdots, N$$

因此, 由引理 A.4 可知, 当 N 足够大时有

$$\det P\left(s\right) = C, \quad \forall s \in \mathbb{C}$$

此式恰好说明多项式矩阵 $P(s)$ 是幺模矩阵。

A.3　定理 4.1 的证明

A.3.1　结论 (1) 的证明

由定义及 F 和 G 的可交换性可知

$$\left[P\left(s\right) ZG\right]\big|_F = \sum_{i=0}^{k} P_i ZGF^i = \sum_{i=0}^{k} P_i ZF^i G = \left[P\left(s\right) Z\right]\big|_F G$$

从而结论 (1) 成立。

A.3.2　结论 (2) 的证明

充分性　假设式 (4.7) 成立, 则对任意 $F \in \mathbb{C}^{p \times p}$, 式 (A.18) 成立:

$$P_i ZF^i = 0, \quad i = 0, 1, 2, \cdots, k \tag{A.18}$$

有

$$\left[P\left(s\right) Z\right]\big|_F = \sum_{i=0}^{k} P_i ZF^i = 0$$

必要性 假设式 (4.5) 对任意 $F \in \mathbb{C}^{p \times p}$ 都成立，即

$$\sum_{i=0}^{k} P_i Z F^i = 0, \quad \forall F \in \mathbb{C}^{p \times p}$$

选择一组互相可交换且无相同特征值的矩阵 $F_j \in \mathbb{R}^{p \times p} (j = 0, 1, 2, \cdots, k)$，则有

$$\sum_{i=0}^{k} P_i Z F_j^i = 0, \quad j = 0, 1, 2, \cdots, k$$

这组方程可以写为如下的压缩形式：

$$[P_0 Z \quad P_1 Z \quad P_2 Z \quad \cdots \quad P_k Z] \, V(F_0, F_1, F_2, \cdots, F_k) = 0 \tag{A.19}$$

其中，$V(F_0, F_1, F_2, \cdots, F_k)$ 是由 $F_j \in \mathbb{R}^{p \times p} (j = 0, 1, 2, \cdots, k)$ 构成的广义 Vandermonde 矩阵，即

$$V(F_0, F_1, F_2, \cdots, F_k) = \begin{bmatrix} I_p & I_p & I_p & \cdots & I_p \\ F_0 & F_1 & F_2 & \cdots & F_k \\ F_0^2 & F_1^2 & F_2^2 & \cdots & F_k^2 \\ \vdots & \vdots & \vdots & & \vdots \\ F_0^k & F_1^k & F_2^k & \cdots & F_k^k \end{bmatrix}$$

可以选择 $F_j \in \mathbb{R}^{p \times p} (j = 0, 1, 2, \cdots, k)$，使得 $\det V(F_0, F_1, F_2, \cdots, F_k) \neq 0$[284]。方程 (A.19) 显然蕴含式 (4.7)。

A.3.3 结论 (3) 的证明

记

$$Q(s) = \sum_{i=0}^{\beta} Q_i s^i$$

由定义可知

$$[Q(s) X] \big|_F = \sum_{i=0}^{\beta} Q_i X F^i$$

则有

$$\big[P(s) [Q(s) X] \big|_F \big] \big|_F = \sum_{i=0}^{k} P_i [Q(s) X] \big|_F F^i = \sum_{i=0}^{k} P_i \left(\sum_{j=0}^{\beta} Q_j X F^j \right) F^i$$

$$= \sum_{i=0}^{k} \sum_{j=0}^{\beta} P_i Q_j X F^{i+j}$$

另外，有

$$
[P(s)Q(s)X]\big|_F = \left[\left(\sum_{i=0}^{k} P_i s^i \sum_{j=0}^{\beta} Q_j s^j\right) X\right]\bigg|_F = \left[\left(\sum_{i=0}^{k}\sum_{j=0}^{\beta} P_i Q_j s^{i+j}\right) X\right]\bigg|_F
$$

$$
= \sum_{i=0}^{k}\sum_{j=0}^{\beta} P_i Q_j X F^{i+j}
$$

对比上面的两个关系式即得方程 (4.8)。

A.3.4 结论 (4) 的证明

假设 $P(s)$ 由式 (4.1) 给出，并记

$$
\tilde{P}(s) = \sum_{i=0}^{\beta} \tilde{P}_i s^i
$$

则式 (A.20) 成立：

$$
\left[P(s)Z + \tilde{P}(s)\tilde{Z}\right]\bigg|_F = \left[\sum_{i=0}^{k} P_i Z s^i + \sum_{i=0}^{\beta} \tilde{P}_i \tilde{Z} s^i\right]\bigg|_F \tag{A.20}
$$

又记

$$
\gamma = \max\{k, \beta\}
$$

并定义

$$
P_i = 0, \quad k < i \leqslant \gamma \tag{A.21}
$$

$$
\tilde{P}_i = 0, \quad \beta < i \leqslant \gamma \tag{A.22}
$$

则由式 (A.20) 可知

$$
\left[P(s)Z + \tilde{P}(s)\tilde{Z}\right]\bigg|_F = \left[\sum_{i=0}^{\gamma} \left(P_i Z + \tilde{P}_i \tilde{Z}\right) s^i\right]\bigg|_F = \sum_{i=0}^{\gamma} \left(P_i Z + \tilde{P}_i \tilde{Z}\right) F^i
$$

$$
= \sum_{i=0}^{\gamma} \left(P_i Z F^i + \tilde{P}_i \tilde{Z} F^i\right) = \sum_{i=0}^{k} P_i Z F^i + \sum_{i=0}^{\beta} \tilde{P}_i \tilde{Z} F^i
$$

$$
= [P(s)Z]\big|_F + \left[\tilde{P}(s)\tilde{Z}\right]\bigg|_F
$$

由此可推出方程 (4.9)。

再次由式 (A.20)~式 (A.22) 可得

$$
\left[P(s)Z + \tilde{P}(s)\tilde{Z}\right]\bigg|_F = \left[\sum_{i=0}^{\gamma} \left(P_i Z + \tilde{P}_i \tilde{Z}\right) s^i\right]\bigg|_F
$$

$$= \sum_{i=0}^{\gamma} \left(P_i Z + \tilde{P}_i \tilde{Z} \right) F^i = \sum_{i=0}^{\gamma} \left[\begin{array}{cc} P_i & \tilde{P}_i \end{array} \right] \left[\begin{array}{c} Z \\ \tilde{Z} \end{array} \right] F^i$$

$$= \left. \left[R\left(s \right) Z_e \right] \right|_F$$

由此可证明方程 (4.10)。

A.4 定理 4.2、定理 4.4 和定理 4.6 的证明

对于 $m \times n$ 矩阵 $R = [r_{ij}]$，其拉直函数 $\mathrm{vec}(R)$ 定义如下：

$$\mathrm{vec}\left(R \right) = \left[\begin{array}{cccccccccc} r_{11} & r_{21} & \cdots & r_{m1} & \cdots & r_{1n} & r_{2n} & \cdots & r_{mn} \end{array} \right]^{\mathrm{T}}$$

引理 A.5 是关于拉直操作的一个著名结论。

引理 A.5 假设 M、X 和 N 是具有适当维数的矩阵，则有

$$\mathrm{vec}\left(MXN \right) = \left(N^{\mathrm{T}} \otimes M \right) \mathrm{vec}\left(X \right) \tag{A.23}$$

对齐次广义 Sylvester 矩阵方程 (4.50) 的两边进行拉直运算 $\mathrm{vec}(\cdot)$，并且应用式 (A.23)，可得

$$\left[\begin{array}{cc} \varPhi & \varPsi \end{array} \right] \left[\begin{array}{c} \mathrm{vec}\left(V \right) \\ \mathrm{vec}\left(W \right) \end{array} \right] = 0 \tag{A.24}$$

其中，

$$\begin{cases} \varPhi = \displaystyle\sum_{i=0}^{m} \left(F^{\mathrm{T}} \right)^i \otimes A_i \\[4mm] \varPsi = - \displaystyle\sum_{i=0}^{m-1} \left(F^{\mathrm{T}} \right)^i \otimes B_i \end{cases} \tag{A.25}$$

显然，式 (A.25) 是方程 (4.50) 的等价形式。

令 P 和 J 分别是矩阵 F^{T} 的特征向量矩阵和 Jordan 矩阵，则有

$$F^{\mathrm{T}} = PJP^{-1} \tag{A.26}$$

将式 (A.26) 代入式 (A.25)，可得

$$\varPhi = P \otimes I_n \left(\sum_{i=0}^{m} J^i \otimes A_i \right) Q$$

$$\varPsi = -P \otimes I_n \left(\sum_{i=0}^{m} J^i \otimes B_i \right) Q$$

其中，

$$Q = \begin{bmatrix} P^{-1} \otimes I_n & 0 \\ 0 & -P^{-1} \otimes I_r \end{bmatrix}$$

由于 $P \otimes I_n$ 和 Q 都是非奇异的，得到

$$\text{rank}\varPhi = \text{rank}\left(\sum_{i=0}^{m} J^i \otimes A_i \right)$$

$$= \text{rank} \begin{bmatrix} A(s_1) & * & 0 & 0 \\ 0 & A(s_2) & \ddots & 0 \\ \vdots & \ddots & \ddots & * \\ 0 & \cdots & 0 & A(s_p) \end{bmatrix}$$

$$\text{rank}\varPsi = \text{rank}\left(\sum_{i=0}^{m} J^i \otimes B_i \right)$$

$$= \text{rank} \begin{bmatrix} B(s_1) & * & 0 & 0 \\ 0 & B(s_2) & \ddots & 0 \\ \vdots & \ddots & \ddots & * \\ 0 & \cdots & 0 & B(s_p) \end{bmatrix}$$

其中，由符号 $*$ 表示的项可能为零；$s_i(i = 1, 2, \cdots, p)$ 是矩阵 F 的特征值 (不必互异)。

显然由上述两个关系式可以推出

$$\text{rank} \begin{bmatrix} \varPhi & \varPsi \end{bmatrix} = \text{rank} \begin{bmatrix} \varOmega(s_1) & * & 0 & 0 \\ 0 & \varOmega(s_2) & \ddots & 0 \\ \vdots & \ddots & \ddots & * \\ 0 & \cdots & 0 & \varOmega(s_p) \end{bmatrix} \tag{A.27}$$

其中，

$$\varOmega(s) = \begin{bmatrix} A(s) & B(s) \end{bmatrix}$$

由此可知

$$\text{rank}\varPhi = \alpha p \tag{A.28}$$

成立的充分必要条件是式 (4.53) 成立。

当式 (A.28) 成立时，由线性方程理论可知，方程 (A.24) 解 (V, W) 的自由参数的最大个数为

$$\pi = np + rp - \text{rank} \begin{bmatrix} \Phi & \Psi \end{bmatrix} = \beta p$$

从而方程 (4.50) 的解 (V, W) 的自由参数最大个数也为 π。结论中的第 2 部分证毕。

A.5 定理 4.3、定理 4.5 和定理 4.7 的证明

第 4 章中已经给出定理 4.3、定理 4.5 和定理 4.7 的充分性的证明，而它们必要性的证明是相同的。下面是具体的证明过程。

为了证明定理 4.3、定理 4.5 和定理 4.7 的必要性，对式 (4.59) 的两边进行拉直运算 $\text{vec}(\cdot)$，并且应用方程 (A.23) 得到

$$\begin{cases} \text{vec}(V) = \left(\sum_{i=0}^{\omega} \left((F^{\text{T}})^i \otimes N_i \right) \right) \text{vec}(Z) \\ \text{vec}(W) = \left(\sum_{i=0}^{\omega} \left((F^{\text{T}})^i \otimes D_i \right) \right) \text{vec}(Z) \end{cases}$$

或者其等价形式

$$\begin{bmatrix} \text{vec}(V) \\ \text{vec}(W) \end{bmatrix} = \begin{bmatrix} \sum_{i=0}^{\omega} \left((F^{\text{T}})^i \otimes N_i \right) \\ \sum_{i=0}^{\omega} \left((F^{\text{T}})^i \otimes D_i \right) \end{bmatrix} \text{vec}(Z) \tag{A.29}$$

根据定理 4.6，解 (V, W) 中自由参数的个数是 βp。由于 $Z \in \mathbb{C}^{\beta \times p}$ 是任意参数矩阵，这里只需验证 Z 的每个元素独立地作用于 (V, W) 的充分必要条件是式 (3.33) 成立。由式 (A.29) 可知 Z 的每个元素独立地作用于 (V, W) 的充分必要条件是

$$\text{rank} \begin{bmatrix} \sum_{i=0}^{\omega} \left((F^{\text{T}})^i \otimes N_i \right) \\ \sum_{i=0}^{\omega} \left((F^{\text{T}})^i \otimes D_i \right) \end{bmatrix} = \beta p \tag{A.30}$$

因此，下面只需证明式 (A.30) 成立的充分必要条件是 $N(s)$ 和 $D(s)$ 是 (F, α)-右互质的。

由 Kronecker 积的定义可知

$$\mathrm{rank}\begin{bmatrix} \sum_{i=0}^{\omega}\left(\left(F^{\mathrm{T}}\right)^i \otimes N_i\right) \\ \sum_{i=0}^{\omega}\left(\left(F^{\mathrm{T}}\right)^i \otimes D_i\right) \end{bmatrix}$$

$$=\mathrm{rank}\begin{bmatrix} \sum_{i=0}^{\omega}\begin{bmatrix} \left(F^{\mathrm{T}}\right)^i_{11}N_i & \cdots & \left(F^{\mathrm{T}}\right)^i_{1p}N_i \\ \vdots & & \vdots \\ \left(F^{\mathrm{T}}\right)^i_{p1}N_i & \cdots & \left(F^{\mathrm{T}}\right)^i_{pp}N_i \end{bmatrix} \\ \sum_{i=0}^{\omega}\begin{bmatrix} \left(F^{\mathrm{T}}\right)^i_{11}D_i & \cdots & \left(F^{\mathrm{T}}\right)^i_{1p}D_i \\ \vdots & & \vdots \\ \left(F^{\mathrm{T}}\right)^i_{p1}D_i & \cdots & \left(F^{\mathrm{T}}\right)^i_{pp}D_i \end{bmatrix} \end{bmatrix}$$

其中，$\left(F^{\mathrm{T}}\right)^i_{kj}$ 表示矩阵 $\left(F^{\mathrm{T}}\right)^i$ 的第 k 行、第 j 列元素。

在上述方程中交换矩阵的某些行可进一步得到

$$\mathrm{rank}\begin{bmatrix} \sum_{i=0}^{\omega}\left(\left(F^{\mathrm{T}}\right)^i \otimes N_i\right) \\ \sum_{i=0}^{\omega}\left(\left(F^{\mathrm{T}}\right)^i \otimes D_i\right) \end{bmatrix}$$

$$=\mathrm{rank}\begin{bmatrix} \sum_{i=0}^{\omega}\begin{bmatrix} \left(F^{\mathrm{T}}\right)^i_{11}\begin{bmatrix} N_i \\ D_i \end{bmatrix} & \cdots & \left(F^{\mathrm{T}}\right)^i_{1p}\begin{bmatrix} N_i \\ D_i \end{bmatrix} \\ \vdots & & \vdots \\ \left(F^{\mathrm{T}}\right)^i_{p1}\begin{bmatrix} N_i \\ D_i \end{bmatrix} & \cdots & \left(F^{\mathrm{T}}\right)^i_{pp}\begin{bmatrix} N_i \\ D_i \end{bmatrix} \end{bmatrix} \end{bmatrix}$$

$$=\mathrm{rank}\begin{bmatrix} \sum_{i=0}^{\omega}\left(\left(F^{\mathrm{T}}\right)^i \otimes \begin{bmatrix} N_i \\ D_i \end{bmatrix}\right) \end{bmatrix}$$

由定理 3.6 可知，式 (A.30) 成立的充分必要条件是

$$\mathrm{rank}\begin{bmatrix} N\left(\lambda\right) \\ D\left(\lambda\right) \end{bmatrix} = \alpha, \quad \forall\lambda \in \mathrm{eig}\left(F^{\mathrm{T}}\right)$$

由于 F 和 F^{T} 具有相同的特征值，则上述条件等价于 $N\left(s\right)$ 和 $D\left(s\right)$ 为 (F,α)-右互质。由此结论证毕。

参 考 文 献

[1] Duan G R. Analysis, Design of Descriptor Linear Systems[M]. Berlin: Springer, 2010.

[2] Habets L C G J M, Kloetzer M, Belta C. Control of rectangular multi-affine hybrid systems[C]. 45th IEEE Conference on Decision & Control, San Diego, 2006: 2619-2624.

[3] Zhang G S. Regularizability, controllability and observability of rectangular descriptor systems by dynamic compensation[C]. American Control Conference, Minneapolis, 2006: 4393-4398.

[4] Hou M. Controllability and elimination of impulsive modes in descriptor systems[J]. IEEE Transactions on Automatic Control, 2004, 49(10): 1723-1727.

[5] Ishihara J Y, Terra M H. Impulse controllability and observability of rectangular descriptor systems[J]. IEEE Transactions on Automatic Control, 2001, 46(6): 991-994.

[6] Fletcher L R. Pole assignment and controllability subspaces in descriptor systems[J]. International Journal of Control, 1997, 66(5): 677-709.

[7] 段广仁, 于海华, 吴爱国, 等. 广义线性系统分析与设计[M]. 北京: 科学出版社, 2012.

[8] 段广仁. 线性系统理论[M]. 2 版. 哈尔滨: 哈尔滨工业大学出版社, 2004.

[9] Chen C T. Linear System Theory and Design[M]. New York: Holt, Rinehart and Winston, 1984.

[10] 张庆灵, 杨冬梅. 不确定广义系统的分析与综合[M]. 沈阳: 东北大学出版社, 2003.

[11] Dai L. Singular Control Systems[M]. Berlin: Springer-Verlag, 1989.

[12] Lewis F L. A survey of linear singular systems[J]. Circuit System Signal Processing, 1986, 5(1): 3-36.

[13] Ashour O N, Nayfeh A H. Adaptive control of flexible structures using a nonlinear vibration absorber[J]. Nonlinear Dynamics, 2002, 28(3-4): 309-322.

[14] Zhang J F. Optimal control for mechanical vibration systems based on second-order matrix equations[J]. Mechanical Systems, Signal Processing, 2002, 16(1): 61-67.

[15] Tamaki S A, Oshiro N B, Yamamoto T A, et al. Design of optimal digital feedback regulator based on first and second order information and its application to vibration control[J]. JSME International Journal, Series C: Dynamics, Control, Robotics, Design, Manufacturing, 1996, 39(1): 41-48.

[16] Duan G R, Yu H H. LMIs in Control Systems—Analysis, Design and Applications[M]. Boca Raton: CRC Press, 2013.

[17] Zou A M, Kumar K D, Hou Z G. Attitude coordination control for a group of spacecraft without velocity measurements[J]. IEEE Transactions on Control Systems Technology, 2012, 20(5): 1160-1174.

[18] Bhaya A, Desoer C. On the design of large flexible space structures[J]. IEEE Transactions on Automatic Control, 1985, 30(11): 1118-1120.

[19] Balas M J. Trends in large space structure control theory: Fondest hopes, wildest dreams[J]. IEEE Transactions on Automatic Control, 1982, 27(3): 522-535.

[20] Juang J N, Lim K B, Junkins J L. Robust eigensystem assignment for flexible structures[J]. Journal of Guidance, Control and Dynamics, 1989, 12(3): 381-387.

[21] Meirovitch L, Baruh H J, Oez H. A comparison of control techniques for large flexible systems[J]. Journal of Guidance, Control and Dynamics, 1983, 6(4): 302-310.

[22] Ulrich S, Sasiadek J Z. Modified simple adaptive control for a two-link space robot[C]. American Control Conference, Baltimore, 2010: 3654-3659.

[23] Papadopoulos E, Dubowsky S. On the nature of control algorithms for free-floating space manipulators[J]. IEEE Transactions on Robotics & Automation, 1991, 7(6): 750-758.

[24] Asada H, Slotine J J E. Robot Analysis, Control[M]. New Jersey: John Wiley & Sons, 1986.

[25] Duan G R, Zhou B. Solution to the second-order Sylvester matrix equation $MVF^2 + DVF + KV = BW$[J]. IEEE Transactions on Automatic Control, 2006, 51(5): 805-809.

[26] Duan G R. Parametric eigenstructure assignment in second-order descriptor linear systems[J]. IEEE Transactions on Automatic Control, 2004, 49(10): 1789-1795.

[27] Duan G R, Liu G P. Complete parametric approach for eigenstructure assignment in a class of second-order linear systems[J]. Automatica, 2002, 38(4): 725-729.

[28] Chu E K, Datta B N. Numerically robust pole assignment for second-order systems[J]. International Journal of Control, 1996, 64(4): 1113-1127.

[29] Rincon F. Feedback stabilization of second-order models[D]. Illinois: Northern Illinois University, 1992.

[30] Yu H H, Duan G R. ESA in high-order linear system via output feedback[J]. Asian Journal of Control, 2009, 11(3): 336-343.

[31] Duan G R, Yu H H. Robust pole assignment in high-order descriptor linear systems via proportional plus derivative state feedback[J]. IET Control Theory and Applications, 2008, 2(4): 277-287.

[32] Dorf R C, Bishop R H. Modern Control Systems[M]. New Jersey: Prentice Hall, 2010.

[33] Golnaraghi F, Kuo B C. Automatic Control Systems[M]. 9th ed. New Jersey: John Wiley & Sons, 2009.

[34] Ogata K. Modern Control Engineering[M]. 5th ed. New Jersey: Prentice Hall, 2009.

[35] Schmidt T. Parametrschaetzung bei Mehrkoerpersystemen mit Zwangsbedingungen[M]. Düsseldorf: VDI-Verlag, 1994.

[36] Spong M W, Hutchinson S, Vidyasagar M. Robot Dynamics and Control[M]. 2nd ed. New Jersey: John Wiley & Sons, 2008.

[37] Slotine J E, Li W P. Applied Nonlinear Control[M]. New Jersey: Prentice Hall, 1991.

[38] Marino R, Spong M W. Nonlinear control techniques for flexible joint manipulators: A single link case study[C]. IEEE International Conference on Robotics, Automation, San Francisco, 1986: 1030-1036.

[39] Duan G R. Parametric solutions to rectangular high-order Sylvester equations—Case of F Jordan[C]. SICE Annual Conference, Sapporo, 2014: 1820-1826.

[40] Duan G R. Parametric solutions to rectangular high-order Sylvester equations—Case of F arbitrary[C]. SICE Annual Conference, Sapporo, 2014: 1827-1832.

[41] Duan G R. On a type of high-order generalized Sylvester equations[C]. Proceedings of the 32nd Chinese Control Conference, Xi'an, 2013: 328-333.

[42] Duan G R. On a type of second-order generalized Sylvester equations[C]. Proceedings of the 9th Asian Control Conference, Istanbul, 2013: 1-6.

[43] Duan G R. Solution to a type of high-order nonhomogeneous generalized Sylvester equations[C]. Proceedings of the 32nd Chinese Control Conference, Xi'an, 2013: 322-327.

[44] Duan G R. Solution to second-order nonhomogeneous generalized Sylvester equations[C]. Proceedings of the 9th Asian Control Conference, Istanbul, 2013: 1-6.

[45] Duan G R. Parametric approaches for eigenstructure assignment in high-order linear systems[J]. International Journal of Control Automation and Systems, 2005, 3(3): 419-429.

[46] Yu H H, Duan G R. ESA in high-order descriptor linear systems via output feedback[J]. International Journal of Control Automation and Systems, 2010, 8(2): 408-417.

[47] Wu A G, Zhu F, Duan G R, et al. Solving the generalized Sylvester matrix equation $AV + BW = EVF$ via Kronecker map[J]. Applied Mathematics Letters, 2008, 21(10): 1069-1073.

[48] Datta B N, Saad Y. Arnoldi method for large Sylvester-like observer matrix equations, and an associated algorithm for partial spectrum assignment[J]. Linear Algebra and Its Applications, 1991, 154: 225-244.

[49] Calvetti D, Lewis B, Reichel L. On the solution of large Sylvester-observer equations[J]. Numerical Linear Algebra with Applications, 2001, 8(6-7): 435-451.

[50] Robbe M, Sadkane M. Use of near-breakdowns in the block Arnoldi method for solving large Sylvester equations[J]. Applied Number Mathematics, 2008, 58(4): 486-498.

[51] Datta B N, Heyouni M, Jbilou K. The global Arnoldi process for solving the Sylvester-observer equation[J]. Computational and Applied Mathematics, 2010, 29(3): 527-544.

[52] Heyouni M. Extended Arnoldi methods for large low-rank Sylvester matrix equations[J]. Applied Numerical Mathematics, 2011, 60(11): 1171-1182.

[53] Carvalho J, Datta K, Hong Y P. New block algorithm for full-rank solution of the Sylvester-observer equation[J]. IEEE Transactions on Automatic Control, 2003, 48(12): 2223-2228.

[54] Jbilou K. Low rank approximate solutions to large Sylvester matrix equations[J]. Applied Mathematics and Computation, 2006, 177(1): 365-376.

[55] Dooren P V. Reduced order observers: A new algorithm and proof[J]. Systems & Control Letters, 1984, 4(5): 243-251.

[56] Barlow J B, Monahemt M M, Oleary D P. Constrained matrix Sylvester equations[J]. SIAM Journal on Matrix Analysis and Applications, 1992, 13(1): 1-9.

[57] Carvalho J B, Datta B N. A new algorithm for generalized Sylvester-observer equation and its application to state, velocity estimations in vibrating systems[J]. Numerical Linear Algebra with Applications, 2011, 18: 719-732.

[58] Truhar N, Tomljanovic Z, Li R C. Analysis of the solution of the Sylvester equation using low-rank ADI with exact shifts[J]. Systems & Control Letters, 2010, 59(3-4): 248-257.

[59] Zhou B, Yan Z B. Solutions to right coprime factorizations and generalized Sylvester matrix equations[J]. Transactions of the Institute of Measurement and Control, 2008, 30(5): 397-426.

[60] Tsui C C. A complete analytical solution to the equation $TA - FT = LC$ and its applications[J]. IEEE Transactions on Automatic Control, 1987, 32(8): 742-744.

[61] Ramadan M A, Naby M A A, Bayoumi A M E. On the explicit solutions of forms of the Sylvester and the Yakubovich matrix equations[J]. Mathematical and Computer, 2009, 50(9-10): 1400-1408.

[62] Syrmos V L, Lewis F L. Output-feedback eigenstructure assignment using 2 Sylvester equations[J]. IEEE Transactions on Automatic Control, 1993, 38(3): 495-499.

[63] Choi J W. Left eigenstructure assignment via Sylvester equation[J]. Ksme International Journal, 1998, 12(6): 1034-1040.

[64] Choi J W, Lee H C, Yoo W S. Eigenstructure assignment by the differential Sylvester equation for linear time-varying systems[J]. Ksme International Journal, 1999, 13(9): 609-619.

[65] Syrmos V L, Lewis F L. Coupled and constrained Sylvester equations in system-design[J]. Circuits Systems and Signal Processing, 1994, 13(6): 663-694.

[66] Emirsajlow Z. Infinite-dimensional Sylvester equations: Basic theory and application to observer design[J]. International Journal of Applied Mathematics and Computer Science, 2012, 22(2): 245-257.

[67] Wang G S, Liang B, Tang Z X. A parameterized design of reduced-order state observer in linear control systems[J]. Procedia Engineering, 2011, 15: 974-978.

[68] Wang G S, Xia F, Liang B, et al. A parametric design method of finite time state observers in linear time-invariant systems[C]. Proceedings of the 26th Chinese Control and Decision Conference, Changsha, 2014: 795-799.

[69] Wang G S, Xia F, Yang W L. Design of robust finite time functional observers in uncertain linear systems[J]. International Journal of Advanced Mechatronic Systems, 2013, 5(4): 223-231.

[70] Zhao L B, Wang G S. Design of finite time functional observers in linear control systems[C]. Proceedings of the 3rd International Conference on Intelligent Control and Information Processing, Dalian, 2012: 303-307.

[71] Syrmos V L. Disturbance decoupling using constrained Sylvester equations[J]. IEEE Transactions on Automatic Control, 1994, 39(4): 797-803.

[72] Castelan E B, Silva V G D. On the solution of a Sylvester equation appearing in descriptor systems control theory[J]. Systems & Control Letters, 2005, 54(2): 109-117.

[73] Darouach M. Solution to Sylvester equation associated to linear descriptor systems[J]. Systems & Control Letters, 2006, 55(10): 835-838.

[74] Wu A G, Zhang E Z, Liu F C. On closed-form solutions to the generalized Sylvester-conjugate matrix equation[J]. Applied Mathematics and Computation, 2012, 218(19): 9730-9741.

[75] Song C Q, Feng J E, Wang X D, et al. Parametric solutions to the generalized discrete Yakubovich-transpose matrix equation[J]. Asian Journal of Control, 2014, 16(4): 1-8.

[76] Song C Q, Feng J E, Wang X D, et al. A real representation method for solving Yakubovich-j-conjugate quaternion matrix equation[J]. Abstract and Applied Analysis, 2014, (5): 285086-1-285086-9.

[77] Yu H H, Bi D G. Solution to generalized matrix equation $AV - EVJ = B_\mathrm{D}W_\mathrm{D}J + B_\mathrm{P}W_\mathrm{P}$[C]. Proceedings of 33th Chinese Control Conference, Nanjing, 2014: 3857-3862.

[78] Yang C L, Liu J Z, Liu Y. Solutions of the generalized Sylvester matrix equation and the application in eigenstructure assignment[J]. Asian Journal of Control, 2012, 14(6): 1669-1675.

[79] Zhang B. Parametric eigenstructure assignment by state feedback in descriptor systems[J]. IET Control Theory and Applications, 2008, 2(4): 303-309.

[80] Zhang B. Eigenvalue assignment in linear descriptor systems via output feedback[J]. IET Control Theory and Applications, 2013, 7(15): 1906-1913.

[81] Liang B, Chang T Q, Wang G S. Robust H_∞ fault-tolerant control against sensor, actuator failures for uncertain descriptor systems[J]. Procedia Engineering, 2011, 15: 979-983.

[82] Wu A G, Sun Y, Feng G. Closed-form solution to the non-homogeneous generalised Sylvester matrix equation[J]. IET Control Theory and Applications, 2010, 4(10): 1914-1921.

[83] Ramadan M A, El-Danaf T S, Bayoumi A M E. A finite iterative algorithm for the solution of Sylvester-conjugate matrix equations $AV + BW = E\bar{V}F + C$ and $AV + B\bar{W} = E\bar{V}F + C$[J]. Mathematical and Computer Modelling, 2013, 58(11-12): 1738-1754.

[84] Yin F, Huang G X, Chen D Q. Finite iterative algorithms for solving generalized coupled Sylvester systems—Part II: Two-sided and generalized coupled Sylvester matrix equations over reflexive solutions[J]. Applied Mathematical Modelling, 2012, 36(4): 1604-1614.

[85] Huang G X, Wu N, Yin F, et al. Finite iterative algorithms for solving generalized coupled Sylvester systems—Part I: One-sided and generalized coupled Sylvester matrix equations over generalized reflexive solutions[J]. Applied Mathematical Modelling, 2012, 36(4): 1589-1603.

[86] Shahzad A, Jones B L, Kerrigan E C, et al. An efficient algorithm for the solution of a coupled Sylvester equation appearing in descriptor systems[J]. Automatica, 2011, 47(1): 244-248.

[87] Dehghan M, Hajarian M. An iterative algorithm for the reflexive solutions of the generalized coupled Sylvester matrix equations and its optimal approximation[J]. Applied Mathematics and Computation, 2008, 202(2): 571-588.

[88] Lin Y Q, Wei Y M. Condition numbers of the generalized Sylvester equation[J]. IEEE Transactions on Automatic Control, 2007, 52(12): 2380-2385.

[89] Jonsson I, Kagstrom B. Recursive blocked algorithms for solving triangular systems—Part I: One-sided and coupled Sylvester-type matrix equations[J]. ACM Transactions on Mathematical Software, 2002, 28(4): 392-415.

[90] Wang Q W, Sun J H, Li S Z. Consistency for bi(skew)symmetric solutions to systems of generalized Sylvester equations over a finite central algebra[J]. Linear Algebra and Its Applications, 2002, 353: 169-182.

[91] Poromaa P. Parallel algorithms for triangular Sylvester equations: Design, scheduling and scalability issues[J]. Applied Parallel: Large Scale Scientific and Industrial Problems, 1998, 1541: 438-446.

[92] Beitia M A, Gracia J M. Sylvester matrix equation for matrix pencils[J]. Linear Algebra and Its Applications, 1996, 232(1): 155-197.

[93] Hodel A S, Misra P. Solution of underdetermined Sylvester equations in sensor array signal processing[J]. Linear Algebra and Its Applications, 1996, 249(1-3): 1-14.

[94] Kagstrom B, Poromaa P. Lapack-style algorithms and software for solving the generalized Sylvester equation and estimating the separation between regular matrix pairs[J]. ACM Transations on Mathematical Software, 1996, 22(2): 78-103.

[95] Kagstrom B. A perturbation analysis of the generalized Sylvester equation $(AR - LB, DR - LE) = (C, F)$[J]. SIAM Journal on Analysis and Applications, 1994, 15(4): 1045-1060.

[96] Wimmer H K. Consistency of a paid of generalized Sylvester equations[J]. IEEE Transactions on Automatic Control, 1994, 39(5): 1014-1016.

[97] Kagstrom B, Westin L. Genralized Schur methods with condition estimators for solving the generalized Sylvester equations[J]. IEEE Transactions on Automatic Control, 1989, 34(7): 745-751.

[98] Dehghan M, Hajarian M. Efficient iterative method for solving the second-order Sylvester matrix equation $EVF^2 - AVF - CV = BW$[J]. IET Control Theory & Applications, 2009, 3(10): 1401-1408.

[99] Wang G S, Chang T Q, Liang B, et al. A parametric solution of second-order vibration matrix equations and its control applications[C]. Proceedings of the 8th World Congress on Intelligent Control and Automation, Jinan, 2010: 3342-3346.

[100] Sun C Y, Yu Y H, Wang G S. Solutions on a class of uncertain second-order matrix equations[C]. Proceedings of the 22th Chinese Control and Decision Conference, Xuzhou, 2010: 820-823.

[101] Wang Y Y, Yu H H. Robust pole assignment of uncertain discrete systems with input time-delay[C]. Proceedings of the 11th World Congress on Intelligent Control and Automation, Shenyang, 2014: 4256-4260.

[102] Yu H H, Wang Y Y. ESA in a type of discrete time-delay linear system via state feedback[C]. Proceedings of 2nd International Conference on Measurement, Information and Control, Harbin, 2013: 797-800.

[103] Yu H H, Bi D G. Parametric approaches for eigenstructure assignment in high-order linear systems via output feedback[C]. Proceedings of 24th Chinese Control and Decision Conference, Taiyuan, 2012: 459-464.

[104] Yu H H, Bi D G. Parametric approaches for observer design in high-order descriptor linear systems[C]. Proceedings of 24th Chinese Control and Decision Conference, Taiyuan, 2012: 465-469.

[105] Golub G H, Loan C F V. Matrix Computations[M]. Maryland: John Hopkins University Press, 1996.

[106] Higham N J. Accuracy and Stability of Numerical Algorithms[M]. Philadelphia: Society for Industrial and Applied Mathematics, 1996.

[107] Higham N J. Functions of Matrices: Theory and Computation[M]. Philadelphia: Society for Industrial and Applied Mathematics, 2008.

[108] Dooren P M V, Hadjidimos A, Vorst H A V D. Linear Algebra-Linear Systems and Eigenvalues: Volume 3[M]. Princeton: North Holland, 2001.

[109] Watkins D S. The Matrix Eigenvalue Problem: GR and Krylov Subspace Methods[M]. Philadelphia: Society for Industrial and Applied Mathematics, 2007.

[110] Hazewinkel M. Handbook of Algebra: Volume 1[M]. Princeton: North Holland, 1996.

[111] Moonen M S, Golub G H, Moor B L D. Linear Algebra for Large Scale and Real-Time Applications[M]. Berlin: Springer, 2010.

[112] Ilchmann A, Reis T. Surveys in Differential-Algebraic Equations I[M]. Berlin: Springer, 2013.

[113] Putinar M, Sullivant S. Emerging Applications of Algebraic Geometry[M]. Berlin: Springer, 2010.

[114] Kressner D. Numerical Methods for General and Structured Eigenvalue Problems[M]. Berlin: Springer, 2005.

[115] Wachspress E. The ADI Model Problem[M]. Berlin: Springer, 2013.

[116] Sorevik T, Manne F, Moe R, et al. Applied Parallel Computing—New Paradigms for HPC in Industry and Academia[M]. Berlin: Springer, 2001.

[117] Fagerholm J, Haataja J, Järvinen J, et al. Applied Parallel Computing—Advanced Scientific Computing[M]. Berlin: Springer, 2002.

[118] Sorevik T, Manne F, Gebremedhin A H, et al. Applied Parallel Computing—New Paradigms for HPC in Industry and Academia[M]. Berlin: Springer, 2000.

[119] Čiegis R, Henty D, Kågström B, et al. Parallel Scientific Computing and Optimization—Advances and Applications[M]. Berlin: Springer, 2009.

[120] Palma J M L M, Dongarra J, Hernandez V. Applied Parallel Computing—Advanced Scientific Computing[M]. Berlin: Springer, 2001.

[121] Kosch H, Böszörményi L, Hellwagner H. Euro-Par 2003—Parallel Processing[M]. Berlin: Springer, 2003.

[122] Danelutto M, Vanneschi M, Laforenza D. Euro-Par 2004—Parallel Processing[M]. Berlin: Springer, 2004.

[123] Luque E, Margalef T, Benítez D. Euro-Par 2008—Parallel Processing[M]. Berlin: Springer, 2008.

[124] Daydé M, Dongarra J, Hernández V, et al. High Performance Computing for Computational Science—VECPAR 2004[M]. Berlin: Springer, 2004.

[125] Datta B N. Applied and Computational Control, Signals, and Circuits: Volume 1[M]. Boston: Birkhäuser, 1999.

[126] Benner P, Mehrmann V, Sorensen D C. Dimension Reduction of Large-Scale Systems[M]. Berlin: Springer, 2005.

[127] Srivastava A, Sylvester D, Blaauw D. Statistical Analysis and Optimization for VLSI: Timing and Power[M]. Berlin: Springer, 2006.

[128] Leondes C T. Multidimensional Systems: Signal Processing and Modeling Techniques[M]. Salt Lake City: Academic Press, 1995.

[129] Havelock D, Kuwano S, Vorländer M. Handbook of Signal Processing in Acoustics: Volume 1[M]. Berlin: Springer, 2008.

[130] Benzaouia A. Saturated Switching Systems[M]. Berlin: Springer, 2012.

[131] Trinh H, Fernando T. Functional Observers for Dynamical Systems[M]. Berlin: Springer, 2011.

[132] Anderson E, Bai Z, Bischof C, et al. LAPACK Users' Guide[M]. 3rd ed. Philadelphia: Society for Industrial and Applied Mathematics, 1999.

[133] Gray J O. Computer Aided Control Systems Design[M]. Oxford: Pergamon Press, 2001.

[134] Kucera V, Sebek M. Robust Control Design 2000[M]. Oxford: Pergamon Press, 2000.

[135] Bittanti S, Colaneri P. Periodic Control Systems 2001[M]. Oxford: Pergamon Press, 2002.

[136] Skelton R E, Iwasaki T, Grigoriadis K M. A Unified Algebraic Approach to Control Design[M]. Boca Raton: Taylor & Francis, 1997.

[137] Voicu M. Advances in Automatic Control[M]. Berlin: Springer, 2003.

[138] Altman R B, Dunker A K, Hunter L, et al. Pacific Symposium on Biocomputing 2007[M]. Singapore: World Scientific Publishing, 2007.

[139] Li K, Fei M, Jia L, et al. Life System Modeling and Intelligent Computing[M]. Berlin: Springer, 2010.

[140] Liu D, Zhang H, Polycarpou M, et al. Advances in Neural Networks—ISNN 2011[M]. Berlin: Springer, 2011.

[141] Duan G R. Solution to matrix equation $AV + BW = EVF$ and eigenstructure assignment for descriptor systems[J]. Automatica, 1992, 28(3): 639-643.

[142] Duan G R. Solutions of the equation $AV + BW = VF$ and their application to eigenstructure assignment in linear systems[J]. IEEE Transactions on Automatic Control, 1993, 38(2): 276-280.

[143] Duan G R. On the solution to the Sylvester matrix equation $AV + BW = EVF$[J]. IEEE Transactions on Automatic Control, 1996, 41(4): 612-614.

[144] Duan G R, Wu G Y, Huang W H. Eigenstructure assignment for time-varying linear systems[J]. Science China Series A—Mathematics Physics Asreonomy and Technological Sciences, 1991, 34(2): 246-256.

[145] Duan G R. Simple algorithm for robust pole assignment in linear output feedback[J]. IEE Proceedings, Part D: Control Theory and Applications, 1992, 139(5): 465-469.

[146] Duan G R. Robust eigenstructure assignment via dynamical compensators[J]. Automatica, 1993, 29(2): 469-474.

[147] Kimura H. A further result on the problem of pole assignment by output feedback[J]. IEEE Transactions on Automatic Control, 1977, 22(3): 458-463.

[148] Duan G R, Liu W Q, Liu G P. Robust model reference control for multivariable linear systems subject to parameter uncertainties[J]. Proceedings of the Institution of Mechanical Engineers, Part I: Journal of Systems and Control Engineering, 2001, 215(6): 599-610.

[149] Duan G R, Liu G P, Thompson S. Eigenstructure assignment design for proportional-integral observers: Continuous-time case[J]. Proceedings of the Institution of Mechanical Engineers, Part I: Journal of Systems and Control Engineering, 2001, 148(3): 263-267.

[150] Duan G R, Patton R J. Robust fault detection in linear systems using Luenberger observers[J]. Journal of Engineering and Applied Science, 1998, 455(2): 1468-1473.

[151] Duan G R, Patton R J. Robust fault detection using Luenberger-type unknown input observers—A parametric approach[J]. International Journal of Systems Science, 2001, 32(4): 533-540.

[152] Duan G R, Howe D, Patton R J. Robust fault detection in descriptor linear systems via generalized unknown input observers[J]. International Journal of Systems Science, 2002, 33(5): 369-377.

[153] Saberi A, Stoorvogel A A, Sannuti P. Control of Linear Systems with Regulation and Input Constraints[M]. Berlin: Springer, 1999.

[154] Duan G R, Howe D. Robust magnetic bearing control via eigenstructure assignment dynamical compensation[J]. IEEE Transactions on Control Systems Technology, 2003, 11(2): 204-215.

[155] Duan G R, Wu Z Y, Bingham C, et al. Robust magnetic bearing control using stabilizing dynamical compensators[J]. IEEE Transactions on Industry Applications, 2000, 36(6): 1654-1660.

[156] Duan G R, Wu Z Y, Howe D. Robust control of a magnetic-bearing flywheel using dynamical compensators[J]. Transactions of the Institute of Measurement and Control, 2001, 23(4): 249-278.

[157] Duan G R, Gu D K, Li B. Optimal control for final approach of rendezvous with non-cooperative target[J]. Pacific Journal of Optimization, 2010, 6(3): 521-532.

[158] Duan G R, Yu H H, Tan F. Parametric control systems design with applications in missile control[J]. Science China Series F: Information Sciences, 2009, 52(11): 2190-2200.

[159] Cai G B, Hu C H, Duan G R. Eigenstructure assignment for linear parameter-varying systems with applications[J]. Mathematical and Computer Modelling, 2011, 53(5-6): 861-870.

[160] Duan G R, Yu H H. Parametric approaches for eigenstructure assignment in high-order descriptor linear systems[C]. Proceedings of the 45th IEEE Conference on Decision and Control, San Diego, 2006: 1399-1404.

[161] Duan G R, Patton R J. Eigenstructure assignment in descriptor systems via state feedback—A new complete parametric approach[J]. International Journal of Systems Science, 1998, 29(2): 167-178.

[162] Duan G R, Patton R J. Eigenstructure assignment in descriptor systems via proportional plus derivative state feedback[J]. International Journal of Control, 1997, 68(5): 1147-1162.

[163] Duan G R. Eigenstructure assignment, response analysis in descriptor linear systems with state feedback control[J]. International Journal of Control, 1998, 69(5): 663-694.

[164] Duan G R. Eigenstructure assignment in multivariable linear systems via decentralized state feedback[C]. Proceedings of European Control Conference, Juillet, 1991: 2530-2533.

[165] Duan G R. Parametric eigenstructure assignment via state feedback: A simple numerically stable approach[C]. Proceedings of the 4th World Congress on Intelligent Control and Automation, Shanghai, 2002: 165-173.

[166] Duan G R, Irwin G W, Liu G P. Robust stabilization of descriptor linear systems via proportional-plus-derivative state feedback[C]. Proceedings of American Control Conference, San Diego, 1999: 1304-1308.

[167] Zhang B, Duan G R. Eigenstructure assignment for stabilizable linear systems via state feedback[C]. Proceedings of the 4th World Congress on Intelligent Control and Automation, Shanghai, 2002: 184-188.

[168] Wang G S, Duan G R. State feedback eigenstructure assignment with minimum control effort[C]. Proceedings of the 5th World Congress on Intelligent Control and Automation, Hangzhou, 2004: 35-38.

[169] Duan G R, Xue Y. Parametric eigenstructure assignment for linear systems subject to input saturation via state feedback[C]. Proceedings of the 5th International Conference on Control and Automation, Budapest, 2005: 757-760.

[170] Xue Y, Duan G R. Eigenstructure assignment for linear discrete-time systems subject to input saturation via decentralized state feedback—A parametric approach[C]. Proceedings of International Conference on Machine Learning and Cybernetics, Guangzhou, 2005: 1460-1465.

[171] Xue Y, Duan G R. Eigenstructure assignment for linear systems with constrained output via state feedback—A parametric approach[C]. Proceedings of International Conference on Machine Learning and Cybernetics, Guangzhou, 2005: 1454-1459.

[172] Xue Y, Duan G R. Eigenstructure assignment for descriptor linear systems subject to input saturation via state feedback—A parametric approach[J]. Dynamics of Continuous Discrete and Impulsive Systems: Series A, Mathematical Analysis, 2006, 13: 1181-1188.

[173] Xue Y, Duan G R. Eigenstructure assignment for linear systems with constraints on input and its rate via state feedback—A parametric approach[C]. Proceedings of SICE-ICASE International Joint Conference, Busan, 2006: 4572-4577.

[174] Xue Y, Duan G R. Eigenstructure assignment for linear systems with constraints on input and its rate via decentralized state feedback[C]. Proceedings of International Conference on Sensing, Computing and Automation, Chongqing, 2006: 2786-2790.

[175] Xue Y, Wei Y Y, Duan G R. Eigenstructure assignment for linear systems with constrained input via state feedback—A parametric approach[C]. Proceedings of the 25th Chinese Control Conference, Harbin, 2006: 90-95.

[176] Duan G R, Yu H H. Complete eigenstructure assignment in high-order descriptor linear systems via proportional plus derivative state feedback[C]. Proceedings of World Congress on Intelligent Control and Automation, Dalian, 2006: 500-505.

[177] Duan G R. Eigenstructure assignment by decentralized output feedback—A complete parametric approach[J]. IEEE Transactions on Automatic Control, 1994, 39(5): 1009-1014.

[178] Duan G R. Parametric approach for eigenstructure assignment in descriptor systems via output feedback[J]. IEE Proceedings: Control Theory and Applications, 1995, 142(6): 611-616.

[179] Duan G R. Eigenstructure assignment in descriptor systems via output feedback: A new complete parametric approach[J]. International Journal of Control, 1999, 72(4): 345-364.

[180] Duan G R. Parametric eigenstructure assignment via output feedback based on singular value decompositions[J]. IEE Proceedings: Control Theory and Applications, 2003, 150(1): 93-100.

[181] Duan G R, Irwin G W, Liu G P. Disturbance decoupling with eigenstructure assignment in linear systems via output dynamical feedback control[C]. Proceedings of European Control Conference, Karlsruhe, 1999.

[182] Duan G R, Liu G P, Thompson S. Disturbance decoupling in descriptor systems via output feedback—A parametric eigenstructure assignment approach[C]. Proceedings of the 39th IEEE Conference on Decision and Control, Sydney, 2000: 3660-3665.

[183] Liu G P, Duan G R, Daley S. Stable dynamical controller design using output-feedback eigenstructure assignment[C]. Proceedings of the 3rd Asian Control Conference, Shanghai, 2000.

[184] Duan G R, Irwin G W, Liu G P. Disturbance attenuation in linear systems via dynamical compensators: A parametric eigenstructure assignment approach[J]. IEE Proceedings: Control Theory and Applications, 2000, 147(2): 129-136.

[185] Duan G R, Liu G P, Thompson S. Eigenstructure assignment design for proportional-integral observers: The discrete-time case[J]. International Journal of Systems Science, 2003, 34(5): 357-363.

[186] Duan G R. A parametric approach for eigenstructure assignment via compensators[C]. Proceedings of the 5th IFAC/IMACS Symposium on Computer Aided Design in Control Systems, Swansea, 1991.

[187] Duan G R, Wang G S. Partial eigenstructure assignment for descriptor linear systems: A complete parametric approach[C]. Proceedings of IEEE Conference on Decision and Control, Hawaii, 2003: 3402-3407.

[188] Duan G R, Wang G S. Eigenstructure assignment in a class of second-order descriptor linear systems: A complete parametric approach[J]. International Journal of Control and Automation, Systems, 2005, 2(1): 1-5.

[189] Wang G S, Liang B, Lv Q, et al. Eigenstructure assignment in second-order linear systems: A parametric design method[C]. Proceedings of the 26th Chinese Control Conference, Zhangjiajie, 2007: 9-13.

[190] Wang H L, Lv Q, Duan G R. PID eigenstructure assignment in second-order dynamic systems: A parametric method[C]. Proceedings of the 7th World Congress on Intelligent Control and Automation, Chongqing, 2008: 856-859.

[191] Wang G S, Lv Q, Duan G R. Partial eigenstructure assignment via P-D feedback in second-order descriptor linear systems[J]. Dynamics of Continuous, Discrete and Impulsive Systems: Series A, Mathematical Analysis, 2006, 3: 1022-1029.

[192] Wang G S, Lv Q, Liang B, et al. Eigenstructure assignment for a class of composite systems: A complete parametric method[C]. Proceedings of the 24th Chinese Control Conference, Guangzhou, 2005: 7-11.

[193] Wang G S, Lv Q, Duan G R. Eigenstructure assignment in a class of second-order dynamic systems[J]. Journal of Control Theory, Applications, 2006, 4(3): 302-308.

[194] Wang A P, Liu S F, Zhang X, et al. A note on 'the parametric solutions of eigenstructure assignment for controllable, uncontrollable singular systems'[J]. Journal of Applied Mathematics and Computing, 2009, 31(1-2): 145-150.

[195] Wang G S, Duan G R. Parameterisation of PID eigenstructure assignment in second-order linear systems[J]. International Journal of Modelling, Identification and Control, 2007, 2(2): 100-105.

[196] Wang G S, Duan G R. Parameterisation of reconfiguring second-order linear systems via eigenstructure assignment[J]. International Journal of Modelling, Identification and Control, 2008, 3(2): 124-130.

[197] Wu A G, Liang B, Duan G R. Reconfiguring second-order dynamic systems via P-D feedback eigenstructure assignment: A parametric method[J]. International Journal of Control Automation and Systems, 2005, 3(1): 109-116.

[198] Duan G R, Howe D, Liu G P. Complete parametric approach for eigenstructure assignment in a class of second-order linear systems[C]. Proceedings of IFAC World Congress, Beijing, 1999: 213-218.

[199] Duan G R, Wang G S, Choi J W. Eigenstructure assignment in a class of second-order linear systems: A complete parametric approach[C]. Proceedings of the 8th Annual Chinese Automation and Computer Society Conference, Manchester, 2002: 89-96.

[200] Duan G R, Wang G S. P-D feedback eigenstructure assignment with minimum control effort in second-order dynamic systems[C]. Proceedings of IEEE Conference of Computer Aid Control System Design, Taibei, 2004: 344-349.

[201] Liu G P, Duan G R. Eigenstructure assignment with mixed performance specifications[C]. Proceedings of the 6th IEEE Mediterranean Conference on Control and Systems, Alghero, 1998: 690-695.

[202] He L, Fu Y M, Duan G R. Multiobjective control synthesis based on parametric eigenstructure assignment[C]. Proceedings of International Conference on Control, Automation, Robotics and Vision, Kunming, 2004: 1838-1841.

[203] Liu G P, Duan G R. Robust eigenstructure assignment using multi-objective optimization techniques[C]. Proceedings of the 3rd Asian Control Conference, Shanghai, 2000.

[204] Wang G S, Duan G R. Eigenstructure assignment with disturbance decoupling, minimum eigenvalue sensitivities[C]. Proceedings of International Conference on Control Science and Engineering, Harbin, 2003.

[205] Duan G R, Irwin G W, Liu G P. A complete parametric approach to partial eigenstructure assignment[C]. Proceedings of European Control Conference, Karlsruhe, 1999.

[206] Duan G R, Thompson S, Liu G P. Separation principle for robust pole assignment—An advantage of full-order state observers[C]. Proceedings of IEEE Conference on Decision and Control, Phoenix, 1999: 76-78.

[207] Wang G S, Liu F, Lv Q, et al. Parameterization of full-order PI observers in second-order linear systems[C]. Proceedings of the 27th Chinese Control Conference, Kunming, 2008: 152-155.

[208] Wu Y L, Duan G R. Reduced-order observer design for matrix second-order linear systems[C]. Proceedings of the 5th World Congress on Intelligent Control and Automation, Hangzhou, 2004: 28-31.

[209] Guan X P, Duan G R. Function observer-based robust stabilization for delay systems with parameter perturbations[C]. Proceedings of IFAC World Congress, Beijing, 1999: 213-218.

[210] Duan G R, Wu Y L, Zhang M R. Robust fault detection in matrix second-order linear systems via Luenberger-type unknown input observers: A parametric approach[C]. Proceedings of the 8th International Conference on Control, Automation, Robotics and Vision, Kunming, 2004: 1847-1852.

[211] Duan G R, Wu A G, Hou W N. Parametric approach for Luenberger observers for descriptor linear systems[J]. Bulletin of the Polish Academy of Sciences: Technical Sciences, 2007, 55(1): 15-18.

[212] Guan X P, Liu Y C, Duan G R. Observer-based robust control for uncertain time delay systems[C]. Proceedings of the 3rd World Congress on Intelligent Control and Automation, Hefei, 2000: 3333-3337.

[213] Duan G R, Ma K M. Robust Luenberger function observers for linear systems[C]. IFAC Conference of Youth Automatic, Beijing, 1995: 382-387.

[214] Duan G R, Wu Y L. Generalized Luenberger observer design for matrix second-order linear systems[C]. IEEE Conference on Control Applications, Taibei, 2004: 1739-1743.

[215] Zhou B, Duan G R. Parametric approach for the normal Luenberger function observer design in second-order linear systems[C]. Proceedings of the 45th IEEE Conference on Decision and Control, San Diego, 2006: 2788-2793.

[216] Fu Y M, Duan G R, Song S M. Design of unknown input observer for linear time-delay systems[J]. International Journal of Control, Automation and Systems, 2004, 2(4): 530-535.

[217] Fu Y M, Wu D, Zhang P, et al. Design of unknown input observer with H_∞ performance for linear time-delay systems[J]. Journal of Systems Engineering and Electronics, 2006, 17(3): 606-610.

[218] Duan G R, Wu Y L. Robust fault detection in matrix second-order linear systems via unknown input observers a parametric approach[C]. Proceedings of the 8th International Conference on Control, Automation, Robotics and Vision, Kunming, 2004: 1847-1852.

[219] Fu Y M, Chai Q X, Duan G R. Robust guaranteed cost observer for Markovian jumping systems with state delays[C]. Proceedings of International Conference on Control and Automation, Budapest, 2005: 245-248.

[220] Fu Y M, Zhang B, Duan G R. Robust guaranteed cost observer design for linear uncertain jump systems with state delays[J]. Journal of Harbin Institute of Technology (New Series), 2008, 15(6): 826-830.

[221] 张颖, 段广仁. 含有时滞的离散切换系统保性能观测器[C]. 第二十四届中国控制会议, 广州, 2005: 912-916.

[222] Wu Y L, Duan G R. Unified parametric approaches for observer design in matrix second-order linear systems[J]. International Journal of Control, Automation and Systems, 2005, 3(2): 159-165.

[223] Wu Y L, Li Z B, Duan G R. Observer design for matrix second order linear systems with uncertain disturbance input—A parametric approach[J]. Journal of Systems Engineering and Electronics, 2006, 17(4): 811-816.

[224] Duan G R, Wu Y L. Dual observer design for matrix second-order linear systems[C]. IEE Control'04, Bath, 2004.

[225] Lv L L, Duan G R. Parametric observer-based control for linear discrete periodic systems[C]. Proceedings of the 8th World Congress on Intelligent Control and Automation, Jinan, 2010: 313-316.

[226] Wu A G, Duan G R. Design of generalized PI observers for descriptor linear systems[J]. IEEE Transactions on Circuits and Systems, 2006, 53(12): 2828-2837.

[227] Wu A G, Duan G R. Design of PI observers for continuous-time descriptor linear systems[J]. IEEE Transactions on Systems, Man, and Cybernetics, Part B: Cybernetics, 2006, 36(6): 1423-1431.

[228] Wu A G, Duan G R. Design of PD observers in descriptor linear systems[J]. International Journal of Control, Automation and Systems, 2007, 5(1): 93-98.

[229] Wu A G, Duan G R. IP observer design for descriptor linear systems[J]. IEEE Transactions on Circuits and Systems II: Express Briefs, 2007, 54(9): 815-819.

[230] Wu A G, Duan G R. Generalized PI observer design for linear systems[J]. IMA Journal of Mathematical Control and Information, 2008, 25(2): 239-250.

[231] Wu A G, Duan G R, Fu Y M. Generalized PID observer design for descriptor linear systems[J]. IEEE Transactions on Systems, Man, and Cybernetics, Part B: Cybernetics, 2007, 37(5): 1390-1395.

[232] Wu A G, Duan G R, Dong J, et al. Design of proportional-integral observers for discrete-time descriptor linear systems[J]. IET Control Theory and Applications, 2009, 3(1): 79-87.

[233] Wu A G, Duan G R, Hou M Z. Parametric design approach for proportional mutiple-integral derivative observer in descpriptor linear systems[J]. Asian Journal of Control, 2012, 14(6): 1683-1689.

[234] Wu A G, Duan G R, Liu W Q. Proportional mutiple-integral observer design for continuous-time descriptor linear systems[J]. Automatica, 2012, 14(2): 476-488.

[235] Wu A G, Feng G, Duan G R. Proportional multiple-integral observer design for discrete-time descriptor linear systems[J]. International Journal of Systems Science, 2012, 43(8): 1492-1503.

[236] Wang G S, Liang B, Duan G R. Parameterization of high order PI observers for second-order linear systems[C]. Proceedings of the 25th Chinese Control Conference, Harbin, 2006: 1-4.

[237] Wang G S, Liu F, Liang B, et al. Design of full-order PD observers for second-order dynamic systems[C]. Proceedings of the 26th Chinese Control Conference, Zhangjiajie, 2007: 5-8.

[238] Wang G S, Lv Q, Liang B, et al. Design of robust tracking observer for perturbed control systems[C]. Proceedings of the 6th World Congress on Intelligent Control and Automation, Dalian, 2006: 506-510.

[239] Wang G S, Lv Q, Mu Q, et al. Design of robust tracking observer for perturbed descriptor linear systems[C]. Proceedings of the 1st International Symposium on Systems and Control in Aerospace and Astronutics, Harbin, 2006: 1180-1183.

[240] Liang B, Duan G R. Observer-based fault-tolerant control for descriptor linear systems[C]. Proceedings of the 8th International Conference on Control, Automation, Robotics and Vision, Kunming, 2004: 2233-2237.

[241] Liang B, Duan G R. Observer-based H_∞ fault-tolerant control against actuator failures for descriptor systems[C]. Proceedings of the 5th World Congress on Intelligent Control and Automation, Hangzhou, 2004: 1007-1011.

[242] Liang B, Duan G R. Observer-based H_∞ fault-tolerant control for descriptor linear systems with sensor failures[C]. Proceedings of the 5th World Congress on Intelligent Control, Automation, Hangzhou, 2004: 1012-1016.

[243] Li F M, Zhao L J, Duan G R. H_∞ fault-tolerant controller design for time-delay systems based on a state observer[C]. Proceedings of the 25th Chinese Control Conference, Harbin, 2006: 334-337.

[244] Duan G R, Zhou L S, Xu Y M. A parametric approach for observer-based control system design[C]. Proceedings of Asia-Pacific Conference on Measurement and Control, Guangzhou, 1991: 295-300.

[245] Liu G P, Duan G R, Daley S. Design of stable observer based controllers for robust pole assignment[C]. Proceedings of IFAC Symposium on Robust Control, Prague, 2000: 71-76.

[246] Liu G P, Duan G R, Daley S. Stable observer-based controller design for robust state-feedback pole assignment[J]. Proceedings of the Institution of Mechanical Engineers, Part I: Journal of Systems and Control Engineering, 2000, 214(4): 313-318.

[247] Guan X P, Lin Z Y, Liu Y C, et al. H_∞ observer design for discrete delay systems[C]. Proceedings of International Conference on Differential Equations and Computational Simulations, Chengdu, 2000: 98-103.

[248] Guan X P, Liu Y C, Duan G R. Observer-based H_∞ robust control for multi-delays uncertain systems[C]. Proceedings of the 3rd Asian Control Conference, Shanghai, 2000: 700-704.

[249] Zhou B, Ding B C, Duan G R. Observer-based output stabilization of integrators system with Lipschitz nonlinear term by bounded control[C]. Proceedings of the 25th Chinese Control Conference, Harbin, 2006: 1457-1462.

[250] Yan Y X, Chai Q X, Duan G R. Observer-based controller design for disturbance attenuation in linear system[C]. Proceedings of the 17th Chinese Control and Decision Conference, Harbin, 2005: 807-811.

[251] Duan G R, Wu Z Y, Howe D. Explicit parametric solution to observer-based control of self-sensing magnetic bearings[C]. Proceedings of IFAC World Congress, Beijing, 1999: 379-384.

[252] Duan G R, Patton R J, Chen J, et al. A parametric approach for fault detection in linear systems with unknown disturbances[C]. Proceedings of IFAC Symposium on Fault Detection, Supervision and Safety for Technical Processes, Kingston Upon Hull, 1997: 318-322.

[253] Wu Y L, Duan G R. Design of Luenberger function observer with disturbance decoupling for matrix second-order linear systems—A parametric approach[J]. Journal of Systems Engineering and Electronics, 2006, 17(1): 156-162.

[254] Duan G R, Huang L. Disturbance attenuation in model following designs of a class of second-order systems: A parametric approach[C]. Proceedings of SICE-ICASE International Joint Conference, Busan, 2006: 5662-5667.

[255] Huang L, Wei Y Y, Duan G R. Disturbance attenuation in model following designs: A parametric approach[C]. Proceedings of the 25th Chinese Control Conference, Harbin, 2006: 2056-2059.

[256] Duan G R, Liu G P, Thompson S. Disturbance attenuation in Luenberger function observer designs—A parametric approach[C]. Proceedings of IFAC Symposium on Robust Control, Prague, 2000: 41-46.

[257] Duan G R, Nichols N K, Liu G P. Robust pole assignment in descriptor linear systems via state feedback[J]. European Journal of Control, 2002, 8(2): 136-149.

[258] Wang G S, Duan G R. Robust pole assignment via P-D feedback in a class of second-order dynamic systems[C]. Proceedings of the 8th International Conference on Control, Automation, Robotics and Vision, Kunming, 2004: 1152-1156.

[259] Yu H H, Wang Z H, Duan G R. Pole assignment in descriptor linear systems via proportional plus derivative state feedback[C]. Proceedings of Chinese Control and Decision Conference, Harbin, 2005: 899-902.

[260] Wang G S, Lv Q, Duan G R. H_2-optimal control with regional pole assignment via state feedback[J]. International Journal of Control, Automation and Systems, 2006, 4(5): 653-659.

[261] Duan G R, Zhang B. Robust control system design using proportional plus partial derivative state feedback[J]. Acta Automatica Sinica, 2007, 33(5): 506-510.

[262] Zhou B, Li Z Y, Duan G R, et al. Optimal pole assignment for discrete-time systems via Stein equations[J]. IET Control Theory and Applications, 2009, 3(8): 983-994.

[263] Zhou B, Lam J, Duan G R. Gradient-based maximal convergence rate iterative method for solving linear matrix equations[J]. International Journal of Computer Mathematics, 2010, 87(3): 515-527.

[264] Yu H H, Duan G R. Pole assignment of large-scale systems via decentralized state feedback control[C]. Chinese conference on Control and Decision Conference, Guilin, 2009: 1086-1089.

[265] Duan G R, Zhang B. Robust pole assignment via output feedback in descriptor linear systems with structural parameter perturbations[J]. Asian Journal of Control, 2007, 9(2): 201-207.

[266] Duan G R, Lv L L, Zhou B. Robust pole assignment for discrete-time linear periodic systems via output feedback[C]. Proceedings of Joint 48th IEEE Conference on Decision and Control and 28th Chinese Control Conference, Shanghai, 2009: 1729-1733.

[267] Liu G P, Daley S, Duan G R. On stability of dynamical controllers using pole assignment[J]. European Journal of Control, 2001, 7(1): 58-66.

[268] Duan G R, Patton R J. Robust pole assignment in descriptor systems via proportional plus partial derivative state feedback[J]. International Journal of Control, 1999, 72(13): 1193-1203.

[269] Lv L L, Duan G R, Zhou B. Parametric pole assignment, robust pole assignment for discrete-time linear periodic systems[J]. SIAM Journal on Control and Optimization, 2010, 48(6): 3975-3996.

[270] Duan G R, Huang L. Robust pole assignment in descriptor second-order dynamical systems[J]. Acta Automatica Sinica, 2007, 33(8): 888-892.

[271] Duan G R, Wu Y L. Robust pole assignment in matrix descriptor second-order linear systems[J]. Transactions of the Institute of Measurement and Control, 2005, 27(4): 279-295.

[272] Wu A G, Yang G Z, Duan G R. Partial pole assignment via constant gain feedback in two classes of frequency-domain models[J]. International Journal of Control, Automation and Systems, 2007, 5(2): 111-116.

[273] Zhang L, Duan G R. Robust poles assignment for a kind of second-order linear time-varying systems[C]. Proceedings of the 31st Chinese Control Conference, Hefei, 2012: 2602-2606.

[274] He L, Duan G R. Robust H_∞ control with pole placement constraints for T-S fuzzy systems[J]. Advances in Machine Learning and Cybernetics, 2006, 3930: 338-346.

[275] He L, Duan G R, Wu A G. Robust L_1 filtering with pole constraint in a disk via parameter-dependent Lyapunov functions[C]. Proceedings of SICE-ICASE International Joint Conference, Busan, 2006: 833-836.

[276] Duan G R. On numerical reliability of pole assignment algorithms—A case study[C]. Proceedings of the 27th Chinese Control Conference, Kunming, 2008: 189-194.

[277] Duan G R, Huang L. Robust model following control for a class of second-order dynamical systems subject to parameter uncertainties[J]. Transactions of the Institute of Measurement and Control, 2008, 30(2): 115-142.

[278] Duan G R, Zhang B. A parametric method for model reference control in descriptor linear systems[C]. Proceedings of the 6th World Congress on Intelligent Control and Automation, Dalian, 2006: 495-499.

[279] Duan G R, Zhang B. Robust model-reference control for descriptor linear systems subject to parameter uncertainties[J]. Journal of Control Theory and Applications, 2007, 5(3): 213-220.

[280] Wang G S, Liang B, Duan G R. Reconfiguring second-order dynamic systems via state feedback eigenstructure assignment[J]. International Journal of Control, Automation and Systems, 2005, 3(1): 109-116.

[281] Zhou B, Duan G R. A new solution to the generalized Sylvester matrix equation $AV - EVF = BW$[J]. Systems & Control Letters, 2006, 55(3): 193-198.

[282] Zhou B, Yan Z B, Duan G R. Unified parametrization for the solutions to the polynomial Diophantine matrix equation, the generalized Sylvester matrix equation[J]. International Journal of Control Automation and Systems, 2010, 8(1): 29-35.

[283] Kong H, Duan G R, Zhou B. A stein equation approach for solutions to the Bezout identity and the generalized bezout identity[C]. Proceedings of the 7th Asian Control Conference, Hong Kong, 2009: 1515-1519.

[284] 段广仁, 袁建平. 推广 Vendermonde 矩阵的行列式与逆矩阵[J]. 哈尔滨电工学院学报, 1991, 14(4): 399-403.

[285] Green M. H_∞ controller synthesis by J-lossless coprime factorization[J]. SIAM Journal on Control and Optimization, 1992, 30(3): 522-547.

[286] Armstrong E S. Coprime factorization approach to robust stabilization of control structures interaction evolutionary model[J]. Journal of Guidance Control and Dynamics, 1994, 17(5): 935-941.

[287] Ohishi K, Miyazaki T, Nakamura Y. High performance ultra-low speed servo system based on doubly coprime factorization and instantaneous speed observer[J]. IEEE-ASME Transactions on Mechatronics, 1996, 1(1): 89-98.

[288] Beelen T G J, Veltkamp G W. Numerical computation of a coprime factorization of a transfer-function matrix[J]. Systems & Control Letters, 1987, 9(4): 281-288.

[289] Bongers P M M, Heuberger P S C. Discrete normalized coprime factorization[J]. Lecture Notes in Control and Information Sciences, 1990, 144: 307-313.

[290] Almuthairi N F, Bingulac S. On coprime factorization and minimal-realization of transfer function matrices using the pseudo-observability concept[J]. International Journal of Computer and Systems Sciences, 1994, 25(11): 1819-1844.

[291] Bingulac S, Almuthairi N F. Novel-approach to coprime factorization and minimal-realization of transfer-function matrices[J]. Journal of the University of Kuwait (Science), 1995, 22(1): 24-43.

[292] Duan G R. Right coprime factorization for single input systems using Hessenberg forms[C]. Proceedings of the 6th IEEE Mediterranean Conference on Control and Systems, Alghero, 1998: 573-577.

[293] Duan G R. Right coprime factorisations using system upper Hessenberg forms—The multi-input system case[J]. IEE Proceedings: Control Theory and Applications, 2001, 148(6): 433-441.

[294] Duan G R. Right coprime factorizations for single-input descriptor linear systems: A simple numerically stable algorithm[J]. Asian Journal of Control, 2002, 4(2): 146-158.

[295] Zhou B, Duan G R, Li Z Y. A Stein matrix equation approach for computing coprime matrix fraction description[J]. IET Control Theory and Applications, 2009, 3(6): 691-700.

[296] 段广仁, 王庆超. 线性系统的模态解耦控制[J]. 宇航学报, 1992, 13(2): 7-13.

[297] Duan G R, Zhou B. Solution to the equation $MVF^2 + DVF + KV = BW$—The nonsingular case[C]. Proceedings of the 2nd Iasted International Multi-Conference on Automation, Control and Information Technology, Novosibirsk, 2005: 259-264.

[298] Zhou B, Duan G R. An explicit solution to the matrix equation $AX - XF = BY$[J]. Linear Algebra and Its Applications, 2005, 402(1-3): 345-366.

[299] Zhou B, Duan G R. Solutions to generalized Sylvester matrix equation by Schur decomposition[J]. International Journal of Systems Science, 2007, 38(5): 369-375.

[300] Wang G S, Lv Q, Duan G R. On the parametric solution to the second-order Sylvester matrix equation $EVF^2 - AVF - CV = BW$[J]. Mathematical Problems in Engineering, 2007, (1): 57-76.

[301] Wu A G, Duan G R, Zhou B. Solution to generalized Sylvester matrix equations[J]. IEEE Transactions on Automatic Control, 2008, 53(5): 811-815.

[302] Wu A G, Hu J Q, Duan G R. Solutions to the matrix equation $AX - EXF = BY$[J]. Journal of Applied Mathematics and Computing, 2009, 58(10): 1891-1900.

[303] Zhou B, Duan G R. Parametric solutions to the generalized Sylvester matrix equation $AX - XF = BY$ and the regulator equation $AX - XF = BY + R$[J]. Asian Journal of Control, 2007, 9(4): 475-483.

[304] Wu A G, Zhao S M, Duan G R. Solving the generalized Sylvester matrix equation $AV + BW = VF$ via Kronecker map[J]. Journal of Control Theory and Applications, 2008, 6(3): 330-332.

[305] Zhou B, Duan G R. Closed-form solutions to the matrix equation $AX - EXF = BY$ with F in companion form[J]. International Journal of Automation and Computing, 2009, 6(2): 204-209.

[306] Wu A G, Duan G R. Solution to the generalised Sylvester matrix equation $AV + BW = EVF$[J]. IET Control Theory and Applications, 2007, 1(1): 402-408.

[307] Duan G R. On a type of generalized Sylvester equations[C]. Proceedings of the 25th Chinese Control and Decision Conference, Guiyang, 2013: 1264-1269.

[308] Wang G S, Wang H Q, Duan G R. On the robust solution to a class of perturbed second-order Sylvester equation[J]. Dynamics of Continuous, Discrete and Impulsive Systems, Series A: Mathematical Analysis, 2009, 16: 439-449.

[309] Duan G R. Generalized Sylvester matrix equations in control systems theory[C]. Proceedings of the 17th Chinese Control and Decision Conference, Harbin, 2005: 32-57.

[310] Yu H H, Duan G R. The analytical general solutions to the higher-order Sylvester matrices equation[J]. Control Theory & Applications, 2011, 28(5): 698-702.

[311] Zhang X, Thompson S, Duan G R. Full-column rank solutions of the matrix equation $AV = EVJ$[J]. Applied Mathematics, Computation, 2004, 151(3): 815-826.

[312] Zhou B, Duan G R. On the generalized Sylvester mapping, matrix equations[J]. Systems & Control Letters, 2008, 57(3): 200-208.

[313] Zhou B, Duan G R, Li Z Y. Gradient based iterative algorithm for solving coupled matrix equations[J]. Systems & Control Letters, 2009, 58(5): 327-333.

[314] Zhou B, Li Z Y, Duan G R, et al. Weighted least squares solutions to general coupled Sylvester matrix equations[J]. Journal of Computational and Applied Mathematics, 2009, 224(2): 759-776.

[315] Wu A G, Duan G R, Fu Y M, et al. Finite iterative algorithms for the generalized Sylvester-conjugate matrix equation $AX + BY = E - XF + S$[J]. Computing, 2010, 89(3-4): 147-170.

[316] Wu A G, Li B, Zhang Y, et al. Finite iterative solutions to coupled Sylvester-conjugate matrix equations[J]. Applied Mathematical Modelling, 2011, 35(3): 1065-1080.

[317] Li Z Y, Zhou B, Wang Y, et al. Numerical solution to linear matrix equation by finite steps iteration[J]. IET Control Theory and Applications, 2010, 4(7): 1245-1253.

[318] Wu A G, Feng G, Duan G R, et al. Closed-form solutions to Sylvester-conjugate matrix equations[J]. Computers and Mathematics with Applications, 2010, 60(1): 95-111.

[319] Wu A G, Lv L L, Duan G R, et al. Corrigerdun to 'parametric solutions to Sylvester-conjugate matrix equations'[J]. Computers and Mathematics with Applications, 2011, 62(12): 4806-4806.

[320] Wu A G, Lv L L, Duan G R, et al. Parametric solutions to Sylvester-conjugate matrix equations[J]. Computers and Mathematics with Applications, 2011, 62(9): 3317-3325.

[321] Wu A G, Fu Y M, Duan G R. On solutions of matrix equations $V - AVF = BW$ and $V - \bar{A}VF = BW$[J]. Mathematical and Computer Modelling, 2008, 47(11-12): 1181-1197.

[322] Wu A G, Feng G, Duan G R, et al. Iterative solutions to coupled Sylvester-conjugate matrix equations[J]. Computers and Mathematics with Applications, 2010, 60(1): 54-66.

[323] Wu A G, Zeng X L, Duan G R, et al. Iterative solutions to the extended Sylvester-conjugate matrix equations[J]. Applied Mathematics annd Computation, 2010, 217(1): 130-142.

[324] Wu A G, Feng G, Duan G R, et al. Finite iterative solutions to a class of complex matrix equations with conjugate and transpose of the unknowns[J]. Mathematical and Computer Modelling, 2010, 52(9-10): 1463-1478.

[325] Duan G R, Thompson S, Liu G P. On solution to the matrix equation $AV + EVJ = BW + G$[C]. Proceedings of the 38th IEEE Conference on Decision and Control, Phoenix, 1999: 2742-2743.

[326] Duan G R. The solution to the matrix equation $AV + BW = EVJ + R$[J]. Applied Mathematics Letters, 2004, 17(10): 1197-1202.

[327] Wu A G, Duan G R. Explicit general solution to the matrix equation $AV + BW = EVF + R$[J]. IET Control Theory and Applications, 2008, 2(1): 56-60.

[328] Song C Q, Rui H X, Wang X D, et al. Closed-form solutions to the non-homogeneous Yakubovich-transpose matrix equation[J]. Journal of Computational and Applied Mathematics, 2014, 267: 72-81.

[329] Duan G R. Solution to a type of nonhomogeneous generalized Sylvester equations[C]. Proceedings of the 25th Chinese Control and Decision Conference, Guiyang, 2013: 163-168.

[330] Wu A G, Duan G R, Xue Y. Kronecker maps and Sylvester-polynomial matrix equations[J]. IEEE Transactions on Automatic Control, 2007, 52(5): 905-910.

[331] Zhou B, Li Z Y, Duan G R, et al. Solutions to a family of matrix equations by using the Kronecker matrix polynomials[J]. Applied Mathematics and Computation, 2009, 212(2): 327-336.

[332] Clohessy W H, Wiltshire R S. A terminal guidance system for spacecraft rendezvous[J]. Journal of Aerospace Sciences, 1960, 27(9): 653-658.

[333] Schaub H, Junkins J L. Analytical Mechanics of Space Systems[M]. 2nd ed. Reston: American Institute of Aeronautics and Astronautics, 2003.

[334] Duan G R. Parametric solutions to fully-actuated generalized Sylvester equations— The homogeneous case[C]. Proceedings of the 33rd Chinese Control Conference, Nanjing, 2014: 3863-3868.

[335] Duan G R. Parametric solutions to fully-actuated generalized Sylvester equations— The nonhomogeneous case[C]. Proceedings of the 33rd Chinese Control Conference, Nanjing, 2014: 3869-3874.

[336] Yamanaka K, Ankersen F. New state transition matrix for relative motion on an arbitrary elliptical orbit[J]. Journal of Guidance, Control and Dynamics, 2002, 25(1): 60-66.

[337] Zhou B, Lin Z L, Duan G R. Lyapunov differential equation approach to elliptical orbital rendezvous with constrained controls[J]. Journal of Guidance Control and Dynamics, 2011, 34(2): 345-358.

[338] Zhou B, Cui N G, Duan G R. Circular orbital rendezvous with actuator saturation and delay: A parametric Lyapunov equation approach[J]. IET Control Theory, Applications, 2012, 6(9): 1281-1287.

[339] Duan G R. An LMI approach to robust attitude control of BTT missiles[C]. The 5th International Conference on Optimizaiton and Control with Applications, Beijing, 2012.

[340] Duan G R. Cooperative spacecraft rendezvous—A direct parametric control approach[C]. Proceedings of the 11th World Congress on Intelligent Control and Automation, Shenyang, 2014: 4580-4586.

[341] Gao X Y, Teo K L, Duan G R. Non-fragile robust H_∞ control for uncertain spacecraft rendezvous system with pole and input constraints[J]. International Journal of Control, 2012, 85(7): 933-941.

[342] Gao X Y, Teo K L, Duan G R. Robust H_∞ control of spacecraft rendezvous on ellipti-
cal orbit[J]. Journal of the Franklin Institute—Engineering and Applied Mathematics,
2012, 349(8): 2515-2529.

[343] Gao X Y, Teo K L, Duan G R. An optimal control approach to robust control of
nonlinear spacecraft rendezvous system with $\theta - D$ technique[J]. International Journal
of Innovative Computing, Information and Control, 2013, 9(5): 2099-2110.

[344] Luo Y Z, Zhang J, Tang G J. Survey of orbital dynamics and control of space ren-
dezvous[J]. Chinese Journal of Aeronautics, 2013, 27(1): 1-11.

[345] Xu H J, Mirmirani M D, Ioannou P A. Adaptive sliding mode control design for a
hypersonic flight vehicle[J]. Journal of Guidance and Control and Dynamics, 2004,
27(5): 829-838.

[346] Yang J, Li S H, Sun C Y, et al. Nonlinear-disturbance-observer-based robust flight
control for airbreathing hypersonic vehicles[J]. IEEE Transactions on Aerospace and
Electronic System, 2013, 49(2): 1263-1275.

[347] Keshmiri S, Colgren R, Mirmirani M. Development of an aerodynamic database for a
generic hypersonic air vehicle[C]. AIAA Guidance, Navigation and Control Conference
and Exhibit, San Francisco, 2005: 6257.

[348] Parker J T, Serrani A, Yurkovich S, et al. Control-oriented modeling of an air-
breathing hypersonic vehicle[J]. Journal of Guidance, Control and Dynamics, 2007,
30(3): 856-869.

[349] Zhou B, Duan G R. Periodic Lyapunov equation based approaches to the stabiliza-
tion of continuous-time periodic linear systems[J]. IEEE Transactions on Automatic
Control, 2012, 57(8): 2139-2146.

[350] Duan G R. Direct parametric control of fully-actuated second-order nonlinear
systems—The descriptor case[C]. Proceedings of the 11th World Congress on Intelli-
gent Control and Automation, Shenyang, 2014: 2108-2114.

[351] Duan G R. Direct parametric control of fully-actuated second-order nonlinear
systems—The normal case[C]. Proceedings of the 33rd Chinese Control Conference,
Nanjing, 2014: 2406-2413.

[352] Duan G R. Direct parametric control of fully-actuated high-order nonlinear systems—
The descriptor case[C]. SICE Annual Conference, Sapporo, 2014.

[353] Duan G R. Direct parametric control of fully-actuated high-order nonlinear systems—
The normal case[C]. Proceedings of the 11th World Congress on Intelligent Control
and Automation, Shenyang, 2014: 3053-3060.

[354] Duan G R. Non-cooperative rendezvous and interception—A direct parametric con-
trol[C]. Proceedings of the 11th World Congress on Intelligent Control and Automa-
tion, Shenyang, 2014: 3497-3504.

[355] Duan G R. Satellite attitude control—A direct parametric approach[C]. Proceedings
of the 11th World Congress on Intelligent Control and Automation, Shenyang, 2014:
3989-3996.

[356] Duan G R. A direct parametric approach for missile guidance—Case of sea targets[C]. Proceedings of the 33rd Chinese Control Conference, Nanjing, 2014: 1044-1050.

[357] Duan G R. Missile attitude control—A direct parametric approach[C]. Proceedings of the 33rd Chinese Control Conference, Nanjing, 2014: 2414-2421.

[358] 段广仁, 强文义, 冯文剑, 等. 模型参考控制系统设计的一种完全参数化方法[J]. 宇航学报, 1994, (2): 7-13.

[359] Duan G R. A note on combined generalized Sylvester matrix equations[J]. Journal of Control Theory and Applications, 2004, 2(4): 397-400.

[360] Lewis F L, Mertzios B G. Analysis of singular systems using orthogonal functions[J]. IEEE Transactions on Automatic Control, 1987(6), 32: 527-530.

[361] Brierley S D, Lee E B. Solution of the equation $A(z)X(z) + X(z)B(z) = C(z)$ and its application to the stability of generalized linear systems[J]. International Journal of Control, 1984, 40(6): 1065-1075.

[362] Golub G H, Nash S, Van Loan C. A Hessenberg-Schur method for the problem $AC + XB = C$[J]. IEEE Transactions on Automatic Control, 1979, 24(6): 909-913.

[363] Beitia M A, Gracia J M. Local behavior of Sylvester matrix equations related to block similarity[J]. Linear Algebra and Its Applications, 1994, 199: 253-279.

[364] Ramadan M A, El-Shazly N M, Selim B I. A Hessenberg method for the numerical solutions to types of block Sylvester matrix equation[J]. Mathematical and Computer Modelling, 2010, 52(9-10): 1716-1727.

[365] Xie L, Ding J, Ding F. Gradient based iterative solutions for general linear matrix equations[J]. Computers & Mathematics with Applications, 2009, 58(7): 1441-1448.

[366] Ding F, Liu P X, Ding J. Iterative solutions of the generalized Sylvester matrix equations by using the hierarchical identification principle[J]. Applied Mathematics and Computation, 2008, 197(1): 41-50.

[367] Ding F, Chen T W. Gradient based iterative algorithms for solving a class of matrix equations[J]. IEEE Transactions on Automatic Control, 2005, 50(8): 1216-1221.

[368] Zhang H M, Ding F. A property of the eigenvalues of the symmetric positive definite matrix and the iterative algorithm for coupled Sylvester matrix equations[J]. Journal of the Franklin Institute—Engingeering and Applied Mathematics, 2014, 351(1): 340-357.

[369] Ding F, Chen T W. Iterative least-squares solutions of coupled Sylvester matrix equations[J]. Systems & Control Letters, 2005, 54(2): 95-107.

[370] Ding F, Chen T W. On iterative solutions of general coupled matrix equations[J]. SIAM Journal on Control and Optimization, 2006, 44(6): 2269-2284.

[371] Ma E C. A finite series solution of the matrix equation $AX - XB = C$[J]. SIAM Journal on Applied Mathematics, 1966, 14(3): 490-495.

[372] Kucera V. The matrix equation $AX + XB = C$[J]. SIAM Journal on Applied Mathematics, 1974, 26(1): 15-25.

[373] Bouhamidi A, Hached M, Heyouni M, et al. A preconditioned block Arnoldi method for large Sylvester matrix equations[J]. Numerical Linear Algebra with Applications, 2013, 20(2): 208-219.

[374] Chen Z, Lu L Z. A gradient based iterative solutions for Sylvester tensor equations[J]. Mathematical Problems in Engineering, 2013, 2013: 8194791-8194797.

[375] Flagg G M, Gugercin S. On the ADI method for the Sylvester equation and the optimal-H_2 points[J]. Applied Numerical Mathematics, 2013, 64: 50-58.

[376] Kuzmanovic I, Truhar N. Optimization of the solution of the parameter-dependent Sylvester equation and applications[J]. Journal of Computational and Applied Mathematics, 2013, 237(1): 136-144.

[377] Duan G R, Patton R J. Explicit and analytical solutions to Sylvester algebraic matrix equations[J]. Journal of Engineering and Applied Science, 1998, 455(2): 1563-1568.

[378] Lin Y Q. Implicitly restarted global FOM and GMRES for nonsymmetric matrix equations and Sylvester equations[J]. Applied Mathematics and Computation, 2005, 167(2): 1004-1025.

[379] Dehghan M, Hajarian M. Convergence of an iterative method for solving Sylvester matrix equations over reflexive matrices[J]. Journal of Vibration and Control, 2011, 17(9): 1295-1298.

[380] Dehghan M, Hajarian M. SSHI methods for solving general linear matrix equations[J]. Engineering Computations, 2011, 28(7-8): 1028-1043.

[381] Dehghan M, Hajarian M. Two algorithms for finding the Hermitian reflexive and skew-Hermitian solutions of Sylvester matrix equations[J]. Applied Mathematics Letters, 2011, 24(4): 444-449.

[382] Dehghan M, Hajarian M. The generalised Sylvester matrix equations over the generalised bisymmetric and skew-symmetric matrices[J]. International Journal of Systems Science, 2012, 43(8): 1580-1590.

[383] Dehghan M, Hajarian M. On the generalized bisymmetric and skew-symmetric solutions of the system of generalized Sylvester matrix equations[J]. Linear & Multilinear Algebra, 2011, 59(11): 1281-1309.

[384] Dehghan M, Hajarian M. On the generalized reflexive and anti-reflexive solutions to a system of matrix equations[J]. Linear Algebra and Its Applications, 2012, 437(11): 2793-2812.

[385] Dehghan M, Hajarian M. Construction of an iterative method for solving generalized coupled Sylvester matrix equations[J]. Transactions of the Institute of Measurement and Control, 2013, 35(8): 961-970.

[386] Dehghan M, Hajarian M. Solving the system of generalized Sylvester matrix equations over the generalized centro-symmetric matrices[J]. Journal of Vibration and Control, 2014, 20(6): 838-846.

[387] Dehghan M, Hajarian M. Solving the generalized Sylvester matrix equation $\sum_{i=1}^{p} A_i X B_i + \sum_{j=1}^{q} C_j Y D_j = E$ over reflexive and anti-reflexive matrices[J]. International Journal of Control Automation and Systems, 2011, 9(1): 118-124.

[388] Dehghan M, Hajarian M. An iterative algorithm for the reflexive solutions of the generalized coupled Sylvester matrix equations and its optimal approximation[J]. Applied Mathematics and Computation, 2008, 202(2): 571-588.

[389] Dehghan M, Hajarian M. An efficient algorithm for solving general coupled matrix equations and its application[J]. Mathematical and Computer Modelling, 2010, 51(9-10): 1118-1134.

[390] Dehghan M, Hajarian M. The general coupled matrix equations over generalized bisymmetric matrices[J]. Linear Algebra and Its Applications, 2010, 432(6): 1531-1552.

[391] Dehghan M, Hajarian M. An iterative method for solving the generalized coupled Sylvester matrix equations over generalized bisymmetric matrices[J]. Applied Mathematical Modelling, 2010, 34(3): 639-654.

[392] Dehghan M, Hajarian M. On the reflexive and anti-reflexive solutions of the generalised coupled Sylvester matrix equations[J]. International Journal of Systems Science, 2010, 41(6): 607-625.

[393] Dehghan M, Hajarian M. Analysis of an iterative algorithm to solve the generalized coupled Sylvester matrix equations[J]. Applied Mathematical Modelling, 2011, 35(7): 3285-3300.

[394] Dehghan M, Hajarian M. Iterative algorithms for the generalized centro-symmetric and central anti-symmetric solutions of general coupled matrix equations[J]. Engineering Computations, 2012, 29(5-6): 528-560.

[395] Dehghan M, Hajarian M. Solving coupled matrix equations over generalized bisymmetric matrices[J]. International Journal of Control Automation and Systems, 2012, 10(5): 905-912.

[396] Gajic Z, Qureshi M T J. Lyapunove Matrix Equation in System Stability and Control[M]. New York: Dover Publications, 2008.

[397] Jbilou K, Messaoudi A, Sadok H. Global FOM and GMRES algorithms for matrix equations[J]. Applied Numerical Mathematics, 1999, 31(1): 49-63.

[398] Hoskins W D, Meek D S, Walton D J. The numerical solution of $AQ^T + QA = -C$[J]. IEEE Transactions on Automatic Control, 1977, 22: 882-883.

[399] Barraud A Y. A numerical algorithm in solve $A^T XA - X = Q$[J]. IEEE Transactions on Automatic Control, 1977, 22(5): 883-885.

[400] Berger C S. A numerical solution of the matrix equation[J]. IEEE Transactions on Automatic Control, 1971, 16(4): 381-382.

[401] Tong L, Wu A G, Duan G R. Finite iterative algorithm for solving coupled Lyapunov equations appearing in discrete-time Markov jump linear systems[J]. IET Control Theory and Applications, 2010, 4(10): 2223-2231.

[402] Zhou B, Lam J, Duan G R. On Smith-type iterative algorithms for the Stein matrix equation[J]. Applied Mathematics Letters, 2009, 22(7): 1038-1044.

[403] Brockett R W. Introduction to Matrix Analysis[M]. New York: John Wiley, 1970.

[404] Young N J. Formulae for the solution of Lyapunov matrix equation[J]. International Journal of Control, 1980, 31(1): 159-179.

[405] Ziedan I E. Explicit solution of the Lyapunov-matrix equation[J]. IEEE Transactions on Automatic Control, 1972, 179(3): 379-381.

[406] Mori T, Fukuma N, Kuwahara M. Explicit solution and eigenvalue bounds in the Lyapunov matrix equation[J]. IEEE Transactions on Automatic Control, 1986, 31(7): 656-658.

[407] Bitmead R B, Weiss H. On the solution of the discrete-time Lyapunov matrix equation in controllable canonical form[J]. IEEE Transactions on Automatic Control, 1979, 24(3): 481-482.

[408] Ptak V. The discrete Lyapunov equation in controllable canonical form[J]. IEEE Transactions on Automatic Control, 1981, 26(2): 580-581.

[409] Duan G R, Patton R J. Explicit and analytical solutions to Lyapunov algebraic matrix equations[J]. Journal of Engineering and Applied Science, 1998, 455(2): 1397-1402.

[410] Wu A G, Duan G R, Yu H H. On solutions of the matrix equations $XF - AX = C$ and $XF - A\bar{X} = C$[J]. Applied Mathematics and Computation, 2006, 183(2): 932-941.

[411] Wu A G, Feng G, Hu J Q, et al. Closed-form solutions to the nonhomogeneous Yakubovich-conjugate matrix equation[J]. Applied Mathematics and Computation, 2009, 214(2): 442-450.

[412] Wu A G, Wang H Q, Duan G R. On matrix equations $X - AXF = C$ and $X - A\bar{X}F = C$[J]. Journal of Computational and Applied Mathematics, 2009, 230(2): 690-698.

[413] Song C Q, Feng J E. Polynomial solutions to the matrix equation[J]. Journal of Applied Mathematics, 2014, 2014: 1-8.

[414] Song C Q, Feng J E, Zhao J L. A new technique for solving continuous Sylvester-conjugate matrix equation[J]. Transactions of the Institute of Measurement and Control, 2014, 36(8): 946-953.

[415] Song C Q, Feng J E, Wang X D, et al. Finite iterative method for solving coupled Sylvester-transpose matrix equations[J]. Journal of Applied Mathematics and Computing, 2014, 46(1-2): 351-372.

索 引